·智慧城市系列丛书·

ZHIHUI SHUIWU YINGYONG YU FAZHAN

智慧水务应用与发展

中国测绘学会智慧城市工作委员会　组编

中国电力出版社
CHINA ELECTRIC POWER PRESS

图书在版编目（CIP）数据

智慧水务应用与发展 / 中国测绘学会智慧城市工作委员会组编. —北京：中国电力出版社，2021.4（2025.1 重印）

ISBN 978-7-5198-5422-5

Ⅰ. ①智… Ⅱ. ①中… Ⅲ. ①城市用水–水资源管理–研究–中国 Ⅳ. ①TU991.31

中国版本图书馆 CIP 数据核字（2021）第 035334 号

出版发行：中国电力出版社
地　　址：北京市东城区北京站西街 19 号（邮政编码 100005）
网　　址：http://www.cepp.sgcc.com.cn
责任编辑：王晓蕾（010-63412610）
责任校对：黄　蓓　朱丽芳
装帧设计：张俊霞
责任印制：杨晓东

印　　刷：北京雁林吉兆印刷有限公司
版　　次：2021 年 4 月第一版
印　　次：2025 年 1 月北京第四次印刷
开　　本：787 毫米×1092 毫米　16 开本
印　　张：21.75
字　　数：452 千字
定　　价：108.00 元

《智慧水务应用与发展》编委会

《智慧水务应用与发展》编写组

主　　编　李天兵

副 主 编　江贻芳　陈向东　赵　昕　王少林　李　洁　李　萍
黄晓燕

成　　员（按姓氏拼音排序）

彩媛慈　陈　琼　陈　伟　陈理凡　陈锐杰　程　威
程华军　高明祥　韩少唐　韩文泉　何定国　何云松
姜欣飞　鞠建荣　康　娜　李　兵　李　娜　李国桥
李瑞珠　梁骏杰　林晓妍　刘　闯　刘旦宇　娄健康
吕志才　罗普关　罗玉龙　齐永菊　任学申　邵文妍
唐立军　万金培　王大成　王　丹　王　佳　王　婧
王德喜　王海峰　王秋莹　王晓慧　熊　灿　许邵博
杨　康　杨士武　杨　伟　杨　毅　尹齐心　张　蒙
张　涛　张忠国　赵　峰　赵　岩　郑燕丽　朱世泰
朱玉祯

序　一

水是城市基础性自然资源和战略性经济资源，是城市生态与环境的重要控制性要素；城市水务是城市经济社会发展的命脉，也是实现城市可持续发展的重要途径。作为智慧城市建设的重要环节，发展智慧水务具有重要的现实意义。以城市水系统管理与生态环境保护为核心的智慧城市建设，贯彻了党中央提出的新发展理念，将生态文明建设纳入“五位一体”总体布局，把建设美丽中国确定为中华民族永续发展的千年大计，努力将生态优势转化为发展优势，为子孙后代留下天蓝、地绿、水净的美好家园。

现阶段针对城市水务管理与生态环境保护，智慧水务管理平台、智慧水利工程、信息惠民工程等项目层出不穷。智慧水务的顶层设计大多由政府机构牵头组织，要避免仅仅只是把 IT 的新概念填入城市水务各个领域，去构建一个个同质化的“智慧水务”，以实现产品与业务销售为目的或构成不负责任的虚幻政绩。单纯就技术去谈智慧水务建设是不科学的，在缺少规划以及建设和运营的体制与机制下去奢谈全面感知、智慧决策，那也是不可持续的。

智慧水务是一项复杂的社会系统工程，其建设需要能够解答“如何通过信息化与数字化手段实现信息资源与生产经营深度融合”“提升水务系统科学预测与联动联调程度”“建立安全稳定、精细高效的智能化管理方式”等问题。智慧水务的建设需要通过科学的统筹、有效的设计，明确建设方向，确定智慧水务建设的总体框架和推进策略；通过规范引导、标准先行，把握建设重点，避免重复建设，详细规划建设任务与实施路径；紧扣城市水务核心业务需求，循序渐进推动智慧水务建设；建立健全智慧水务组织建设，加大资金投入、实施人才策略，才能确保智慧水务工作正常、稳步推进，保障智慧水务建设有效落实并能持久稳定地发挥管理与服务作用。

《智慧水务应用与发展》报告由中国测绘学会智慧城市工作委员会牵头组织编写，参与编写的单位和专家作为中国智慧城市、水环境治理、水务企业数字化转型的倡导者和践行者，通过他们的调查研究及经验总结，完成了智慧水务顶层设计与底层对接，并将成果汇集到本书中。本书梳理了我国智慧水务发展的需求与发展现状，指出了现阶段发展中的主要问题，总结并对比了我国智慧水务建设的目标与定位，提出了未来我国智慧水务的发展趋势与方向；此外，本书详细介绍了智慧水务的总体框架，由此针对智慧水务顶层设计需求提出智慧水务的规划、设计及其未来的发展趋势。本书针对城市水系统的三大组成部分，分别阐述了在智慧供水、智慧排水与水环境整治方面的智慧管控需求、应用场景与未来发展趋势；文中还针对海绵城市建设，阐述了利用智慧海绵城市管控平台，对全过程海绵数据进行及时分析与处理，辅助做出运营指挥决策，从而构建现代、智慧、生态的海绵城市；最后本书还列举了分布在我国不同地区的智慧水务建设案例，并分析了应用于各个案例的关键技术与社会价值等。

目前我国水务智慧化建设尚处于蓬勃发展的阶段，其建设成果在解决方案的设计理念、项目的管理模式以及实际操作的落地效率等各方面都具有极大的上升空间。面对当下亟待解决的如城市内涝防治、城市水资源保护、黑臭水体治理等问题，面临全面实现“提质增效”的迫切需求，基于我国智慧水务建设现状与目标的差异，本书阐述了囊括水务全要素实时监测、数据高效治理、一体化业务处理平台、全域业务上云、智慧化生产、智慧水务生态以及水务业务切实落地等内容。此外，还深刻、尖锐地剖析出了目前我国智慧水务发展的主要问题，以及现阶段水务数字化转型与基础建设、信息系统机制、政策与人才配套等之间的协同与矛盾，并在书中针对这些问题提出了解决思路与方案。因此，本书对于我国现行与未来的智慧水务道路具有重要指导意义，是我国水务智慧化建设的重要引擎。

中国测绘学会理事长

序　二

水是生活之源、生产之要、生态之基，生活的方方面面都离不开水的支撑。近年来国家大力鼓励智慧城市建设，并陆续出台《关于促进智慧城市健康发展的指导意见》《“十三五”国家战略性新兴产业发展规划》等支持政策，而水务作为生活及生产的基础，也被列入了重点智慧化的行业，因此智慧水务是智慧城市建设的重要组成部分。智慧水务具有信息化高效运作的特点，成为我国传统水务企业转型升级的一个重要方向。中国智慧水务发展大体可分为三个阶段：水务 1.0 阶段，以自动化控制为核心，着眼于工艺优化以及生产效率的提升；水务 2.0 阶段，以企业信息化为核心，更多地在企业资源管理、移动应用、算法应用方面进行突破；水务 3.0 阶段，则是大数据、人工智能、区块链的综合应用。

智慧水务建设是一项复杂的系统工程，我国智慧水务发展距离真正的“智慧”还有一定的距离。一是业内对智慧水务的认知不统一。各地区对智慧水务的认知还存在较大的偏差，现阶段仅把监测以及监测数据的可视化作为开发的重点，缺乏数据分析、优化决策、辅助预警的能力。二是智慧水务行业标准体系缺失。我国智慧水务的建设还处在初期实践探索阶段，各地智慧水务建设缺乏统一标准的模式指导。三是水务数据基础薄弱，数据不完整、不精准。数据采集的频率和质量不够高，难以为之后的分析决策步骤提供支撑。各类模块，不同软件系统之间难以兼容，数据无法流通、共享，形成数据孤岛，系统灵活性和延展性较差。

展望未来，智慧水务将实现准确评估水务管理现状，找出管理方面实际存在需要改进的问题，进一步识别发展机遇并制订出实现的路径图。通过水务业务系统的控制智能化、数据资源化、管理精准化、决策智慧化，保障水务设施安全运行，达成水务业务更高效的运营、更科学的管理和更优质的服务。

在这样的背景下，中国测绘学会智慧城市工作委员会联合行业专家力量，共同组织编写了《智慧水务应用与发展》一书，总结了智慧水务行业的发展现状、展望了行业的未来趋势，详细介绍了智慧水务行业规划、智慧供水、智慧排水、智慧水环境、海绵城市等细分领域的技术和应用，讨论了各类技术在智慧水务建设方面的应用价值，同时还搜集和梳理了大量的应用案例，展示了新一代信息技术在智慧水务应用方面发挥的巨大价值，也探讨了相关技术在落地应用过程中可能面临的各类挑战。

国务院参事 张红武

目　录

序一
序二

第一章　智慧水务综述 …… 1

第一节　城市水系统的构成与主要功能 …… 1
一、城市水系统概念 …… 1
二、城市水系统构成 …… 2
三、城市水系统的特征 …… 4
第二节　智慧水务的概念与发展背景 …… 5
一、智慧水务发展背景 …… 6
二、我国智慧水务发展现状 …… 8
三、智慧水务的定位与建设目标 …… 10

第二章　智慧水务——总体框架篇 …… 12

第一节　总体框架 …… 12
第二节　智能感知 …… 14
一、基本要求 …… 14
二、逻辑架构 …… 15
第三节　ICT 基础设施 …… 16
一、基本要求 …… 17
二、逻辑架构 …… 17
第四节　数据类与数据内容 …… 18
一、基本要求 …… 19
二、逻辑架构 …… 20

第五节　业务支撑平台 ……………………………………………………………20
一、基本要求………………………………………………………………………21
二、逻辑架构………………………………………………………………………21
第六节　智慧应用 …………………………………………………………………22
一、基本要求………………………………………………………………………23
二、逻辑架构………………………………………………………………………23
第七节　保障环境体系 ……………………………………………………………24
一、基本要求………………………………………………………………………24
二、体系架构………………………………………………………………………25

第三章　关键技术 …………………………………………………………………28

第一节　基础数据调查技术 ………………………………………………………28
一、管线数据调查技术……………………………………………………………29
二、基础地形（下垫面）测量技术………………………………………………32
三、水务工程构筑物测绘技术……………………………………………………33
四、发展趋势………………………………………………………………………34
第二节　实时动态监测技术 ………………………………………………………34
一、实时动态监测技术核心及应用………………………………………………35
二、发展趋势………………………………………………………………………36
第三节　水务物联网平台 …………………………………………………………37
一、水务物联网技术组成及应用…………………………………………………38
二、发展趋势………………………………………………………………………40
第四节　数字孪生技术 ……………………………………………………………40
一、数字孪生技术在城市水务管理中的应用场景 ………………………………41
二、发展趋势………………………………………………………………………43
第五节　水模型 ……………………………………………………………………44
一、供水管网水力水质模型………………………………………………………44
二、排水管网水力水质模型………………………………………………………47

第四章　规划篇……………………………………………………………………54

第一节　智慧规划 …………………………………………………………………54
一、需求分析………………………………………………………………………54
二、总体框架………………………………………………………………………55
三、应用综述………………………………………………………………………56

四、发展趋势 …… 58
第二节 智慧设计 …… 59
一、需求分析 …… 59
二、应用综述 …… 60
三、发展趋势 …… 62
第五章 供水篇 …… 65
第一节 供水“一张图” …… 65
一、需求分析 …… 66
二、总体框架 …… 66
三、应用综述 …… 68
四、发展趋势 …… 69
第二节 供水设施在线监测“一张网” …… 69
一、需求分析 …… 70
二、总体框架 …… 71
三、应用综述 …… 72
四、发展趋势 …… 74
第三节 水源地管理 …… 74
一、需求分析 …… 74
二、总体框架 …… 76
三、应用综述 …… 78
四、发展趋势 …… 79
第四节 水厂精细化管理 …… 80
一、需求分析 …… 80
二、总体框架 …… 81
三、应用综述 …… 82
四、发展趋势 …… 86
第五节 供水管网管理 …… 87
一、需求分析 …… 87
二、总体框架 …… 88
三、应用综述 …… 89
四、发展趋势 …… 93
第六节 二次供水管理 …… 94
一、需求分析 …… 95

二、总体框架……96
三、应用综述……97
四、发展趋势……99
第七节　客户与营收管理……99
一、需求分析……99
二、总体框架……101
三、应用综述……101
四、发展趋势……103
第八节　行业管理……104
一、节水管理……104
二、供水水质管理……106
三、漏损控制……108
第六章　排水篇……110
第一节　智慧排水“一张图”……111
一、需求分析……111
二、总体框架……113
三、应用综述……115
四、发展趋势……117
第二节　排水设施监测“一张网”……117
一、需求分析……117
二、总体框架……119
三、应用综述……119
四、发展趋势……121
第三节　排水单元管理……122
一、需求分析……122
二、总体框架……123
三、应用综述……123
四、发展趋势……124
第四节　排水管网管理……124
一、需求分析……124
二、总体框架……125
三、应用综述……126
四、发展趋势……126

第五节　污水处理厂智能化生产与管理……127
一、需求分析……127
二、总体框架……128
三、应用综述……129
四、发展趋势……130
第六节　“厂网河一体化”管理与提质增效……131
一、需求分析……131
二、总体框架……132
三、应用综述……133
四、发展趋势……134
第七节　农村生活污水监管……134
一、需求分析……134
二、总体框架……136
三、应用综述……137
四、发展趋势……138
第八节　城市内涝管理……138
一、需求分析……138
二、总体框架……139
三、应用综述……139
四、发展趋势……141
第九节　行业管理……142
一、排水许可管理与许可后监管……142
二、初期雨水排放调控与溢流污染防治……142
三、排水防汛应急调度……143
第七章　海绵城市……145
第一节　海绵城市“一张图”……145
一、需求分析……145
二、总体框架……146
三、应用综述……147
四、发展趋势……149
第二节　在线监测……149
一、需求分析……149
二、总体框架……150

三、应用综述……………………………………………………………………150
四、发展趋势……………………………………………………………………152
第三节 项目管理 ………………………………………………………………152
一、需求分析……………………………………………………………………152
二、总体框架……………………………………………………………………152
三、应用综述……………………………………………………………………153
四、发展趋势……………………………………………………………………154
第四节 运维管理 ………………………………………………………………154
一、需求分析……………………………………………………………………154
二、总体框架……………………………………………………………………156
三、应用综述……………………………………………………………………156
四、发展趋势……………………………………………………………………157
第五节 决策支持 ………………………………………………………………157
一、需求分析……………………………………………………………………157
二、总体框架……………………………………………………………………158
三、应用综述……………………………………………………………………158
四、发展趋势……………………………………………………………………160
第六节 绩效考核评估 …………………………………………………………161
一、需求分析……………………………………………………………………161
二、总体框架……………………………………………………………………164
三、应用综述……………………………………………………………………164
四、发展趋势……………………………………………………………………165
第七节 公众服务 ………………………………………………………………166
一、需求分析……………………………………………………………………166
二、总体框架……………………………………………………………………166
三、应用综述……………………………………………………………………167
四、发展趋势……………………………………………………………………168

第八章 水环境……………………………………………………………………169

第一节 水环境综合整治"一张图" ……………………………………………169
一、需求分析……………………………………………………………………169
二、技术架构……………………………………………………………………170
三、应用综述……………………………………………………………………170

四、发展趋势……172
第二节 水环境监测“一张网”……172
一、需求分析……173
二、总体框架……173
三、应用综述……174
四、发展趋势……175
第三节 水环境整治工程全过程管理……176
一、需求分析……176
二、总体框架……177
三、应用综述……177
四、发展趋势……178
第四节 河（湖）长制管理……179
一、需求分析……179
二、总体框架……179
三、应用综述……179
四、发展趋势……182
第五节 河道巡检与养护……182
一、需求分析……182
二、总体框架……182
三、应用综述……183
四、发展趋势……184
第六节 城市河道闸站联合调度管理……184
一、需求分析……185
二、总体框架……185
三、应用综述……185
四、发展趋势……187
第九章 智慧水务行业发展趋势……188
一、创造企业价值……188
二、促进行业参与者跨越发展……189
三、助力相关行政部门监管……189
四、为公众提供高质量服务……189

第一节 水务全要素的天地空实时监测 ······ 190
一、感知技术全面升级，提升管理效率 ······ 190
二、物联网平台助力提高数据整编效率 ······ 190
三、数据通信全面普及，感知技术更经济可靠 ······ 191
第二节 海量数据高效收集整合治理 ······ 191
一、基于“数据中台”构建数据与业务相互转换的闭环机制 ······ 191
二、构建大数据仓库，实现关键业务的智慧应用 ······ 191
三、构造公司级数据仓库，形成主题数据服务 ······ 192
第三节 统一的业务处理平台 ······ 192
一、建立“业务数据化，数据业务化”的闭环运营管理模式 ······ 192
二、促成网络互通的一体化平台建设 ······ 193
三、创建覆盖全领域的统一涉水业务 ······ 193
四、多元数据、业务子系统集成，提升服务能力 ······ 193
第四节 全域业务上云 ······ 193
一、企业上云，运营模式向“云”转换 ······ 194
二、业务需求与发展阶段决定上云方式 ······ 194
三、利用云技术三大服务模式，提升云服务体验 ······ 195
第五节 智慧化生产 ······ 195
第六节 智慧水务生态 ······ 196
一、加强社会各生态合作伙伴之间交流共享 ······ 196
二、深化行业合作伙伴之间合作共赢 ······ 196
三、促进电子政务发展，助力智慧城市建设 ······ 197
第七节 先进技术理念与水务业务紧密融合 ······ 197
第十章 智慧水务行业应用案例 ······ 198
案例一 京杭大运河（苏州段）遗产监测 ······ 198
一、项目背景 ······ 198
二、建设内容 ······ 199
三、应用情况 ······ 203
四、关键技术 ······ 207
五、社会价值 ······ 208

案例二　固原海绵城市运营管控平台……210
一、建设背景……210
二、建设内容……211
三、应用情况……218
四、关键技术……218
五、社会价值……219
案例三　研创园智慧水务综合管理平台……220
一、建设背景……220
二、建设内容……221
三、应用情况……224
四、关键技术……226
五、社会价值……227
案例四　智慧城市排水防涝信息管理系统……229
一、项目背景……229
二、建设内容……229
三、应用成效……236
四、关键技术……237
五、社会价值……237
案例五　EPRILI 智慧环保系统在工业水处理中的应用……239
一、建设背景……239
二、建设内容……239
三、应用情况……241
四、关键技术……246
五、社会价值……247
案例六　长沙望城海绵城市……248
一、建设背景……248
二、建设内容……248
三、系统效果展示……249
四、关键技术……251
五、社会价值……254
案例七　深圳光明智慧水厂项目……256
一、建设背景……256

二、建设内容……256
三、应用情况……257
四、关键技术……258
五、社会价值……260
案例八 江门三区三市排水信息化与管理系统……263
一、建设背景……263
二、建设内容……263
三、应用情况……269
四、关键技术……270
五、社会价值……270
案例九 天驰城市智慧排水在线监测系统……272
一、建设背景……272
二、建设内容……272
三、突出特点……277
四、关键技术……277
五、社会价值……277
案例十 杭州智慧河道监管平台……278
一、项目背景……278
二、应用内容……279
三、应用效果……289
四、创新点……290
五、社会效益……292
案例十一 滁州智慧水务管理模式……294
一、建设背景……294
二、建设内容……294
三、应用情况……296
四、关键技术……297
五、社会价值……298
案例十二 乳山智慧水务信息系统……300
一、建设背景……300
二、建设内容……300
三、应用情况……300

四、关键技术……305
五、社会价值……306
案例十三 鼓楼区城市排水精细化管理平台……307
一、建设背景……307
二、建设目标……307
三、建设内容……308
四、应用情况……311
五、关键技术……321
六、社会价值……321
参考文献……323
编后记……327

第一章 智慧水务综述

第一节 城市水系统的构成与主要功能

水是地球上最重要的物质资源，是人类赖以生存和发展的必需资源。人类自古以来逐水而居，城市也因水而兴，水既满足了城市生产、生活、农业灌溉、航运、景观的需求，同时也带来了洪水、内涝、污染、疫情等问题。目前城市缺水（包括水质性缺水）与水环境问题在很大程度上被视为阻碍社会可持续发展的重要障碍之一。

一、城市水系统概念

陈吉宁等在《城市二元水循环系统演化与安全高效用水机制》一书中提出：“城市水循环既包括降雨、径流等自然循环过程，也包括供水、排水等社会循环过程，具有明显的‘自然－社会’二元特性。城市水系统是自然水循环和社会水循环的重要载体和耦合界面，也是人类实现水资源安全、高效和可持续利用的重要调控手段”。中国工程院院士王浩对城市二元水循环的解释：“城市二元水循环是水循环在城市节点的具体表现，包括以‘降雨－蒸发－入渗－产流－汇流－入河（城市内河）’为基本过程的自然水循环及以‘取水－给水－用水－排水－污水处理－再生利用’为主要过程的社会水循环”。也就是说，城市水系统是指在一定地域内以城市水源为主体，并与人类活动、自然环境以及社会经济环境密切相关且随时间、空间呈动态变化的系统，这个定义也揭示了城市水系统的三个基本特征：

（1）城市水系统是一定城市空间内，水循环系统各组成部分与各循环阶段有机统一的整体；

（2）循环性和系统性是水的两大显著特性，城市系统中的水通过自然循环和社会循环耦合成一个相互联系的有机整体；

（3）对城市水系统的认识，必须从自然资源、基础设施和社会管理三个层面上进行把握。

城市的自然水循环与社会水循环在城市的自然及社会活动中相互依存、相互影响，城市水系统各子系统间既相互联系又相互制约。城市面临的各种水问题都是与城市水循环系统各部分紧密联系在一起的，任何一类水问题的出现，都涉及整体的某部分状态、过程的紊乱或突变，这些局部的异常状况将反馈回整体，从而引发整体内部和其他部分的响应。因此，为保持城市水系统的整体性与稳定性，需要进行综合管理协调，需要相关部门充分协调人类活动以及活动中对水的需求，同时加强控制和引导，促进城市水系统的良性循环。此外，在水务管理中应当遵守系统管理的原则，通过水系统规划，对其进行整体调整、控制与优化。

二、城市水系统构成

基于上述城市水系统的理解，结合城市水务事务管理内容，城市水系统主要由供水系统（水源、制水与输配水、用水）、排水系统和水环境三大部分组成，如图 1－1 所示。

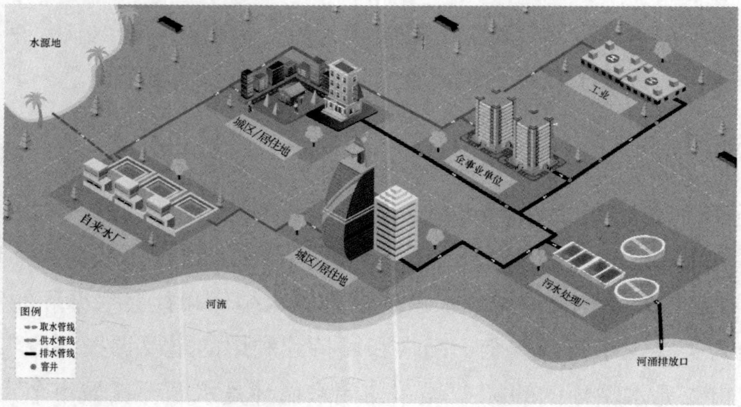

图 1－1　城市水系统示意图

（一）供水系统

作为城市“供给系统”的重要组成部分，供水系统是城市“生命线”的核心工程，其主要功能是开采、输送和加工“原料水”，使其成为符合一定标准的“商品水”（包括生活用水、生产用水和社会服务用水等），并将其送到各类用户终端。确保“商品水”的安全供给是该系统的核心功能，与之对应的水务活动则为供水管理，包括供水规划、供水水质、供水安全、供水全流程服务（如取水、制水、配水、系统维护等）。供水系统可分为水源子系统、制水与输配水子系统和用水子系统。

1. 水资源子系统

作为城市“资源系统”的重要组成部分，水资源子系统是城市水系统的源泉和基础，其主要功能是为城市水系统提供足量的、并符合一定质量标准的“原料水”。广义的水资源系统包括城市河湖水系生态湿地、雨水资源、地下水资源和污水再生资源等。与之对应的水务活动包括流域规划与管理、防汛抗旱、水环境管理、水生态管理、农水管理等。

2. 制水与输配水子系统

作为保障用水安全的关键组成部分，制水与输配水系统是城市给水系统的核心，主要由输水管渠、自来水厂和配水管网组成，其主要功能是提供符合标准的可供城市安全生产生活的“商品水”，并将其按需配送到各个用水系统，维持城市运输、景观、生态、生产等用水需求。与之对应的水务活动包括供水管网管理、自来水生产工程、储水管理、稳压及输配水管理等。

3. 用水子系统

用水子系统是城市“消费系统”的重要组成部分，由于水具有经济价值，应该被视为经济商品和社会商品。用水子系统其主要功能是“消费水”和“节约水”，尽可能以最少的耗水量促进城市社会经济的可持续发展，倡导“以供定需”。将水作为一种商品加以管理是实现水资源有效、公平使用的社会目标，是鼓励公民节约和保护水资源的一个重要途径，也是不同用水部门之间合理分配水资源的重要决策手段。与之对应的水务活动为用水管理，包括水价的制定调整、售水以及客服服务等。

（二）排水系统

排水系统是城市“消化系统”的重要组成部分，城市排水也是把控水安全、水环境的核心环节，城市排水设施是城市环境基础设施的核心工程，其主要功能是收集、蓄存、转输、净化并再生利用污水。由于排水系统既是收集污水、雨水的系统，又是处理利用污水和雨水的系统，因此该系统具有双面性：在直接排污和不当排水的情况下，有可能会破坏水环境或造成内涝灾害；而在污水达标处理和雨水有序控制的情况下，其又是潜在的用水补充。与之对应的水务活动为排水管理，包括排水户污水排放管理、雨污水收集以及转输、污水处理与再利用、城市内涝管理等。

（三）水环境

水环境既是城市水循环的出发点，同时又是污水的受纳者，是水循环的归宿点。城市水体与地下水通过土壤渗透和补给运动联系起来，为城市提供所需的水资源，因此城市水环境是城市所需水资源提供者，是城市水循环的出发点；而被开发后的城市水资源通过供水、用水、排水等环节，经人类利用后又以污水的形式排入水环境，排入水环境的污水在满足水环境纳污能力的前提下，经水环境自身净化后生成新的水资源，再次为人类利用，因此水环境又是城市水循环的归宿点。与之对应的水务活动为水域岸线管理与保护、水资源保护、水污染防治、水环境治理、水生态修复等。

三、城市水系统的特征

城市水系统具有整体性、耦合性、开放性、动态性、复杂性和综合性等基本性质。

1. 整体性

城市水系统由水源、供水、用水、排水、水处理与回用、水环境（江河湖海）等各单元组成，是一个有机整体，作为系统组成部分的各要素之间互相影响、互相协调，使整个系统具有效率、生态完整和公平，这些使单个独立单元所不具备的，也并不是各个单元进行简单叠加就能获得的，需要从系统整体功能角度分析系统内部各部分之间相互联系、相互激励和相互制约的关系，从整体出发协调好各要素之间的关系，做到各环节的目标服从于大系统整体目标，实现城市水系统的优化运行。

2. 耦合性

城市水系统是自然水循环与社会水循环相互耦合形成的，各环节在运行过程中应符合其耦合性特征。城市水系统应遵循水的自然循环规律和社会循环规律，既不能将自然水循环系统与社会经济水循环系统孤立对待，更不能不注重其间的内在相互依存、相互影响、相互作用的关系。自然水循环系统是人类活动系统的基础，人类活动系统受自然水循环系统的制约，其耦合作用影响城市水系统的运行效率和可持续发展能力。若人类活动系统不注意水环境的承载能力，超量开发利用水资源，过量排污利用水环境等，都将损坏城市水务循环系统的基础；同样，若不能遵循水资源的时空分布规律，合理开发利用水资源，以及依据水环境纳污能力合理利用其净化功能，都会造成水资源及环境功能的浪费，乃至破坏、影响城市水系统服务城市经济社会建设的能力和发展的潜力。

3. 开放性

城市内的用水户、排水户、降雨及区域内水与营养物质的自然循环等均是其环境要素。用水户通过取水、用水与系统发生关联，排水户通过排水向系统进行物质输入，输入的物质在系统内经过迁移和转化后，以系统排放的形式输出至城市水体，以再生水的形式输入至城市再生水用户。基于这些物质交换，城市水系统与外界环境要素之间还存在着相应的信息交换。例如，城市水体水质与系统污染物排放水平之间的相互作用，排水户对再生水的需求与系统水资源回收规模之间的相互作用等。

4. 动态性

城市水系统的开放性决定了它不是一个静态的稳定系统，而是一个与其环节要素时空变化密切的动态系统。城市水循环的动态性特征是伴随着社会发展和科技进步得以体现的，它表现出极强的社会属性、时代属性及科技、伦理水平进步的动态性特征，每一时期的水循环方式和途径无不留下与当时社会制度、管理体制、人类生活、经济社会、生态环境相关的烙印。

5. 复杂性

复杂性主要是指城市水系统组成结构与空间规模的复杂性。城市水系统高效利用资源的能力要求系统中必须建设再生水处理和输送的设施或者污水分质收集、处理和输送的设施；要求系统具有闭环的结构，为物质的回收再用提供途径。系统组成要素的增多使得系统结构的复杂性增大，系统闭环的结构使得各组成元素间的输入输出关系及系统内的物质流动变得复杂。

6. 综合性

城市水系统的综合性体现在它是一个多功能目标的系统。包括保障城市的用水安全和健康安全，尽可能少地向城市水环境排放污染物，尽可能快地去除已进入系统的营养物质，满足社会公众的景观需求等。

城市是人口密集、社会经济活动高度发达的区域，也是水循环受到人类活动影响较为剧烈的区域，因此在城市尺度上开展城市水循环的研究，指导城市水务工作的开展是十分重要的。城市水系统涉及土木、水利、环境、资源、生态、经济、社会等多个领域，开展城市水系统建设需要来自水文与水资源、水利工程、市政工程、环境工程、生态学、信息学等多学科领域之间的交叉及协同攻关，将跨学科综合研究所获取的知识运用到城市水务管理过程中，并借助跨部门的协同工作机制，共同推进城市水问题系统治理，提升水问题治理能力。

第二节　智慧水务的概念与发展背景

信息化是当今世界经济和社会发展的大趋势，也是我国产业优化升级和实现工业化、现代化、智慧化的关键因素。随着智慧城市的提出与建设，智慧水务也成了近几年的热门话题。中国工程院院士任南琪根据对智慧城市概念的理解，结合城市水系统提出创建智慧水务的几个要点："首先是要融合城市水系统与互联网技术，对城市水进行数值模拟与仿真；还要基于水资源与水安全（水量和水压），针对饮用水源地、自来水厂、污水处理厂、河道断面、湿地、地下水以及分流制地区的初雨收集设施等，建立水资源自然循环和社会循环的系统仿真与优化；还要基于水环境与水生态（水质），研究污水能源流与物质流规律、污染物迁移转化规律等净化系统仿真与时空优化；此外，要结合互联网+城市水系统功能，指导运营控制与故障诊断，实现监控点诊断、控制、应急决策，并发挥物联网作用保障公众知情权和监督。"中国工程院院士王浩对智慧水务的理解则概括为："智慧城市水务是通过信息化技术方法获得、处理并公开城市水务信息，从而有效地管理城市的供水、用水、耗水、排水、污水收集处理、再生水综合利用等过程，是智慧城市的重要组成。"

上述观点囊括了智慧水务的三个特征：第一，承认智慧水务是智慧城市的重要组成部分，原因有三：首先，水务关乎民生，智慧水务正是要以服务百姓为宗旨；其次，水务信息化建设进程中所采集的数据是城市大数据的重要组成部分；另外，智慧水务是建立在智慧城市的基础底座之上的，其建设需要调用智慧城市的感知（如共享摄像头）、ICT（信息通信技术）基础设施与大数据能力等。第二，需要形成“城市水务物联网”，能够将海量水务信息进行及时分析与处理，并做出相应的处理结果辅助决策。第三，表明智慧水务的应用范围囊括了水务系统的整个生产、管理和服务流程。综上所述，智慧水务是在自动化控制基础上，通过信息化与数字化手段对海量感知数据整合、分析与应用，实现信息资源与生产经营深度融合，提升水务系统科学预测与联动联调程度，促进系统从经验模式向智能模式的转变，建立安全稳定、精细高效的智能化管理方式，从而使水务达到智慧的状态。

一、智慧水务发展背景

（一）政策需求

国家不断出台新政策，促进水务行业信息化技术应用整体水平稳步提高。国务院印发的《国家新型城镇化规划（2014—2020 年）》第十八章第二节“推进智慧城市建设”第 3 条提出发展智能水务、智能管网以及智能建筑，构建覆盖供水全过程、保障供水质量安全的智能供排水和污水处理系统，实现管网的信息化管理和运行智能化，以及设施、设备的智慧化管控。国家发展改革委、住房城乡建设部等八部委印发《关于促进智慧城市健康发展的指导意见》（发改高技〔2014〕1770 号），提出智慧城市是运用物联网、云计算、大数据、空间地理信息集成等新一代信息技术，促进城市规划、建设、管理和服务智慧化的新理念和新模式；建设智慧城市，对加快工业化、信息化、城镇化、农业现代化融合，提升城市可持续发展能力具有重要意义。随着智慧城市的提出与建设，作为智慧城市重要组成部分的智慧水务，相关政策陆续发布，各省市积极响应。如《国务院办公厅关于做好城市排水防涝设施建设工作的通知》中提出“完善应急机制，强化日常监管，加强科技支撑”的要求。2019 年，水利部先后印发了《水利业务需求分析报告》《加快推进智慧水利指导意见》《智慧水利总体方案》和《水利网信水平提升三年行动方案（2019—2021 年）》推进智慧水务建设；同时，各省市政府也积极响应《水污染防治行动计划》，不断提升水务行业的智慧化水平。

（二）城市发展需求

我国城市化和工业化进程仍在继续推进。根据中国工程院和环境保护部《中国环境宏观战略研究》的预测，我国人口将在 2030 年达到峰值，人口增长与城市发展引起的资源和环境问题将在其后一段时期更加凸显。城市水资源的短缺将引发地下水资源过度开采造成地下水漏斗现象，排入水环境的污水超出水环境纳污能力而难以转化为新的水资源，从而导致水环境恶化，最终阻碍城市水系统健康循环。这一严峻形势给城市水资源、水安全、水环境的管理带来了巨大压力。

1. 城市安全供水的需求

目前我国城市供水的安全状况仍然让人担忧，有以下主要原因：

1）水资源严重短缺且分布极其不均匀。目前我国有15个省（自治区、直辖市）的人均水资源处于严重缺水边缘，有7个省（自治区）的人均水资源量低于生存的起码要求。全国有一半以上的城市不同程度缺水，严重缺水的有108个。

2）很多城市的供水管网都出现严重的腐蚀、老化、漏水问题，供水漏失严重，用水环节水资源利用效率低。

3）随着城市供水管网的长度不断增加，管理手段落后，导致大量供水管道的相关档案信息出现缺损甚至丢失，不仅影响人们的用水安全，还会直接影响整个城市的供水系统的安全运行。因此对供水系统的信息化升级势在必行。

2. 城市排水管理的需求

近年来，随着城市化的脚步不断向前推进，城市中例如水污染、内涝等问题日益暴露出来，归根到底，病根源于城市排水系统。排水系统设施家底不清、运行状况不明，导致花费大量资金建设排水管渠、泵站等市政基础设施，河涌水环境治理和防洪排涝效果仍不佳。因此，对当前城市现状排水系统的分析处理，是根治城市水污染和内涝问题的首要工作。

3. 城市水环境整治的需求

在城市化进程中，城市水循环和水环境物质代谢的失衡严重影响着城市水环境的量和质，具体表现为：水质恶化乃至黑臭、水生态严重退化甚至破坏、堤岸人工化和河流形态几何化、城市水灾频发。全国城市黑臭水体整治监管平台公布了全国2869条黑臭水体，虽然历经多年的大规模治水，但当前全国城市黑臭水体治理形势依然严峻，部分地市治理进展极不平衡。城市河道整治是一项长期复杂艰巨的系统工程，是攻坚战，也是持久战，需要根据“黑臭在水里，根源在岸上，关键是排口，核心是管网”的工作思路，借助信息化手段对排水系统进行摸查，把岸上根源进行彻底整治，突破黑臭水体整治工作瓶颈。

4. 城市水安全的需求

由于城市化进程在一定程度上破坏了自然水系，加上现有防洪排涝基础设施建设标准不高，排涝设施不够完善，城市受洪涝灾害的威胁较大。而且暗渠、暗涵藏在地下，地面上看不到水，内部环境复杂，更容易发生洪涝灾害。城市水安全问题可能成为我国城市飞速发展障碍，城市内涝不仅阻碍交通出行，影响居民的正常生活，甚至危及群众的生命财产安全，事关社会稳定和国民经济发展大局。良好的防洪安全设施和完善的防御措施，是城市可持续发展的基本保障。城市内涝预警监测系统可以充分利用科技手段，以问题为导向，为预警、决策与应急提供支撑。

（三）新基建促进智慧水务发展

随着我国信息技术水平的不断提高，信息技术引入城市水务行业是必然趋势。以5G、人工智能（Artificial Intelligence，AI）、云计算、大数据为代表的新基建，将不断推动水务信息化改革，“新基建”对智慧水务领域将发挥以下几方面作用：

1. 夯实水务数字化底座

5G、AI、云技术等新兴科学技术将为智慧水务领域打造一个万物计算、泛在智能、即时服务的新型技术底座，从而支撑上层创新、融合、快速、灵活的业务场景需求。

2. 重塑智慧水务体系架构

通过资源整合统筹建设，实现水务信息全面获取，沉淀数据资产和共性能力，以“平台+应用”相结合的建设模式，支撑业务快速上线，最终实现资源集约化利用，提升城市运营效率。

3. 促进水务领域数据融合

单一来源的数据其挖掘价值空间狭窄，更多数据的价值开发将依赖多源数据的融合，新技术的深度应用将打开水务数据枷锁，最大程度地释放其价值。

4. 提升水务行业综合治理能力

通过物联网、大数据、云计算及AI等多种技术手段，提供水务智慧运营管理平台。基于业务一张图，通过综合决策指挥中心，实现态势感知、决策分析及联动指挥能力，提升水务行业综合治理能力。

二、我国智慧水务发展现状

（一）水务行业发展历程

大体来看，我国水务企业信息化的发展主要经历了自动化、数字化和智慧化三种模式的交织叠加。这三种模式并非递进式的前后发展阶段，每种模式的侧重点不同，在建设智慧水务的各个阶段中，这三种模式应该互为补充，根据各地域发展特色以及所处不同阶段的实际情况相互配合、协调实施。

自动化的阶段，我国水务企业信息化主要体现在基础信息的自动化采集上，逐步实现了阀门、泵站、生产工艺过程等的自动化操控，水质、水压和流量等涉水数据的测量水平也得到很大的提高。这阶段的主要价值在于将业务流程自动化，很大程度上代替了烦琐的人工操作，解放了劳动力。

数字化转型的阶段，通过利用无线传感器网络、数据库技术和3G/4G网络，相关水务企业相继搭建了各自的业务系统和数据，主要实现了“业务流程自动化”基础上的管理流程的自动化，大大提高了信息存储、查询和回溯的效率，初步实现了行政办公和业务管理的信息化。目前，我国绝大部分城市正处于大力推行数字化转型的阶段。

智慧化的阶段，能够成熟运用物联网、云计算、大数据和移动互联网等新一代信息技术，通过采集终端、无线网、在线监测等设备实现实时感知，实时对海量数据进行深度处理，并采用可视化的方式有机整合水务管理的相关数据，辅助决策管理层做出相应决策。北京、上海、深圳、广州等大城市目前在智慧化建设中逐步取得了一定成效。

智慧水务是水务信息化发展的高级阶段，是数字经济环境下传统水务企业转变发展方式、实现科学发展的必经之路。近年来，水务企业对节能降耗、提升运管水平等的需求不断提高，对智慧水务的需求开始呈现暴发式增长。

（二）现阶段发展中的主要问题

目前我国水务信息化建设尚不成熟，只有少数国内领先的水务单位率先搭建了云平台，初步实现系统的融合与共享；以大数据为基础的智慧水务应用已经起步，但其发展空间仍然很大。一线城市的水务单位大多建设了比较完善的信息化基础设施，有的已经拥有专属的统一管理和应用的系统平台，但水务整体的智能化尚处于起步阶段。一般地级市水务单位虽然具有一定信息化的基础设施设备，但各个软件系统大部分处于独立运行状态，信息资源相对独立，整体正处于探索阶段。一般县级水务单位的信息化设施本身就比较薄弱，普遍只具备独立运行的专业化应用系统，由于建设信息化的投入太高，难以有比较大的突破，整体还处于观望阶段。

目前，我国智慧水务的发展存在以下问题：

1. 对智慧水务缺乏统一的认知

智慧水务兴起迅速，但在我国的水务教育、对水务研究的深度与广度需要进一步提高的当下，大部分赶“智慧水务”风口的水务公司自身的需求不明确，领导层对智慧水务应用层的专业性缺乏重视，导致各方对“好的可行的智慧水务解决方案”缺乏统一的认知，进而无法提供切实可行并且可持续的解决方案。

2. 缺乏整合，信息孤岛现象严重

现存水务信息化系统多为分散构建模式，缺少一个规范的水务信息统一管理平台；基层单位的子系统均为独立运行、各自为政的模式，信息的处理和流转仅限于本部门，内外部信息共享不足，导致信息难以识别与互融，组件和应用程序组成的信息孤岛现象严重，亟须进行集成整合、深度优化与效率提升。

3. 信息系统机制薄弱

信息采集点内容不够均衡，在布设密度和深度上难以满足水务精细化管理的要求；网络结构需优化，当下主要是分散建设，并且重建设而轻运维；网络设备陈旧且缺乏有效安全措施，运维管理不够完善，缺乏相应技术手段，应急预警能力弱；生产的安全性低，大型水务工程控制系统相关装备、网络安全、应用支撑、系统运维等技术和管理标准还有待完善；加之分级的涉水部门较多，各级企业缺乏统一的标准规范，水务资源数据不能及时互通共享，水务资源不能实现高效配置。

4. 信息化程度较低

信息化建设只完成了传统的业务流程管理，但经验管理较为普遍，还远没有实现信息化带动企业现代化的目的；大多数水务企业的部分设施仍未完成自动化改造，在信息化的普及中缺乏对应的支撑业务，却无法灵活运用信息化的成果来支撑决策；系统中缺少有效的数据挖掘与分析功能，导致数据过于死板僵化，并未发挥其对数据过去的追溯和对现在及未来的指导作用，对管理决策支持不足业务应用覆盖面不全；应用智能化水平不够，大部分业务流程还处于线下办理模式，水务综合保障能力相对薄弱；水务系统整体支撑演进能力不足，尚未发挥出高新技术的巨大潜能，亟需利用大数据、人工智能、遥感等技术支持水务业务的创新，让更多业务应用能够基于人工智能识别等技术来实现分析型应用。

5. 机制体制不完善，机构和人才配套不足

由于传统水务存在的限制、标准规范的缺乏、前沿的技术研究参差不齐和新型科技应用极大的不确定性等原因，涉及水务的利益相关行业之间、水务企业之间与需要水务技术提供方案支持的合作者之间缺乏沟通，进而导致行业各部门、企业分散，其针对问题的理念、解决方案与实践水平差距较大。同时水务管理机构定位不清晰、人才欠缺，现代企业管理思想没有得到充分发挥；甚至有一些城市水务企业的领导在理念上还没有认识到信息化建设的必要性和重要性。目前“重建设、轻运维”的现状普遍存在，缺乏运营管理机制保障信息化建设成果的继承性与应用效果。

6. 智慧水务亟待构建健康、可持续的发展生态

目前国内行业内外倾向于发展“智慧技术”，相对而言忽视了“水务”，智慧水务行业具有被大型 ICT 公司而非水务咨询公司领导的趋势，但 ICT 公司往往不具备足够的专业知识用以判断技术的实际先进性与实用性，缺乏水行业专业背景的信息技术团队终究难以提供能站住脚的好算法，导致前沿技术日益成为争夺项目资源的手段，智慧化的规划与设计方案倾向于“给业主画饼”，止步于“让领导满意”，在实践中难以真正落地发挥应有的作用。需要掌握新一代信息技术的单位与水务业务专业单位构建生态合作，强强联合，提出科学先进、合理可行的解决方案。

三、智慧水务的定位与建设目标

1. 智慧水务的定位

智慧水务是以智慧化的手段促进水务业务模式的改变，通过对现有水务管理模式的解耦和重构实现数字化转型。

党的十八大以来，以习近平同志为核心的党中央高度重视信息化发展，作出加强顶层设计、总体布局，建设数字中国的战略决策。信息技术作为目前城市的先进生产力，可以更好地推动城市经济的发展；建设智慧城市是建立数字政府的重要一环，发展智慧

水务可以更好地支撑智慧城市建设和城市社会信息化发展，并能有效地推进智慧城市的建设。结合信息化发展总体思路和目标，智慧水务着力于实现智慧生产、优化管理、科学调度，在提供精准服务的基础上实现节能降耗。

2. 智慧水务的建设目标

借助新一代无线网络、物联网、云计算等信息技术，从水务产业源头的水源到中间的取水—给水—用水—排水—污水处理—再生利用再到城市水环境，所有的环节都处于监控监测之下，相关数据自动采集，并能对变化趋势预测及应对、突发事件预警及应急处置等辅助决策功能，提升水务管理和服务的水平，为城市的发展提供更好的支撑，有效提升城市智慧建设和宜居能力。

（1）资源利用高效化。建成由点（水源地、取/用/排水户、排放口等）、线（输水管网、供水管网、排水管网、河流等）、面（行政区、水资源分区和水功能分区等）组成的一张图；借助物联网等技术，对城市水源、供水、用户服务、排水行为、污水收集处理等进行实时监控；基于大数据、信息共享和人工智能技术，提供可视化的城市内涝预警、水资源优化调度、水环境质量预测、生态空间适宜度评估等决策支持服务。

（2）业务平台化。搭建水务“一张图”基础信息管理平台与数据共享服务平台，形成标准统一、完备与动态的水务时空数据服务体系；并对各类关键节点进行实时监视和智能分析，再提供分类与分级的预警服务，以更加精细和动态的方式为涉水部门统一调度、联合指挥提供实时水务信息，为科学决策提供一手资料，降低自然灾害带来的影响；为政务管理、民生服务提供“一站式”操作服务，使其能有效满足决策与应急管理的需求。

（3）运维管理协同化。在统一规划的基础上，建立城市供水、排水、防洪、水环境保护等业务一体化运营管理平台，实现各种水务业务经营与用户服务的协作化管理；不但要加强技术投入，还要处理好管理体制和职责分工等方面的问题，实现应用层面的联通与共享，以及跨部门、跨层级的业务协同；加强信息共享，包括硬件共享、软件共享和数据共享等，提高设施的利用率，降低软硬件费用与开发费用；同时，新增的管理系统要做到能在“云端”进行开发而不需要另外增加终端设备。

（4）生产运营完善化。主要针对管网巡查、养护、检测、应急处置等日常业务，通过信息系统的应用，支持各类设施信息、运行工况信息、水质水量信息和突发事件信息等采集、上报、存储、管理以及发布等，完善管理模式与流程，规范优化相关业务流程，提高业务流程与信息流转的速度，提升业务处理效率的同时降低企业运营成本。

（5）服务便捷化。基于互联网技术，搭建起城市水务统一的门户平台，为公众提供实时可视化的信息查询服务与相关业务办理。

第二章　智慧水务——总体框架篇

各建设单位应根据智慧水务建设目标，结合实际情况，充分利用物联网、云计算、下一代互联网等新一代信息技术，同时兼顾未来的技术发展，保证技术的可持续演化，使得系统具备良好的实用性、先进性、扩展性、移植性及开放性进行设计智慧水务技术框架。

第一节　总　体　框　架

按照智慧城市建设的总体部署，紧扣智慧城市发展目标，坚持“一盘棋”“一体化”的建设原则和“统筹规划、统一标准、联合建设、资源共享、安全保障”的工作方针，以需求为导向，以应用促发展，充分利用新一代信息技术，采用松耦合架构模式，搭建“一张图”“一张网”“一中心”“一平台”的水务全过程智慧管控平台。智慧水务的总体架构由以下几个部分组成：感知层、ICT 基础设施层、智慧水务数据资源、智能应用系统（含业务平台层、应用层、用户层）、保障体系（信息安全与运行维护体系、标准规范体系与运行管理规范），如图 2-1 所示。

感知层：包括信息采集和工程监控两部分。其分布面广、硬件与软件耦合度高，其功能定位处于水务信息系统的信息获取端和工程管理决策执行端，是水务信息工程与水务实体工程间的接口，是水务全要素信息的主要来源之一，属于不可代替和不应反复建设的共享资源。

ICT 基础设施层：包括网络基础设施、云基础设施和基础设施环境，是智慧水务建设中不应重复建设的主要部分，为智慧水务提供水务信息传输通道、安全基础设施运行环境，可根据前端业务需求按需自动扩容，实现故障转移、运维自动监控等。

智慧水务数据资源：是智慧水务建设与发展的核心。依托水务信息化保障、信息系统运行环境和信息采集与工程监控，对水务数据资源进行建库分类，建立不同数据类的标准化存储、调用、共享交换、管理和更新，使数据资源真正发挥对水务业务和政务管理的支撑作用。

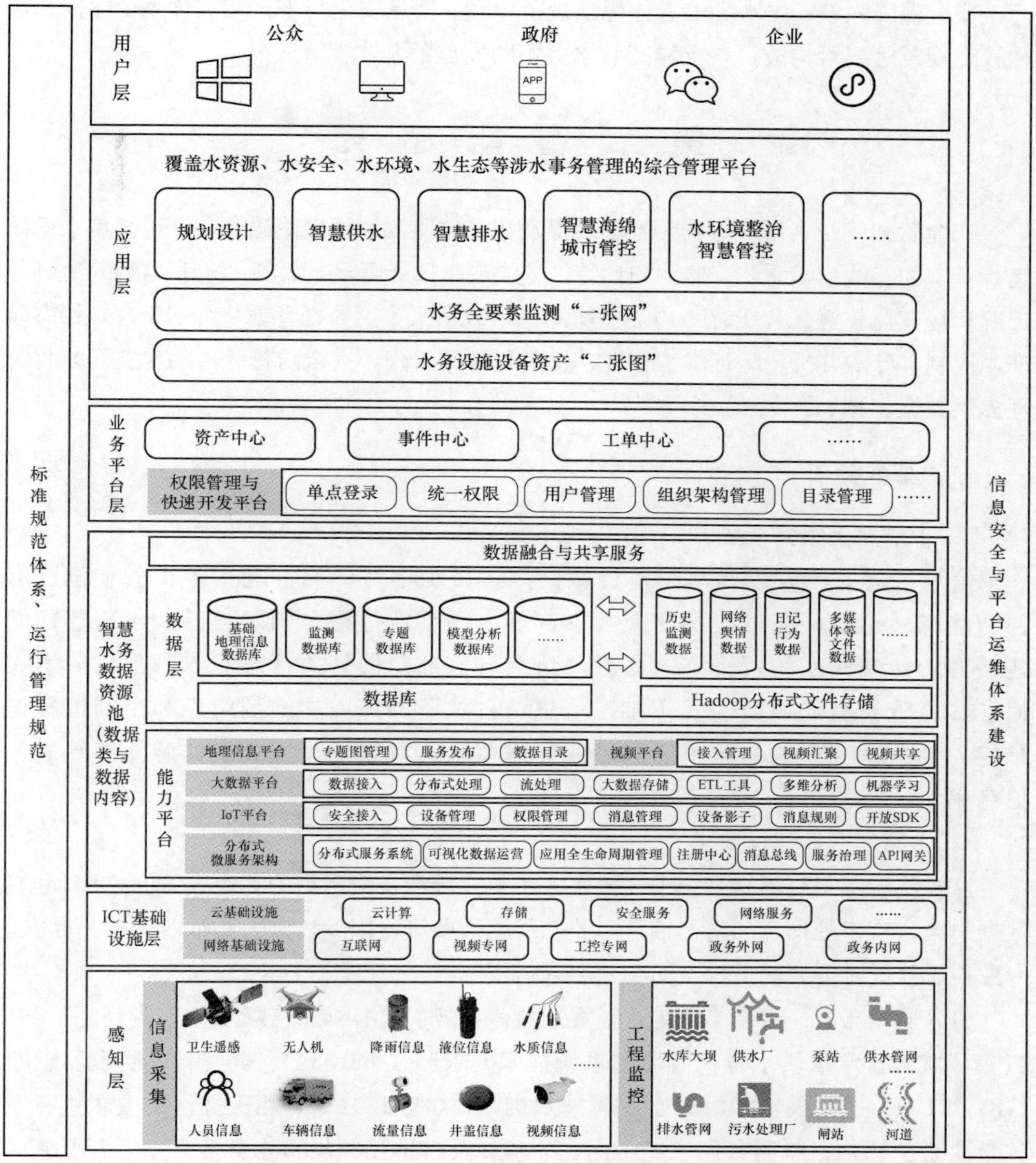

图 2－1　智慧水务总体框架

智慧应用系统：包括业务平台层、应用层和用户层。其中应用支撑层提供了智慧应用需要的公共服务能力，如统一认证，统一报表和流程服务等；应用层由规划设计、智慧供水、智慧排水、智慧海绵城市管控、水环境整治智慧管控等多个业务应用组成，各应用依托资源共享服务平台，实现功能个性化、资源共享与业务协同；用户层通过不同载体获取丰富展示内容。

安全保障系统：由水务信息化标准规范体系、信息安全与平台运维体系、建设和运行管理规范等要素构成，是支撑智慧水务不断发展的基本保障。

第二节 智能感知

智能感知就是利用传感器、测量装置及相应的监测数据采集设备，实现城市水系统运行状态的在线信息采集、监测和预警，感知项包括降雨量、水位、流速、流量、水质，工况和场景监控等。智能感知的主要功能包括数据采集、数据管理、终端管理、档案管理、控制、异常分析、运行维护管理、权限和密码管理、安全防护等，为水务智慧化管理提供数据支持。

一、基本要求

（一）信息采集共享要求

信息采集共享要求是尽可能资源共用、减少浪费，充分利用各相关单位已有的智能感知信息，通过数据交换共享，最大程度地挖掘公共水务行业不同部门间建设的智能感知系统所采集的信息，包括气象部门的气象信息、水利部门的水文信息、城管和交通部门的视频监控信息、自然资源部门的地图信息和空间位置信息等。当共享交换的信息不能满足业务需要时，可以通过增加新的感知终端进行信息采集。

（二）感知终端建设要求

监控终端是智能感知系统中连接水务工程设施和传输网络的各类设备的总称，包括数据采集、初步处理、加密传输等。监控终端需要满足国际、国内和行业的相关标准，专业传感器同时需要满足以下的技术要求：

（1）监测布点：结合《水文站网规划技术导则》（SL 34）、《降水量观测规范》（SL 21）、《城镇排水水质水量在线监测系统技术要求》（CJ/T 252）、《河流流量测验规范》（GB 50179）、《地表水和污染水监测技术规范》（HJ/T 91）等相关标准的要求进行水务全要素全感知。监测布点应能全面、准确和及时地反映城市水务各环节、各要素的运行状态，及时发现异常迹象，满足城市最严格水资源管理、供水管理、排水管理、防汛减灾、河长制、海绵城市、水生态文明等城市水务业务管理等对水务要素感知的迫切需求。

（2）设备选型：选用的仪器设备均应经过行业或地方主管部门组织的产品（技术）鉴定或经过国家授权质检机构的产品型式实验检测。推荐使用小型产品以便于安装、调整、使用和维修。尽量选用使用了低功耗设计、NB-IoT 通信方式、Lite OS 操作系统等物联网设计的成熟产品，对于为系统配套而选用的新型产品，其性能指标应经过检测合格后，方能正式采用。仪器设备应有采样数据存储功能模块，并可设置数据传输频率。

（3）采集数据要求：采集数据的格式应满足行业相关技术要求和标准。设备采集模块应具有频次调整、电压比、通信诊断等设备自我感知能力。数据采集通信应支持 UDP 协议、TCP 协议、IP 协议和 CoAP 协议，采集数据存储应支持主流关系型数据库和时序数据库。

（4）监测频次：水位、流速、流量的监测频次正常情况下日常监测采样频率为 15min 一次，数据发送频率建议为 60min 一次；在出现预警情况时，采样频率为 5～10min 一次，数据发送频率建议为 10min 一次；在出现报警情况时，采样频率为 1～3min 一次，数据发送频率与采样频率保持一致。降雨量日常监测频次不低于 5min 一次。水质在线监测频次可根据监测仪器对每个样品的分析周期来确定，最低监测频次应满足环境管理和水质分析的需要。在污染事故阶段或水质有明显变化期间可设置较高的监测频率。视频监控系统应具备 7×24 小时连续工作方式，自动本地保存，支持远程访问方式，或定时发送监控图片至监测计算机；光纤有线通信方式可实时在线浏览视频。

（5）设备管理要求：支持现场和远程参数设置、掉电数据保护、定时定点休眠唤醒功能，能和中心站进行数据互换，接收执行中心站的指令，支持多种通信方式，具备多信道自动切换功能。

（三）传输要求

数据采集分为实时和非实时两种：实时数据指由自动化采集手段采集的数据，具有较好的时效性，为保证自动监测信息一致性，动态监测信息实行统一平台管理，设备自动采集的原始数据全面直接传输到统一平台管理，不能在采集到传输过程中做任何修改；非实时数据则需要人工录入。

水位计、流速仪、流量计、雨量计、水质仪等现场终端至监测管理站的通信宜考虑移动、联通、电信三网兼容，采用 NB-IoT、5G 通信方式，兼容 GPRS、3G、4G 等通信方式，具备断点续传功能，并确保监测物联网及其通信的安全。视频现场终端至监测管理站的通信方式可采用光纤有线通信、4G、5G 或其他无线微波通信，符合《视频安防监控系统技术要求》（GA/T 367）等现行相关规定。

二、逻辑架构

水务信息采集系统在逻辑上分为主站层、通信信道层、采集设备层 3 个层次，通过物联网平台进行集成，再由资源共享服务平台为其他应用系统调用。

水务信息采集系统逻辑架构如图 2－2 所示。

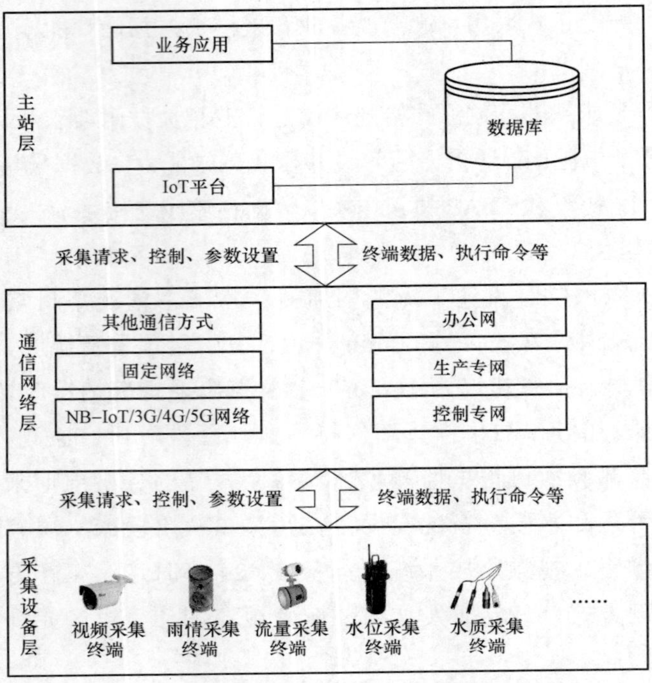

图 2－2　水务信息采集系统逻辑架构图

（1）主站层分为业务应用、前置采集平台（IoT 平台）、数据库管理 3 部分。业务应用实现系统的各种应用业务逻辑。前置采集平台负责采集终端的数据接收、协议解析，并负责对终端单元发操作指令。数据库负责信息存储和处理。

（2）通信网络层是连接主站和采集设备的纽带，提供可用的有线和无线的通信信道。主要采用的通信信道有 NB-IoT、3G、4G、5G、固定网络、专网等。

（3）采集设备层是信息采集系统的信息底层，负责采集水务全要素的信息，并实现与上层主站的交互。

第三节　ICT 基础设施

ICT 基础设施是智慧水务的重要组成部分，为智慧水务提供运行基础环境与互联互通的网络。ICT 基础设施包括网络基础设施和云基础设施。网络基础设施主要提供网络支撑与全面智能感知数据，特别是视频数据的互联互通，打通最后一公里，实现水情、水质、工情、视频等智慧感知设备的全面接入，实现统一、高速、稳定、安全、弹性的网络通信环境；云基础设施应需充分利用各地的政务云资源，提供计算资源、存储资源、网络资源等服务，构建统一的 IaaS 和 PaaS 云服务，提供水务信息化的基础支撑能力，为各类业务应用提供安全、稳定、可靠、按需使用、弹性伸缩的基础设施服务。

一、基本要求

（一）网络设施要求

1. 智慧水务网络设施的基本要求

（1）统一建设一张独立的实体物理网，满足城市水务信息采集、业务应用的承载需求；

（2）虚拟多业务网，统一的业务隔离、受控互访机制和统一的 VPN；

（3）统一管理网络边界接口（包括互联网出入口、外部网络及系统接口、业务平台接口等）；

（4）为应用系统、终端等提供安全、便捷、可管理的多种接入方式；

（5）按照统一的安全部署模式建立网络安全体系，实现全网安全可知、可控制、可管理，为业务提供分级安全保护，保障业务的连续性和安全性。

2. 智慧水务通信网络的连接要求

（1）与上级部门的连接：包括与住房城乡建设部、水利部、省住建厅、省水利厅、省应急部门、市政府等；

（2）与横向各部门的连接：包括与气象、自然资源、生态环境、城管、应急指挥等部门；

（3）与下级各部门的连接：包括与直属单位、街道水务部门、街道三防部门等；

（4）对外连接：主要指与社会公众的连接。

（二）云基础设施建设要求

云服务商提供云基础设施及其上的服务软件的集合，云基础设施建设应考虑到计算资源、存储资源等对 PaaS 的支撑能力。

（三）基础设施环境建设要求

基础设施环境必须满足计算机等各种微电子设备和工作人员对温度、湿度、洁净度、电磁场强度、噪声干扰、防漏、电源质量、防雷与接地、节能等要求。参照《数据中心规范设计》（GB 50174），智慧水务基础设施环境参照标准 B 级的设施配套建设，重点对机房供配电、UPS、制冷、环境监控、安防监控等优化改造，提供稳定可靠的基础设施环境。

二、逻辑架构

为智慧水务提供运行基础环境与互联互通的网络，实现水务信息化资源统一管理和调配，敏捷、弹性、快速支撑多样性业务的发展，需构建统一 ICT 基础设施服务，如图 2-3 所示。

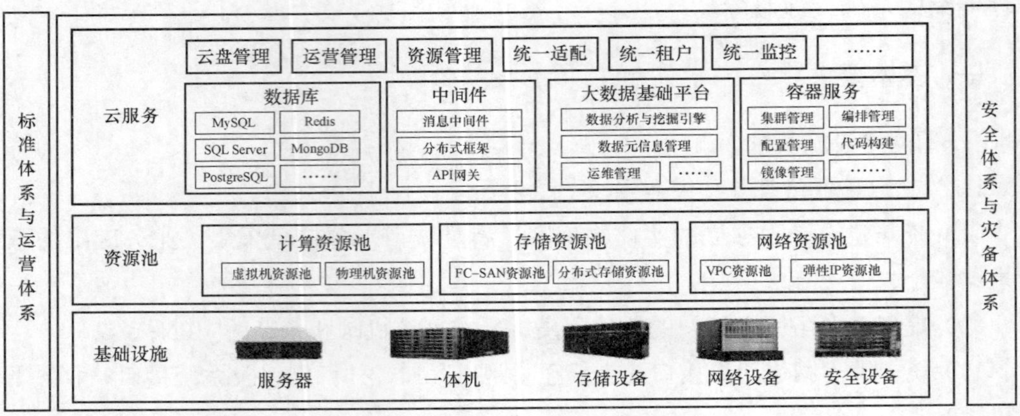

图 2-3　ICT 基础设施逻辑架构图

基础设施主要指智慧水务运行所需的网络汇聚硬件设备、存储硬件设备和灾备设施等。

资源池主要包括计算资源池、存储资源池和网络资源池，提供计算、网络和存储能力。计算资源池包括虚拟机资源池和物理机资源池，虚拟机资源池用于部署大部分的水政务业务系统，物理机资源池用于部署数据库等高负载系统；管理、安全区需要规划管理资源池用于部署云管理系统；存储资源池划分为 FC SAN（通常 SAN 也称为 FC-SAN，存储区域网络，Storage Area Network）资源池和分布式存储资源池，FC SAN 资源池使用 FC 组网支撑物理机和高性能数据库业务，以及部分性能要求高的虚拟化业务，分布式存储资源池主要支撑云主机和性能要求不高的业务；网络资源池采用 VXLAN（虚拟扩展局域网，Virtual Extensible Local Area Network）+SDN 的技术，实现计算、存储、网络服务的按需自助、敏捷交付与简易运维。

云服务提供数据库服务、中间件服务、大数据基础平台服务以及容器服务。

第四节　数据类与数据内容

按照国家大数据战略要求，智慧水务建设应基于电子政务中心，利用物联网、云计算、大数据、人工智能、GIS、BIM 等新一代信息技术，立足水务工作发展需要，健全水务数据资源体系，建成“实用、先进、安全、可靠”并且集水务数据存储、管理、交换、服务等功能为一体的城市水务数据中心，建立和完善持续稳定的数据更新机制，实现水务数据有序共享、适度开放，深化水务大数据应用，支撑水治理现代化建设。

一、基本要求

（一）数据整合要求

按照统一的标准规范、数据处理工艺，将现有水务数据进行分类、清洗、碰撞、融合，形成基础数据库、监测数据库、业务专题库和模型分析库。搭建水务数据融合平台，对水务不同层级、不同处室、不同业务系统、不同结构的数据资源进行融合，为智慧水务提供一体化的数据支撑。

（1）统筹集约和充分利用现有资源，通过政务信息资源共享交换体系，有效整合人口基础数据、法人信息相关数据、空间地理信息数据等，使水务数据与水务业务关系信息、水务数据与空间关系信息有机结合，以便于数据的管理、共享与业务支持。

（2）逐个梳理其他的源系统的数据模型，包括数据的内容、数据间的关系、数据格式与编码规则，同时完善和修正统一数据模型，建立统一数据模型的编码规则。

（3）形成统一的数据整合模型及其映射关系后，基于集成架构，由关联映射与更新同步功能对全业务数据进行统一的维护。

（二）数据存储与管理要求

数据经过数据归集后，需要建立统一的数据存储与管理标准体系，为之后的数据计算与分析、共享与服务提供数据存取支撑。同时为满足海量的数据存储与管理要求，需要按照数据来源、数据量大小、数据格式等特点对不同数据运用不同的数据存储技术，构建统一的水务数据存储与管理中心。对城市水务不同层级、不同业务单位、不同应用系统的数据进行治理，包括数据资产规划管理、数据共享与开放管理、数据质量管理、数据安全管理、数据更新机制管理和等级保护等。

（1）数据资产规划管理：明确资产目录创建、变更、发布的相关活动、关键交付及需要遵循的规则和要求。

（2）数据质量管理：数据质量是指数据反映业务真实情况，且满足应用要求的程度。数据质量管理应遵循“谁产生、谁负责”的原则，保证数据的准确性、完整性、及时性、一致性和规范性等。

（3）数据安全管理：覆盖数据产生、汇聚、存储、分发和应用等环节，按需开展安全监督和审计，督促问题整改，避免数据被破坏、非法访问、复制和使用、数据泄露等。

（4）数据更新机制管理：明确水务数据范围、类别、管理权限、更新机制以及数据使用条例，遵循“谁产生、谁负责”的原则，建立自上而下和自下而上相结合的数据更新工作机制。

（三）数据备份

数据备份采用自动备份和人工备份两种方式进行，利用数据库软件自带的备份功能进行每日数据库差异备份，每周进行一次异地备份。

二、逻辑架构

智慧水务数据资源池逻辑架构如图 2－4 所示。

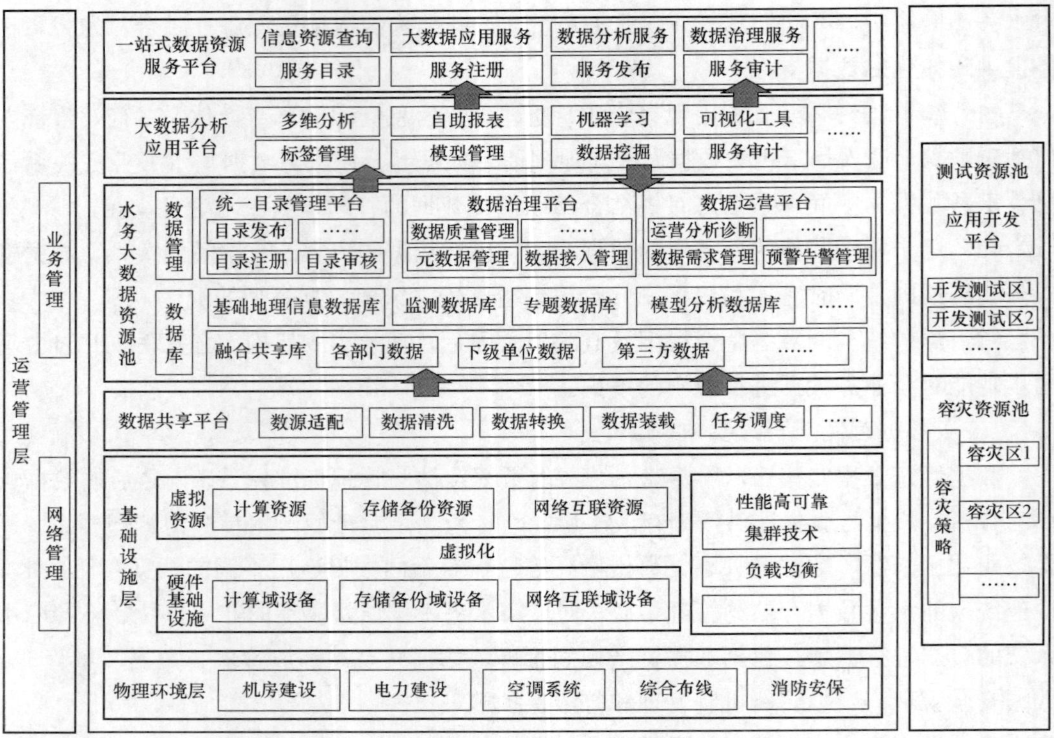

图 2－4　智慧水务数据资源池逻辑架构

智慧水务数据资源池的逻辑架构核心是建立水务信息资源共享和业务应用系统支撑的保障环境、水务信息系统数据资源共享的服务平台，基于云计算等技术完成对相应数据的统一整合与集中管理，进行数据分析挖掘，实现数据的综合利用。智慧水务数据资源池具体包括各类数据库建设、统一目录管理平台、数据治理平台、数据运营平台等。

第五节　业 务 支 撑 平 台

业务支撑平台为智慧应用提供统一的开发、运行和集成环境，其基于共性剥离、柔性扩展、融合共享的思路，按微服务及流程化生产的技术路线统一搭建，打造智慧水务业务基础能力共享的大中台。

一、基本要求

落实“业务云端化、数据资源化、服务智能化”的智慧水务信息化要求，构建分层解耦，云化、服务化的轻量级应用架构，提高业务联动、应用支撑、数据共享、政务协同等方面的能力，实现业务敏捷响应和高效支撑。前台以用户为中心，提升用户体验；中台以业务为中心，实现业务云化；后台以数据为中心，构建全局全量数据共享和分析平台。

（一）统一的认证

包括单点登录和统一权限管理，实现管理用户、角色、功能权限等实体信息，以及为用户分配角色，为角色定义权限，为权限配置对应功能地址，并能够给用户分配部门/组织，让用户管理部门/组织内的用户权限角色等关系信息，解决用户在不同业务系统重复注册的烦琐。

（二）统一工作流

针对智慧水务的业务流程管理要求，搭建统一的工作流管理平台，提供可配置、可自定义的灵活的工作流管理；支撑统一业务流程管理、统一事务处理、可视化的流程展现、流程状态集中监控、故障集中处理工作流程等。

（三）统一消息管理

对不同的消息来源进行统一的存储和管理。结合统一信息门户、统一移动门户进行任务、邮件、电话等信息展现和提醒通知，使用户无须在不同设备之间选择切换，即可在任何时间、任何地点通过任何一种通信设备发送与接收信息。

（四）统一报表管理

包括自定义分析报表、自定义分析报告、自定义分析流程、自定义分析规则、指标导航、信息发布与个性化定制等功能，支撑智能数据分析和展现需求。

（五）业务协同

在顶层设计所要求的数据、资源服务的统一构架下，按资源服务平台的统一要求进行旧有系统改造、重建、新开发，利用指定网络架构、符合数据架构要求的编码、坐标系统、存储、管理、调用要求，充分利用数据中心的通用组件、服务，实现各系统业务流程的无缝对接，充分体现水务系统间的业务协同，细化系统的可共享数据资源目录并开发相应的服务接口中，实现系统的松散耦合，实现与其他系统的数据共享。

二、逻辑架构

业务支撑平台的逻辑架构如图 2－5 所示。

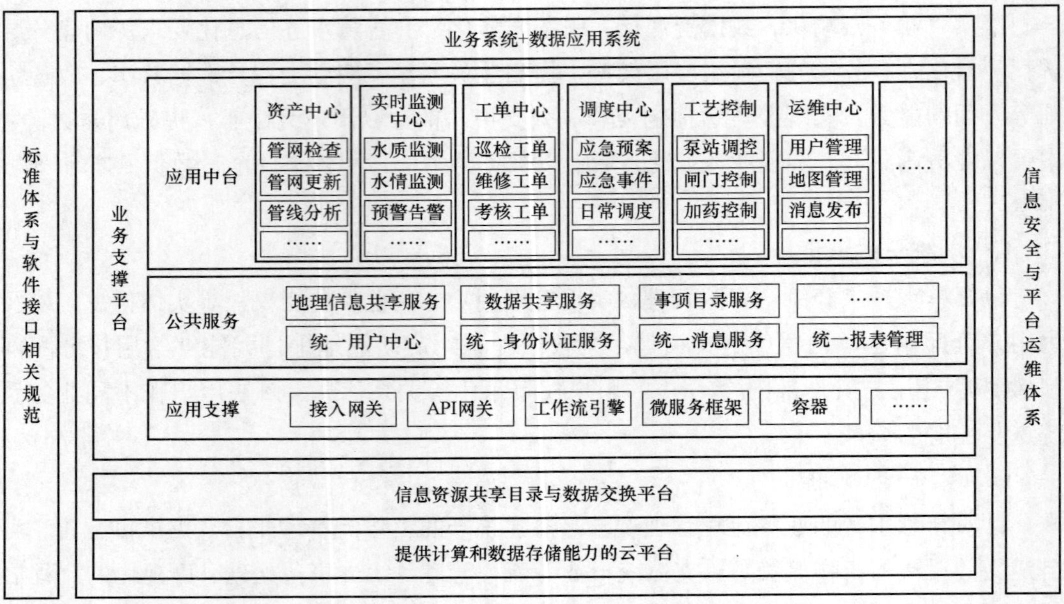

图 2－5　业务支撑平台逻辑架构

业务支撑平台是一个水务相关信息的集成环境，提供一个支持信息访问、传递以及协作的集成化环境，实现个性化业务应用的高效开发、集成、部署与管理。业务支撑平台分为应用支撑、公共服务和应用中台三部分，其中应用支撑为上层应用系统的开发、集成提供各类中间件支撑，具体包括接入网关、API 网关、工作流引擎、微服务框架、容器等；公共服务是为全系统提供统一使用的各类基础应用系统，避免重复建设，包括统一认证、统一用户管理、统一消息、统一报表、地理信息共享、数据共享、事项目录共享等；应用中台是以场景化业务为中心，将后台资源进行抽象包装整合，转化为前台具有可重用共享的核心能力，通过类似消息转发的方式，实现后端业务资源到前台易用能力的转化。

第六节　智　慧　应　用

智慧水务应用覆盖水资源管理、供水排水管理、水环境整治、水安全管理以及城市水政事务处理等方面，分别按业务管理提供各类应用系统，满足水务各业务部门及各业务维度的管理需求；基于大数据分析应用结果，水务各业务部门通过智慧水务运营指挥中心，进行专题管理。

一、基本要求

（一）现有系统整合

水务信息化发展过程中，大量的信息系统以分散建设为主，导致现有系统间信息共享和业务协同难以满足业务发展的新需求，在协同服务总线（ESB）的多服务集成、服务事件和管理支持等功能的基础上对现有系统的业务流程进行整合，使现有系统实现与其他系统数据共享、业务协同，是水务信息系统集成的重要内容之一。

基于 SOA 架构（面向服务的架构，Service-Oriented Architecture）对不同开发平台、不同架构设计的应用系统进行分析，将不同系统的业务流程重新包装形成不同的服务，通过对系统进行改造实现不同系统对相同服务的调用，从而实现系统的松散耦合。

（二）现有系统的改造和重建

要以业务系统来支撑办公自动化的决策，以办公自动化系统提升公共服务水平，支撑政府职能转变为创建服务型和科学决策。已有业务系统的功能和业务办理流程等都需要改变，需要对系统进行改造或重建以满足业务发展变化的需求。

系统改造：通过对现有系统进行评估，对于目前运行良好的应用系统按新的业务需求进行更新优化，基于微服务架构，重新对系统业务流程进行梳理，采用工作流、可视化定义等技术对业务流程进行重新定制，构建新的业务流程，从而实现对现有系统的改造。

系统重建：通过对现有系统进行评估，对目前设计理念、系统功能、运行效率等都与新形势下的业务需求、技术架构要求相差较大、或改造成本过高的系统进行业务需求的重新梳理、业务流程的重新定制，在新的数据架构、资源共享服务平台的服务环境下重建新的系统。

（三）新建系统

系统新建的总体要求是：新建应用系统均采用微服务架构，在设计和建设时应具备良好的扩展性、互操作性，以及与现有系统的兼容性，避免新“异构”系统的出现，减少集成问题，降低集成难度。

二、逻辑架构

智慧水务业务应用依托业务支撑平台，在微服务应用的安排下，实现功能个性化、资源共享与业务协同，如图 2–6 所示。

建设水务设施设备资产一张图、水务全要素监测一张网及水务专题应用，实现最严格水资源管理、城市水安全管理、黑臭水体治理和污水处理提质增效等水务重点业务的智慧化管理。

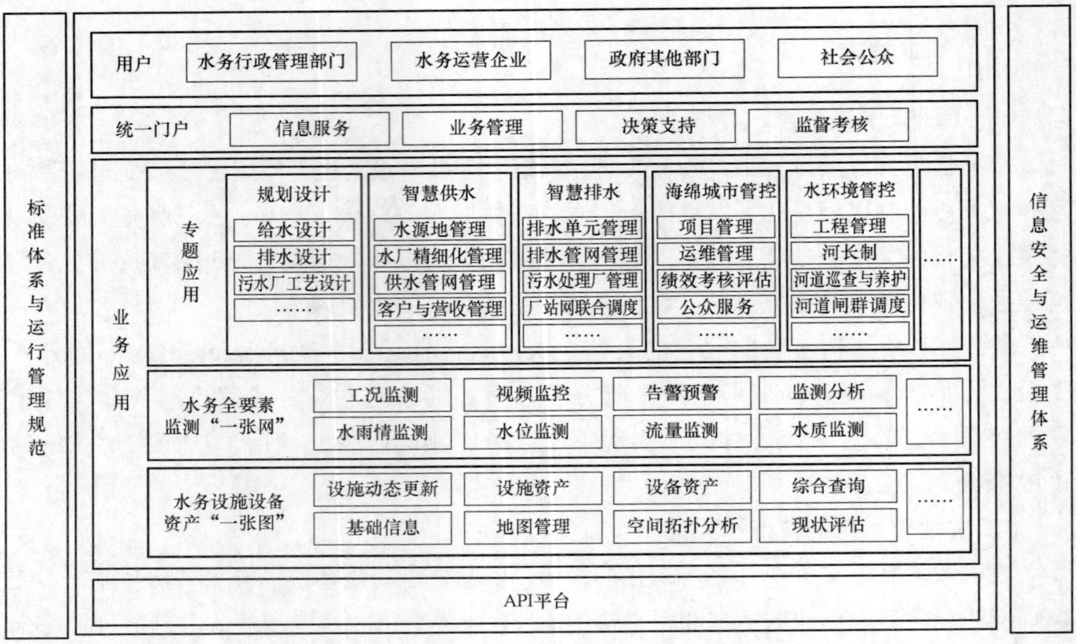

图 2－6　应用逻辑架构

第七节　保障环境体系

根据智慧水务顶层设计体系，顶层设计成果中除了软硬件产品之外，其他设计成果均可归入安全体系和技术标准体系。

一、基本要求

（一）技术标准体系

技术标准体系结合地区特点，注重实践经验的固化，在遵循、实施现有国家行业及地方标准基础上，规划、设计可支撑当地智慧水务建设与发展的标准，从总体设计标准、支撑技术与平台标准、基础设施标准、应用型平台标准、管理与服务标准、安全与保障标准等维度开展。

（二）安全标准体系

依据智慧水务信息安全相关标准规范，结合国家政策文件中有关网络和信息安全治理要求，从规则、技术、管理等维度进行综合设计。结合城市信息通信基础设施的规划，设计网络和信息安全的部署结构。

（1）规则方面。提出保障城市水务数据信息的安全技术、安全管理相关规章制度与标准规范。

（2）技术方面。明确应采取安全防护保障的对象，及针对各对象需要采取的技术措施。

（3）管理方面。对从事智慧水务安全管理的组织机构、管理制度及管理措施等方面提出相应的管理要求。

二、体系架构

（一）标准体系架构

按照信息化、智慧化的标准体系研究定位，充分考虑标准体系的纵横关系，提出智慧水务标准体系架构，如图 2-7 所示。

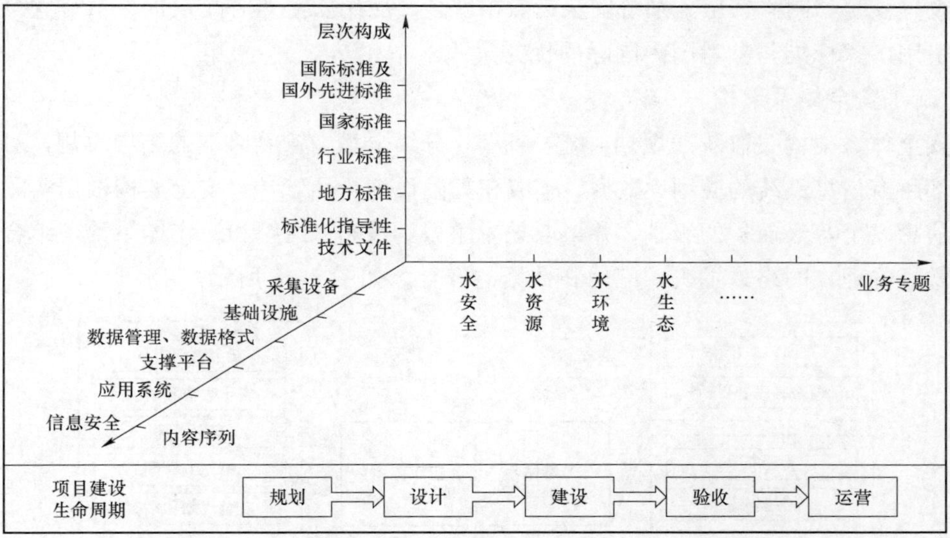

图 2-7　标准体系架构

（1）通用性标准和总体标准为智慧水务信息化标准提供指南和框架，以及通用性、基础性的信息化术语定义，其包括标准化指南、术语标准这两个二级类目。

（2）采集设备标准规范，包括水情、水质、工情以及视频感知的技术要求，要求贯穿于智慧水务智能感知采集的全过程，确保规范、高效共享、集约建设与充分利用智能感知传感设备与信息。

（3）基础设施标准规范，包括智慧水务基础设施、网络、物联网及计算存储的建设、运行、维护和管理的技术要求与业务管理要求，确保水务信息化基础设施的互联互通、高效利用和规范使用。

（4）数据管理与数据格式标准能够统一水务信息数据库的库表结构、数据表示方法和标识，规范水务数据库建设和管理，促进数据共享，满足水务数据处理、交换、存储、维护和信息发布等需要。

（5）支撑平台标准规范贯穿于智慧水务业务全流程，确保在采集、传输、分析、加工、存储、发布、应用等业务环节“数据语言”一致性，方便数据高效流通和模型服务的高效应用，支撑各业务环节的应用功能建设及上下游衔接，确保智慧水务应用之间高效互联互通、共享协同，确保信息与数据的横纵贯通、分级共享。

（6）应用服务（应用系统）标准规范，包括智慧水务应用系统的基础功能、技术架构和信息流程，规范实现智慧水务业务应用敏捷开发以应对业务快速变化、灵活扩容、应用整合需求。

（7）信息安全标准是确保智慧水务信息系统安全运行，确保信息和系统的保密性、完整性和可用性，为智慧水务信息化建设提供各种安全保障的技术和管理方面的标准，涵盖物理安全、网络安全、系统安全、数据安全、应用安全等各个层面。信息安全标准主要引用国家标准与参考国内国际的优秀实践。

（二）安全体系架构

安全体系架构采取统一规划、统一部署、分级分域、管到终端的指导思想，对水务局内部所有信息系统的应用、数据、集成和基础设施全面管控。安全架构根据实际应用确定信息安全等级保护的级别，并采取技术手段、策略、组织和运作体系紧密结合的方式，做好物理、网络、主机、应用和数据的安全，如图2-8所示。

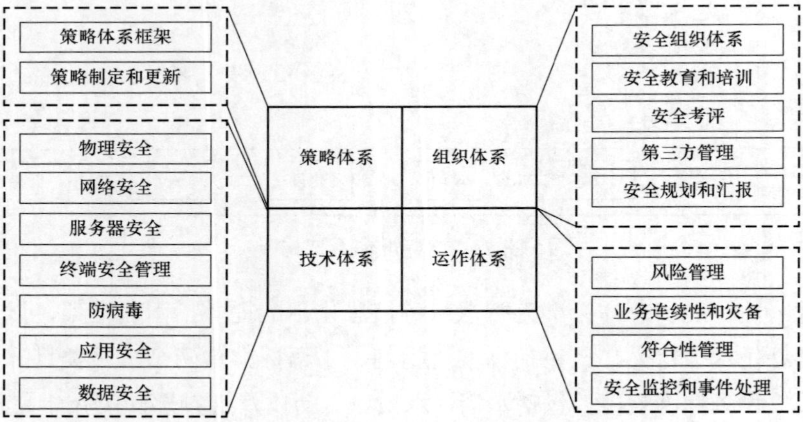

图2-8　安全架构体系图

（1）安全策略体系是整个信息安全体系的核心，为整个信息安全体系提供指导和支持。包括信息安全的目标和愿景、方针、策略、规范、标准、流程和指南等，并通过在组织内对安全策略进行发布和落实，来保证对信息安全的承诺与支持。

（2）安全组织体系保证策略体系、运作体系和技术体系在组织内部顺利开展和实施，是整个安全体系的管理基础。包括安全组织结构建立、安全角色和职责划分、人员安全管理、安全培训和教育等。

（3）安全运作体系是整个安全体系的执行环节，保证安全体系的有效性和可操作性，是整个安全体系的实施基础。包括在业务和管理各个方面、在信息系统建设的各个阶段，采取的所有安全措施和操作。

（4）安全技术体系提供安全体系的技术手段和工具，是整个安全体系的技术基础。包括物理安全、网络安全、终端安全、服务器安全、防病毒安全、应用安全和数据安全等。

第三章　关　键　技　术

本章节将结合城市水务特点，介绍可应用在智慧水务建设中的信息技术，包括基础数据调查、实时动态监测、物联网、数字孪生、水力水质模型等，并且讨论各种关键技术在智慧水务建设中从原水、生产、输配、排放、处理等各个环节所能发挥的重要作用以及实现途径，为智慧水务项目建设提供参考和指导。

第一节　基础数据调查技术

开展智慧水务建设的首要任务是完成各类水务基础资产的数据调查，例如城市给排水系统中的各类管道及其附属设施的位置、大小、高程信息、拓扑关系、建设年限等空间和属性信息；地形地貌、水文环境、建筑工程；自来水厂、泵站、污水处理厂等重要建（构）筑物内部构造和主要设备、附属管线等。基础数据调查技术可分为给排水管线数据调查技术、基础地形（下垫面）测量技术和构筑物测绘技术。

其中，给排水管线属于隐蔽工程，埋设的环境复杂，管线分布区域多数为城区的繁华街道或厂矿的复杂地段，因而无法使用常规的方法获取其基本信息。管线数据调查技术可以通过专业技术手段，准确掌握给排水管线路由空间位置、高程和埋深等信息。

此外，由于城市化进程加快、气候的变化及人类其他活动等影响城市的降水时空分布与陆面过程，也给流域带来不同的水文过程，进而对城市主要流域的水资源与水环境产生影响，因此需要对基础地形（下垫面）进行测量，对整个地形、地貌、水文环境特征、植被以及建筑工程进行探测，但由于测量目标普遍面积大、范围广且变化快，传统勘查技术已无法满足需求，各类新型技术、设备如卫星与无人机的航测技术等的出现，为基础地形的勘查提供了高精度、高效率与低成本的方案。

给排水构筑物包括各类水工设施，如水闸、泵房、水厂、污水处理厂等，完成其内部设施的精准测绘，对相关管理、运维人员的工作开展，以及相关设施的升级改造具有重要的指导意义。由于给排水构筑物内部管线交叉频繁，工业设备较多，构造复杂，在智慧水务建设过程中，对其信息化的管理要求高，传统测绘方法及其成果已无法满足给排水构筑物内部精细化管理的需求。随着新兴科技的应用与普及，构筑物测绘技术也正逐步升级，目前较先进的给排水构筑物测绘技术主要包括室内三维激光扫描技术与BIM技术。

一、管线数据调查技术

市政的给排水系统主要是通过大量的管道相互组合成的，保障管道的正常运行对于市政给排水系统的正常运行具有非常重要的意义，而对管线数据的基础调查正是管理、维护管道的重要手段与首要任务。

（一）给水管线探查

给水管线管材分为金属管材和非金属管材，因此给水管线数据调查技术可分为金属管线探查与非金属管线探查技术。金属管线可采用感应法与直接法进行探查，感应法利用管线探测仪的发射机选择适当频率发射信号，再通过对接收仪器接收到的有效信号进行分析，以确定管线平面位置和深度；直接法是将发射机与裸露的给水管线点直接连接起来，对金属管线直接加载电流，使管线和发射机地线形成一个电流回路产生电磁场，使金属管线感应电流后产生二次磁场，利用接收机接收信号而分析确定管线的平面位置和深度。给排水非金属管道按照材质可分为混凝土管或PE管，非金属管线与周围松散、硬度不一的介质之间存在着介电性等物性差异，这种情况则可利用高频电磁波法（如探地雷达）进行探查取定管线位置和深度。

（二）给水管线探漏技术

管网长期埋设于地下，经过长时间的运行，受管材质量、施工、土壤及其他外界因素的影响，会出现管道泄漏现象。我国城市供水管网的漏损率在城市化的进程中不断升高，早已远远高于发达国家。泄漏给资源及经济带来了巨大浪费与损失，因此减少供水管网漏耗是在以建设节约型社会和实现可持续性发展为目标的目前节水措施中极其重要而紧迫的任务。漏水的原因很多，如由于水压过高或地面重压引起爆管，抑或是由于锈蚀引起的管壁烂洞、接口漏水、附件漏水等。常用检漏的方法有以下几种：水量平衡分析法，利用总供水量与总用水量之间的差距可对管网漏损水平进行粗略的评估；分区检漏法，针对部分允许短期停水的区域，关闭其管网的所有进水阀门及区域内的用户管，安装一根连接区域内外，且安装有流量计或者水表的探测管，在探漏过程中，其读数即为区域内的漏水量；实地观察法，即从地表观察漏水的迹象，如路面下沉；听漏法，可在夜间采用听漏棒或检漏仪等进行听漏探测。

管道的泄漏检测工作涉及管道的探测定位、泄漏异常的捕捉、漏点的定位等多个环节，只有将测漏工作规范化，并通过有计划的安排与有组织的施工，才能使管道的测漏工作有章可循，达到规定的检测效果。

供水管线探漏技术可分为明管探漏与地埋管探漏。

1. 明管探漏

明管是指没有埋到地下且没有被遮蔽物遮挡的管道，明管的探漏一般不需要特殊设备和仪器，可直接通过观察法观察管道渗水、漏水等情况，从而确定漏水位置。

2. 地埋管探漏

为了保护管道免遭外力破坏，使城市更美观，大部分明管已被地埋管代替，但探漏难度也随之加大，目前已有多种地埋管探漏技术被开发应用，主要可分为直接法与间接法。

（1）直接法。常见的地埋管直接探漏法包括管网压力测量法、电缆法、导电高聚物法以及听音法等。

1）管网压力测量法是通过选择一些重要的，具有代表性的节点进行监测，并对测压点的位置进行合理的布置，进行高水压监测来反映管道是否泄漏。

2）电缆法是通过电气方法进行探漏的一种，是通过其阻抗的变化测得渗漏的大致位置。

3）对于绝缘管道的探漏，可使用导电高聚物法。即将电缆用导电高聚物包裹，可以检测到电缆中水蒸气的存在，即使没有发生泄漏，也会因为腐蚀作用发出预报。

4）听音法是地埋管探漏中运用得较多的一种方法，例如利用阀栓听音探测，发现阀栓漏水等异常情况；为发现漏水区域异常，可利用路面听音探测技术，定性分析漏水发生的可能性以及漏水点位置。

（2）间接法。地埋管线的间接探漏法，通常是对管网压力进行测量，通过压力的空间、时间分布的数据与变化规律，确定漏水发生的重点区域，具体实施方法有水力坡降法、质量平衡法以及分段密封法等。

1）水力坡降法是根据上、下游流量参数得出上、下游阀门的压力参数坐标图来预测泄漏点。

2）质量平衡法是一种相对粗略的方法，需要根据上游阀门的测量参数与下游阀门测量参数之间的差值，判断管段是否发生泄漏。

3）分段密封法则通常在管道未处于运行状态的时候使用，通过将管道高压密封，检测管道内不同点的压力，压力较小的地方就是可能发生泄漏的地方。

目前供水企业较多使用管网探漏结合管网分区计量进行漏损定位。供水管网分区计量是把供水管网分级划分为多个可计量区域，以便对每个分区进行流量和压力监测，对管理区域内流进的自来水总量和实际售水量实施量值的一种管理方法。除了提升管线探漏技术，供水企业还应建立一支反应速度快、施工质量高的检漏与修漏队伍，准备必要的抢修设备和材料，以保证检修速度和质量。

（三）排水管线数据调查技术

排水管线多为非金属管材，非满管流，不适用电磁检测，但是排水管线规划建设多采用明井敷设，可以通过上下游井段的管底、管顶标高，推断排水管线走向及埋深，因此探查大部分使用开井探测技术。利用井中调查、开挖样洞或简易触探相结合的方法可勘查排水管线的基本信息与运行状况，目前此类技术主要应用在某些复杂地段的管线探测及检查验收中。

（四）管线状况检测技术

施工单位在进行管道检测前需要提前清淤，清淤检测调查是通过闭路电视检测（Closed Circuit Television Inspection，简称 CCTV 检测）、管道潜望镜检测（Pipe Quick View Inspection，简称 QV 检测）以及声呐检测等技术手段，对管道内的锈层、结垢、腐蚀、穿孔、裂纹等状况进行探测和摄像，以判别管道的结构缺陷程度和功能缺陷程度，为管道的定点修复、新铺管道的竣工验收以及管道修复前的方案设计、修补过程中的施工监测、修补后复测等提供经济有效的检测方法。清淤检测调查技术能对排水管道的结构性和功能性状况进行检查，根据排查数据评估管道的结构缺陷程度和功能缺陷程度，及时发现破裂、脱节等严重或重大缺陷隐患，为消隐措施的制定提供数据保障，保证排水管道的高效、安全运营。

1. 管道 CCTV 检测

管道 CCTV 检测是采用先进的 CCTV 管道内窥电视检测系统，在管道内自动爬行，对管道内的锈层、结垢、腐蚀、穿孔、裂纹等状况进行探测和摄像；再依据《城镇排水管道检测与评估技术规程》（CJJ 181—2012）进行评估，为制定修复方案提供重要依据。当管道内水位太高时，水面下部检测不到，检测前应对管道实施封堵和导流，使管道内水位下降至管道直径的 20%以下，最大程度露出管道结构；当管道内壁污物较多时，应对管道进行疏通和清洗，确保 CCTV 爬行器在管段全程内正常行走，更清楚检测到管段的结构性缺陷。

2. 管道潜望镜检测

QV 检测适用于低水位检查井及管道中功能性和结构性缺陷收集。通过 QV 快速检测设备对检查井及管道内部进行拍照和录像，能快速收集检查井和管道内部的功能性缺陷或结构性缺陷，并同步验证各检查井上下游的拓扑关系。

3. 声呐检测

声呐检测主要应用于管道的破损、变形、淤积等缺陷的检测。声呐头通过发射声呐波，反射到管壁后成像，形成一个管道内的声呐扫描图，从而判断管道内的积泥、破损等情况。声呐检测系统包括水下声呐检测仪、连接电缆及声呐处理器。

二、基础地形（下垫面）测量技术

城市水循环基础地形测量主要服务于城市下垫面的数据统计，下垫面由地表各类覆盖物组成，对下垫面的解析是城市水务建设效果评估的重要因素和手段，影响城区水循环过程的下垫面要素主要包括地形、地貌、植被和建筑物等，因此对应的基础地形测量主要包含河流、溪流、湖泊、水库、池塘、沟渠、泉以及各类城市建筑地形等。在基础地形测量施工前，需要全面收集测区已有等级控制资料，包括控制点分布图、坐标和高程成果表等。基础地形测量技术主要包括地面极坐标测量技术、全球定位系统测量技术、遥感测量技术和无人机技术。

（一）地面极坐标测量技术

极坐标法是一种内外业一体化的全野外数字化采集作业方法，使用全站仪以极坐标法测得各地物、地形要素点以及细部点等高程。采用三角高程测量，全站仪能自动记录数据，现场绘制工作底图，运用边长交会，内（外）分点、矩形两点等解析方法计算其余点坐标。内业成图软件与地形软件一致，能够采用数字化测图软件，形成DWG格式数据文件。地面极坐标法测量技术的缺点是人力密集、距离有限，而且对上下测量点之间的互视性要求较高。

（二）全球定位系统测量技术

全球定位系统（Global Positioning System，GPS）能够利用轨道卫星来定位地球上的任何位置，传统的测量方法要求在固定点和观测点之间有明确的位置线，而 GPS 技术对测点之间的互视性没有要求。在重力供水系统与一般管网的测绘中，使用 GPS 技术，易于设计与建造图纸的筹备；由于所有系统组件都可以使用 GPS 技术重新定位，增强了供应网络的维护性；还可利用其定位潜在水源的位置，如受保护的泉水、人工井和钻井等，并对这些数据进行分析，以找出给定地区的水供应密度或覆盖范围，方便相关人员对每个水源进行定期巡查维护，保障其处于正常的状况；GPS 技术还可用作导航辅助工具，用于地形复杂的农村等地区；此外，在全球定位系统和个人电脑之间能够设置一个接口，这样获得的数据就能合并到一个现代 GIS 系统中，进行空间分析与智能展示。

（三）遥感测量技术

由于遥感影像中蕴含丰富的光谱信息、空间信息与纹理信息，遥感测量技术成为探测地物目标直接、丰富的载体。近年来，随着卫星遥感、计算机图像处理和人工智能技术等快速发展，城市水系统下垫面测量技术取得了突破。基于卫星图像可以进行精确的水体探测、提取和分类，由于它包含空间和光谱特征，提取的水域面积、几何形态、水质状况和生态环境信息，现已应用于水资源的调查和宏观监测等应用中，如利用遥感影像的空间和光谱特征构建不同的水体指数，以便精确采集水体信息。目前常见的遥感测量技术包括多波速测探技术、激光扫描技术等。具体来说，遥感图像包括三种类型的图像数据：一种是可以直接用于目视检查的原始像素数字光学图像，如纹理丰富、色彩丰富的高分辨率（Very High Resolution，VHR）航空图像，大量研究证明了 VHR 光学图像在洪水测绘中的有效应用；第二类图像数据包括多光谱光学表面反射率图像，使用卫星多光谱反射率图像、Landsat 专题绘图仪/增强专题绘图仪等数据，可对离散粒子进行优化；第三类图像数据是卫星合成孔径雷达（SAR）图像，由于雷达的长波有源信号具有成像穿透能力，可以在白天或夜间天气条件下成像，大大突破了传统技术上的局限性。

（四）无人机技术

无人机可以快速按需收集高分辨率的遥感数据，成本仅需普通航空调查的一小部分，而且其分辨率和时间尺度是卫星图像无法比拟的。除了可以具有遥感功能之外，无人机还可携带有效载荷，这使它们成为支持下垫面探测的多功能工具。部分无人机也开始增添具有更先进功能的装备，实现如全空域感知、障碍探测、智能飞行员和自动飞行模式等功能。这些功能同时也增强测量人员的操作体验，即使在城市环境中，无人机也能高质量、高精度地完成相关地形的测量；此外它们降低了探测人员的操作门槛，避免了传统与飞行相关的风险，扩大了无人机的潜在应用。无人机的潜在应用有很多，包括获取非法排放检测的空中图像，监控水务工程设施是否遵守相关法规，提供高分辨率流域数据以用于模型参数化等。

三、水务工程构筑物测绘技术

市政给排水构筑物与其他市政工程构筑物的明显区别在于，水厂、污水处理厂、泵站等给排水构筑物结构形式多样，并且大部分涉及地下管线工程，室内外管线布置与相关工艺流程复杂。运用传统测绘技术测绘难度高、效率低，并且结果往往有较大偏差。对于目前普遍需要升级的构筑设施，传统测绘技术获取的数据复用性差、更改弹性小、升级难度大，且二维图纸可视化性能差，难以将复杂的设计直观地呈现出来以指导现场施工，因此在水务智慧化转型中，一体化的高精度三维给排水构筑物构造图必将迅速取代二维图纸。

利用三维激光扫描技术，再适当结合数码相机对构筑物内局部细节进行拍照，还原、展示融合后的三维场景，在建立的三维实体模型基础上，制作设施、场景的三维构造图，可实现从实景到模型的等比例、同位置仿真还原。对于构建水务构筑内部设施、设备场景，三维激光扫描测绘技术作业效率高，模型精细，建立的场景效果逼真，在各个施工作业环节中还可设置、生成各种常用的数据格式，实现与不同的三维构造信息系统兼容；数据结果可利用率高，对水厂、泵站以及污水处理厂等相关单位的作业、管理和运维具有一定的借鉴意义。

BIM 技术在给排水构筑物测绘上的运用已逐步成熟。利用 BIM 中三维视图功能所呈现的直观视觉效果，可从不同的角度认识、了解构筑物内部结构。在运用 BIM 技术进行设计时，能够合理地布置设备，确定管道走向、管径大小、管道材质及管道连接方式等。此外，设计人员可利用多窗口、多角度、多剖面同时观察、同时设计，并且可在任意窗口进行修改，修改结果会实时反馈到其他窗口，极大限度地避免了人工疏忽造成的错误或遗漏。

四、发展趋势

随着 GPS 定位、低空飞行技术、图片处理技术、通信技术、人工智能技术的发展、物联网的广泛应用、专业成像技术的更新换代，基础数据调查技术正朝着抗干扰能力更强、自动化程度更高、探查设备通用性更好、探查结果更直观、拍摄图像更清晰、病害判读结果更精确与病害判读方式更智能的方向发展。

第二节 实时动态监测技术

实时动态监测技术作为智慧水务技术库的基础，是指以建立指标科学、实时在线、因地制宜的，并且分层级、分功能、可追溯与可监管的综合一体化监测网络为原则，充分利用监测感知设备，将采集的各类水务信号解析、转换为可用信息并储存；再根据不同的业务需求，利用无线传输等技术将相关的水务信号传递到相应的部门，再由相关部门决策人员根据相关信息做出决策。实时监测指标由不同的业务需求进行调整，常规监测指标包括雨量监测、液位监测、流量监测、水质监测、泵站运行工况、（污）水厂运行工况等；监测对象包括水库大坝、泵站、闸站、管网重要节点、水厂、重点排水户、CSO（合流制溢流）截流井、入河排放口、污水处理厂、河道等。在实时动态监测数据的应用上，应根据区域实际情况因地制宜制定布点方案，选定监测指标进行实时在线监测，对各类监测设备的历史监测数据进行同比环比分析、趋势分析等，多方位了解监测数据的变化规律，再与模型结合进行分析评估，科学合理地分析异常情况，并通过可视化展示对异常情况进行目标标记与异常数据记录，便于发现问题即时整改，也可为应急事件提供科学调度的数据依据。

实时动态监测技术的核心为感知器及其组成的网络，感应器主要包括 RFID 标签和二维码标签等基本标识和摄像头、GPS、超声波、压力、陀螺仪等传感器件。其中，传感器作为水务行业获取实时动态信息的主要设备，它利用各种机制把被测量转换为电信号，然后由相应信号处理装置进行处理，并产生响应动作，常见的传感器包括智能井盖终端、流量计、水质仪、液位计、雨量计、压力计、温度计、湿度计等。

一、实时动态监测技术核心及应用

在水务建设上，作为水厂、污水处理厂等的自动化管理的核心，实时动态监测技术大量用于对监测站点环境、设备运行状态、设备故障状态等信息的实时监测工作；同时，也辅助实现了河道、泵站、管网等实时监控、告警以及调度等管理；此外，运用设施设备运行工况、水务环境等各项监测参数，与所建模型结合进行比较分析，有助于正确调整模型参数，提高模型准确度。

监测动态可以由“可视化一张图”、综合查询等多种方式进行展示，实现对水务环境以及各类设施设备运行工况的实时感知；通过定制各类监测数据的分析算法，实现数据“超越限值”“小幅度变化”或者“是无变化”等多维分析计算；通过对原始监测数据展开深度分析，预设各类异常识别算法，能对可疑数据进行筛查并对异常数据进行剔除，有利于提高水文数据监测准确度。实时动态监测技术逐步替代了以往的静态监测，由定点监测转换为全覆盖监测，进一步发挥了水务环境监测的数据价值，为分析判断事故原因、危害及采取相应对策提供依据。

（一）实时监控感知网络

通过对水务运营系统中各类信息的全方位感知，为全面实现水务企业的生产、运营智能化打下基础。利用实时监控技术建立实时监控感知网络，接入远程视频进行监控，主要包括设备监控、巡检养护监控、维修工单监控、水质达标监控、流量监控、工艺流程监控，移动侦测与入侵监测等。对现场设备设施在真实运行情况下所采集的数据进行跟踪及反馈，在发生异常情况时，即时、精确地将报警信息发给相关人员，提高问题的解决效率；通过对工艺控制系统的实时监控，辅助处理工艺的全闭环智能化控制，在提高全厂自动化程度的同时，提升处理效率和效果；实时监控作业动态流程，实现包括巡检、管道冲洗、清掏、水质取样等所有环节的标准化管理，通过远程监控，辅助生产过程的自动化运行，实现“无人、少人值守”的目标。

（二）多元化监控技术

1. 多元数字化监控体系，全方位水环境数据

利用数字化监测技术，如测量全景技术等形成水下、水体、水面、空中“四位一体”的多元监测技术体系（包括影像采集系统、定位系统、辅助硬件系统等）对水务环境、工况各维度进行全覆盖监测，并将所有数据进行关联，获取各个监测维度的成果，如各监测区域的水下河床病害情况、水体水质病害情况、水面悬浮物、空中监测的整体环境变化情况等，有助于更直观地了解水环境本体及其相关环境因素的情况，为水环境的保护与防治提供依据。

2. 风险安全评估系统，保障安全度汛

对高风险渗漏、淤堵、管段错接、溢流、历史易积涝点区域，以及易发生黑臭水体

污染的河道等进行安全风险评估，通过在高风险区域安装部署降雨监测仪、积水液位计、管道水位传感器、河道水位传感器等设备，实现对排水管网流量、液位，易积涝点、河道水位，泵站运行状态及河道水质等状况进行实时数据采集与传输；运用基础防汛雨情信息采集系统，实现全部排水设施在线数据和视频采集、集中展现、预测预警等功能，掌握排水设施生产运行情况、降雨情况、河道液位情况、桥区积水等情况，实现相关指挥调度部门在汛期对现场的实时感知，运用最优化的方案保障安全度汛。

3. NB-IoT 窄带物联网技术，协助建立管网的数据感知系统

深埋于地下的管网分布广且结构复杂，对于供水管网而言，其运行往往存在漏损、水质污染、运行能耗高、管网老化爆管漏损频发等问题；长期处于高水位、超负荷运行状态的排水管网存在的隐患也不容小觑。此外，由于渠箱内污水水位高，容易造成污水溢流。目前，依靠传统的管网改造、扩建手段已经无法有效解决这些问题，运用 NB-IoT 窄带物联网建立起覆盖管网、河口溢流、井盖位移、高水位设施顶托以及重要干管的实时监测体系，对管网进行感知数据采集，并对重要管网节点进行在线监测，为优化调度、巡检维护、漏损治理、科学决策提供数据支撑。

（三）结合模型技术，揭示管网运行规律的同时验证模型准确性

传统监管方式下的监测数据严重不足，且普遍缺乏可靠性，因而往往需要建立模型进行模拟仿真。在智慧城市建设推动下，建设了不少在线监测点，但仍然不能覆盖城市水务系统所有重要节点，监测点设置存在不科学因素（如设置时大多数仅考虑便利性原则等），从而导致获取的数据结果无法客观反映真实运行情况，且缺乏系统分析或存在不可比性，基于这类数据建立的模型往往缺乏精确度与可靠性。利用实时监控技术，全覆盖感知水务全方位各要素的数据信息，能够有效增强信息的全面性、及时性、准确性与可利用性，同时也能够对模型进行调整、更新，可提高模型的准确性与可靠性。

二、发展趋势

（一）各类感知技术的发展

水务行业正在进入全面数字化转型阶段，中国传感器产业正处于由传统型向新型传感器发展转型的关键阶段，新型传感器表现出了向微型化、多功能化、数字化、智能化和网络化的总趋势。传感器技术基本上属于应用技术，发展传感器技术要以市场为导向，实行需求牵引，其市场开发多依赖于检测装置和自动控制系统的应用，由于其应用渗透到各个产业部门，它的发展既是各产业发展的推动力，又强烈地依赖各产业作为其支撑，因此只有按照市场需求，不断调整其结构，才能实现传感器技术的全面、协调与持续发展。

随着传感器技术、航空航天技术和数据通信技术的不断发展，现代遥感技术已经进入一个能够提供动态、高效、多平台、多时相与高分辨率的新阶段。光学传感器、微波

遥感的发展进一步体现在多极化与多波段技术和多工作模式等方面；定量遥感主要通过实验或者物理模型将遥感信息与观测目标联系起来，是当前国内外遥感应用的发展方向；此外，“小卫星群计划”能够调节时间与空间分辨率之间的矛盾，将成为现代遥感的另一发展趋势。随着遥感技术的发展，水务遥感应用也将朝着更广更深的方向发展，遥感数据源则将向着高空间分辨率和高光谱分辨率的方向发展。

（二）各类空间软件技术的发展

在以信息化带动智慧水务发展的战略方针指导下，GIS 在水务行业的应用已无处不在，作为基础技术支撑，正逐步占领相关管理与决策层。三维，尤其是实时三维 GIS 系统能够为各种水务信息提供更为直观的展示方式。将虚拟现实技术（VR）与 GIS 技术相结合具有较大潜力，可采用人工智能及可视化技术建立模型，对实验进行分析验证，了解相关规律、机制。

通过综合利用物联网技术、电子标签技术、地理信息技术、VR+BIM 技术等，将地下管道数据、闸阀等附属设施信息以及管网水力信息等，动态立体化地在移动终端与 PC 端呈现，实现从虚拟场景中看到设施设备与管线等所有相关信息，在巡检抢修前对环境情况充分了解，做到有的放矢。此外，随着 VR 技术的深入发展与全面应用，供水设施的监测可以实现 VR 全景监测，从水源地取水到水厂，经过水泵加压到城市管网等一系列供水细节都将真实呈现到监测人员的面前；在预测异常方面，其庞大的数据吞吐量能够收集供水环节甚至整个水务运行中的所有数据。未来还将不断优化更新的实时动态监测技术运用在城市内涝防治方面，进一步扩大城市内涝感知范围，完善要素监测内容，增强城市内涝智能感知监测，为城市内涝防治精细化管理提供支撑。

第三节 水务物联网平台

物联网技术是通过射频识别、红外传感器、全球定位系统、激光扫描仪等信息传感设备，遵从约定的协议，将物理实体与互联网连接，并进行信息交换和通信，以实现物体的智能化识别、定位、跟踪、监控和管理的一种网络。借助各类传感设备，搭建水务在线监测系统，采集水务各要素的运行状态信息，并采用可视化的方式有机整合水务管理部门的各类设施数据，形成“水务物联网”。

随着城市水务信息化、智慧化建设的不断深入，在智慧水务建设中使用的前端感知和控制设备类型较多、各设备的通信协议有所不同、管理系统多等因素，导致了数据共享困难、数据利用率低等问题，而将水务物联网集成为具有高度适配性的水务物联网平台为解决这些问题带来了契机。水务物联网平台能够为事件提供统一的运维系统，实现从出现故障到故障排除全过程追踪，是智能感知体系全要素传输的重要途径，是接入水务大数据中心的重要环节，也是连接现有通信网与物联网的桥梁。利用水务物联网平台的流量、水量以及综合管网等的展示功能直观获悉管网工况，同时，可快速连接水务服务上各数据采集系统，便于上层系统对数据进行筛选、提取与分析，有助于挖掘、开发并最大化发挥出数据的价值；此外，水务物联网平台可以为大数据处理分析平台提供接入服务，公众可以通过智能终端随时查询水务公共信息，还可以自助处理一系列相关的业务，辅助实现城市水务监测终端的统一管理；平台能同工模型服务，将监测终端数据进行统一归集和标准化处理，以供业务应用系统使用。

一、水务物联网技术组成及应用

水务物联网平台能提供连接管理、设备管理、感知数据管理、应用使能、系统管理及安全管理等服务，支持感知设备快速接入物联网平台。在功能方面，连接管理具有实现感知设备接入、数据归集以及控制等功能；设备管理具有对物联网终端进行远程监控、设置调整、软件升级、故障排查、生命周期管理等功能；感知数据管理具有对感知终端数据进行实时处理与展示的功能；应用使能具有实现开放接口、数据共享、规则引擎、与多租户等功能，最终结合实现终端、平台、应用三方的有机融合；系统管理及安全管理作为水务物联网平台的后台基础管理，主要是对平台后台类的基础服务设置与数据安全（采集、存储、传输等层面）管理，是平台正常运转的基础保障。

（一）采集信息接口

物联网平台能够在物联对象上的传感器实时、动态地获取信息，通过感知挖掘获得移动对象的变化规律与个体间的联系，通过对感知水务环境，为城市空间物联信息的应用提供基础。平台提供感知层设备的接入接口，通过这些接口，将感知网络中接收到的各种信息，包括雨量监测、水位监测、水质监测、视频监控等，与相关感知设备的沟通；再借助不同种类的接口协议接收数据，在进行对接后传输到相关处理模块。感知系统是物联网技术的核心，也是信息采集的关键部分，在水务作业中，通过各类传感器、RFID标签和读写器等识别物体，采集信息，利用在线远程监测设施设备，实时感知城市各种管网、水体、设施设备的运行状态，再通过水务物联网平台将感知数据接入整合并且展示出来，可展示部分为整个管网的流量、水质点位信息，并可对任意一个监测点进行分析；整个管网管线、阀门、分区、管监测点的信息；DMA（District Metering Area，独立计量区域）分区相关仪表位置以及分区产销差的主要参数；所有应急泵房信息，并可对任何泵房进行分析；管网巡检人员或者隐患的位置；客户热线分布、报修位置以及投诉热点图等。

利用物联网平台对设施设备等进行管理，其远程监控、设置调整以及信息展示等功能保证了信息传递的有效性，同时可实时提供网关和应用状态的监控，为预先处理故障提供支撑。结合 Web GIS 技术进行交互和展示，方便用户直观地获取设备状态信息，利于设备的维护管理，提高故障的排除、解决效率，有效地节省劳动力。

（二）数据接口

水务物联网平台作为数据集成平台，为水务数据平台中心服务。水务企业采用各种传感器来获取设备的各类信息，再通过设备控制台或专用控制箱（PLC）来采集信息，提供通信服务的模块包括借助以太网与线路连接的有线通信，以及通过WiFi、4G、5G、NB-IoT等通信技术实现的无线通信；通信模块依据相应机制，将接收信息依次对应于相应的协议格式中，形成初始数据包，并将其发至传输模块中进行处理工作；再结合物联网统一接口的技术优势，将实时数据与历史数据、基础数据等统一接入再进行整合处理，形成数据集成平台，以方便上层数据池对数据进行提取、验证、清洗、集成；同时，通过对网络与应用状态进行监控、告警及反馈，为故障处理提供支撑。

（三）统一接入技术

在智慧水务建设中使用的前端感知和控制设备类型较多，各设备的通信协议有所不同，而利用水务物联网平台的统一接入技术可实现多种不同的网络传输技术、多种终端设备的兼容，支持多种标准协议的解析和转换。利用组件化技术，将感知设备通信、包解码的代码封装成各自独立的组件，当遇到新的连接或数据包格式时，只需依照对应接口开发扩展驱动组件即可，不同的连接与不同的设备带来的只是驱动组件不同，模块主体结构无须改变；此外，物联网统一接入技术还具备完善的水务监测终端设备管理功能，提供协议解码器开发接口，实现多协议兼容，不需要定义协议标准即可实现互联互通；同时，还支持多种终端设备、连接、数据的集中管理和标准化处理，为智慧水务提供集中的、标准的设备管理服务、连接管理服务和数据服务；通过丰富的能力支撑智慧应用的高效开放和集成，成熟的物联网平台能够支持千万级接入，百万级并发连。运用物联网平台的统一运维功能，精准分析判断设备故障原因，实现从出现故障到故障排除全过程提醒与追踪，并建立维护年度考核机制，形成从发现到修复的有效闭环管理，保障较高的数据在线率。

（四）平台融合技术

物联网平台的开放性是针对用户的共性需求，聚集产业链各方资源，以规模化服务降低应用部署成本，可形成由终端服务能力、网络服务能力、支撑服务能力、应用及内容服务能力构成的物联网能力开放体系。水务物联网平台通过丰富的能力开放支撑智慧应用的高效开放和集成，汇聚智慧水务行业终端与各类智慧应用合作伙伴，实现终端、平台和应用三方的有机融合。以水务物联网平台为中心，在各污水处理厂、泵站安装数据采集前置机或数据采集DSP（Digital Signal Processing，数字信号处理）模块，将自控系统中的生产运行数据通过网络实时传输至平台进行集中存储；利用供排水设施监测检测设备、水处理设施监控设备的智能识别与数据管理等功能，形成指标检测和设备监测的远程监控体系。通过对监测数据的有效利用，获取管网、设施运行动态，掌握城市水雨情信息，结合管理制度与作业人员信息，为决策者提供可视化展示应用，辅助其制订、优化决策方案。平台对监测数据的采集与设备控制记录全程留痕，提供事后反馈分析服务。

二、发展趋势

在智慧水务业务需求的不断深化拓展与新兴技术的发展趋势下，应采取“大平台+微服务”的技术发展战略，采用新的技术发展体系，快速发展水务物联网平台。目前，水务物联网平台体系已经将数据采集、传输等感知能力与一些有力的算法以及应用相结合，并取得了一定的成功，但在水务领域，在标准上缺少融合，没有一个共同的标准体系，这将影响整个产业界对物联网平台的接受与采用程度。未来随着 5G 的发展，伴随其对标准的要求，将有利于整个水务行业在标准上的整合，这意味着所有的参与者将通过共同的标准和互操作性，协同解决关键技术与架构上所面临的挑战。

水务物联网平台是多技术融合起来的系统，在发展过程中主要涉及物联网、云计算、移动互联网、地理信息系统、实时动态监测等先进科学技术。目前部分前沿科学技术的应用与推广还存在诸多不确定因素，未来随着这些技术在各个行业、领域的普及与渗透，水务物联网平台的能力也会得到更大的发挥与施展。未来随着云平台的逐步发展，以云平台为依托，前端以物联网为工具接入各类水务相关数据，再利用平台的融合汇聚能力，辅助实现智慧水务对全业务链的管控，尤其是在融合了开放标准、互操作性以及新技术后，水务物联网平台将获得更强大的功能与优化的业务模式。

第四节　数字孪生技术

数字孪生（Digital Twin），又称数字双胞胎、数字化映射或数字镜像。据相关报道，“数字孪生”这一概念最早源于美国学者迈克尔·格里弗斯（Michael Grieves）于 2003 年在密歇根大学讲授的产品全生命周期管理课程上提出的“镜像空间模型”，其主要内涵囊括物理实体、虚拟模型、虚实之间的连接数据与信息的三维模型。

当前，工业界和学术界对数字孪生的定义仍然有多种不同的解读。根据中国电子信息产业发展研究院发布的《数字孪生白皮书（2019）》，数字孪生是指以数字化方式创建物理实体的虚拟模型，同时充分利用虚拟模型、实时数据、历史数据和孪生数据在虚拟空间中模拟物理实体在现实环境中的行为特征，并集成多学科、多物理量、多尺度、多概率的仿真过程，实现物理空间与信息空间的完整映射，从而反映物理实体行为、状态与活动的全生命周期过程。物理实体、虚拟模型、数据、连接与服务是数字孪生的核心要素。

数字孪生早期应用于高精密的工业制造业领域，现在逐步扩展到智慧城市。城市水环境和水生态系统是城市发展的“生命线”，从城市水务管理角度看，数字孪生应用的意义在于城市物理空间中人、机、物、环境等要素与虚拟数字空间的全息映射和有序联动，构建实时交互、高效协同的管理系统，在虚实交互过程之中实现系统内资源优化配置及运行过程的按需响应和动态调整，并做出相应的辅助决策建议，以更加精细、动态和智能的方式管理城市水务系统的整个生产、运营管理和服务流程，促进传统水务向智慧水务转型，并得以快速发展。

一、数字孪生技术在城市水务管理中的应用场景

现代城市水务工程具有建设规模大、周期长、地理跨度大、专业类型多、管理对象分布广、设施设备信息庞杂、涉及部门众多以及易受自然和社会因素影响和制约等特点，工程管理和控制难度较大。运用 GIS 技术对工程项目进行全局性的信息统筹和科学决策，借助 BIM 技术的可视化、信息共享及专业协同等应用优势，可实现水务工程项目全过程、全要素和全参与方的数字化、在线化和智能化管理，大幅降低管理难度，有效提升管理效能与决策水平。数字孪生技术主要应用于城市水务工程规划、设计、施工和运营维护等各个阶段。

（一）规划设计阶段

GIS 与 BIM 技术在城市水务工程规划设计阶段的集成应用最为广泛和成熟。GIS 的应用在于采集、管理、分析和输出多种地理信息与空间分析、多要素综合分析以及动态预测，并提供相关数据辅助工程规划设计，实现工程地理空间的整体表达。BIM 技术的应用优势在于城市水务工程建（构）筑物的精细化模型创建，将设计成果进行三维可视化表达，同时依托模型进行一些详细的性能分析，评价工程规划设计的合理性，达到改善和优化设计方案的目的。例如，在市政给排水工程规划设计中，GIS 技术的应用重点是规划，从宏观角度对工程的空间分布进行定义，即利用地形和周边环境信息，合理规划给排水工程建（构）筑物的分布，具体应用如工程选址、环境影响分析等。BIM 技术应用的重点是辅助工程设计，即对局部工程进行详细设计。

在实践操作中，通过搭建基于 BIM 技术的水务应用工作信息平台，工艺、总图、结构、建筑、电气、自控、机械等专业人员可在同一个工作平台上协同配合，将各专业传统的串联工作模式变为耦合式工作模式，可以明显提高设计的工作效率和质量，解决了以前图纸传递过程中信息不对称和信息丢失的问题，从而减少设计错误和后期变更的发生，而且创建的 BIM 三维模型比传统的二维图纸更为直观地展示市政给排水构筑物，如各类泵站、给排水管道、检查井、净水/污水处理设施等复杂的空间关系，如图 3-1 所示。

图 3-1　数字孪生技术在市政给排水工程规划中应用场景

在模型信息完备的基础上，将已建好的模型导入到相应的 BIM 软件就可以实现一些基本的功能操作，例如，二维图纸的剖切生成、管道系统的区分、设计信息的记录；进行 BIM 模型的单体分解，实现局部工程不同设计方案的呈现与对比，完成初步的工程量、设备材料的自动统计；进行复杂工艺管线的碰撞检测，并依据碰撞报告调整管线设计；进行施工现场关键节点的专项模拟，评估潜在的风险，协助优化设计。在规划设计阶段创建的 BIM 基础模型和属性信息可无损传递至后续的施工和运营维护阶段，这也为数字孪生技术在城市水务工程的全生命周期应用奠定了良好的基础。

（二）施工阶段

在水务工程施工阶段，项目施工单位在获得设计单位提供的 BIM 设计模型后，搭建基于 BIM 模型的施工管理信息平台，按模型执行施工。在施工过程中，为了更便捷地使用设计成果，在继承 BIM 设计模型的属性信息并应用的同时，补充施工过程信息，修改完善为 BIM 施工模型或 BIM 施工深化模型，以实现设计方案三维演示、深化设计、方案优化、可视化技术交底、虚拟建造、施工工艺三维动态演示、施工质量安全、进度及成本管理（如 BIM4D、BIM5D）、人员材料机械资源调配等多项功能应用，以降低施工潜在风险、节约成本，提高工程建设管理水平。

GIS 技术在施工阶段的应用，主要是从工程项目的整体角度对工程建设所需材料进行调度、跟踪和管理，结合射频识别（RFID）、GPS、物联网等多种技术，实现在 GIS 系统大场景下对建筑材料供应的可视化管理，并支持建筑工地材料布局的时空冲突检测与现场材料的可达性评估。此外，GIS 与 BIM 技术结合还可以进行一些基本的工程环境影响分析，如：

1）基于施工 BIM 模型风险要素分析；

2）物资储备、物资运输、基坑开挖对周边建筑物的影响范围分析；

3）结合 BIM 模型进行场地洪水淹没分析等；

4）结合 BIM 模型施工方案模拟对周边环境安全影响分析等。

（三）运维阶段

在施工竣工验收后形成竣工 BIM 模型，整体移交，从而实现了 BIM 模型信息从设计阶段和施工阶段到运维阶段的高效传递。例如，城市河道水环境生态治理是城市水务工程的重要组成部分，也是 GIS 与 BIM 技术在水务工程设施运维管理中应用重点，如图 3－2 所示。

图 3－2　数字孪生技术在河道水环境治理工程运维中应用场景

在应用实践中，首先结合水务工程项目运维要求，将竣工 BIM 模型修改完善为 BIM 运维模型，搭建基于 GIS＋BIM 的水务运维管理信息平台。该平台支持实时监控、报警预警、设备资产管理、日常巡检维护、故障维修、备品备件库存管理、应急处置等基本业务应用。

二、发展趋势

总的来说，以 GIS 和 BIM 为代表的数字孪生技术融合在城市水务工程项目全生命周期管理实践中仍处于起步和探索阶段，应用还较为有限，还存在一些基础技术问题尚待解决，如 BIM 数据与 GIS 数据之间的转换、BIM 单体之间链接网络表示、三维数据坐标转换、BIM 与多源数据融合匹配、缺乏统一的三维空间数据标准和规范等。

展望未来，GIS 与 BIM 技术的集成应用若要深入发展，更多还是与物联网、云计算、大数据挖掘、深度计算、机器学习等前沿技术或其他应用系统进行深度融合，充分集成，可以帮助人们进行更全面的综合决策，使得物理空间朝向资源配置更为优化的方向发展，共同发挥更大的综合价值，助力城市水务工程项目实现全过程精细化、智能化和一体化管控，有效提升综合管理水平。

第五节　水　模　型

一、供水管网水力水质模型

（一）供水管网水力模型

供水管网水力模型是一种数字模型，基于真实管网的拓扑关系，将管网、设施、设备简化抽象成为数字化的管段和节点，通过设定参数和进行水力计算，模拟管网多种工况的分析工具。供水管网水力模型是管网水质模型、漏损模型、运营调度等模型的基础。

供水管网水力模型分为离线模型和在线模型。离线模型是基于管网历史数据模拟管网工况，是历史的静态的，对未来管网工况的分析预测存在局限性。在线模型基于管网的实时数据进行计算，是实时的动态的，它可以精确模拟管网状态，为分析管网漏损、爆管、管网突发事件提供依据，较之离线模型更具有实用价值，是水力模型的发展趋势。

供水管网水力模型的基础是管网数据，数据主要来自 GIS 系统、SCADA 系统、营收系统和水厂监控系统。这些数据大致分为七类：管网结构数据、管道数据、水量数据、压力数据、阀门数据、泵站数据、水池数据。经过整理的数据存储于水力模型数据中心，支撑水力模型实现水量预测、管网运行状态分析、管网漏失预警、异常事件预警、管网优化调度、管网辅助规划及预案制定等功能。

供水管网水力模型通过模拟不同工况及其执行方案，评估各种方案对管网运行及相关区域的影响程度及影响范围，综合判断方案产生的社会效益、经济效益、环境效益，从而最大限度地降低了未知因素对方案执行产生的影响，有效降低了误操作、误判断等人为因素的发生，减少了供水安全事故的发生。

（二）供水管网水质模型

供水管网水质模型是以水力模型为基础的，利用计算机模拟水质参数和污染物在管网流动过程中的时间、空间分布情况及发展变化的机理。

供水管网水质模型主要模拟管道中余氯的浓度变化、管网水停留时间和对污染物扩散的路径跟踪。利用供水管网水质模型能够分析整个管网水质分布状况，计算水在管网中的停留时间、跟踪水厂供水及计算管网中余氯浓度等功能，显示出水质不合格的区域，分析水质不合格的原因，用来研究和预测管网的水质变化，进行余氯分析、水厂供水路径跟踪分析、管道水龄分析，并可提出改善管网水质的方案。当管网水质发生恶化事故时，供水管网水质模型能够产生报警信息，提醒管理者存在风险隐患，提供污染事故应急处理方案。

（三）水力水质模型精度

供水管网模型是经过对供水管网进行简化和拟合，最终抽象出来模拟真实管网运行状态，并满足模型计算的一种工具。关键在于控制误差，满足模型的精度要求。

1. 影响供水管网水力模型精确性的因素

（1）管网基础资料的准确性和完备性；

（2）建模过程中对管网简化不合理；

（3）管网节点流量分配得不准确；

（4）管段摩阻系数的不确定性；

（5）管网运行中未发现的问题；

（6）实测数据的准确性；

（7）校核参数之间的补偿误差。

2. 影响供水管网水质模型精确性的因素

目前，管网水质模型根据业务需求主要有管网水龄模型、管网余氯模型和污染物扩散模型。影响水质模型精确性的因素如下：

（1）管网水力模型准确程度；

（2）水质模型反应机理的合理性；

（3）建模指标物质反应变化系数不确定；

（4）实测数据的准确度；

（5）校核参数之间的补偿误差。

（四）水力水质模型应用

供水管网水力水质模型是智慧水务体系中非常重要的分析工具，在城镇供水规划、建设、运营管理方面的应用如下：

1. 水力模型应用

（1）规划设计。

用于城镇供水管网管线建设的中长期规划，为新建管网、水厂、泵站、水源地等的设计提供合理性支撑，避免因设计方案的不合理而造成的超前投资、无效投资和物料浪费。

（2）管网评估。

用于既有供水管网的工况分析评估，根据评估结果提出管网改造方案，确定划管线的最佳管径、经济流速，使管网布置更为合理、集约和经济，减少管网建设的盲目性，有效降低实施成本。

（3）供水优化调度。

用于指导日常管网的供水调度，制定满足供水需求的水厂、泵站的生产运营和供水调蓄，保障管网在合理平稳的压力下运行，降低能耗优化运行成本的多种预案。

（4）压力分区。

利用模型对整个供水管网进行压力模拟，生成能够反映管网压力分布情况的等水压曲线和等水压面，再结合不同区域的使用功能、重要程度和服务压力要求，将管网进行分区，并制定各分区内的最佳压力控制范围，合理降低不同区域内的供水压力，从而达到实现减少漏失和节能降耗的目的。

（5）漏损管理。

通过水力模型分析管网内的压力变化，综合考虑管道耐压等级、敷设年限、DMA分区的夜间最小流量等因素判断是否存在漏损危险区域。也可以根据历史爆管和漏损的数据建立管网漏损预测模型和管网漏损经济模型，预测管网漏损未来的变化趋势和评估管网更新和改造的经济效益。

（6）爆管管理。

根据历史爆管和漏损的数据建立爆管预测模型，通过模型进行管网的水锤分析及其他因素分析，发现水锤产生的原因以及水锤产生时对管网供水安全的影响，识别出未来可能发生爆管和漏损的管段，预防管网可能出现的异常突发情况，并分析评估处置爆管漏损对管网影响的范围和程度。

（7）应急预案管理。

管网模型能够模拟出各种日常生产运行中可能发生的突发事件（例如：大口径管道故障、泵站停机、水源污染等），并能在模型中模拟出事故发生时，按照不同紧急预案操作后对管网的影响和改善效果，通过方案对比各种预案的模拟效果，选择出最佳的紧急预案和最有效的操作方式。

2. 水质模型应用

用于模拟分析供水管网内水流变化、分析和了解水龄、余氯和污染物的变化，评估管网水质情况和制定相应措施。

（1）余氯分析。

模拟消毒药剂在系统中的运动和衰减过程，可以分析管网系统中任意位置的余氯浓度等参数，也可以计算各水厂制水过程中的最佳投氯量。

（2）水厂供水路径跟踪分析。

当某管段水质发生事故时，水质模型可以诊断和显示出水的路径，便于查找污染源。对于多水源供水系统，水质模型的水厂跟踪分析能够分析出管网中每一个节点处的用水量来自各个水厂的供水比例，从而划分出整个供水管网的供水区域分界线，可以用于水质混合和污染的分析。

（3）管道水龄分析。

水在管网的停留时间对余氯的消耗影响很大，水龄越长，余氯衰减量越大。在管网末梢存在死水区，水力工况极差，水的停留时间一般很长，管道的细菌滋生严重，余氯浓度很低，水质模型可以模拟出水停留的时间，分析水质变化。

（4）水质异常预警。

建立动态水质模型，可与 SCADA 系统接口，读取水质监测的各项参数，对管网水质进行实时模拟。当管网中出现异常现象时，发出报警信息，制定处理方案。

（5）污染事故应急处理。

通过模型可以模拟供水事故导致水质污染扩散的路径、受影响的范围，并生成紧急处理预案。

（五）发展趋势

目前供水管网水力模型分为主要分为离线模型和在线模型。离线模型专业性强、应用复杂、价格高、需要依赖专业的模型工程师进行操作，不便于推广和应用到整个供水企业。且离线模型由于其用水模式及水量数据不能根据实际管网情况的变化而变化，因此在季节性变化时，模型的模拟结果将实际情况产生偏差。

在线模型代表了未来建模技术的发展方向，它是建立在水务物联网基础之上的，能够实现管网模型上所有节点的水量和压力数据的远程实时采集，借助管网分区管理，能够更容易定位管网故障，及时发现问题和解决问题。实时流量、压力数据作为最重要的模型输入变量，可以使水量分配更为有效，各节点压力计算也更为准确，为精确模拟管网运行状态提供了依据。在线模型能够支持模型实时化计算，在管网突发事件、爆管分析、漏损分析方面都将发挥更大的作用。

供水管网水力模型向 B/S 结构发展，将降低水务企业购买成本，降低应用的复杂程度，简化依赖专业建模人员的操作，使模型软件的使用趋于大众化，更有利于普及推广。

二、排水管网水力水质模型

排水管网水力水质模型是指将圣维南方程组，曼宁公式等一系列相关联的水文学，水力学的理论公式抽象出的一整套数学模型，作为一门集水文水力学、计算机技术、GIS 技术等为一体的信息化技术，可以用于排水管网基础数据管理、现状管网分析、规划设计校核、运行方案制定等各个方面，是解决市政排水问题的有效技术手段。

（一）排水管网水力水质模型的建立

排水管网水力水质模型的建立步骤主要包括模型搭建、模型校验、水力分析和分析决策 4 个阶段，如图 3－3 所示。

1. 模型搭建

排水管网水力水质模型的搭建其实就是排水设施数据的收集处理和录入模型软件的过程。数据是排水管网水力水质模型建立的基础，详实可信的排水设施数据是模拟分析结果能否反映排水管网真实运行的前提条件，在模型的搭建阶段需要模型工程师对收集的排水设施数据进行大量的数据处理和甄别工作，所以此部分工作所花费的时间占整个模型建立过程的 50%以上。

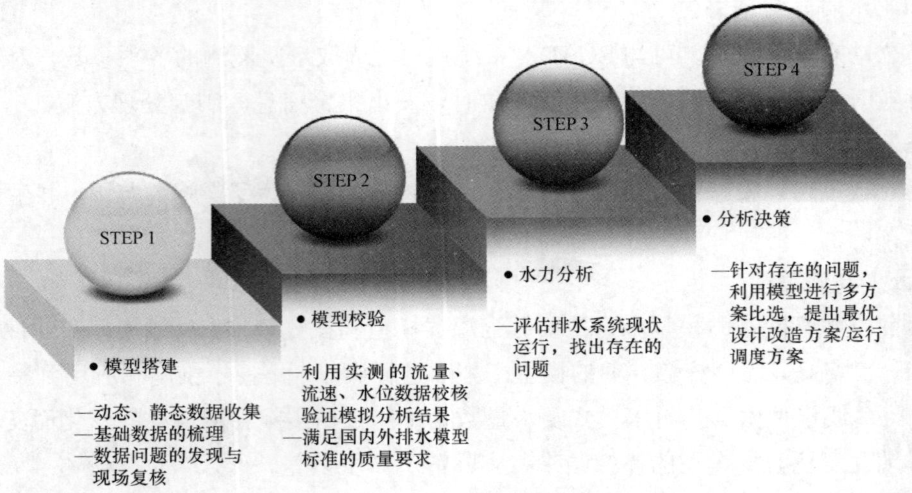

图 3-3　排水管网水力水质模型的建立步骤

模型搭建所需收集的数据见表 3-1。

表 3-1　　排水管网水力水质模型构建所需数据汇总表

数据分类	数据要求
排水设施基础属性数据	检查井、排放口、雨水口、排水管渠、堰、闸门、阀门、调蓄池、泵站、污水处理厂等的坐标、高程、尺寸、材质、拓扑关系等属性数据（shape 格式、Excel 数据表、CAD 图纸等）
水文数据	① 地形数据（shape 格式、CAD 图纸等）； ② 各集水区人口、人均排水量等及水量变化曲线等； ③ 相关降雨量资料，如设计雨型或实测的历史降雨过程线； ④ 江、河、湖、海等潮汐水位数据。
实际运行数据	① 系统常用的运行调度原则； ② CCTV、QV 等运行养护数据； ③ 系统中大排水户的详细排水过程曲线； ④ 系统流量、水质等在线监测设备的监测数据。

各类数据在模型搭建中的作用如图 3-4 所示。

在着手建立模型前，必须要明确模型建立的详细目标，因为不同的模型目标需要构建的模型类型不同，英国《排水系统水力数据模型工程师职业规范》就根据不同的模型应用目标将模型划分为框架规划模型、区域规划模型、详细设计模型和其他特殊目标的模型 4 类，不同类型的模型要求的数据资料不同，数据资料的侧重点也不同。

2. 模型校验

为了保证分析结果的准确性，必须要对模型参数和模型进行率定和校核，模型的校核分为旱天模型的校核、雨天模型的校核以及历史校核，模型校验的步骤如图 3-5 所示。

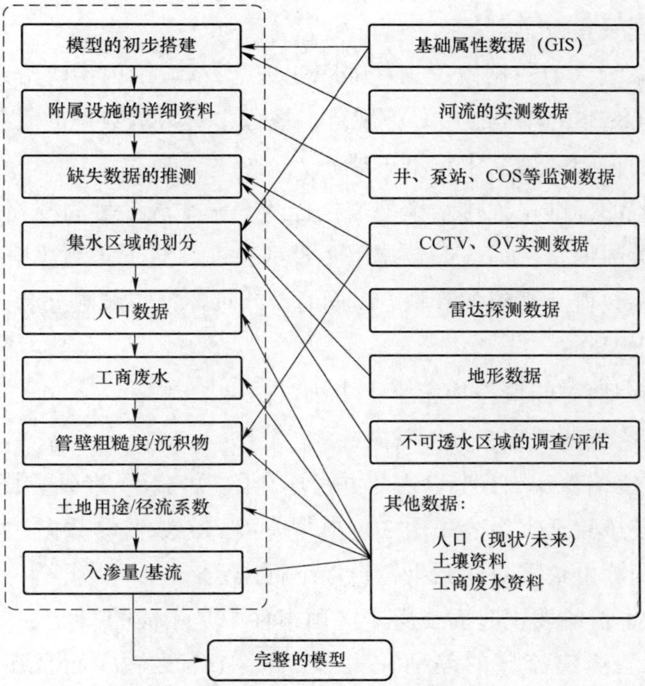

图 3-4　模型建立所需数据关系图

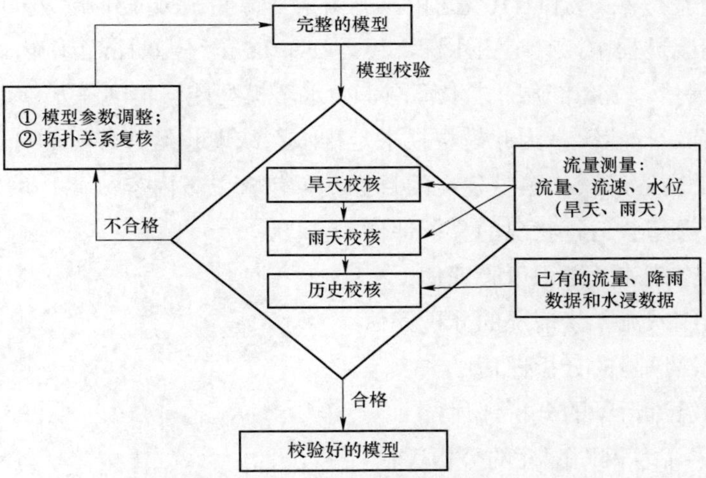

图 3-5　模型校核验证的步骤

模型的校验是检查模型数据是否正确的过程，任何参数的调整和连接关系的改变都应以排水系统的实际情况为基础，而不是没有根据地调整模型以迎合测量数据。

（1）模型校验的数据要求排水管网水力水质模型的旱天校核至少需要获取 2 个旱天的流量实测数据，雨天校核至少需要获取 3 场典型降雨的流量实测数据和对应的降雨量数据，历史校核则需要获取已有的流量和降雨数据。模型校核前应根据模型建立的目标制定详细的数据采集方案。

英国《排水系统水力数据模型工程师职业规范》《城镇内涝防治系统数学模型构建和应用规程》（T/CECS 647—2019）等规范、规程中对监测数据的质量和监测点设置的密度进行了详细的说明，本文中将不再展开。

（2）模型校验的标准旱天排水模型需执行两个旱季流量日的校验，其中一天用于模型校核及模型参数的调整，另一天数据用于模型验证。对于实测数据和模型计算数据，两套曲线在形状和数值上都应相互拟合，同时，针对各项实测数据和计算值之间的偏离程度，应满足以下要求：

1）峰值和极小值时间偏差均应小于 1 小时；

2）峰值流量数值偏差在±10%以内；

3）总流量数值偏差在±10%以内，并考虑排除短缺或不准确数据的时间段。

雨天模型的校核验证宜至少采用 3 场典型降雨的流量监测数据，并且应至少有两场降雨事件的模拟和测量数据对比结果符合以下标准：

1）峰值和极小值的发生时间在整个降雨事件中是相似的；

2）每个明显的峰值流量的差别在 +25%和 −15%之内，而且在事件历程内大致相似；

3）总流量差在 +20%和 −10%之内，并考虑排除短缺或不准确数据的时间段；

4）管道满流过程中，管道内水深深度差在 +0.5m 到 −0.1m 范围内。

（3）现状评估。校验准确的排水管网水力水质模型能够再现排水管道内部水流及其附属设施的复杂运行状况，因此模型技术是排水系统现状运行分析的有效手段和工具。模型分析评估的内容应紧扣模型建立的目标，可包含以下内容：

1）排水管渠超载运行状况的分析评估；

2）排水管网流速及淤积风险评估；

3）排水系统入流入渗情况的分析评估；

4）城市内涝风险的分析评估；

5）合流制溢流污染的分析评估；

6）厂 − 池 − 站 − 网匹配性的分析评估。

（4）分析决策根据现状运行分析评估中发现的排水管网系统存在的不同问题，可进行优化运行调度、工程改造等方案的研究。不同的优化运行调度方案、工程改造方案可输入已搭建的模型进行模拟分析，模型可针对不同的方案输出可视化的运行结果，为排水管网系统的设计改造、优化调度方案的决策提供可靠的数据支撑。

3. 模型标准

排水管网水力水质模型的建设不是一劳永逸的，需要根据现场条件的变化不断的更新完善排水设施的静态、动态数据，要保证模型成果更新的效率、准确性以及模型成果的可传承性，模型建立过程中的标准化就尤为重要。

模型建设过程中的标准化可分为以下方面：

1）标准化的数据格式。模型建立过程中会收集到来自不同单位和不同格式的数据，对于同一种类不同来源（格式）的数据建议按照统一的格式、标准的字段名称和字段内容和进行处理，并标明数据的来源。

2）标准化的配置文件。制定标准化的配置文件能够保证相关排水设施数据的属性字段在模型中放置的位置标准统一，以提高工作效率实现模型成果的可传承性。

3）标准化的建模流程。制定标准化的建模流程是为了规定从数据梳理到模型校核验证等过程中必须完成的标准操作步骤以确保模型成果的可信度。同时建议建立标准化的数据标签，确保在模型建立过程中对模型数据所进行的任何修改均能进行标记，做到有据可查，有据可依。

4）标准化的主题展示。规定标准化的模型主题展示可确保各建模人员所用主题展示的标准统一，以便于模型成果的使用和传承。

（二）应用综述

排水管网水力水质模型作为城市排水系统精细化管理的核心技术，可为排水设施基础数据建设、排水系统运行管理、排水系统工程决策提供可靠的技术支撑。

1. 排水设施基础数据建设

排水管网水力水质模型的建设过程就是对排水设施基础数据的详细梳理和核查的过程，目前大部分商业模型软件都具备强大的数据梳理和分析的能力，模型建立过程中能将现有数据中存在的错位、逆坡、大管接小管、雨污混接、无下游连接、数据异常等数据问题形成数据梳理核查的专题分析报告，并提供给数据管理单位进行核查。通过这种滚动的数据使用—数据问题梳理—数据现场核查—数据反馈—数据再使用的过程城市排水设施基础数据的时效性、准确性将大大提高。

2. 排水系统运行管理

校核验证好的排水管网水力水质模型能够再现排水管道内部水流及其附属设施的复杂运行状况，是排水系统运行管理者了解城市排水系统运行状况的绝佳工具。

（1）排水网格的划分通过对排水管网数据上下游连通性、水流去向等的分析，可将复杂的城市排水系统划分成若干个相对独立的排水小片区，针对每个排水小片区存在的排水问题建立排水片区数据问题记录表（见表3－2、表3－3和图3－6），可推动排水系统的精细化管理。

表3－2　××片区管网数据问题统计

集水区编号	逆坡（>－0.01）	错位（>30mm）	无下游出口（处）	大管接小管	雨污管混、错接	直排河涌污水（合流）管
A	7	5	2	1	0	7

表 3-3　　××片区污染源截污情况统计

集水区编号	片区总污染源面积（ha）	未截污面积（ha）	未截污面积比率	未截污水量估算	未截污主要污染源	备注
A	1.68	0.4	23.8%	0.3 万 t/天	××经济联合社	岛内水量以 1.05 万 t/天估算

区域全部数据问题以及未截污污染源位置分布如图 3-6 所示。

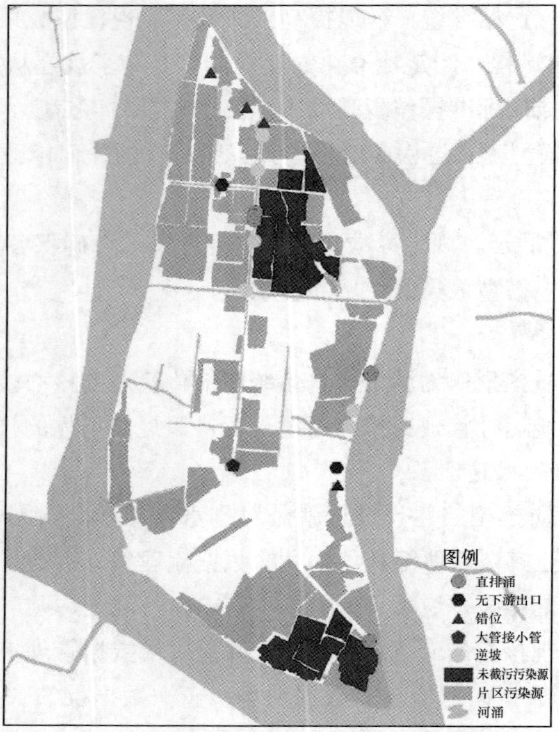

图 3-6　××片区基础数据问题分布图

（2）排水系统流速及淤积风险评估校核验证好的排水系统水力模型，可对排水管网的运行流速进行统计分析，并按照不同的流速分布确定管道的淤积风险等级和绘制管网流速及淤积风险分布图，可给排水系统的清疏养护计划的制定提供可靠的数据支撑。

（3）管网超载的分析评估模型计算结果可对高水位运行管网进行统计并分析造成管网高水位运行的原因，能为排水系统优化运行调度方案和工程改造方案的制定提供依据。

（4）外来水量入流、入渗的分析评估在模型分析过程中通过实测水量与模拟分析水量的对比，可识别水量不匹配的监测点的分布，通过对监测点上游关联排放口的现场核查、制定细化的流量、水质监测方案可准确的定位入流、入渗节点的具体位置，为排水管网的修复改造提供可靠的数据支撑。

（5）合流制溢流风险的分析评估在建立好的排水模型中通过输入长历时的历史降雨或设计降雨型，可对每一个合流制溢流口的溢流频次、溢流降雨量、溢流污水总量进行计算，合流制溢流口的模拟分析计算结果可为合流制溢流口的治理提供依据。

3. 排水系统规划和工程决策

排水管网水力水质模型作为零成本的分析决策工具，可从系统的角度对多种规划方案、设计方案、调度方案的实施效果进行模拟分析评估，形成可视化的分析结论，为规划方案和调度方案的优化、工程项目的决策提供依据。

（三）发展趋势

排水管网水力水质模型的研究和应用已经历了近 50 年的发展，在国外排水系统的运行管理已完成从传统经验分析方法到现代水力模拟分析方法的过渡。排水管网水力水质模型技术在国内起步较晚，但是发展迅速，目前已经广泛应用于城市排水系统运行评估、优化调度、设计改造方案的分析评价、城市排水防涝综合规划、海绵城市建设分析评估等方面。

随着水务行业信息化建设的不断加快，智慧化水平不断提升，排水系统的模型建设也将向以下方面发展：

1. 厂网河（湖）一体化模拟分析平台的建设

城市排水系统中任何设施都不是孤立存在的，城市水体环境的改善与岸上排水系统的健康运行密切相关。城市河道防洪标准的提升是解决城市内涝的前提，厂池站网间的合理调度是雨季减少合流制溢流污染的有效途径，所以将排水管网系统、泵站、调蓄池、污水处理厂、城市河道（湖泊）作为一个有机联动的系统，构建系统的水质、水力模型，实现厂网河（湖）一体化的联动分析将是整个行业的发展趋势。

2. 在线预警预报模型的建设

近年来由于极端天气而造成的城市内涝使人民生命财产安全受到极大的影响，在线预警预报模型可通过发布的气象雷达数据快速的模拟分析降雨影响的范围和内涝风险，及时发布预警预报信息，将对城市的防灾减灾能力的提升起到积极的作用。

第四章　规　划　篇

在我国目前水务规划与建设的过程中，大数据技术和物联网技术、数字孪生技术等得到了非常广泛的应用。通过管网静态数据处理与空间分析，加上在线动态监测数据的支撑，辅助与评估工程规划设计。

第一节　智　慧　规　划

一、需求分析

（一）政策需求

2016 年 12 月 27 日，国务院印发《"十三五"国家信息化规划》（国发〔2016〕73 号），要求："打造智慧高效的城市治理。推进智慧城市时空信息云平台建设试点，运用时空信息大数据开展智慧化服务，提升城市规划建设和精细化管理服务水平。推动数字化城管平台建设和功能扩展，统筹推进城市规划、城市管网、园林绿化等信息化、精细化管理，强化城市运行数据的综合采集和管理分析，建立综合性城市管理数据库，重点推进城市建筑物数据库建设。以信息技术为支撑，完善社会治安防治防控网络建设，实现社会治安群防群治和联防联治，建设平安城市，提高城市治理现代化水平。深化信息化与安全生产业务融合，提升生产安全事故防控能力。建设面向城市灾害与突发事件的信息发布系统，提升突发事件应急处置能力。"

2019 年 5 月 10 日，中共中央办公厅印发《中共中央、国务院关于建立国土空间规划体系并监督实施的若干意见》，要求"建立国土空间规划体系并监督实施，将主体功能区规划、土地利用规划、城乡规划等空间规划融合为统一的国土空间规划，实现'多规合一'，强化国土空间规划对各专项规划的指导约束作用"。

国土空间规划将打造新时代全域全要素数字化、智慧型的空间发展蓝图。依据文件精神，智慧水务要利用大数据等先进技术手段提高规划科学性；要利用先进的信息化技术，抓紧同步建立基础信息平台，待规划编制完以后，能够马上利用基础信息平台实施监管。新时代的中国国土空间规划将是可感知、能学习、善治理、自适应的“智慧规划”或智慧型“生态规划”。水务设施作为城市重要基础设施，对其也提出了智慧化的要求。

（二）业务需求

1. 海量基础数据获取与分析的需要

流域规划是以江河流域为范围，研究水资源的合理开发和综合利用为中心的长远规划，是区域规划的一种特殊类型，是国土规划的一个重要方面。流域规划是一项涉及范围广、工作量大的艰苦繁杂工作，传统的水利规划工作需要大量的人力进行外业调查、测绘，因此存在工作周期长、效率低的问题，精度也存在较多的误差。应用遥感信息克服了上述弊端，因此，利用现代科学技术手段进行流域规划，为专家决策制定出符合实际高精度的流域规划有着十分重要的意义。

2. 高自动化程度的规划信息管理

目前规划信息管理自动化程度仍然较低，需要对信息资源进行全面开发、系统规划，形成一套以决策支持为核心，以计算机通信网络为纽带，能紧密连接政务信息系统，集信息采集、数据分析、模型模拟、多方案比选优化、业务流程自动监控、数据自动汇总分析为一体的完整信息化规划设计体系。高自动化程度的规划管理需要实现对规划全过程的跟踪管理，满足规划原始数据、中间与最终成果全生命周期的存储归档，提高规划水平和工作效率，缩短规划周期。同时，需要完善规划执行的监管制度，为执行情况的监管、反馈提供应用工具。

二、总体框架

平台总体架构设计将遵循大数据云服务架构的顶层设计和相关要求，实现新技术与水务业务有效结合，采用面向服务体系架构，构建统一应用大数据平台。平台整体规划设计如图 4-1 所示。

1. 多数据源层

多数据源层包含给水动态监测、排水动态监测、水环境水生态动态监测等智能终端采集的实时数据，以及水务业务过程中记录的信息，还包括气象、国土等部门共享的数据。

2. 数据交换层

基于物联网总线技术、数据交换共享技术、非结构化数据连接引擎和外部数据连接器等实现统一数据共享交换。

3. 数据存储层

采用时序数据库、关系型数据库和分布式文件系统实现智慧水务大数据混合存储。

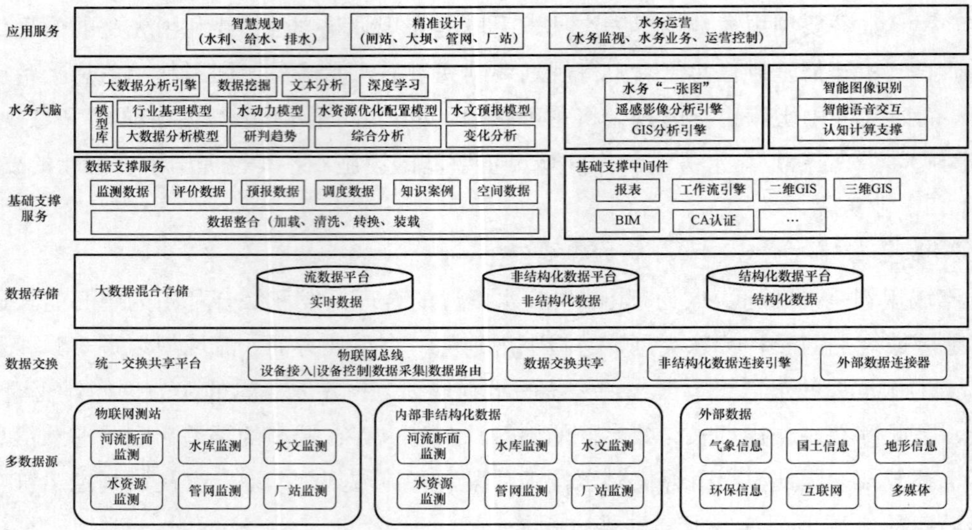

图 4-1　智慧规划总体框架

4. 基础支撑服务层

包含报表、工作流引擎、二三维 GIS、单点登录和 CA 认证等公共基础中间件服务和统一数据支撑服务。

5. AI 技术支撑层（水务大脑）

基于算法模型库、行业知识图谱、深度学习、图像识别、智能语音交互等 AI 技术与水务业务的深度融合构建水务大脑，为大数据分析和决策提供技术支撑。

三、应用综述

（一）遥感应用

遥感是在外层空间、高空和地面不用与被探测物体接触，由传感设备收集被测物体反射、散射或自身辐射的电磁波信息，并对收集的信息进行判读、分析、综合、评估、识别和分类，达到了解被探测物体的结构和状态的探测技术。遥感在水务规划中的应用主要有以下几个方面：

1）建立地理信息系统数据库，包括主要流域的河网密度、河道坡度、高程、土壤、土地利用、植被、水体等资料制成数字图像，进行存贮和资料更新，还可以建立水利水电特殊需要的软件包。

2）不同侵蚀类型水土流失情况调查和水土保持效益监测。监测土壤水分，对旱情适时监测，改进灌溉效益，为水的调度利用提供依据，监测各类水体变化，为水土资源的合理开发利用提供最新资料。

3）研究大型水利工程建成后的生态变化，水质变化及其防治效益。

4）对洪水进行适时监测和灾情估算，及时掌握洪水前后及洪水过程中的变化。

5）河床演变，河型转化，河口、三角洲的变化，海岸线的变迁以及浅海水下地形。

6）在无资料或少资料地区用遥感技术进行水文参数研究，为规划及水资源开发服务。

（二）GIS 应用

GIS 即地理信息系统，是介于信息科学、空间科学和地形科学之间的交叉学科与新技术学科。它是一种兼容、存储、管理、分析、显示与应用地理信息的计算机系统，是分析和处理少量数据的通用技术，对空间信息的管理与分析是 GIS 的优势所在。

地理信息是水文水资源的重要基础信息之一，85%以上的水文信息都跟地理信息相关。GIS 技术为水务信息标准化、网络化、空间化提供了有效工具，GIS 技术的快速发展为水务规划提供了一个更加方便快捷的平台，在客观上有效地提升了水务规划的效率。GIS 在水务规划中的应用主要有以下几个方面：

1. 建立水务规划数据库

进行水务规划的前提就是流域或城市的空间地理数据以及规划范围的发展现状。流域或城市是一个极为复杂的系统工程，其数据系统十分复杂，包括流域数据、河流湖库调研数据、水的利用排放空间数据、土地利用及土地覆盖相关数据、地下管线数据以及其他的属性数据。因此，在进行水务规划建设的过程中，首先就要利用 GIS 技术来建立起完善的流域或城市水务规划数据库系统，对水务规划的各种数据进行实时的存储和管理，并在此基础上进一步建立起流域或城市的空间分析模块，为水务规划提供支持，实现水务规划的高效化、合理化。

2. 实现水务信息“一张图”

水务信息“一张图”指的是水务规划过程中一些属性数据与图形二者之间的双向查询。水务信息“一张图”对于水务规划建设有着十分重要的意义，在以往水务规划的进程中，水务规划信息系统建设面临的一个重要的瓶颈就是建立图形数据与文档信息的有效关联，因此在水务规划建设的过程中必须依托计算机技术和数据库技术等对城市规划信息系统进行全面的设计，实现属性数据与图形数据之间的有效关联和高度集成，进而实现水务信息“一张图”，为水务规划提供可视化的信息系统。GIS 已经成熟应用于供水“一张图”、排水“一张图”、水利“一张图”，实现了水务信息采集、处理、分析、查询、统计、输出的信息化。

3. 进行自然条件分析

在水务总体规划的过程中，对于流域或城市现有地理信息的调查和分析可以使用 GIS 技术。利用遥感卫星可以获取一些城市的基础地理信息，通过专业的 GIS 软件将空间地理信息进行分类并且进行一系列的数据分析，比如，利用 GIS 软件对一些面积进行测算，就可以对规划范围的当前的土地利用现状进行必要的了解，从而对土地资源的利用情况以及用地规划进行全面的分析；利用 GIS 技术对规划范围进行自然条件分析，可以在很大程度上提升水务规划建设的效率，进而进一步提升水务规划的合理性和科学性。

4. 进行模拟分析及预测

水文分析是水务规划确定工程规模的一个重要依据，通过GIS进行水务规划地表水文分析可以提取水流方向、计算汇流累积量、统计水流长度、生成河流网格、进行河网分级以及划分流域单元等。

通过优化给排水管网GIS，实现给排水管网系统档案的数字化管理，形成科学、高效、丰富、翔实的给排水管网档案管理体系和管网系统中央数据库。供水管道、阀门、水表等管网组件的定位功能，可为实际生产运行提供可靠的依据，包括为管网系统规划、改建、扩建提供图纸及数据，对管网改扩建规划、建后的运行状态进行计算机模拟，辅助管网规划方案的优选实现对供水管网系统的优化、科学运行，降低供水企业成本。排水管网及其附属设施物联感知体系的构建，可为技术性功能软件提供数据接口，实现对排水管网优化规划设计、实时运行模拟、状态参数校核、管网系统优化调度等，辅助城市排水规划设计、排水设施养护运营及应急事件处置。

（三）BIM应用

目前，信息技术已经成为建筑工业化的重要工具手段，以云计算、移动应用、大数据、BIM技术等为代表并快速发展的信息技术，为现代建筑业的发展奠定了技术基础。其中，以BIM技术为代表的信息技术在建筑智能化的应用，已经得到验证，在城市规划领域，BIM也有一些先天的优势。

城市是一个综合的有机体，城市的快速发展使我们在城市规划过程中对各种用地以及各种服务设施需求的预测、对城市交通和环境恶化程度的估计等变得越来越困难。面对如此复杂的问题，综合考虑城市物质性结构问题以及诸如城市社会、经济、环境和文化等非物质性结构问题就显得尤为重要。在复杂的城市规划方法和工具之中，城市信息模型应当说是一个非常有效的工具。在城市规划中，所有的问题都可以拆分为细小的单位建设之中，而BIM技术的应用有助于将大数据覆盖的城市信息模型运用到各个规划管理单元，为规划管理带来诸多便利，最后根据这些数据得出城市规划的方向以及方案。

四、发展趋势

三维尤其是实时的三维GIS系统为各种水利信息提供了更为直观的表现方式，在调水线路沿线贯穿飞行、城市及蓄洪区洪水演进、水利工程布置、大坝及堤防等工情信息的表达、水流流动的三维表现、库区的描述、宏观地形地貌表现、通视性分析等方面使用的特别多或者是特别有前景，而且它也是虚拟或仿真的基础。水利上很多问题是时间序列问题、动态监测及过程问题，因此，加上时间维的4DGIS应用需求很广。

VRGIS技术是虚拟现实技术与GIS技术的结合。应用VRGIS技术进行模拟试验时必须要了解对象的机制，并建立模型（数理或概念模型）或采用人工智能及可视化技术。此外，还必须进行实验分析和验证，在水利行业可模拟的例子也不少，例如工程结构、河流地貌过程、三角洲演化过程、天气过程、湖泊与沼泽演化过程、调水工程、水资源调控、河道整治、大型水利工程的环境评价、水质污染过程、区域可持续发展、生态系统的恶化与恢复、洪涝灾害的发生与救灾、防洪规划、河口与港口整治、垮坝溃堤、土壤侵蚀、水土保持效果、荒漠化过程、大型水利水电工程规划以及替代传统的水工模拟等。

第二节 智 慧 设 计

长期以来，我国大多数给排水设计主要依靠设计人员手工完成，在信息化和城市化飞速发展的今天，水务工程项目涉及城市范围越来越大，设计边界条件日益复杂，工程目标越来越高。因此，合理利用现代智慧水务的手段，高效、精确和智慧化的设计是开展现代水务工程的关键。

一、需求分析

（一）复杂供水管网系统分析评估的需求

供水管网系统本身是一个结构复杂、规模庞大、随机变化性强、设计运行需要多目标控制的网络系统，尤其是大型城市，上述特点更为明显。面对规模庞大的管网系统，加之政府、市民对于供水企业管理、服务水平要求的不断提高，传统的经验型设计模式已远远不能满足需求，合理、高效运用科学的方法和现代化的设计工具提升管网系统的规划设计水平成为当今水务行业的共识。

（二）大范围排水管网设计的计算需求

《室外排水设计规范》（GB 50014—2006，2016年版）规定："当汇水面积超过2km^{2}时，宜考虑降雨在时空分布的不均匀性和管网汇流过程，采用数学模型法计算雨水设计流量。"区域土地的开发，排水系统建设的项目立项，均要首先通过排水管网模型评估。要结合水务发展规划和需求，基于数学模型精确设计，这都是今后给排水系统规划设计发展趋势。

（三）污水处理厂精细化设计的需求

随着城镇污水处理厂出水排放标准的日趋严格，基于经验的传统污水处理设计方法已不能满足新的污水处理厂设计和现有污水处理厂提标改造的工程要求。在方案比选或评估中，传统设计方法往往只能理论推断和定性分析，无法对各种工艺方案的效果进行定量预测，难以定量识别所设计工艺中存在的问题。

二、应用综述

（一）给水设计

给水系统作为城市基础设施的一部分，其设计和运行是否科学、经济，直接影响工程总投资、运行管理费及系统的可靠性。随着计算机性能的不断提高，数学规划方法不断改进，智能算法、水力模型等智慧手段在给水工程设计领域的应用为定量化、实时化研究给水管网的优化设计创造了有利条件。

1. 用水量预测

给水管道设计规模的一个关键参数是用水量，传统设计采用定额或指标进行估算，现在借助智能水表可实现集中抄读、远程抄读和实时抄读。其数据客观、准确，既可实时读取、实时监控表具的运行状况，又可加载水质、水压等监测数据，方便设计人员准确掌握工程范围的水量水压情况，并通过对长期的监测数据的统计分析，对设计范围的水资源供需平衡进行分析，为给水系统的设计与建设提供准确详细的基础数据。

2. DMA 分区

DMA 分区管理是控制城市供水系统水量漏失的有效方法之一，DMA 分区管理可选择独立供水区域采用区域性计量管理，对降低小区内供水设施的漏损，实行长期持续的监控具有非常重要的意义。通过对供水管网实施 DMA 分隔，进入每个区域的流量可以持续监测，新的管网破损产生后能够迅速被识别和修复，可以较为精确的评估区域漏损水平；同时，通过管理单个或一组 DMA 的压力，可以使供水管网以最优化的压力水平运行。因此，DMA 管理被视为在供水管网中减少和维持泄漏水平的有效方法。为使分区管理在保证正常用水的前提下减少硬件投资、优化系统压力，可以在前期设计阶段通过水力模型模拟，实现科学合理地划分 DMA 分区的目的。

（1）指导计量分区的划分水力模型。可以模拟管网中任意节点的压力，方便用户绘制等压力图。在进行 DMA 一二级分区的时候，对于地势起伏比较大的山地丘陵城市供水，除了考虑供水营业或管网分公司管理区域以外，还需要充分考虑现状供水管网的压力分布，为以后的区域压力管理提供便利。

（2）验证边界关阀方案。在 DMA 边界处需要安装一定数量的流量计或关闭阀门，流量计数量越少，DMA 建设的成本就越低。水力模型可以模拟管网中任意点关阀后对压力、流速以及水流方向的影响，在保证正常供水的前提下，通过关闭边界阀门不仅可以减少流量计硬件的投入，而且还有可能提高环网中的流速，从而提升管网水质。

（3）提供压力管理建议。在国际水协提出的有效降低物理漏失的推荐方法中，压力管理是其中一项内容，压力越低，漏损越少，压力控制对于降低暗漏具有比较好的效果，可以借助水力模型来实现压力管理，例如，通过泵站调度优化或在区域入口处安装减压阀来降低压力。

（二）排水设计

城市排水系统是处理和排除城市污水和雨水的工程设施系统，是城市公用设施的组成部分。传统的排水管网设计方法是基于推理公式法，只考虑管网运行的最不利情况，而忽视了实际管网中流量是随着时间变化的；只考虑当前设计管段，而忽略了其他相连管道运行时水流之间的影响。因此传统的设计方法不能准确反映排水系统真实的运行状态，尤其是在遇到体量庞大复杂的水务工程时，各个专业的设计难度也将成倍增加。在二维的设计工作中，管道综合通常是通过简单的图纸叠加来实现，难于全面分析管道的交叉情况，无法直观地看出管道的纵向布置。因此管线之间或管线与结构构件之间常常发生碰撞，造成返工或浪费，给施工带来麻烦，影响室内净高，甚至引发安全隐患。

BIM 技术可以解决上述问题：全专业的真实尺寸建模技术能够准确定位管道高度，全面检查管线碰撞，通过平面图、剖面图、轴测图、3D 模型以及动画漫游，将所有拟建构思完整呈现；也可以结合排水管网水力模型，包含降雨模型、地表径流模型、节点入流模型和管道转输模型等，各模块之间有机地结合成时间序列函数组合，用以模拟排水管网中真实准确的水流状况，找出排水系统中的瓶颈管段，分析过流能力不够以及局部溢流的原因。

（三）产汇流计算

雨水径流在管网和地面的汇流过程非常复杂，通过建立排水管网模型，以整个管网为计算对象，能够完整地模拟管网的汇流和地面径流。虽然排水管网模型在内涝的分析上取得巨大进步，但仍存在降雨数据缺乏、失真、时效性差的问题。市政暴雨强度公式以降雨样本数据进行统计推导出来，不同的选样方法，在不同的重现期下，计算结果相差较大；降雨常常受气流的影响，降雨量在年度、季节和空间分布上极不均匀，《室外排水设计规范》上的暴雨强度数据不能反映降雨时空上的分布，暴雨强度公式只是适应于小范围。为了弥补暴雨强度公式的不足，利用气象雷达预报降雨强度及空间上的分布，通过水文模型进行地面产流模拟，分析管网在降雨过程中的运行状态。日本、美国、英国在 20 世纪 90 年代就利用气象雷达预测降雨量及分布，用于对城市雨水径流及初雨污染的全面控制，在很多城市得到成功应用。

目前，我国每年新增的气象数据达到 PB 量级，较 20 世纪 90 年代增长了数千倍，且仍在快速增长中。存储和处理这些数据，需要海量的计算资源，精确的气象预报需要非常庞杂的数据采集与计算作支撑，这包括全国 2000 多个地面站、120 多个高空探测站、6 颗在轨卫星、5 万多个自动监测站、600 多个农业监测站、300 多个雷达站等，逐日逐小时甚至到逐分钟扫描各地出现的各种各样的大气数据。

大数据技术不仅要处理实时数据，还需要对历史数据进行挖掘，包括：60 多年的历史气象数据；城市各类观测站、卫星与雷达监测的观测数据，包括降水、温度、风力风向、地面结冰、太阳辐射、酸雨、空气能见度等多种要素，甚至需要通过国际交换获取的全球气象观测、预报数据。排水模型需要的是降雨随时间的变化曲线，以及降雨的空间分布，原始的气象数据局限于气象专业，不能直接用于排水管网模型，只有大数据技术能为城市排水管网模型提供精确、全面的降雨情报。大数据更多提供的是宏观的、全局的降雨情报，甚至也能提供在什么暴雨下会出现洪涝灾害，但不能提供局部地、细微的信息，例如雨下到多大才成灾，某地段水浸范围和水浸时间是多少，下沉式隧道的水位警戒线在哪里设置，车辆和人员的疏散通道如何安排等，这些就需要排水模型根据降雨情报对管网和地面水流进行模拟计算得出。气象大数据不仅提供短时一场降雨情报，也提供长时甚至一年的气象情报，以一年为一个周期，将逐月逐日的降雨、蒸发情报用于水库的年水量平衡分析，科学地预测水库泄水蓄洪时间，削减洪峰，降低洪涝灾害，根据干旱季节水库的泄水量调节水库下游的灌溉面积、农作物的种类。

（四）污水处理厂工艺设计

20 世纪以来，为了保护水体环境和防止传染疾病的爆发，各国制定了越来越严格的污水排放标准。对于高排放标准的污水处理厂，采用传统参数计算方法难以满足设计要求，故需要引入更好的定量分析工具，也就是模拟设计。

传统的工艺设计方法通常是根据预估的进水特性，参考设计手册提供的方法、公式和参数，然后对污水处理工艺单元的构筑物尺寸、结构进行选择和计算，难以获取设计参数与出水水质之间的定量关系，这是一种黑箱方法。模拟设计则提供了一种有效的辅助设计技术，帮助设计人员量化设计参数与出水水质的关系，从而能够选取比较准确的设计参数，是一种灰箱方法。

在过去的近 50 年中，污水处理的活性污泥工艺模型已从简单的去除 COD 和硝化作用发展出同步生物脱氮除磷模型；从稳态模型发展到动态模型；从单一的二级处理生物反应模型发展到能同时模拟污水和污泥处理工艺的全污水处理厂模型。借助于实施这些数学模型的商用模拟软件，数学模拟技术已从一种研究工具发展成为一种成熟的工程工具，在北美、欧洲，南非和澳大利亚等地得到了广泛的工程应用，成为污水处理工艺设计、提标改造和优化运行中的基础工具。通过工艺模型的搭建和模拟，建立污水处理的评估体系，形成污水处理数量化的概念，通过关注工艺单元间的影响和发挥传统工艺的潜能，实现污水处理高标准排放、污水处理工艺改进、运行成本降低等目标。

三、发展趋势

（一）管网模型应用的发展趋势

管网模型从诞生发展到今天走过了几十年的历程，经历了一个不断发展的过程，随着科技的进步，管网模型功能势必更加强大、精度愈发提高、操作更加便捷，也必然向着智能化、智慧化的方向发展。

1. 管网模型是未来建设智慧供水的基础之一

探讨管网模型的未来发展，首先应该明确它在规划、设计及生产运行管理中的定位，管网模型应该定位于智慧供水的后台支撑和建设基础之一。智慧供水是指以物联网为支撑、以数据集成为基础、以数据融合为核心、供水管理各类业务统一整合的集成平台，这个平台的建设需要多个模型，如管网水力模型、水质模型、管线失效模型等的支撑，只有基于海量数据积累、多模型模拟分析、科技辅助决策等手段的实现，才能真正做到决策的科学、合理、高效。智慧供水是当今供水管理的发展方向，各地水司均在规划、描绘自己的智慧供水蓝图，管网模型发展势必与智慧供水相结合。

通过智慧供水感知层的广泛建立，大量水厂运行、管网运行、用户水量信息被及时自动的采集、规整，而这些数据必然要通过与管网模型规则进行统一，被自动导入模型，及时更新、校核管网模型，使其更及时、更逼真地反映与展示水厂和管网的运行工况。

2. 管网模型的发展方向应该是模拟结果更准确、操作更便捷、更新更及时

目前 GIS 系统、营销系统均已经实现移动端（手机、平板电脑等）的部署应用，使得上述系统的应用范围更广、操作更便捷同时实时性更强，这是管网模型的必然发展方向，如重大事故或水厂、管网工况大幅调整时，模型应该满足现场、实时的模拟应用需求。

3. 水质模型的推广使用

近些年，供水水质安全越发受到政府及百姓的关注，2006 年国家颁布了新的《生活饮用水卫生标准》，水质指标增至 106 项，不断提升饮用水水质的标准和要求。从整个水处理、输配过程看，原水处理均在厂内完成，情况相对简单，干扰因素少，因而出水水质比较容易控制；而供水管网受多因素影响，供水水质难以预测和管理，若想提升水质管理水平，必须借助水质模型强化科学管理，借此模拟各类水质参数的变化情况，及早发现与处置水质变化及隐患。

（二）BIM 技术应用的发展趋势

BIM 技术在全世界取得了快速的发展，BIM 技术的广泛应用给工程行业带来了深刻的变革，从住房城乡建设部到各省市都出台了相关规定，积极推进 BIM 技术的应用。2015 年 6 月 16 日，住房城乡建设部印发《推进建筑信息模型应用指导意见》，提出要以工程建设法律法规、技术标准为依据，坚持科技进步和管理创新相结合，在建筑领域普及和深化 BIM 技术应用，提高工程项目全生命期各参与方的工作质量和效率，保障工程建设优质、安全、环保、节能。2016 年 9 月 26 日，上海市水务局印发《上海市水务局关于推进建筑信息模型技术水务应用三年行动计划（2017—2019 年）》，计划提出围绕服务上海水利、供水和排水三大领域“全生命周期应用”目标，构建 BIM 技术水务应用信息共享平台，加强设计、施工和运维主要业务环节协同，力争到 2019 年底，全市水务行业规模以上新建、改建、扩建的政府投资项目全面应用 BIM 技术，打造一

批 BIM 技术水务应用的标杆，基本形成 BIM 技术水务应用管理体系框架，提升水务工程现代化的管理水平。2020 年 7 月 27 日，深圳市印发《关于深入推进水务工程高质量建设打造水务精品工程的若干措施》的通知，通知要求按照对标国际、领先全国的目标要求，结合深圳发展实际，全面梳理现行水务工程建设技术标准，研究制订关键环节重点领域技术规范，编制设计图集，培育扶持团体标准，逐步建立体现国际一流水准的水务工程建设技术标准体系。重点完善防洪排涝、生态河湖、碧道、海绵城市等基础设施建设以及装配式建筑、BIM 技术应用、信息化技术等领域的工程建设技术标准。未来 BIM 技术将更加广泛地应用于水务行业，结合先进的通信技术和计算机技术，大大提高水务行业的效率。

第五章 供 水 篇

智慧供水是城市供水发展的新阶段，是智慧水务建设重要的组成部分。智慧供水是以新一代信息技术为基础结合硬件和软件，管理城市供水系统的智慧化工具。智慧供水的本质是挖掘供水系统的数据价值进行科学决策和科学管理，核心在于供水数据采集和分析，重点是数据的准确性、代表性、全面性。

智慧供水的建设需要顶层设计和分步实施，具有长期性、复杂性、不可复制性的特点，既要尊重以往水务建设的历史成果，又要因地制宜与时俱进，解决信息化建设中存在的信息孤岛、数据烟囱、信息混乱、业务孤立等问题，实现信息技术和业务深度融合、业务和流程清晰顺畅、组织职责清晰明确、管理科学规范。

智慧供水管理平台由多个子系统组成，包括数据跨平台共享、信息可视化展示，能够对城市供水系统从整体到局部的供水一张图、供水设施在线监测一张网的综合性监控管理，实时了解供水产能、用水量、漏损水量、运行能耗、营收数据、管网数据、设备状态、管网水质等情况，亦可深入了解分项数据，在此基础上合理规划供水产能，优化调度节能降耗，降低漏损提高企业效益，提升管网管理水平和供水服务质量。

第一节 供水“一张图”

供水“一张图”运用基础地理数据、管网基础数据、水务基础数据及业务数据，结合 GIS、遥感、大数据、云计算等技术手段，对多时空水务数据进行综合管理与分析，为供水业务应用系统的快速搭建提供数据支撑。以此为基础，开发计算机软件分析功能，辅助管理者进行科学管理和决策，实现管网地图数字化、管网资产管理、管网运维、供水调度和营业抄收等功能，提高水务管理科学化、自动化、智能化水平。

供水“一张图”是以满足经济社会发展和水务资源管理的需求为宗旨，在现代信息技术的支持下，建立完整的水务资源信息库（包括历史资料信息），建立完善的管网水资源各项业务信息化管理功能体系，实现管网水资源管理业务信息的采集、处理、分析、查询、统计、输出的信息化。

一、需求分析

（一）政策需求

2017 年 5 月，由住房城乡建设部、国家发展改革委发布的《全国城市市政基础设施规划建设“十三五”规划》中明确将“城市供水安全保障工程”“市政设施智慧建设工程”列为“十二项重点工程”，并提出：“建立从‘源头到龙头’的全流程饮用水安全保障体系，加快对水源污染、设施老化落后等导致的供水水质不能稳定达标的水厂、管网和二次供水设施的更新改造”，“发展智慧水务，构建覆盖供排水全过程，涵盖水量、水质、水压、水设施的信息采集、处理与控制体系；发展智慧管网，实现城市地下空间、地下综合管廊、地下管网管理信息化和运行智能化”。

（二）业务需求

1. 老旧管网与现代水务发展的矛盾

城市化的发展，带动了供水管网快速延伸，同时也使管网结构日趋复杂。与此同时，管网存在新旧管道并存、管网资料不全、管网资产不明、管网不利点无法有效解决、应急抢修效率低、漏损严重和水质安全等问题。依靠传统的管理模式已经无法满足供水管网建设的要求，如何利用科技手段提升供水管网管理和维护的水平是水务企业当下要解决的重要问题。

2. 供水管网管理的需求

城市供水管网除了技术管理，还包括日常的维护管理。随着城市供水管网的长度不断加大，很多供水管网敷设的时间比较久远，由于缺乏系统性的管理，导致供水管网的基本资料缺失、不完整和不准确，使管网巡检人员在检查维修时没有准确的管网资料作为依据，同时巡检人员在日常工作中发现的管网问题不能及时或没有反馈给相关部门进行管网更新，日积月累使得管网管理愈发困难。

二、总体框架

系统的总体架构如图 5-1 所示。

（一）设施设备层

供水管网设施设备、监测设备、智能终端设备的统一接入管理。

（二）ICT 基础设施层

基础支撑包括混合云基础设施与网络基础设施的内容，为供水一张图提供整体的运行基础环境和互联通道。

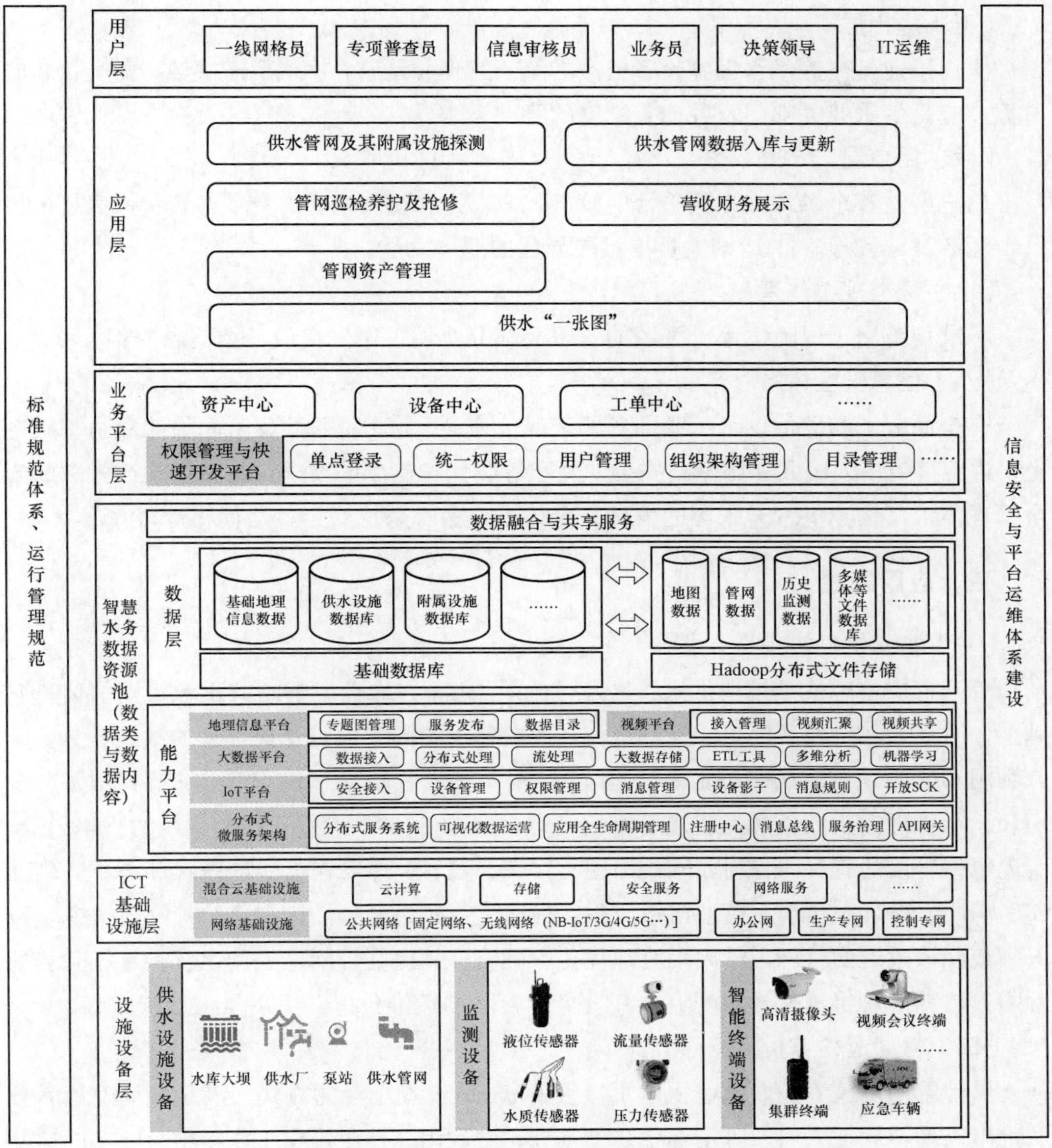

图 5-1　供水"一张图"系统架构

（三）智慧水务数据资源池

智慧水务数据资源池以能力平台为基础，对供水数据资源进行全面梳理，构建形成供水一张图综合数据库。

（四）业务平台层

业务平台层主要以中间件、公共服务为核心，为全系统提供统一的基础，如资产、设备、工单等应用业务中心。

（五）应用层

应用层业务覆盖供水设施设备资产的统一管理与运营，实现资产底数、资产状态的掌握，满足供水业务部门及各业务维度的管理需求。

（六）用户层

用户层是整个供水一张图平台的统一入口，为一线网格员、专项普查员、信息审核员、业务员、领导、IT 运维人员提供差异化的业务功能。

（七）标准规范体系

标准规范用于保障供水一张图的各组成部分协调工作，实现各类信息的相互联通。

（八）信息安全体系

在全面分析和评估供水一张图各要素的价值、风险、脆弱性及所面临的威胁基础之上，遵照《中华人民共和国网络安全法》和等级保护制度的要求，结合供水一张图的安全管理需求，构建供水一张图的信息安全体系，保障系统安全、运行稳定可靠。

三、应用综述

（一）管网资产管理

管网资产管理就是摸清供水管网及设施的家底，在充分掌握现有供水管网的信息基础上，结合生产做到最优化的管网运营，找出存在的问题以制定最合理的改造计划。充分利用 GIS 系统强大的空间信息管理功能，采集积累管网维修和阀门维护等管网资产管理和运行管理的重要信息，将爆管维修信息关联到 GIS 中，利用 GIS 系统的维修记录，实现维修管段的管径、管材、维修原因与频率、位置、爆管密度等的统计和分析。借助 GIS 爆管维修数据和水力模型模拟分析，制订管网改造计划，将有限的管网改造资金投入到最应该改造的管网，最大程度地优化管网资产，提高管网体系的运行效率。完善的管网改造计划还将优化资源配置，减轻老旧管网的运维负担，提高供水运营效率。

（二）管网巡检养护及抢修

供水管网巡检养护及抢修采用手持设备和 Web 相结合的方式，满足现场巡检养护及抢修人员与管理人员及时沟通信息的需要，做到内、外业管理工作相结合，实现巡检养护及抢修系统的科学化、规范化和智能化。

通过与手机端的联动，调度中心人员可及时获取巡检人员的巡检路线及位置分布等，实现巡检工作的动态监管；及时发现供水管网问题并处置故障，保障管网的高效安全运行。管网养护主要是针对设备运营单位对供水设备的养护管理工作，对养护工作进行综合管理。供水管网抢修模块能够针对应急事件的处置窗口，对巡检上报、公众热线上报及其他来源的应急抢修事件进行分派处置及综合管理。

（三）管线数据分析

供水管理单位能够利用供水“一张图”对管线数据进行一系列空间分析，可以有效帮助使用者直观地查看某一位置供水管网的空间分布情况。可以对供水管网所在位置进行横断面和纵断面分析，以剖面图的形式表现管线与周围地物间的空间关系。通过水平净距和垂直净距的计算，判断供水管网埋设方式的合理性。通过空间分析，判断用户所选两管段间是否连通。若连通，则给出连通路径。

（四）应急管理

供水管理单位能够利用供水“一张图”对供水管网事故的应急预案进行动态管理，如预案管理、查看、编辑等相关功能，可以为管线事故的应急工作提供支持。通过管网水力水质模型模拟管线事故的发生和应急处理工作。通过事故演练发现不足及时修正预案，为今后的事故处理提供保障。

（五）营收财务展示

供水管理单位利用供水“一张图”能够直观地显示抄表完成情况、售水情况、水费回收情况。通过图表等形式显示抄表完成率、供水与售水的对比情况及其产销率情况；通过对比曲线，能够直观地显示售水情况、水费回收情况信息；以统计表的形式显示各分区的售水情况的环比信息。还可实现对各类财务支出及回收率情况等信息的直观显示。

四、发展趋势

目前，中国的水务行业信息化发展已经取得了初步成效。供水一张图涉及区域大量的管网数据、基础地理等空间数据和管网压力、调度等专题数据等，但需要提高全面感知、准确预警、及时处置、快速解决问题的能力，提升水务企业精细化和智能化管理水平。

未来供水一张图的建设，应针对地下管网各业务环节实现全方位的闭环管理，跨系统抽取各业务子系统之间有效数据，实现数据业务的有机融合，使其管理更具有针对性，从而提高水务企业管理效率和管理水平，优化当前的工作困境，实现供水效益的增长。供水管理业务的相关应用扩展需要采用云架构所具备的弹性计算、可扩展和快速扩容能力，根据业务需求快速动态地扩展部署主机，有效推动供水一张图系统与市政、环保部门的数据共享。

利用一张图的先进技术理念，通过供水一张图业务应用系统对海量信息提取和挖掘，实现供水应急指挥调度工作的智慧化决策、水厂管网数字化管养维护的智慧化管理，从而全面提升应对城市水资源、水环境问题的管理水平和应急能力。

第二节　供水设施在线监测“一张网”

供水设施在线监测“一张网”是基于物联网、GIS、云计算、大数据等技术，结合供水行业特点，对城市供水管网及设施进行全方位的在线监测，分析管网关键数据、日常数据和设施设备的运行参数，评估供水系统及设施的运行状态、运行效能、故障占比和巡检维护状态，保障供水管网正常运行的智慧管理工具。系统通过在线监测和移动终端结合，调度管理与巡检维护联动，建立起“实时监控、部门协同、预警决策、快速响应”的机制，实现供水管网设施的监测、分析、预警、维护的集中管理，辅助管理者进行科学决策，帮助工作人员精确判断管网运行情况，提高处理日常问题的效率和应对突发事件的能力。

一、需求分析

（一）政策要求

随着物联网、云计算、大数据等新技术与水务行业不断融合，智慧水务处于行业发展的黄金时期，住房城乡建设部、国家发展改革委发布了《全国城市市政基础设施规划建设“十三五”规划》，支持水务行业智慧化、信息化的快速发展。

（二）业务需求

1. 水厂监测的需求

水厂是供水系统的重要环节，包括制水、净水、供水、供水量、出厂水质、出厂水压、能耗、用药量等核心要素，直接影响饮用水安全、供水质量、调度管理效率等。水厂的自动控制数据、在线监测数据、取水泵站和出厂水泵站的运行数据等都是需要重点监测的数据，工作人员可根据这些数据做出相应的决策，结合用水需求制订供水计划，调整制水工艺及巡检维护计划，保证水厂安全稳定运行，实现保质保量供水。

2. 管网监测需求

供水管网具有设施多、分布广、结构复杂、深埋于地下等特点，目前供水管网运行存在漏损严重、水质污染、运行能耗高、运营效率低、非法用水、缺乏有效监控和科学调度等问题，管网改造和管网巡检缺乏科学的数据支撑。这些问题依靠传统管理手段已经无法有效解决，数字化的管网建设是管网管理的迫切需求。

3. 决策分析需求

系统将采集的管网数据进行处理、分析，挖掘数据价值，将数据转化成有用的信息，用于判断水厂运行、管网水力、泵房能耗、管网安全事故等。从多个维度分析数据，判断发展趋势，为供水管理决策提供多元化的数据支撑，使供水更加科学化、智能化。

4. 应急处置需求

管网老化爆管漏损频发，管网水压不稳，水质不合格等问题是影响安全供水的重要因素，传统的管理方法各自为政，缺乏集中监控和统一调度管理，应急处置效率低、服务质量差。随着管网规模的扩大，结构的日益复杂，传统的管理方式已经无法满足现代水务建设的要求，因此，需要对管网设施进行集中监控，预警和指挥调度。

二、总体框架

供水设施在线监测“一张网”的总体框架由设施设备层、ICT 基础设施层、智慧水务数据资源池、业务平台层、应用层、用户层构成，如图 5－2 所示。

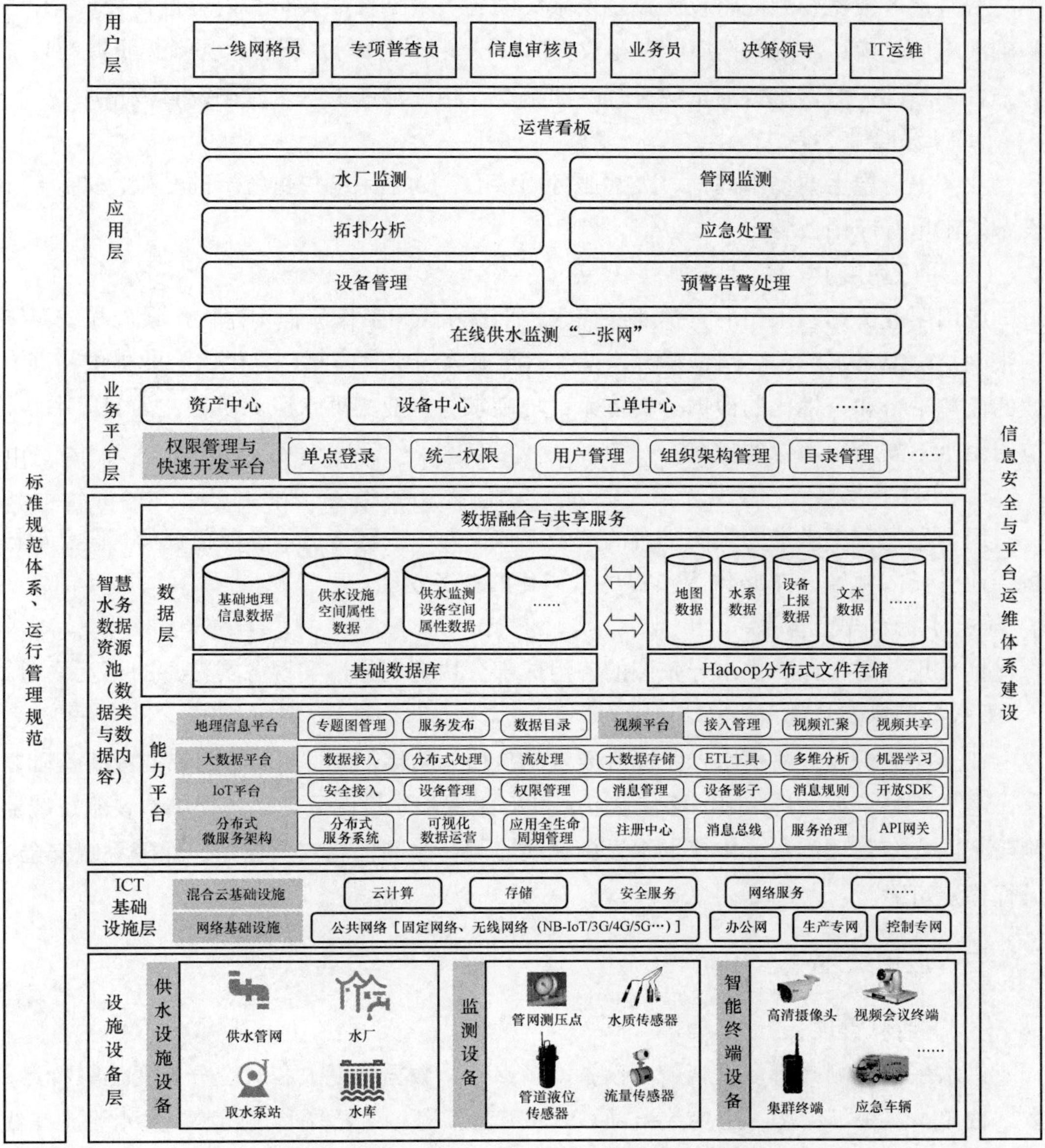

图 5－2　供水设施在线监测“一张网”系统架构

（一）设施设备层

供水管网设施设备、监测设备、智能终端设备的统一接入管理。

（二）ICT 基础设施层

基础支撑包括混合云基础设施与网络基础设施的内容，为供水设施在线监测一张网提供整体的运行基础环境和互联通道。

（三）智慧水务数据资源池

智慧水务数据资源池将设施设备层采集的各类数据按照类型和内容进行处理，存入基础地理信息库、监测数据库、专题数据库、模型数据库等。智慧水务数据资源池以能力平台为基础，对供水数据资源进行全面梳理，构建形成供水一张图综合数据库。

（四）业务平台层

业务平台层主要以中间件、公共服务为核心，为全系统提供统一的基础，如资产、设备、工单等应用业务中心。

（五）应用层

应用层业务结合水司的具体业务需求、管理方式和工作流程构建供水设施在线监测一张网，实现对水厂、管网、泵房、设备、漏损等的实时监测，为供水企业提供精准高效的监测平台和个性化的数据分析体系；提高水务企业的供水服务质量，为健康用水、节约用水、安全用水保驾护航。

（六）用户层

用户层是整个供水一张图平台的统一入口，为一线网格员、专项普查员、信息审核员、业务员、领导、IT 运维人员提供差异化的业务功能。

（七）标准规范体系

标准规范用于保障供水一张图的各组成部分协调工作，实现各类信息的相互联通。

（八）信息安全体系

在全面分析和评估供水一张图各要素的价值、风险、脆弱性及所面临的威胁基础之上，遵照《中华人民共和国网络安全法》和等级保护制度的要求，结合供水设施在线监测一张网安全管理需求，构建供水设施在线监测一张网信息安全体系，保障系统安全、运行稳定可靠。

三、应用综述

（一）监测管理

供水系统监测具有多设施、多设备、多参数、数据量庞大和时空分布变化等特点，数据抽象、复杂、动态。主要数据以 GIS、工艺流程、图表等形式展示。供水设施在线监测一张网的监测信息主要有下列几项：

1. 水厂监测

重点监测供水量、进出厂水质、出厂水压、进出厂流量以及水厂制水供水的能耗、药量。

2. 水质监测

监测管网各个节点水质、余氯、水龄的数据并进行综合分析，如有监测数据超标，以报警方式通知负责人进行排查。

3. 管网监测

主要监测管网的水力数据、大用户数据、二次供水数据、漏损数据、营收数据，为优化调度、巡检维护、漏损治理、绩效考核、科学决策提供数据支撑。

4. 水泵能耗监测

供水成本中用电成本占比较大，监测水厂水泵、中途加压泵房、二次供水的能耗、管网上加压水泵能耗为管理人员制定节能降耗方案提供决策支撑。

（二）数据分析

数据分析越全面数据价值越大，供水监测一张网根据监测的数据，对如供水量、压力、流量、水质、漏损和营收等数据进行多维度同比分析和环比分析，也可进行深度分析，比如爆管分析、关阀分析、能耗分析等。

1. 爆管分析

在城市管网中，经常会发生管道爆管的现象，这大都是管线老化以及水压等因素引起的。管道爆管严重影响人们正常生活，并造成资源的严重浪费。爆管分析是供水公司维护管线网的主要功能，在管网出现爆管现象时，爆管分析可以计算出爆管所影响的阀门以及爆管位置，同时会计算出爆管前水压、爆管后水压等数据供用户参考。

2. 关阀分析

关阀分析是管网出现异常后用来确定最佳的关阀停水方案的辅助功能，对于供水安全具有重要意义，可根据发生故障的位置，分析并确定哪些阀门和消防栓应该关闭，哪些用水用户将受到影响等。

3. 泵房能耗分析

监控总电能、瞬时有功功率、总功率因数、三项电压电流等参数，用于评估电力质量和能耗水平。以柱状图或折线图的方式展示，管理者可根据时段查看能耗情况，帮助管理者根据能耗变化做出正确决策，节约能源，提升效率。

（三）告警分析

告警分析的数据基础根据监测类型可分为管网的压力流量监测、水质监测、设备运行状态监测、漏损监测等；告警分析的分析维度可按分类分项统计报警数量，对报警数量进行趋势比对和占比分析，有助于水务部门掌握影响管网正常运行的主要问题，了解管网运行健康状况。告警分析可帮助管理者进行异常数值分析、历史问题复盘、应急响应，从而根据警情提前预防，提前部署，从而减少供水管网的突发事件和提高应急响应速度。

（四）数据共享

供水设施监测一张网的信息用于指导水务企业及各业务部门从全局的层面掌握供水管网监测数据和设备运行状况，各系统间共享数据，各部门在信息一致的基础上协同工作。

供水设施监测一张网的可共享数据有：

1）供水设施监测的水压、流量、水质、余氯等未经处理的原始数据。

2）经过处理的设备异常率、漏损率、产销差率、能耗、异常告警等数据。

其他子系统可通过这些数据实现诸多业务，如二次供水系统可通过水压、余氯等数据，计算出二次供水与水厂供水之间同类型参数对比率；巡检管理系统可根据异常率、漏损率等数据，提前部署巡检员的巡检路线等。

四、发展趋势

水务行业的发展离不开互联网技术的支撑，随着“5G”时代的开启，“5G＋智能＋水务”的结合充分激发了行业活力。

2019 年 11 月，中国电信、华为、天翼物联与产业链合作伙伴在“5G 物联产业高峰论坛”上，共同发布了《5G 智慧水务白皮书（2019 版)》。《白皮书》指出，随着 5G 正式商用，依托 5G 技术高带宽、低时延、大连接的技术特性，结合 NB-IoT，将为智慧水务的发展带来更优的技术解决方案以及更加丰富的应用场景。

这些技术也给了我们无限想象的空间。在供水监测系统里，供水设施的监测可以实现 VR 全景监测，从水源地取水到水厂，经过水泵加压到城市管网等一系列供水细节都将真实呈现到监测人员的面前；在预测异常方面，庞大的数据吞吐量能够收集供水环节甚至整个水务运行中的所有数据，数据量的增大势必可以建立数据工厂甚至数据湖，并使用计算机对数据进行深度分析，实现预测跑冒地漏、爆管等现象，将低产销差，节约水资源等，形成监测、分析、智能调度和智能操控一体化的智慧监测系统。

第三节　水源地管理

一、需求分析

（一）政策需求

2018 年 3 月，环境保护部印发了《全国集中式饮用水水源地环境保护专项行动方案》，针对饮用水水源地保护区划定不清、边界不明、违法现象等问题做出了相关规定。方案中提出要划定饮用水水源保护区，设立保护区边界标志，整治保护区内环境违法问题，通过“划、立、治”三项措施，定期开展水质监测，确保饮用水水源地水质得到保持和改善，努力提高饮用水水源环境安全保障水平。

2018 年 1 月，环境保护部发布《排污许可管理办法（试行）》，是对《排污许可证管理暂行规定》的延续、完善和深化，细化了环保部门、排污单位和第三方机构的法律责任。《管理办法》中要求依法严格开展监管执法，对依法监管的内容逐一进行了明确和细化，加大信息公开力度，为提高环境管理效能、改善环境质量提供了重要的制度保障，也从源头上减轻了水质的破坏和污染，为水源地保护提供了法律制度基础。

（二）业务需求

水源地水体质量受其周边环境影响较大，例如自然环境、资源利用、人类活动的干预等方面，其中主要影响因素是人类活动的干预，包括工农业生产中产生的未经处理的废水、废弃物及现代农业中大量农药化肥的使用造成的水体污染等。在生活中产生的生活垃圾和污水未经处理直接或间接排入水源地保护区域，将进一步加剧水体污染，因此对人类活动产生的各项污染亟待进行有效处理。

各项环境治理和环境管理活动，都是由环境监测提供基础数据，经过处理分析之后为部门决策提供辅助作用。通过环境监测，能为不同标准制定评价依据。对水源地的环境监测主要手段包括常规监测、应急监测和自动监测，在三项监测活动中所采用的方式及仪器设备需要进一步的探讨研发，提高设备的利用率。

（三）国内外应用现状

1. 国外应用现状

（1）管理体制与制度的研究。

日本在水源地保护过程调控中逐步形成了以《河川法》和《水污染防治法》为基础的较完备的管理机制和法律体系。此外，还建立了饮用水水源水质标准制度、饮用水水源水质监测制度、水源地经济补偿制度、紧急处置制度等。

法国遵循自然流域规律设置管理机构，《水法》中提出根据不同流域进行水环境保护和管理，大区环境办公室属于最高级别的流域级，其下设置流域管理委员会、税务局和水理事会，形成较完善的计划制定及执行体系。

德国比较注重跨流域合作，确立了管理委员会合作制度，共同保护饮用水水源的质和量。建立的水源地保护体系主要包括《水法》《地下水水源保护区条例》《饮用水条例》等。

（2）水源保护与污染防治研究。

在水源地保护方面，大多数国家都采取合理划定水源保护区的方式，并在不同级别的保护区采取适合的保护方案。

在水源地污染防治方面，各国通过搬迁清除涉水排污企业、建立污水处理体系等多种方式，基本解决了传统的工业点源污染，如今水源地的污染源主要来自农业、生活等，因此，许多国家在水源地面源污染治理和生态修复等方面做了研究。美国运用物理、生态等措施防治水源地面源污染，如建造滤地、生态拦截坝等储存和过滤暴雨径流，设置人工湿地、稳定塘等处理污染物；日本和德国提倡发展生态农业，通过科技创新和产业转型发展现代农业与有机农业，减轻水源地污染负荷。

2. 国内应用现状

（1）水源地保护法律体系建设。

目前我国法律体系中涉及饮用水水源地保护的法律主要包括《环境保护法》《水法》《水污染防治法》和《水土保持法》，主要从保护水源、防止污染、违法处理等方面做出相关的规定。目前，与饮用水水源地有关的部门规章如《城市供水水质管理规定》《饮用水源保护区污染防治管理规定》以及《饮用水水源保护区划分技术规范》等规范标准在饮用水源保护区的等级划分、水质标准以及污染防治等各方面做出了要求，对饮用水水源地保护与治理起到了较好的指导作用。

（2）污染防治对策研究。目前国内对水源地环境的保护和治理包括以下内容：

1）从维护生态平衡方面，提倡建设水源林，以及在水源地周边设置生态缓冲带。

2）在资金的投入上，主张对水源保护引入市场运作机制，开拓多元化的投资融资渠道，降低政府保护成本并提高水源地保护的效率。

3）在监测方面，强调常规监测和应急监测相辅相成，提高常规指标与特定有毒污染物的鉴别监测能力，为水环境监管提供数据支撑。

4）在管理体制上，借鉴国外成熟有效的管理体系，建立水源环境保护机制明确各级政府与部门相关职责，提升监督与应急管理能力，鼓励公众参与等。

二、总体框架

（一）水源地管理

水源地管理结构如图 5-3 所示。

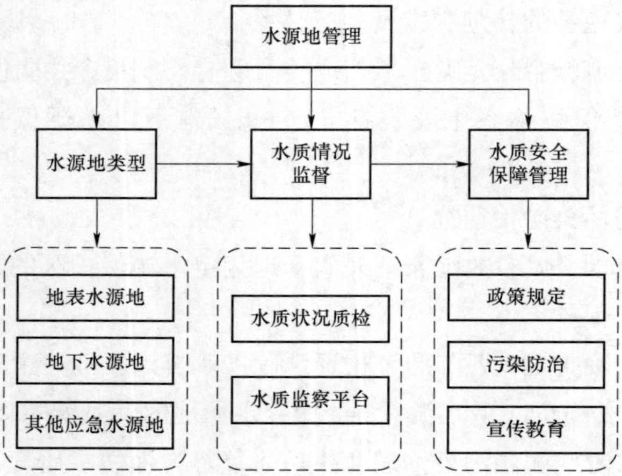

图 5-3　水源地管理结构

（二）水质监察平台架构

水质监测可以动态、全面、真实地反映水质情况，监测数据可为管理部门进行科学决策提供强有力的技术支撑。下面以蓝藻暴发及富营养化监测预警平台为例，阐述水源地水质监测的实际应用。

应用平台的总体架构共分为四层，包括基础设施层、数据层、服务层和应用层，如图 5－4 所示。其中，基础设施层包括存储、数据库服务器集群、应用服务器集群和 GIS 服务器集群等软硬件、网络环境等；数据层包括地理信息数据库、平台业务数据库和元数据库；服务层主要为数据的流转及平台的正常运行提供后台支撑；应用层即为蓝藻暴发及富营养化监测预警平台。

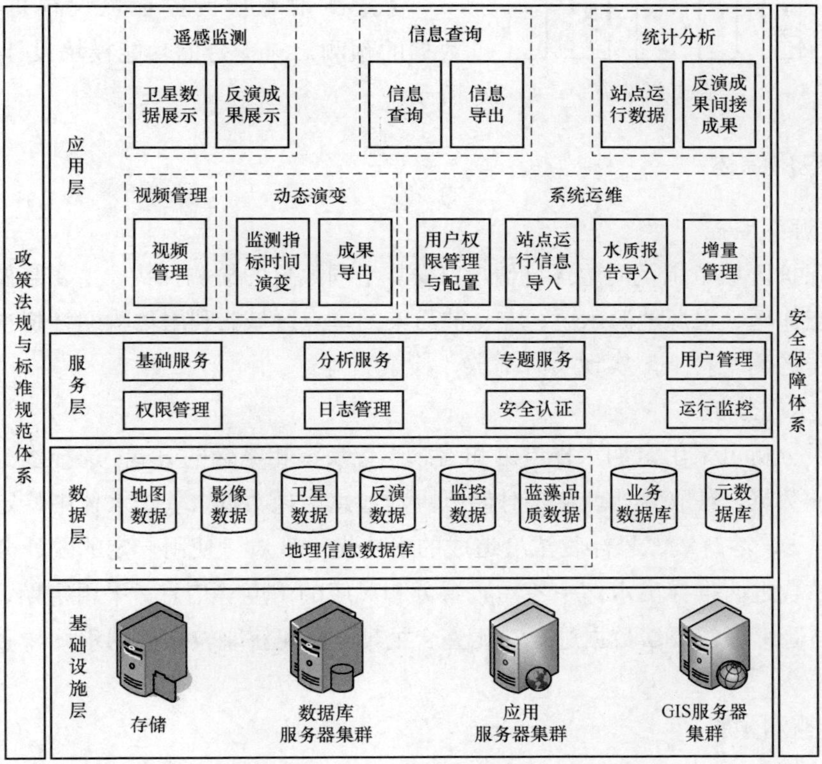

图 5－4　平台总体框架图

为方便全面直观展示监测地域水质状况，利用系统的集成实现对水质情况的时空动态监测，考虑到平台的整体性和可扩充性，技术思路如下：

1. 构造地理信息服务平台

以主流 GIS 平台如大型关系数据库技术、主流软件开发技术和现代网络通信技术为支撑，考虑到数据及服务之间的共享以及网络环境绝对安全的基础上，形成完备的包含各项影像数据、反演信息、水质含量参数信息的数据库，以开放的服务平台为依托，集成关联部门的协调应用。

2. 统一基础平台和应用平台

在监测平台实际应用中，应该保证数据的共享和功能互操作，同时要具备良好的可维护性和扩展性，尽量采用统一的基础平台。

3. 基于关系数据库的空间与非空间数据一体化管理

任何平台的功能实现，都需要多种类型数据的支撑，因此对数据的管理尤为重要。关系型数据库以表或视图的形式进行存储，对空间数据和非空间数据实现统一管理，并可以有效实现相互关联和集成。

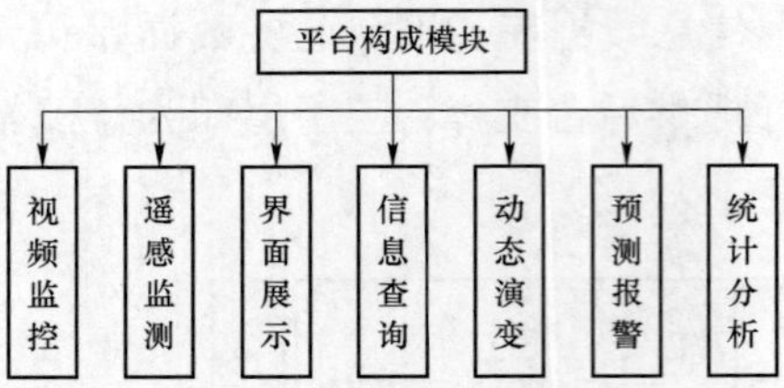

图 5－5　平台主要模块

考虑到对水质的监控以及根据遥感反演数据的预测，对平台的功能模块设计如图 5－5 所示。

三、应用综述

（一）源头监控

根据保护区域范围及周边环境情况，安装不同数量的检测探头，主要监控场所可以选择水厂工作区、水源地源水区、容易被污染的重点区域，利用传输网络将视频采集的信息统一传送到平台上，实现实时播放、检索和浏览。

（二）水质分析

对水质分析可采用定期水样检测和遥感影像反演相结合的方式。选择水源多个水质监测点位的数据，获取并处理特定时期范围的遥感影像数据，基于水体中特定物质的含量如叶绿素 a、溶解氧、悬浮物浓度造成的水体光学性质，使用一定的统计分析方法建立反演算法，进而推导出水体中各物质组分和对应的浓度等信息。采用定期、定点采样的方式，与遥感影像反演数据进行对比整合处理，从而获取较精确的水体物质含量变化趋势。

（三）监测预警

选择溶解氧、总氮、总磷和生物综合毒性等项目作为预警指标，整合多期水质检测情况的评测结果，对遥感卫星影像资料进行反编译，采取相关水质模型进行反演，结合水源地光照等自然条件，建立预测模型模拟水体中各元素含量的增减趋势。针对水质的实际情况做出黄色、橙色和红色三级报警信号，并将异常信息数据发送给预警监测工作人员，以便相关部门及时应对。

（四）应急处理

根据监测预警系统发出的报警级别及时开展现场排查，并采集已受污染样品进行处理分析，将反馈结果报告当地环保部门对相关企业进行定向性溯源性监督监测和环境监察，追究违法排污的责任。

（五）统计分析

对监测点位信息数据，定点采集的水质分析数据，影像反演结果，以及处理的污染事故等按照区域或者时间属性进行统计，形成图表格式展示。根据统计结果分析潜在的发展规律性，以此作为依据提前做好防范措施。

四、发展趋势

随着国家对环保监管的力度趋严和生态治理的需求升级，在相关政策的支持下，对水体治理、海绵城市建设、农村等水环境治理新兴领域的需求将快速增长。

（一）科技发展为水源地管理提供技术手段

物联网、大数据、云计算及移动互联网等技术可以感测、传送、整合和分析城市运行核心系统的各项关键信息，对各项公众服务和动态管理等需求做出智能响应，形成城市的智慧化运营。智能化的城市发展也为水源地流域的水资源利用、治理水体污染等方面提供了更多的解决手段。

（二）构建完备的跨界合作治理模式

由于水体不断流动的特殊性质，水质污染会从局地、单一的污染方式转变为跨行政区域的“复合型水体污染”，因此也需要流域间政府相互合作，共同对水源地进行管理。根据各水源地特有属性及治理中存在的问题及原因来设计科学、完善的跨界水污染治理模式，加强信息的互通共享，才会取得良好效果。

（三）建立农村面源污染法律体系

我国已建立了以《环境保护法》和《水法》为基本综合法，以《水污染防治法》与《饮用水水源保护区划分技术规范》等行政法规体系的环境保护法律体系，但针对农村面源污染防治问题，尚未形成专项法律法规，与此有关的内容只是穿插在各项法律条文中，且规定也不够具体，给实际的整治工作带来了较大困难。因此涉及农村面源污染防治的专项针对性法律法规政策需要完善。

（四）推行海绵城市的建设进程

海绵城市是推行以生态环境为有限原则的新型城市建设理念，实现自然积存、自然渗透、自然净化的城市发展方式，有利于修复城市水生态，涵养水资源，是促进雨水资源利用的有效手段。海绵城市的建设对水源地的影响不可忽视，可在城市形成良性水循环，提高对雨水的净化、传输、调蓄、利用能力，减轻对水源地的依赖，有效地提升水源地的管理水平。

（五）提升公众参与度

对水源地的管理和保护，受益者最终是公众群体。在前期政策制定以及实施过程中，都应该主动拓宽政府与公众之间的沟通渠道，保证公众的知情权，进而促进其更好地提供建议，让公众真正参与到水源地保护相关决策和管理过程中，在全社会营造保护水源的舆论氛围，真正转变为社会参与、人人有责的全民行动。

第四节 水厂精细化管理

水厂的两化融合是指信息化和工业化的高层次的深度结合，以信息化带动工业化，以工业化促进信息化，走新型工业的道路，而两化融合的核心就是传统水厂以信息化为支撑，实现可持续发展。

水厂信息化运用“物联网+移动化+云平台+大数据”先进技术，采用系统思维构建新一代水厂生产运营管理的整体逻辑架构，以移动信息化方式管理水厂运营，实现由粗放式管理模式转变为精细化的运营管理，水厂自动化控制将向智能化、信息化发展。

一、需求分析

（一）政策要求

2014 年八部委印发的《关于促进智慧城市健康发展的指导意见》指出：“智慧城市是运用物联网、云计算、大数据、空间地理信息集成等新一代信息技术、促进城市规划、建设、管理和服务智慧化的新理念和新模式。”为满足智慧城市的要求，作为城市重要的基础设施，水厂应该以应用新一代信息技术为手段，实现生产、运行、维护、调度和服务等全方位、全过程各环节高度信息化互通、反应快捷、管理有序的高效节能、绿色环保、环境舒适的智慧化的水厂。

（二）业务需求

1. 工艺智能运行需求

自来水厂工艺运行依赖控制系统有效的控制执行，自来水厂的控制过程分为一般控制和智能控制两种。一般控制是指采用简单逻辑运算为主的小闭环控制操作，占自来水厂过程控制总量的 70%～90%，比如原水泵变频调节、送水泵恒压供水、变压供水等；智能控制是指采用复杂模型算法为主的大闭环控制操作，智能控制以实现节能降耗、稳定工艺、运行方案择优为目的。比如应用于混凝剂投加、消毒剂投加等场景中，将一般控制和智能控制有机的组合，可实现基于模型算法的工艺智能运行。

2. 水厂管理精细化需求

水厂精细化管理要求通过采用先进的技术手段，提供一整套适用于水厂的智慧化控制、集中化监控、移动化管控以及大数据分析和科学化决策于一体的智慧水厂整体解决方案；要求基于数据、模型，直观展示厂站的生产运行情况，分析指导生产运行调度，及时准确生成统计分析报表。水厂管理需要运用新一代大数据分析、AI 算法等智慧化手段使生产计划更合理，决策更科学，从而降低总体运营成本；结合移动化运营模式，实现“口袋水厂”，打破物理围墙的限制，加快管理信息传递，并规范现场作业流程，提高人员工作效率。

二、总体框架

运用“物联网+移动化+智能化”先进技术，采用系统思维构建新一代自来水厂生产运营管理的整体逻辑架构，实现水厂智能化建设目标，如图5-6所示。

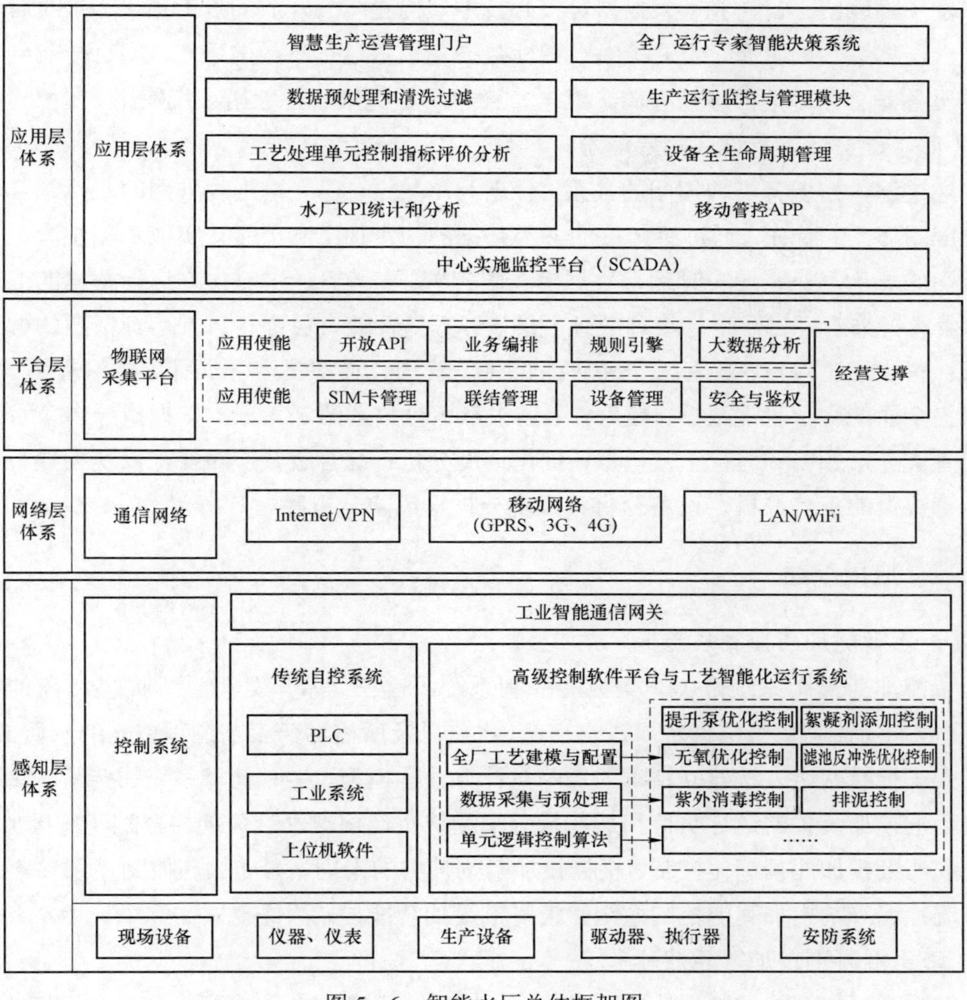

图5-6　智能水厂总体框架图

（一）建立感知层体系

感知层设备主要包括各自来水厂的在线仪器仪表、生产设备、控制系统等，是物联网技术构架的基础，感知层的建设是利用各厂控制系统，通过强大的数据协议转换功能，在不影响各自来水厂生产运行的前提下，进行多种通信接口、通信协议的转换，实现自动采集各种 PLC 和驱动器的生产运行数据，并建立与各类 PLC、驱动器、马达控制器间的数据通信，最终形成完善的感知层体系。

（二）建立网络层体系

利用先进的移动网络（GPRS、4G、5G）与互联网融合，建立网络层体系，兼容多种网络方案，保证数据传输的可靠性。

（三）建立平台层体系

基于物联网、云计算、大数据等核心技术，构建统一开放的 IoT 连接管理平台，建立平台层体系。实现水厂的关键生产指标数据及设备运行参数的采集，实时传输到管理中心服务器，并对数据进行存储、维护、管理，且提供给各应用系统使用。

（四）建立运营管理应用层体系

通过深入挖掘各类数据间的关系，合理利用数据，建立基于物联网的水厂综合运营管理应用体系。首先，通过感知层的各类数据的初步加工和展示，实现水厂生产运行工艺画面的展示及对水厂实时运行数据的超限告警；其次，通过对生产运行数据的汇总计算，生成自来水厂日常运行管理的各类图表，方便管理人员进行日常运行情况的总结与分析；再次通过对日常运行管理中涉及的生产管理、设备资产管理等进行信息化管理，获取更全面的运营管理数据；最后，通过生产运行数据的深入分析挖掘指导自来水厂生产的各类异常预警、运行工艺模拟、优化调度分析、综合运营决策等，以及指导公司综合运营决策的工艺分析、设备分析、成本分析、风险分析等。

三、应用综述

（一）智能加药控制系统

智能加药控制系统是一个集成的控制系统，旨在为水厂处理过程提供加药控制系统。智能加药控制系统根据水厂进水水量、水质以及所需加药工艺过程单元的水质数据，基于人工神经网络方法建立精确的加药量计算数学模型，实时计算系统加药量，并通过控制药剂投加装置的运行负荷和加药量分配系统实现按需供给药剂并分配药剂投加量，以实现药剂投加的精细化控制。根据投加药剂种类的不同，智能加药控制系统包含两个子系统：混凝剂投加智能控制系统和消毒剂投加智能控制系统。

（二）混凝剂投加智能控制系统

混凝剂投加智能控制系统采用“前馈＋模型＋反馈”的多参数控制模式，控制原理如图 5－7 所示。

混凝剂投加智能控制系统综合考虑进出水水量、浊度、混凝剂投加种类及浓度、混凝剂投加点搅拌强度、温度与 pH 值等影响因素，采用“前馈＋模型＋反馈”的多参数控制模式，通过建立精准的药剂投加量数学模型，根据药剂浓度以及稀释比例，实时计算出某一特性浓度的混凝剂投加量，并将需药量信号发送至加药泵主控柜 MCP，一方面，控制清水泵（组）对药剂进行稀释，满足混凝剂投加浓度要求；另一方面，调控药剂投加泵（组）的运行负荷，调节总加药量，实现按需供药。同时，通过加药管路上阀门开度的调控，来实现不同加药点药剂投加量的合理分配，从而实现对药剂投加的精细化控制。

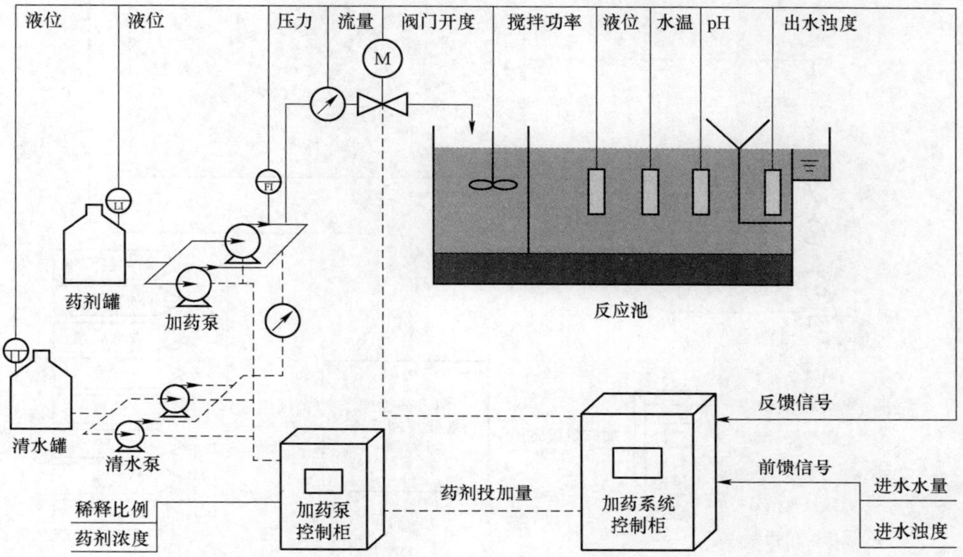

图 5－7　混凝剂投加智能控制系统原理图

为了降低混凝沉淀的非线性、大时滞对混凝剂投加智能控制系统控制性能的影响，引入了模型预测控制（Model Predictive Control，MPC）对混凝剂投加进行控制，提升了控制性能，实现对混凝剂投加的精细化控制。

（三）消毒剂投加智能控制系统

消毒剂投加智能控制系统采用“前馈＋模型＋反馈”的多参数控制模式，控制原理如图 5－8 所示。

消毒剂投加智能控制系统综合考虑进水水量、水质（如浊度、氨氮和化学需氧量等）指标、消毒剂投加种类及浓度、温度与 pH 等影响因素，采用“前馈＋模型＋反馈”的多参数控制模式，通过主体消毒过程的化学动力学模型，实时计算出某一特性浓度的消毒剂投加量，并将需药量信号发送至加药泵主控柜 MCP，一方面，控制清水泵（组）对药剂进行稀释，满足消毒剂投加浓度要求；另一方面，调控药剂投加泵（组）的运行负荷，调节总加药量，实现按需供药。

（四）精细化生产运营管理

1. 管理驾驶舱

生产运营管理人员可以通过管理看板，查看各项指标数据、工作记录、任务清单和分析图表等，实现按角色为各级生产运营管理人员提供定制化的管理看板的目的，在管理看板上通过对全厂各项指标数据进行图形化显示，为管理层对全厂运营绩效评估、辅助决策提供科学有效的数据依据。

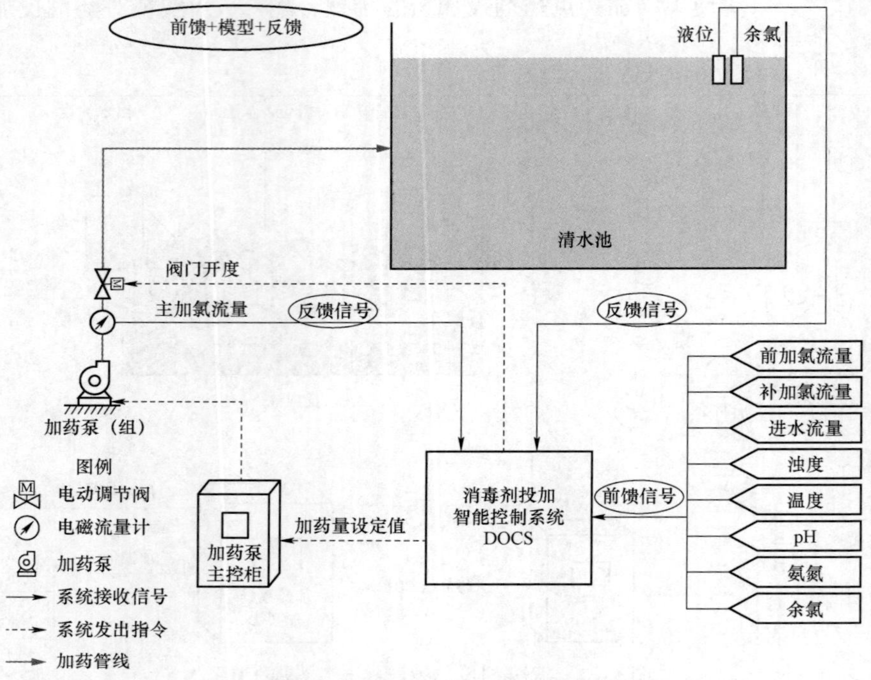

图 5-8　消毒剂投加智能控制系统原理图

2. 全厂三维可视化

利用最新的计算机图形技术，基于三维虚拟现实的最佳形式实现对水厂的真实展现，把“实体空间”和“虚拟呈现”融合在一起。采集“实体空间”生产制造过程中的所有实时数据，在“虚拟呈现”环境中实现集成展示，使虚拟环境中的生产仿真与现实中的生产无缝融合，利用虚拟水厂的灵活优势，促进和提高现实生产水平。

3. 生产运行监控

生产运行监控即将各厂站工艺点的基本信息、报警情况、报警处理统计和相关出勤人员任务分派以及执行分布情况在区域地图上以总览形式统计展示，提供水厂各工艺点的三维展示画面、视频抓拍入口、报警数量、工艺画面、关键指标与视频监控快捷入口，方便快速掌握各工艺点的关键数据和指标，同时能迅速针对工艺点工艺参数和设备报警发起缺陷申报，提高工作效率。通过此功能实现对水厂数据进行远程集中化的水厂运行综合管理，各级管理人员能够及时、准确、全面、直观地了解和掌握生产状况。

4. 设备运维管理

设备运维管理是企业规范设备管理工作的有效工具，其具体以工单的创建、审批、执行与关闭为主线，合理、优化地安排相关的人、财、物资源，将传统的被动检修转变为积极主动的预防性维修，并借助移动化技术使设备运维具备实时可看、可查、可管的能力，提升设备管控水平，延长设备使用寿命的同时保障生产安全。此功能通过跟踪记录企业设备全过程的维护历史活动，将维修人员的个人知识转化为企业范围的智力资本。

5. 库存管理

按照水厂库存的管理要求，仓管人员对物料的库存进行管理。此功能实现对物料进行科学的管理，使仓库日常管理工作效率大幅提高，从而保障水厂生产所需物料的供应，进而保障生产。

6. 化验室管理

化验室管理按照 CMA 认证思想，对化验室管理流程进行优化，并按照 ISO/IEC 17025 标准规范，对检验过程涉及的“人”“机”“料”“法”“环”等关键要素进行严格管理和控制，防止人为因素对检验数据的不良影响，从而规范检验部门工作流程，提高质量管理工作效率和工作水平。此功能在提升化验室管理水平的同时实现水厂水质规范化管理，保障水厂水质达标。

7. 生产安全管理

安全人员发现水厂隐患进行上报，然后派发工单给相关人员进行处理，相关人员处理后进行上报反馈处理情况，并跟踪隐患处理情况。此功能提供了隐患快速处理及查看的窗口，对水厂隐患总体情况快速了解，从而保障水厂安全。

8. 人员绩效管理

通过多维度的量化考核评估，管理人员全面了解水厂各个部门及人员的工作情况，不同的人员可以根据工作类型实时查看个人工作及考核评估职位情况。此功能帮助快速了解水厂各个部门及人员的工作情况，实现绩效考核的透明化，从而提高人员工作的质量及效率。

9. 知识管理与决策辅助

（1）知识管理。通过建立知识经验库，提高人员技能水平，为企业的文化建设提供知识层面上更强大的支撑。

（2）决策辅助管理。建立决策支持库，紧急突发状况发生时，便于相关管理人员提供决策支持。

10. 风险应急处理和预案管理

当运行人员报告风险事件时，系统在明显的位置给出消息提醒，通过风险事件类型自动关联对应的风险处理预案，管理人员通过系统查看风险处理预案后，根据预案的要求统一调度。相关执行人员在处理风险事件过程中应能够调出相关工艺运行数据、实时视频、设备巡检维修等相关参考信息，对风险事情进行分析和判断，按预案管理制度的要求进行下一步的执行工作。当风险事情处理结束后，能在平台录入对应处理结果和经验总结，最后由上级领导进行审批。此功能通过全数字化管理手段，辅助风险应急事件科学快速的处理，让水厂的运营更有保障，应急状态下的处置也更灵活。

11. 人机协同

系统具备 AI 语音虚拟助手功能，厂区人员可以通过智能音箱或移动设备以自然语言的方式与虚拟助手进行对话交流，通过虚拟助手实现数据播放。

此功能帮助在紧急情况或不便于进行手动操作系统的情况下，快速获取关键信息或实现关键操作。

12. 移动运营管理

实现对设备设施在运行过程中动态数据的实时监测，保证各级管理和运维人员在第一时间掌握运行状态；同时巡检/维修/养护人员使用移动应用对设备设施现场进行巡检及维修养护，并可拍照上传，支持移动提交现场巡检异常信息。从巡检计划的制定到巡检任务的完成，以及后续巡检原因的分析和全部巡检任务的汇总统计，形成一个闭环管理流程。让管理人员充分应用“移动+互联”的管理手段，实现对分散式的高效管理。移动端实现平台端的大部分功能。

（1）数字化导航。通过增强现实 AR 技术对相机取景图智能识别出系统中已经录入的设备，针对识别出的设备提供设备的基本信息、跳转到设备报警详情页面、查看相关设备测点曲线、查看相关设备的未处理完成的缺陷工单和维修工单、提供设备缺陷上报直接入口等多样功能。提高了工作人员执行同一工作的方式多样性和工作效率。

（2）混合现实展示。应用 MR 技术，合并现实和虚拟世界，在新的可视化环境里实现区域、位置、设备等模型与数字化信息的实时互动，帮助用户“所见即真实”地一览生产运营和设备运维情况，为用户展示、汇报、协作提供强有力的支持。

四、发展趋势

（一）拥有“智慧大脑”的智能水厂

随着新技术不断发展，在先进、有效和可靠的智能算法和控制策略指导下，新一代水厂将向高效率、高可靠、智能化发展。以工业化与信息化“两化融合”为核心，通过构建水厂全自动化、智能化控制体系，可以大大降低水厂的能耗物耗，稳定工艺处理过程参数，提高出厂水质。

目前，水厂自动化能做到依据设定的目标程序自动运行，但是缺乏独立的分析、判断和主动调整优化的能力。未来可以结合人工智能技术，将人工智能技术应用到水厂，水厂就拥有了“智慧大脑”。例如通过原水监测点水质传感器采集到的水质信息，结合对历史数据的分析得到的规律和实时工艺仿真结果，提出预处理建议、自动调整处理时间，药剂投加量等参数，并通过处理过程中水质检测结果的反馈，及时修改更新相关参数。

（二）“少/无人值守”水厂

“少/无人值守”（又称为少人运行，无人值守）并不等于完全无人管理，而是指厂内不需要全天 24 小时都有人值班，只需配备少量的运行人员和维修人员，生产过程实现全自动化，设备或工艺流程的启停及参数设定、运行监视等工作由远程计算机或者移动终端进行管控和调度。利用先进的自动化、电气、无线通信、软件技术以及云计算技术，建立先进的远程管理云平台，高速高效的采集处理大数据，实时掌握水厂运行状况，远程进行水厂的生产调节、设备控制、诊断调度，能够大幅度减少现场生产控制、维护和管理人员，基本或完全实现无人值守。“少/无人值守”主要是相对传统运营管理模式，所提出的新型水厂运营管理理念，即在减少现场值班人员，减少现场巡视频率，减少运营管理人员的基础上，实现水厂稳定运行。原有运营管理模式中的部分工作，由各水厂自控系统自动调控，控制中心统一监控；加之采用先进管理软件系统，自行生成工单并全程追踪，从而实现“无人值守，少人运行”的运营管理目标。

第五节　供水管网管理

我国城镇化的飞速发展带动了供水行业的发展，国家统计局数据显示从 2015 年到 2018 年，我国总供水量从 560 亿 t 增加到 614 亿 t，总供水管道长度从 71 万 km 增加到 86.6 万 km，2020 年供水普及率达到 90%。

供水行业快速发展使得管网延伸的面积增大和管网的结构日趋复杂，导致传统的供水管网管理存在诸多问题。如何建设好管理好如此庞大的地下生命线，保障供水安全和饮水安全；如何解决供水产能与日益增的供水需求之间的矛盾；如何在资源日益枯竭的当下节约用水、减少漏损、降低能耗；如何利用科技手段提高供水质量、服务质量和提高供水企业效益等，都是水务企业所面临的巨大的挑战。

一、需求分析

（一）政策要求

2015 年 4 月国务院印发《水污染防治行动计划》（简称“水十条”）提出“对使用超过 50 年和材质落后的供水管网进行更新改造，到 2017 年，全国公共供水管网漏损率控制在 12%以内；到 2020 年，控制在 10%以内”和“保障饮用水水源安全，从水源到水龙头全过程监管饮用水安全”。

2012 年 11 月《住房城乡建设部关于印发城镇供水设施建设与改造技术指南的通知》提出“进行分区设计与分区管理，并设置增压泵站，调控管网压力，尽量降低能耗和漏耗。”“管网建设或改造前，应综合采用管网地理信息系统、水力模型和水质模型、漏损检测等方法，对现有管网进行评估，科学确定建设或改造方案。”

2005 年 8 月《国务院办公厅关于加强饮用水安全保障工作的通知》指出 “要把城市供水管网改造作为重点，优先改造漏损严重和对供水安全影响较大的管网，改善供水水质”，“各地区要加强对饮用水水源、水厂供水和用水点的水质监测，对取水、制水、供水实施全过程管理，及时掌握城乡饮用水水源环境、供水水质状况，并定期检查”。

（二）业务需求

1. 供水管网正常运行的需求

城市供水管网管理面临管网规划、旧管网改造、新建管网敷设和管网运行维护等多重任务，这就要求城市供水单位在保证供水水质安全的同时，加强供水管网的运营管理、提高管网巡检质量、加大管网维护投入与改进管网管理方法，确保城市供水管网的正常运行，从而保障城市供水的安全可靠。

2. 减少漏损、控制成本的需求

供水管网是城市供水的基础设施，管网的缺陷问题是造成管道运行易漏高耗的重要因素。首先是管网布局不合理，工艺落后，负荷不均，覆盖范围差，经济运行效率低；其次是管网老化，异径输水，选材不当，设施不全，故障率高，跑漏水事故多，维护、抢修率高，费用大，安全运行率低；最后是压力管理没有可靠手段，估产、估售、不计量和计量误差带来的漏损问题也比较多。

3. 供水调度的需求

目前，水厂自动化控制系统通常采用 PLC + 组态软件模式，多处于远程监控和人工调控的模式。自动化调度监控系统的冗余性不高，操作模式单一，调度人员很大程度上依赖个人经验进行调度。当系统出现故障时，调度人员很难及时发现和处理。宏观层面，供水管网规模的扩大，供水系统运行复杂性不断增加，水量配置不合理，管网压力不均衡产生的安全事故，水质以及供水系统的高能耗，运行经济效益低，管理手段落后等都是传统供水调度急需解决的问题。

二、总体框架

供水管网管理系统是基于智慧供水“一张图”和供水设施监测“一张网”提供的数据共享服务，结合供水管网水力水质模型实现对供水管网的巡检维护、漏损分析、优化调度等主要管理工作的便捷系统，如图 5－9 所示。

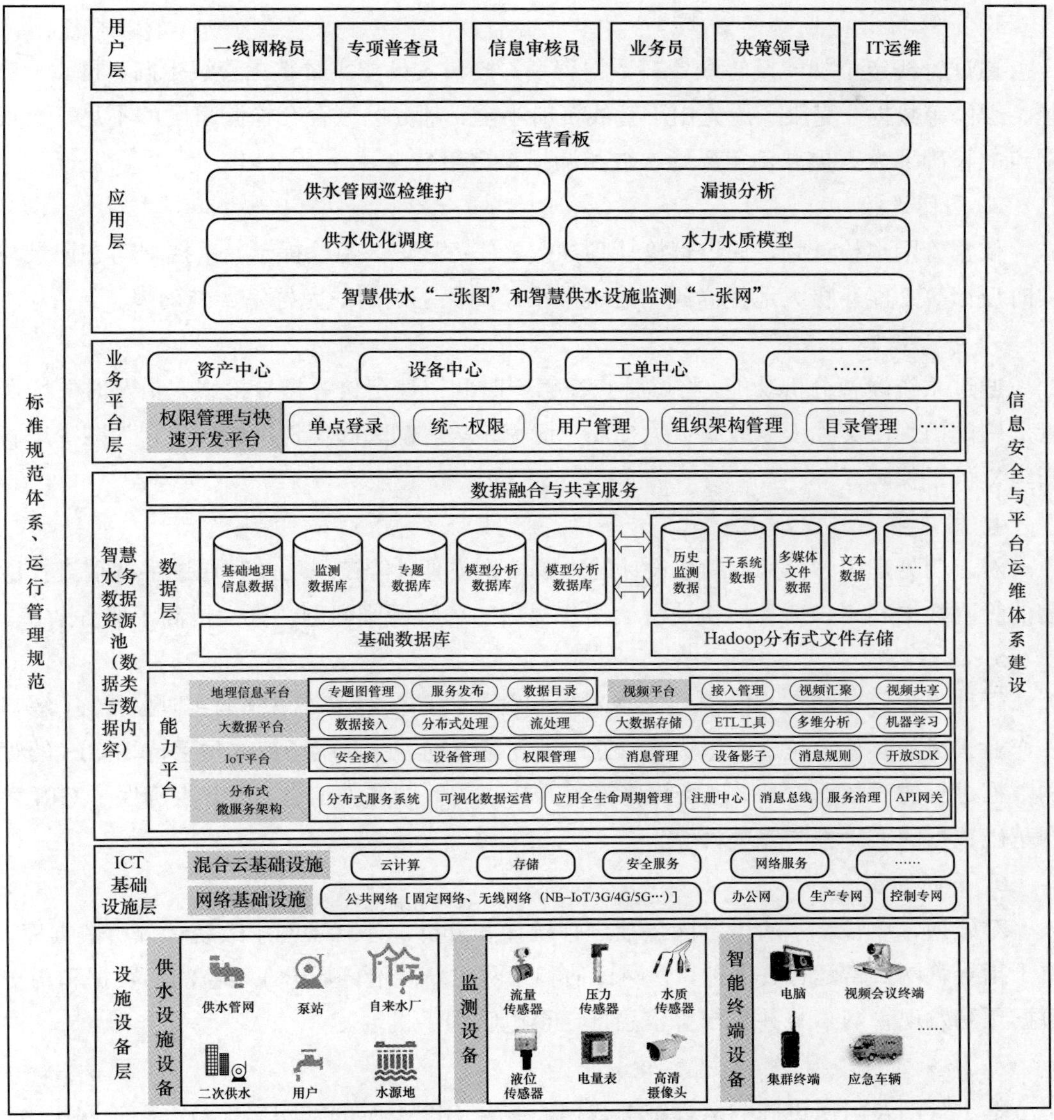

图 5－9　供水管网管理系统架构

三、应用综述

（一）供水管网巡检维护

管网巡检维护包括管道检漏修漏、管网及设备的维护检修、爆管抢修和管段或配件更换、管道清垢与防腐等工作。巡检维护子系统主要由手持终端和供水管网巡检管理平台组成。手持终端主要用于管网巡检、事件上报、管网属性核对、现场应用分析；供水管网巡检管理平台结合水力模型实现对管网的日常巡检维护、应急处置、规划修复等工作。具体应用如下：

1. 管线检漏

通过管线定位功能及管线资料数据查询，检漏人员能实时掌握管线走向、材质、口径、维修等数据，克服了原先由于管线资料不全、部分区域存在检漏盲区的不足，查找漏点的精确率大大提升，年爆管次数和漏损率逐年减少。

2. 阀门巡检

依据管网巡检计划，通过巡检计划导入、任务获取、巡检提示、手持端动态记录与实时反馈等功能，极大地提高阀门巡检效率，确保了阀门的完好率、准确率。

3. 爆管抢修

通过系统爆管分析功能，将爆管点在第一时间快速定位并指导抢修人员及时关闭爆管周围阀门，使实际工作效率大大提高，避免错关、漏关阀门情况的发生，为减少爆管损失提供了保障。

4. 用户服务

对上门处理用户报修、勘察设计的人员特别方便，能在现场及时通过手持端查找所需的管网数据和用户信息，快速解决用户提出的各种疑难问题，大大提高了服务效率。

5. 运维管理

管理平台可以通过 GIS 系统实现对人和物的管理及对户外工作的实时监控，了解户外作业人员的具体方位、工作状态、工作进度等情况。结合现场数据与手持端 GIS 的管网数据进行实时核对，上报现场抢修管道开挖点的管网属性信息，进一步确保了 GIS 管网基础数据的准确性与完整性。

6. 分析预警

对破损、爆管、水质等管网事故进行统计和分析，建立管网事故统计分析数据库，用于指导管网日常运行、维护、管网评估和管网更新改造，基于在线监测的数据和历史数据预测发现管网事故并将报警信息推送至电脑和手机端。

7. 修复更新

基于管网及附属设施的运行维护数据，结合 GIS 系统的管网属性数据和管网压力、流量、流速等运行数据，对爆管率高、漏损严重、管网水质差的管道进行分析，评估可能存在高风险的危险管段和管网滞水管段，制订修复和更新计划。

（二）漏损分析

供水管网漏损分析基于分区管理的理念和《城镇供水管网漏损控制及评定标准》（CJJ 92—2016）的水量平衡表，确定出厂入网水量、区域水量、独立计量区和用户水量等进行水平衡分析和量化不同区域的漏损。计算各区域的漏损水量、产销差水量、水量平衡表的各种水量，从不同空间尺度、不同时间尺度分析整个管网，统计分析各个分区漏损与产销差的情况，识别漏损、产销差的主要影响因素；对比分析区域漏损和产销差差异，识别重点漏损区域；同时配合 DMA 分区实现漏损监管、主动检漏、压力控制等业务工作；基于模型、预警和监测系统探知管网漏点及时制定解决方案。漏损分析具体应用如：

1. DMA 分区管理

实现对规模较大的供水管网分区管理、独立计量、量化漏损水量空间分布，便于有针对性地开展漏损控制，对各区漏损进行差异化管理。分区管理可以建立水量计量传递体系，通过各层级之间的水量对比分析，对漏损水量进行精细分析，同时可以建立压力控制体系，分级分区开展管网压力的精准管控。

2. 漏损管理

水量平衡表定义了漏失水量的构成要素，是漏损管理的重要依据，结合夜间最小流量和总分表对比的数据分析发现漏损点，掌握各区的漏损水量时间和空间分布，建立各区漏损量排名和评估，结合绩效考核，因地制宜、责任到人的开展漏损控制。

3. 产销差管理

同样基于水量平衡表，产销差的管理核心在于降低注册免费用水的漏损水量。对注册免费用水的消防、绿化、环卫、管网检修的用水量进行计算，发现非法用水量并对其进行管理。产销差的管理在于掌握各区产销差的时间和空间分布，建立各区产销差排名和分析，将产销差与主管领导的绩效考核挂钩，责任到人，量化管理。

4. 预警管理

对分区内的流量、压力、漏损率、产销差等数据进行预警管理。按照上下限报警、百分比偏差报警、突变报警等类型，预设值预警阈值，实现超限管理。

5. 统计分析

将采集到压力流量监测数据、预警数据、漏损率、产销差数据、水平衡表数据等进行统计分析，并生成报表，便于管理者结合企业目标和具体要求开展业务工作。

6. 决策分析

在漏损、产销差、水平衡表、查漏数据的基础上，有条件的水务企业可结合管网漏损分析模型对管网漏损进行全面趋势分析预测和整体评估，为决策者提供依据。

（三）供水优化调度管理

在智慧水务背景下，供水管网优化调度管理是在保证供水服务质量的基础上，采集各类供水数据结合管网水力模型，模拟多种供水工况，研究分析供水系统管理运营的各个方面，并选择满足既定目标和约束条件的最佳调度策略，以期实现经济效益和社会效益最大化。

1. 运行监控

供水优化调度具有多目标、动态化、非线性、跨平台的特点，其调度管理目标通常涉及用水量调度、压力调控、水质评估、能耗管理等。运行监控应以目标为导向，实时监控输配水管网及设施、增压泵站、二次供水、清水库及水厂出泵房的运行状态，动态跟踪，确保各类运行数据在合理区间，满足目标要求。采集的供水数据以工艺流程图、曲线图、表格的形式多维度呈现，对同类数据进行同比、环比分析，对不同类数据进行相关性分析，对于异常报警数据及时分析处理。

2. 调度管理

调度业务综合管理是将整个供水调度的日常业务工作及流程进行电子化、数字化管理。实现生产调度计划制定，发布调度指令，合理配置供水量和控制管网供水压力；实现生产运行数据汇总分析，统计各水厂供水量、耗能和成本等数据；实现调度日常工作如日志管理、调度值班、公告通知、调度报表填报据的管理；管网巡检维护、冲洗作业、停水关阀的统一调度管理；气象信息管理和热线信息等管理。调度业务数字化管理是优化调度平台和提升调度管理水平的重要环节。

3. 优化调度

优化调度工作在保证供水服务质量的同时降低供水能耗。根据采集的管网水力水质数据、水厂出水泵房和中途泵站的水力能耗数据、大用户数据、二次供水数据，全面掌握用水量的空间分布、时间分布和管网的压力、水质、能耗分布，结合管网水力水质模型的模拟计算，综合考虑气象、社会等诸多限制条件的影响，确定最适合本供水区域的水量、压力、方法和修正值；根据调度辅助决策系统的在线调度和离线调度模型，挖掘供水能耗潜能，形成优化调度方案。建立调度预案库，制定日常调度预案、节假日调度预案、突发事件调度预案和计划调度预案。

4. 水质管理

水质管理的重点在于出厂水的水质和管网末梢水质的监测和管理，根据管网水质数据时空分布情况，调整和增加管网末梢和居民用水点的水质监测点的数量，使水质采样点位分布更合理和更有代表性。结合供水调度计划定期冲洗、排放管网末梢的存水，保证管网末梢水质达标。管理平台可及时发现水质异常追溯异常原因，及时处置；发生重大水质事故时辅助制定应急预案，采取临时供水措施。水质管理实现了供水全流程的产前指导、产中控制、产后监督、应急预警、辅助决策的功能。

5. 二次供水管理

二次供水站点数量大、分散，处于供水管网末端，是供水优化调度的重要环节，通过对二次供水的水压、水量、水质、能耗、液位等参数的集中监控和分析挖掘，掌握用水规律、供水峰谷时段，错峰补水科学调蓄，分级分时管理泵组，保障供水管网压力稳定的同时降低泵组的运行能耗。监测二次供水的水质和余氯数据，为供水消毒和饮水安全提供管理决策依据。提高供水企业的经济效益和社会效益。

6. 水力水质模型分析

水力水质模型是供水优化调度管理的重要工具。通过水力模型可以了解管网布局的合理性和管网的运行能力，预知管网内水力状态的变化，通过模拟多种不同季节不同工况供水，从中选择最优的供水调度方案。当多水厂同时供水，水力模型可以发现各水厂供水边界和管网供水不利点，为消除供水不利情况提供依据和解决方案。模拟计算整个管网的供水压力展示压力时空分布，用于制定管网压力管理调节预案，降低爆管和减少漏损发生。

水质模型主要模拟供水管网中的余氯、水龄、污染物的扩散等水质问题，通过模拟管网中的余氯浓度、管网水滞留时间，分析管网中余氯浓度低和水龄超标的管段及区域，用于指导管网末端水消毒和定期释放存水保证水质的工作。

当出现水质突发事件时，通过模拟可以快速了解水质污染的管道、污染源和污染面积和发展趋势，及时制定隔离管段、隔断污染源、防止污染面扩大的方案。

7. 智能预警

根据各项供水管网数据，对供水管网的安全进行风险评估和控制。结合管网事故的历史数据和调查取证的方法，分析辨识管线风险及风险源，控制风险源；根据风险出现的频率和影响程度和性质对风险进行分级排序管理，辅助制定不同级别的应急处置预案，实现主动预防、科学评估、快速处置的功能。

四、发展趋势

（一）供水管网巡检维护发展趋势

随着供水管网的拓展，管道及附属设施的增多，传统人工巡检管理模式已经不能达到供水行业发展要求。当前，新一代信息技术如物联网、移动互联网、云计算、地理信息技术等为管网巡检维护和管网资产管理提供了有利的条件，提升了远程管理、远程控制、智能巡检和人工维护的水平，在供水管网巡检维护数据共享、工作协同、快速决策和及时处置上有了很大的提高。未来，随着工业互联网在供水行业的深度应用，供水企业在管网巡检，除了装备更先进外，在管网精准巡检、事故分析与模拟、管道更换影响与评估、管网规划方面都将站在更高的视角去管理和维护管网。比如精准巡检，可以综合利用物联网技术、电子标签技术、地理信息技术、VR 技术和 BIM 技术，将地下管道数据、阀门信息、管网水力信息动态化立体呈现在移动终端和电脑端，在巡检抢修前已经对环境情况充分了解，做到有的放矢。另外，管网水力模型也将在制定停水关阀和管道修复更新方案评估、管网规划上发挥更大的作用。当巡检维护需要关闭阀门时，模型结合客观条件生成最优停水关阀方案。在管网规划和维修更新方面，水力模型可以模拟多种改造更新管道的方法，再通过评估风险等级和影响范围，总结出更具有参考价值的计划方案。

（二）漏损分析发展趋势

我国在管网漏损控制与管理上已经取得了一些有益的成果和经验，制定了《城市供水管网漏损控制及评定标准》，从认识漏损、发现漏损和控制漏损三个层面提出了漏损控制与管理方法。

目前，我国一、二线城市的供水企业，在漏损管理上多采用分区计量、远传流量计和压力传感器、物联网水表的技术手段，结合漏损管理平台的漏损分析管理模式，有条件的水务企业已将水力模型应用在漏损管理上，这也在一定程度上反映了我国供水管网管理的发展趋势，县级城市在智慧水务和漏损管理方面还有很大发展空间。未来，漏损管理必将与新技术为核心的软件系统和硬件设备深度的融合，在漏损分析方面，提高最小夜间流量变化的新增漏失识别技术，建立更准确的计量漏失水量、漏损水量评价指标；完善 DMA 漏损控制技术，优化基于管网分区和智能调度的压力调控技术，提高适合管网情况的表计匹配分析。提高和发挥供水管网水力模型在漏损定位、预测漏损变化趋势，漏损评估与管道安全预警和管道更换方面的应用。

（三）供水优化调度发展趋势

供水优化调度管理的目的是在保障管网运行安全可靠的前提下，合理配置供水量，降低管网维护和运行成本，提高经济效益和社会效益。当前，我国水务企业管理的供水系统，还存在设备老旧、工艺流程不科学、泵站普遍存在运行效率不高，能耗大的现象，信息化建设滞后的情况，虽然水务企业也希望更科学的管理，但却只能在局部进行有限的调配或者是无从下手，只能凭经验进行粗放的调度管理。随着智慧水务发展，水务企业已开始重视管网优化调度，但对优化调度系统的应用还没发挥出其应有的价值。未来，随着物联网技术和 5G 技术的深入和普及，管网及设施布置感知点将增多，这将提供传输速度更快、更准确、更贴近管网运行状态的在线监测数据，为管网优化调度管理提供更完善、更全面的数据支撑，提高管网优化调度的供水量、能耗、水质等方面的精细化管理水平。随着供水管网水力模型的发展，模型准确性和实时性的提高、算法的改进，将有助于解决事故工况下供水管网系统的指挥调度的滞后及合理性的问题，提高优化调度决策的准确性和实用性。

第六节　二次供水管理

城镇居民二次供水是将集中式供水的管道水通过另行加压、存储，再送至居民家庭的供水形式。二次供水解决了城镇供水管网不能满足用户对水压、水量要求的矛盾。二次供水系统是连接水源和用户水龙头之间供水全流程的“最后一公里”，是城镇供水系统中的重要环节之一。《关于加强和改进城镇居民二次供水设施建设与管理确保水质安全的通知》（建城〔2015〕31 号）中指出“将保障二次供水安全提升到改善民生和国家反恐战略的高度”，因此，二次供水是城镇供水的重要组成部分，是最终保障供水水质和供水安全的重要环节，事关民生改善和城镇整体供水安全。

2014年3月中共中央、国务院于发布的《国家新型城镇化规划（2014—2020年）》，该规划提出了2020年新型城镇化的发展目标，“常住人口城镇化率由2012年的52.6%提升到2020年的60%左右，城镇公共供水普及率由2012年的81.7%提升到2020年的90%”。城镇化的持续推进及城镇供水普及率的提升，推动了二次供水设施建设持续发展。

二次供水在发展的同时也出现了设施建设与管理的多元化、监管职责不明晰、运行维护责任不到位等问题，造成一些设施跑冒滴漏严重、供水服务不规范、水质污染风险高、治安隐患等诸多问题，导致城镇饮用水安全保障形势严峻，如何解决以上问题是政府和供水企业必须要面对的挑战。

一、需求分析

（一）政策要求

2013年9月，国务院印发《关于加强城市基础设施建设的意见》（国发〔2013〕36号）中提出“提高城镇居民二次供水设施建设和管理水平，改善供水水质和服务质量，促进节能降耗，加强治安防范，更好地保障生活饮用水质量。”通知还指出在保障水质达标和供水管网运行安全的前提下，经济合理选择二次供水方式，要加大力度推广使用先进的安防技术，落实防范恶意破坏二次供水的技防、物防措施。推行封闭管理模式，推进二次供水设施运行维护专业化，对新建二次供水设施，鼓励供水企业统建统管负责运行维护。对改造和既有的二次供水设施，鼓励业主和物业委托供水企业负责运行维护。通知中还强调为了确保二次供水安全，要充分利用物联网技术，建立二次供水远程管理控制网络，提高管理效率和服务水平。

2015年2月，国家四部委联合制定的《关于加强和改进城镇居民二次供水设施建设与管理确保水质安全的通知》（建城〔2015〕31号）提出“推进形成权责明晰、管理专业、监管到位的二次供水设施建设与管理工作新格局，解决好城镇供水‘最后一公里’的水质安全问题”。

（二）业务需求

1. 管理运行的需求

目前，二次供水的管理和维护有以下几种情况：业主自主管理与维护、水务公司管理与维护、物业公司管理与维护、无人管理和维护。由于产权单位、管理维护单位及供水单位等权责主体不明，各地二次供水的运营管理方式各不相同，管理水平参差不齐，甚至部分老旧小区的二次供水系统无人管理和运行维护，二次供水设施故障频发，造成水压不稳定，给安全供水带来了极大的隐患。因此，要从根本上改善二次供水管理现状，就必须把二次供水纳入城市供水系统中，实行供水企业的统建统管。

2. 水质安全需求

在二次供水系统建设期，由于建设方和最终使用方不一致，存在部分开发商和建设单位为实现自身利益最大化而忽视施工质量，选用的二次供水设备质量一般，甚至使用劣质材料，造成水质污染风险增高。由于产权不清，二次供水场所位置偏僻，部分缺乏职业素养的物业公司，对其管理疏忽或无人管理，导致水质二次污染事件。例如：自来水在蓄水箱内停留时间过长，水中细菌、总大肠菌群超标；缺乏有效监管，外界杂物、蚊虫进入水箱，造成水质污染、异味严重。

3. 调度管理需求

由于二次供水站点尚未纳入供水系统的统一调度管控，无法充分发挥供水峰谷调蓄能力和保障供水管网水压稳定以及水质安全。为了使城市二次供水设施得到有效的管理，需建设二次供水管理平台，对城镇的二次供水站点进行统一的调度管控、集中监控和平衡供水峰谷，发挥其调蓄作用，保证城市供水安全，降低供水能耗要求。

4. 远程集中监管的需求

《二次供水工程技术规程》（CJJ 140—2010）中提到，二次供水泵房宜安装远程监控系统。其目的在于保证二次供水设备可靠运行的基础上，采用远程监控方式实现设备自动运行、远程控制和泵房的无人值守，为二次供水设施实现统一管理创造条件。《建筑给水排水设计规范》（GB 50015—2019）中指出，水箱宜设置水位监视和溢流报警装置，信息应传至监控中心，可以降低管网漏损，提高企业经济效益。

5. 整体水务管理需求

二次供水设施的运行状况和数据是智慧水务体系中不可缺少的一部分。如果不将二次供水管理纳入整体的智慧水务建设中，水务企业将无从知晓管网末端的水质，流量、压力、能耗等情况，很难保证提供令人满意的供水服务，无法做出有针对性科学合理的管网调控。

二、总体框架

二次供水管理平台作为智慧水务体系的子系统，在系统设计上需遵循“扩展、开放、标准、兼容”的原则，向上实现对智慧水务系统的数据支撑；横向与其他业务系统对接实现数据交换；向下兼容二次供水系统中不同设备的硬件接口和协议并采集数据保证各种仪表和设备的接入，数据通过以太网、无线网、VPN 等通信方式汇入数据中心，经过处理的数据支持二次供水管理平台的业务应用，实现整体管理、远程监控、数据分析、故障预警、运维管理、安防监控等业务，如图 5－10 所示。

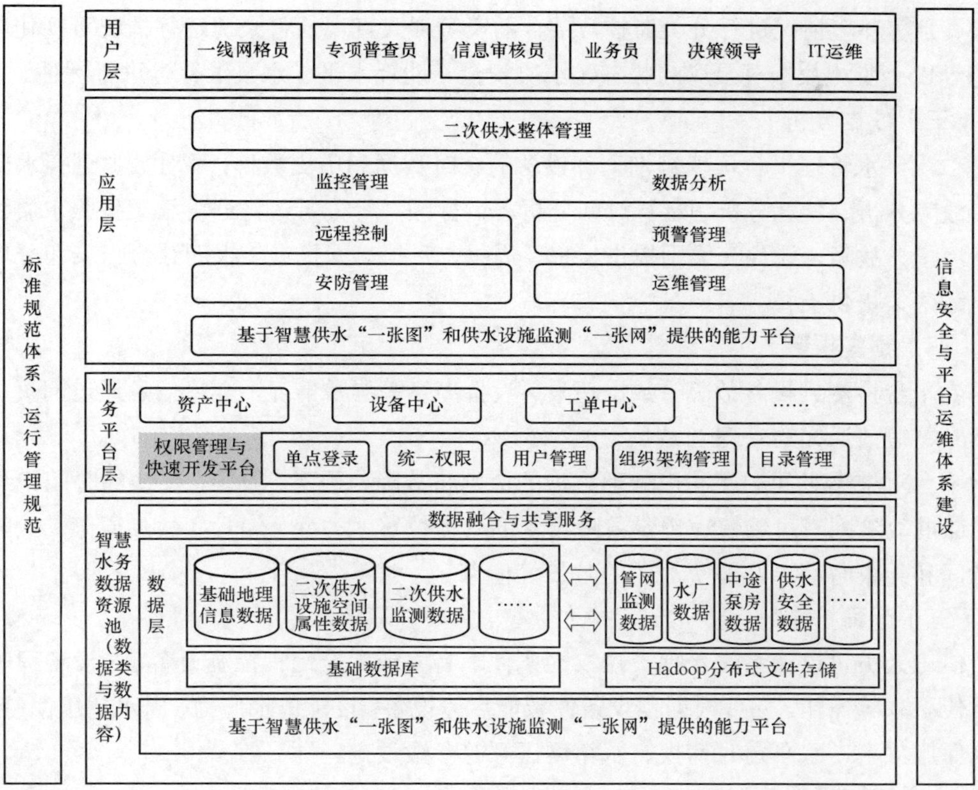

图 5-10　二次供水管理平台架构

三、应用综述

二次供水管理平台基于基础设施和远程安全通信，能够从全局对区内的所有泵房及设备进行管理、实现在线监测、远程控制、大数据分析、故障报警、运维巡检等功能。安防系统可实时查看泵房内的视频动态和了解泵房人员出入情况，实现对泵房的全面监控和无人值守，达到科学调度、提高供水突发事件的应变能力的目的，从而提高管理水平和服务质量。二次供水管理平台具体应用如下：

（一）整体管理

二次供水管理平台以 GIS 地理信息系统为基础，在 GIS 地图上直观地展示出所有泵站的分布情况并能查看任意一个泵站的实时数据，通过二次供水泵站总览图，掌握泵站的水质情况、设备运行率、设备在线率、故障报警数、泵房正常率、泵房环境信息和安防信息、运维状态，实现在同一平台上对全部二次供水泵站信息的集中管理、设备运行管理、泵站预警管理、设备维护管理、安防情况的管理。

（二）监控管理

二次供水管理平台对泵站的系统状态、流量状态、水质状态、水泵运行状态、能耗状态、泵房环境情况进行分类监控，结合图表等形式直观的将泵房运行情况可视化，并且基于以上监测数据对泵房的状态、水质安全、能耗水平、水泵运行等进行评估。

（三）数据分析

二次供水管理平台可以查询全部设备的实时数据和历史数据，并对数据进行水质分析、故障分析、能耗分析、运行时间分析、运行频率等分析，将分析结果按照水质、压力、流量、故障、能耗等类别提供日报、周报、月报、季报、年报的综合报表和分项报表，为决策提供支撑。

（四）预警报警

当平台检测到设备故障、数据超限、设备离线等异常情况，会将信息通过网页、手机 App、短信通知给管理者。

平台对根据时间顺序和未处理置顶的原则将故障、预警、报警、离线的时间记录建档。通过故障列表可以快速锁定故障设备的具体位置、类型、编号和故障原因，故障开始时间和结束时间以及解决故障的时长等信息。

（五）远程控制

值班人员可以在系统管理员授权的条件下有限或完全远程控制设备，对设备程序进行上传下载等操作，并可根据预设条件智能启停设备，设定出水压力、出水超压偏差值、出水保压频率、水泵定时切换、水箱增压泵等参数设定。

（六）安防管理

视频联动监控可以同时展示多个摄像头的实时视频情况，当泵房出现告警时，管理者通过二次供水管理平台的联动视频实时查看泵房内的现场情况，如有异常可以及时迅速进行处置。门禁管理主要是防止非工作人员进入泵房和恶意破坏，保障正常供水。门禁的数据可以从数据库提取，可对泵房进出情况和时间进行实时监控。

（七）运维管理

基于移动互联网的运维管理，为管理者及维修工程师带来便捷的工作方式，提高工作效率，减少维护成本。通过信息集成技术将原来分散在各个部门的数据集中存储到云端服务，以便将维修服务过程信息能高效分享到管理平台；通过规范的维修流程管理达到维修全流程的透明化、可视化、流程可被追踪，从而最终实现维修服务量化管理。维修服务管理具有安装单、维修单的管理，以及工单流程配置，工单流程跟踪、备件申请、服务评价等功能。

（八）移动应用

移动端（包括手机、平板电脑等）可随时查看水泵房设备的运行监控，设备采集数据的实时显示、设备运行告警数据、数据分析报表、设备保修、设备保养、设备信息等，实现设备监控、接收、处理急修和巡检维保的功能。

四、发展趋势

20 世纪五六十年代我国就出现了早期的供水塔，经历几十年的发展二次供水先后经历了水塔—高位水箱—补气式气压供水—恒压变频供水—叠压供水及无负压供水的发展阶段。由于二次供水具有属地化管理特点，鉴于二次供水现状，国家政策鼓励二次供水的“统建统管”，从长远来看，按照政策目标，全国二次供水系统将会朝以“统建统管”为主，供水企业负责运行维护，实施专业化管理的运作模式发展。

从目前市场应用情况来看，普通变频调速和无负压是主要采用的二次供水解决方案，一般根据不同的水压情况、管网条件，考虑安全、节能等因素进行选用，少数情况下，还会进行两种方案的组合应用。与此同时，随着市场的普及推广，在普通变频调速或无负压基础上进行升级的智慧变频或智慧无负压二次供水系统也开始应用。

智慧二次供水系统就是在延续普通变频调速、无负压二次供水系统的基础功能上，融入工业互联的理念，通过结构设计创新、控制系统改进、软件程序编写、硬件设备升级等方式，提升二次供水设备的供水安全性、智能化水平以及节能效益，同时将数据接入二次供水智慧管理平台，实现辖区二次供水设备的集中远程管控，提高二次供水系统管理维护能力，降低投资与运营维护的综合成本。

第七节　客户与营收管理

一、需求分析

（一）政策要求

1. 国家政策

城市供水关系国计民生，是一项重要的公共服务。随着社会发展，政府对供水服务的重视提至新的高度。国家在加强水资源保护、提升供水服务、实现合理水价等问题上一直持续不断地出台政策与支持。目前我国水务行业的监管机构主要包括中央和地方各级住房建设与城乡规划部门、发展改革部门、环保部门、物价管理部门、水务部门、卫生部门以及质量技术监督部门等。水务行业相关的主要法律法规包括国务院令第 698 号《中华人民共和国城市供水条例》（2018 年修订），主席令第 48 号《中华人民共和国水法》（2016 年修订），国务院令第 641 号《城镇排水与污水处理条例》等。

2. 行业标准

《中华人民共和国城镇供水服务标准》（GB/T 32063—2015）于 2016 年 9 月 1 日起实施，包括总则、要求（水质、水压、新装、管道施工、抄表收费、售后、信息，设施和人员，投诉处理，应急，二次供水）及服务质量评价，为供水行业客户服务管理工作制定了明确的规范要求。

各省区直辖市也出台了相关地方标准。深圳市《供水行业服务规范》（DB 4403/T 61—2020）完成修订正式发布，并将于 2020 年 5 月 1 日起实施。此次修订主要针对深圳市 2009 年首次发布的《供水行业服务规范》，考虑行业发展及用户对服务的新要求，以提升便利度和服务质量为最终导向，高度凝练供水行业现有业务办理、抄表收费、供用水设施维护、客户服务、常见投诉及故障处理和费用承担方等标准，聚焦民生需求，进一步规范供水行业服务行为，特别是对服务信息化、智慧化及优化营商环境等方面提出更高要求。

（二）业务需求

1. 客户数据库管理

客户数据库管理主要包括客户基本信息查询、立户、过户、代扣、换表、合同变更、销户、客户数据操作日志、档案号管理、客户营销操作控制等业务功能需求。

2. 发票管理

发票管理功能需求包含发票总表、发票入库、发票出库、发票交票等业务操作需求，报表查询需求包括发票出库情况查询、收费人员发票查询、发票交票情况查询、发票使用情况查询、销账汇总报表、销账明细报表等。

3. 水表管理

水表管理模块的业务功能及报表查询需求包括周检换表、新建水表、用户赔表、故障表处理、拆表复表、改口径、水表检定及各类报表查询功能。

4. 水表抄读

抄表管理业务需求包含表册管理、抄表初始化、抄表任务分配、抄表录入、抄表审核、智能水表抄表规则设置及数据上传物联管理平台等业务操作需求、抄表情况查询、抄表统计报表、零吨位用户查询、最大码值修正记录、底码修正记录、水表周检报表等数据统计需求。

5. 水费收取

收费管理模块包含操作功能和报表两个部分，其中操作功能又包含窗口收费、批量收费、发票补开/作废三个功能，报表包括欠费报表、收费情况报表、月资金回收情况报表、用户预收情况报表、各类用水统计总表五个报表。

6. 客户服务

客户服务业务管理需求主要是针对各类客户服务接触渠道进行信息化管理，包括营业厅、呼叫中心、供水公司在线门户、投诉管理等。

7. 客户报装

客户报装模块包含新户管理、分户管理、过户管理、代扣管理、换表管理、重签管理等业务功能需求，该过程是接收新客户的过程和对老客户进行分户和换表等模块的管理。

基于移动互联网终端的客户服务功能支持：

1）进行数据基础设施建设，将移动互联网终端如微信、支付宝等超级 App 小程序作为应用前端，打通供水企业内部各类业务系统，实现单一终端业务一键办理。

2）实现各类面向客户的业务流转账无纸化，为绩效管理提供支撑，实现痕迹化管理。

二、总体框架

随着水表类型、收费方式不断多样化，用户对供水企业服务水平的要求不断提高，如何利用信息化手段搞好各项营收业务、实现科学有序的管理，就成为每家供水企业营销部门共同面临的问题。为实现客户服务部门每月从抄表、开票、收费、销账、水表周检与维修的开单回单、业务大厅办理业务、报表汇总等业务运营工作开展的需要，系统整体的架构方案如下：

（一）感知层

采集水表运行数据，客户服务资产设备运行情况，为系统核心算法提供数据支撑，包括偷盗水问题甄别、异常用水监测、漏水报警等。

（二）数据服务

系统平台运行的基础环境，保证系统能稳定、安全、高效的运行，主要包括网关系统、基础设施（服务器、存储器、网络等），主要实现数据的采集和处理，集成基于业务经验的模型及算法，可以围绕客户服务主要业务流程进行数据分析和处理，形成决策优化建议。

（三）平台服务

主要实现各模块之间的信息调度，以及统一的用户管理、权限管理、系统监控服务和一些公共基础服务，包括系统管理、注册信息、文件管理、日志管理和系统监控等。

（四）应用服务

是系统核心业务应用板块，包含收费管理模块、虚拟营业厅管理模块、智慧表务管理模块、工单管理模块、营收资产管理模块、地理信息模块等功能。

（五）交互层

系统为用户提供多渠道的互动方式，可使用 PC 端、移动终端（手机或 PDA）、热线电话、短信及微信小程序等方式使用本系统服务，如图 5－11 所示。

三、应用综述

（一）系统基础功能应用

1. 虚拟营业厅管理

通过多渠道接入水司客户服务，包括线下营业厅、移动终端接入，通过全面的客户服务信息流通使公司与客户紧密联系。无论使用何种渠道，都可快速有效地响应客户所需的全面信息。

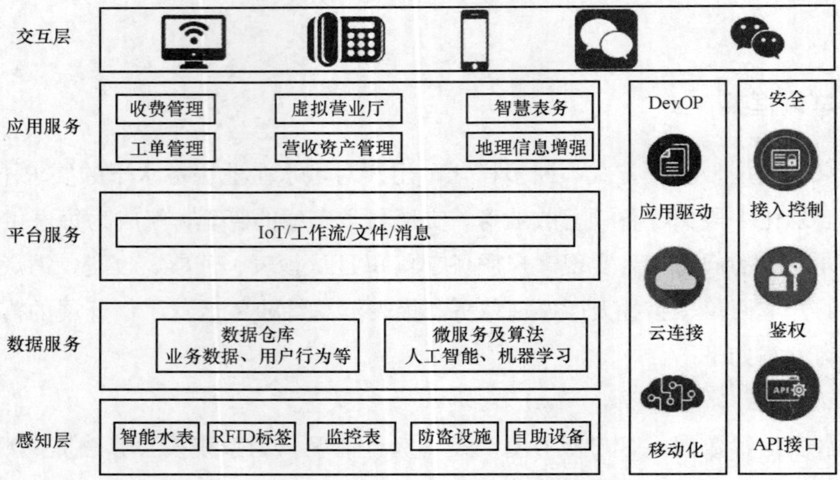

图 5－11　客户与营收管理平台架构

2. 收费管理

管理水表－收益循环全过程，包括欠款回收。收费引擎的运行需稳定可靠，能够自动预测并定位异常，并提出建议的修正方案，减少账单错误，避免修改和造成的客户争议损失。能够提供可靠的水量及收益预测，提高流程流转效率降低运营成本开支，减少水表抄读和表具维护成本，降低纸张用量，提高水表－收益循环速度。业务流程运转痕迹可追溯。优化欠款回收流程，提高有效的决策依据，支持多种付款方式供客户缴费使用。

3. 营收资产管理

营收资产管理模块，用于有效管理营销管理环节所有设备，以优化其生命周期并延长其使用寿命，由于对纠正性和预防性维护进行了优化，因此可节省大量资金。提高设备运行可靠性，遵循国家法规及技术标准要求，实现每台设备符合标准规范。针对每台设备进行风险管理，降本增效，优化设备维护成本，延长资产寿命，通过标准化维护，减少故障发生频率。

4. 工单管理

促进工作负载管理，最大限度地减少平均解决时间，提高执行质量以及工单业务流转可靠性。工单流转信息实时动态更新，为客户服务部门与技术部门之间搭建畅通的互动平台，减少信息管理中的错误，降本增效。通过综合信息对现场工作人员进行工作量分配，减少交通成本开支，实现无纸化工单和流程自动化。

5. 地理信息增强应用

用于部门绩效管理及与相关监管部门的应急管理合作的数据信息协作，提高地理信息应用可靠性。向所有部门提供地理信息更新，例如客户地址信息校准、表位校准等，阀门关闭模拟应用及停水客户影响判断和通知。通过完整性和连接性检查以及与数学建模的集成，设计过程提速。使用验证机制，模拟方式和网络活动检查工具确保运营的安全性。通过对业务上下游分析控制漏损，降本增效。使用更新的地理信息来管理营销资产，实现现场工作动态信息更新，多部门之间共享。

（二）系统算法及微服务应用

结合客户与营收管理系统的数据沉淀，配套了大量微服务及算法工具。以产销差控制为例，减少商业漏失并实现收益最大化，量化并确定在每个改进领域要执行操作的优先级。

1. 表务管理优化

先进的算法解决方案，在考虑水质、材料、管网特性等因素的情况下，为水表的选择和最佳更换提供建议，并评估不同投资方案下的投资回报比测算。

2. 异常用水监测

现场工作人员具有数字化专业的知识技能与经验，以发现可能导致收入损失的异常情况。基于统计模型，旨在提高现场检查的有效性。

3. 水表抄读优化

解决方案包括一个移动应用程序和一个后端控制模块，前者用于在线通信和数据挖掘，后者能实现抄表线路优化配置，减少错误的读数。

四、发展趋势

2010 年以来，我国城市建设步入快车道，各项经济发展指标领跑全球，且随着全国全面推行“一户一表”改造项目，因此，各项用水申请业务及衍生业务呈暴发式增长态势，在此背景下，传统的用水申请报装业务支撑系统和内部业务流程，已无法匹配企业所在地区的社会经济发展水平和速度，亟须通过信息化手段来促使管理变革，响应市场需求。

通过充分运用信息化手段的方式来解决企业和用户反映强烈的“办事难、办事繁、办事慢”问题，已成为全社会共识。供水公司作为所在地区性服务民生行业的重要企业，应通过信息化手段提升内部管理、打破信息壁垒、主动创造便捷高效的营商环境和服务地方经济及社会发展，做出符合本地实际和未来发展需要的探索和表率，让所服务的企业和用户办理用水业务像“网购”一样便捷。

因此，供水行业客户与营收管理信息化系统在未来的发展将是如何打通内部各个环节信息及工作流程的流转，为客户提供“不来即享”的服务，让客户少跑路，让数据多跑路，今后系统设计思路将更多围绕这方面开展。

第八节　行　业　管　理

一、节水管理

（一）典型国家节水管理经验与启示

1. 工业节水

工业节水主要通过加强污水治理和污水回用、提高水的利用效率和减少取水量及排污量三个途径实现。

1）加强污水治理和污水回用：美国 1926 年首次回收水，1976 年美国城市污水处理设施人口普及率为 67%，1980 年上升为 70%，至今此比率不断上升；以色列 100%的生活污水和 72%的城市污水得到了回用，而污水处理后的出水 46%直接回用于灌溉，其余 33.3%回灌于地下，约 20%排入河道。

2）提高水的利用效率：美国目前每立方米的水循环使用已达 17.08 次，重复利用率提高到 94.5%。此技术的广泛应用，使得美国制造业的取水量和排水量随之下降。

3）减少取水量和排污量：由于节水工艺的改进，美国制造业需水量逐年下降，由 1975 年的 2033 亿 m^3 降至目前的 1528 亿 m^3，相应的排水量也大幅度下降。法国工业节水措施是提高排污收费标准，用收费资助工厂企业控制水污染，把征收排污费与推动节水减污结合起来，并对采用节水减污措施给予优惠待遇。

2. 农业节水

美国农业节水主要是通过推广节水灌溉，改进灌溉技术，实行科学管理来实现的。美国是世界上农业生产较发达的国家，其灌溉既是节水灌溉，又是科学灌溉和现代化灌溉，灌溉监测参数包括风速、风向、湿度、气温、地温土壤含水量、蒸发量、太阳辐射等，通过计算机分析这些参数来指导灌溉。此外，美国多数地区采用了激光平地后的沟灌、涌流灌、畦灌等节水措施，在没有灌溉措施的农场，也普遍采用了土地平整、轮作制、免耕法等节水保水措施。美国节水灌溉的发展在很大程度上也得益于政府的财政支持。

以色列农业节水，主要有水资源调配、输配水、田间灌水和作物吸收 4 个环节。很多地区从水资源调配到作物吸收有 95%以上水资源被吸收。在各环节采取相应的节水措施，组成一个完整的节水灌溉技术体系，包括水资源优化调配技术、节水灌溉工程技术、农艺及生物节水技术和节水管理技术。

法国单个灌溉工程管理模式是法国主要的灌溉管理模式：农户依靠建立在自家农场内的水库或地下水作为灌溉水源，或直接从河流引水灌溉。

3. 生活节水

1）制定合理水价：典型国家的水价管理一是制定合理水价，各类用水实行不同水价；二是税费中包括排污费，有利于废水处理和回用；三是实行分段递增收费制度；四是水价调整制度。

2）推广节水器具：为了降低居民用水量，推进节水设备的开发利用，先是引进流量控制淋浴头，其次在厕所引进了节水效果显著的小水量两档冲洗水箱。

3）开展节水教育：典型国家政府特别重视对公众的宣传教育，努力培养公众的节水习惯，使节水成为公众的自觉行动。

4）其他节水：典型国家节水措施还包括降低供水管网系统的漏损水量、提高对雨水的收集利用以及海水的利用等。海水一般用作冷却水、电厂冲灰水、市政卫生冲洗用水等。

4. 主要成果

各国国情不同，水资源条件千差万别，在长期管理和节水工作中，各国确立了适合本国国情的节水管理体系和措施，总体来看具有如下主要成果：

1）建立全国性、地区性和流域性水管理机构，加强节水管理；

2）加强立法工作，依法管水；

3）制定合理的节水型水价；

4）调整产业结构；

5）开发节水新技术；

6）开发替代水源；

7）加强节水宣传。

（二）国家节水行动

我国是水资源严重短缺的国家，人多水少、水资源分布不均是我国的基本水情，同时节水意识不强、用水粗放、浪费严重、效率不高等问题普遍存在，水资源短缺已经成为生态文明建设和经济社会可持续发展的瓶颈。

2019 年 4 月，国家发展改革委、水利部联合印发了《国家节水行动方案》（以下简称《方案》），是节水工作部署的主要依据，将在今后一段时期指导全国节水工作的开展。《方案》提出；到 2020 年，节水政策法规、市场机制、标准体系趋于完善，万元国内生产总值用水量、万元工业增加值用水量较 2015 年分别降低 23%和 20%，节水效果初步显现；到 2022 年，用水总量控制在“十三五”末的 6700 亿 m^3 以内，节水型生产和生活方式初步建立；到 2035 年，全国用水总量严格控制在 7000 亿 m^3 以内，水资源节约和循环利用达到世界先进水平。

（1）提出 29 项节水重点任务。《方案》确定了 29 项具体任务。在重点行动中，突出对用水量超过 95%的农业、工业和城镇开展节约集约用水；着重对地下水超采地区、缺水地区以及沿海地区等重点区域用水进行管控。强调体制机制改革，深化水价、水权水市场改革，激发内生动力；结合监督管理，明确责任目标，实行责任追究，力求取得实效。同时，大力推动法治建设，完善财税政策，充分发挥税收促进节水的作用。拓展融资模式，鼓励金融和社会资本进入节水领域。

（2）强调培育节水服务业。《方案》在保障民生和经济社会发展的基础上，坚持市场主导、政策引导、创新驱动的原则，通过持续推进，培育竞争有序的节水服务市场。同时，强调完善激励政策，引导社会投资，扶持节水服务企业，推动节水产业发展。

（3）地方优秀做法。近年，河北、江苏、贵州、宁夏四省（自治区）结合实际，有序推进节水载体建设，建成一批用水效率领先、标杆示范作用明显的节水载体，并形成了一系列载体建设的经验。以河北省为例：

1）强制安装水计量设施。在工业节水领域，对于年取水量10万m^3以上的用水户，安装具有远传功能的计量设施，按照分级管理要求，纳入水资源管理信息系统，完善省、市在线实时监控网络；对于年取水量10万m^3以下的用水户，全部采用IC卡计量监控，实现与大中型水库、灌区水量监测站网的信息共享。在生活服务业节水领域，党政机关事业单位全部安装用水计量设施，对其他用水户取消“包费制”，推广使用IC卡和机械水表，实现分户装表、计量收费。

2）严格开展水平衡测试。将水平衡测试与取水许可审批、计划用水管理有机结合起来，重点针对新建、改建、用水不规范的企业和超计划用水户，要求用水户换发取水许可证和申请增加计划用水指标时，必须提交经审验的水平衡测试报告。

3）实施节水技术改造。在钢铁、电力、化工和食品发酵等高耗水行业，推广国家鼓励的节水设备和产品，普及水重复利用、高效冷却、热力和工艺系统、洗涤等节水技术和工艺，引导企业积极开展“对标行动”。“十二五”期间，累计投资40亿元，实施了100项技术改造工程，增加节水能力6.1亿m^3。

4）加强用水精细化管理。各级公共机构加强用水设施设备日常管理，严格节水巡视检查，严禁跑冒滴漏，杜绝“长流水”现象；绿化灌溉和景观环境用水采用喷灌、微灌、滴灌等节水灌溉技术，推广使用雨水或符合用水水质要求的再生水；在冷却塔、机关食堂、中水贮水池等特殊部位的供水管安装计量水表；在机关食堂、卫生间等公共用水场所设置节水标识，对浪费水的行为及时督促整改。

二、供水水质管理

（一）国家管理规定

饮用水安全直接关系着人民的生命健康，是构建和谐社会的基础。饮水安全、饮水健康等问题受到党中央、国务院的高度重视和社会的广泛关注。“十一五”期间，《中华人民共和国国民经济和社会发展第是一个五年规划纲要》中特别强调了“饮水安全”。饮水安全作为水务工作重点任务之一，国家水质督察对城市供水的水质安全提出了新的要求。随着水质标准的更新，城市供水面临着新的考验。

《生活饮用水卫生监督管理办法》对集中式供水单位的水质净化消毒设施、水质检验仪器、设备和人员及从事水质检测的人员做了具体规定。对饮用水水质、供水单位供水资格、工程项目的施工、饮用水卫生管理规章制度、水质检验设备和人员、二次供水的水质要求、供水单位违反办法规定的处罚细则做出了明确规定。

《城镇供水服务》规定了供水水质、水压、管理施工、售后服务、服务形象、投诉处理、服务规范及服务质量评价方式等。

《城市供水水质标准》标准提出了对城市供水的水质要求，对供水水源、水厂生产、二次供水和用户受水点水质的安全管理和监督提出了原则性要求。

（二）供水企业自身监测能力及应急管理能力

我国卫生部曾在2006年颁布了《生活饮用水卫生标准》，对于饮用水安全问题明确提出了更高的要求。该标准要求企业在饮用水生产的各个环节都要进行水质参数的监测，这是提升工艺管理水平的重要手段。因此也需要企业提高对水质监测和应急管理等综合能力的提升。

1. 提高数据分析能力

为了使水质监测的数据对生产更有指导意义，各供水企业不但要把水质监测技术提高，必须把数据分析能力提高上去，如检查报告的编制、检查的原始记录、水质的分析评价以及有效数字的取舍等。另外，对于数据的分析要科学合理，并建立起数据管理的制度。

2. 对于水质管理制度要加强

加强水源地、管网的安全管理，完善水质抽查和定期检查制度，水质监测结果的月报、年报及对发生污染事件的及时报告制度。供水企业要制定出较为完善的水质监测管理制度，仪器设备维修保养的记录以及对供水设施的检查。

3. 建立水质突发事故的监测能力

供水企业应增强对突发事故的应急预警能力，对于不可预测的突发事件，供水企业要建立在线监测、实验室监测和应急监测相结合的监测体系，配备应急监测设施设备，具备第一时间发现、第一时间处置的响应能力。

4. 应急管理能力建设

目前，我国地级城市水源地饮用水的水质还存在超标情况，有些地方的指标超标还相当严重，存在水源的突发性污染的风险，城市供水管网的水质污染和突发事件也时有发生。应根据潜在风险制定应急预案，制定应急管理制度，责任落实到人，结合新技术提升应急管理能力。

5. 加强水质监测人员的技术培训

供水企业要对水质监测的技术人员进行上岗培训，使他们的业务素质和水质监测人员的操作能力提高上去。

6. 改善试验环境

供水企业应设置独立的水质监测的实验区，大型仪器设备应有一机二室（也就是检测室以及预处理室），防止它们相互交叉污染。

三、漏损控制

（一）国家标准

2015 年 4 月国务院印发《水污染防治行动计划》提出“对使用超过 50 年和材质落后的供水管网进行更新改造，到 2017 年，全国公共供水管网漏损率控制在 12%以内；到 2020 年，控制在 10%以内”。

《城镇供水管网漏损控制及评定标准》（CJJ 92—2016）中的水量平衡表为供水企业进行漏损水量分析提供了重要的依据，为漏损控制及评定指明了方向。

（二）漏损控制

1. 分区计量和压力控制

对于规模较大的供水管网，应采用分区管理的办法量化漏损水量的区域分布，有针对性地开展漏损控制。分区管理范围由大到小逐级划分，形成完整的水计量传递体系和压力调控体系，形成分区管理、分区考核、分区营收和分区控漏的格局。供水企业应根据计量区域的水平衡分析结果，制定有针对性的漏损控制目标和方案，实施差异化管理。

漏损水量与压力成正比，因此通过压力调控控制管漏损。压力分布差异较大的供水管网，须采用分区调度、区域控压、局部控压等手段，使管网压力趋于合理水平。压力控制可采用恒压控制、按时段控制、按时段控制和按最不利点压力控制等方式。

2. 计量损失控制和表具管理

供水企业应建立计量管理考核体系，加强对大用户水量的监测。计量表具的类型和口径应根据计量需求和用户用水特性选配。对故障表具及时更换，对水表运行状况进行分类管理，加强管理，提高水表运行的质量；对在线水表建立全过程档案、周检，对水表运行状态进行监测、评估的基础上以提高售水量、加强对未注册用水的管理，减少非法用水、降低产销差为目标来开展工作。

3. 管网运行管理

完善管网设施系统的维护管理和操作细则，细化规程工作与业务流程中各部门的时间、任务及其相关工作，及时更新管网设施系统，充分用好这个有效的管理工具为生产服务。在管网运行中应进行有效的压力控制，减少爆管事故，提供更稳定的服务；减少背景渗漏及暗漏量、减少设施维修量、延长资产寿命。

4. 施工质量管理

严格管道施工中间过程管理和竣工验收工作，加强施工认证和验收工作，施工竣工测量及图纸资料不完整的、有跑冒滴漏的管道及设施不予验收和供水。加强小管道安装质量控制与验收，小管道安装必须有准确的竣工图才予以验收。在球墨管的使用中逐步淘汰钢制件，推广球墨管件；开展阀井、表井优化，用新工艺代替或取消阀井，进行试点推广。

第六章 排 水 篇

自 20 世纪末至今的 20 余年来，在我国排水行业技术进步发展规划及远景目标的引领下，我国城镇排水行业在自动化、信息化系统的建设和应用方面得到了长足发展，这也促使我国排水行业信息化的进步不断向前推进，全国各地都开始进行排水信息化的建设。

上海自 20 世纪 90 年代初以来，在中心城区已投资近亿元打造“数字排水”的框架，中心城区的积、排水信息已与市防办、城投总公司、市水务局信息中心河基层运行单位信息全部实现联网。在“十二五”期间，上海排水公司按照“智慧城市”的建设方针，投资近 50 亿元打造“数字排水框架”，积极实现排水运行实时监测、科学调度、智能运行三大目标，构筑信息化、数字化、智能化的防汛系统工程，在汛期力争做到“积水少，退水快”。

北京、天津等大城市也在推进排水的信息化框架建设。据北京排水集团了解，北京的“智能排水”，是围绕着雨污水收集、污水处理、再生水利用、水质监测和防汛指挥等关键业务的管理环节稳步展开的，以提升联合调度指挥能力，降低防汛排水的运行成本。天津的夏季降雨量占到全年的七成，近几年市区时常出现分布不均的短时强降雨。天津排水部门已建立相关数据库，自动采集雨情，实现泵站远程监测，构建了积水视频和防汛调度会商系统。

在 2004 年以前，广州市已开展“数字市政”的建设；在此基础上，2004 年又进一步开展了排水管网地理信息系统的建设；到 2012 年，广州市已基本构建了信息管理平台。2019 年，经广州市人民政府同意，广州市水务局印发了《广州市“智慧排水”建设项目专项规划》(2019—2021)，提出以“单元划分、数据融合、物联建设、业务应用、基础配套”五大建设任务，计划将花三年时间，总体投资估算 2.4 亿，逐步实现排水管理全过程的信息化管理与智能化应用全覆盖，提高城市排水防涝设施规划、建设、管理和应急水平，降低城市内涝风险，全面提升广州市排水综合管理水平。截至 2020 年 5

月底，已由广州市排水规划行政管理部门牵头，完成了广州市中心城区 37 个流域排水单元的划分，共计约 8840 个排水小单元。中心六城区已部署近 800 套管网水位感知设备，积极建设全市排水数据库。

以物联网、云计算、人工智能为代表的新一代 IT 技术逐步成熟，并正在向经济、社会、生活各领域加速渗透，深刻地改变了现有生产方式和生活方式，成为经济社会发展转型的关键手段。通过信息化技术与城市排水管理的深度融合，建立覆盖水雨情、水环境、水安全等领域的透彻感知网络，可实现对排水设施的全方位自动化控制和感知，为水环境治理和水安全的加强提供及时动态的数据基础。通过排水信息系统建设，可实现水污染治理、水安全管理的智慧化和精细化、使决策科学高效，为解决水环境、水安全等重点水务问题提供新的思路和手段。

第一节 智慧排水"一张图"

一、需求分析

（一）政策要求

中共中央国务院印发的《国家新型城镇化规划（2014—2020 年）》提出：发展智能水务，构建覆盖供水全过程、保障供水质量安全的智能供排水和污水处理系统。发展智能管网，实现城市地下空间、地下管网的信息化管理和运行监控智能化。《国务院关于加强城市基础设施建设的意见》（国发〔2013〕36 号）和《国务院办公厅关于做好城市排水防涝设施建设工作的通知》（国办发〔2013〕23 号），都对城市排水防涝信息系统建设提出了明确要求。为落实上述文件要求，住房城乡建设部还专门制定印发了《城市排水防涝设施普查数据采集与管理技术导则》和《城市排水（雨水）防涝规划编制大纲》，指导各地在全面普查摸清现状的基础上，科学编制城市排水防涝专项规划，明确规划目标和任务，落实各项保障措施。《城镇排水与污水处理条例》首次将建立排水设施地理信息系统的内容以法规形式固定下来。《住房和城乡建设部 生态环境部 发展改革委关于印发城镇污水处理提质增效三年行动方案（2019—2021 年）的通知》（建城〔2019〕52 号）要求：依法建立市政排水管网地理信息系统（GIS），实现管网信息化、账册化管理；落实排水管网周期性检测评估制度，建立和完善基于 GIS 系统的动态更新机制，逐步建立以 5～10 年为一个排查周期的长效机制和费用保障机制。从发展趋势来看，建立智慧排水"一张图"，实现排水设施基础数据、地图数据、业务数据等数据整合，实现数据的共享和集中化处理，有利于管理者快速、便捷地掌握重要信息，提升排水设施管理的标准化、信息化、精细化水平，这也是我国未来城镇排水与污水处理行业的重要内容之一。

目前，我国大多数城市不具备反映排水设施真实现状的管网信息系统，设施资产现状不清，部分规划设计方案偏离实际情况，城市排水系统管理的运行智能化程度不足，科学决策水平较低。为提高规划设计的客观准确性，应加强和重视城市排水设施数据管理工作，建立排水设施数据动态更新维护机制，在排水设施管理工作中达到“用数据决策、用数据管理、用数据创新”的要求。

（二）业务需求

1. 摸清排水设施资产家底，理清管理底数，统一上图管理

随着城市的发展，城镇排水设施资产数量庞大而复杂，城镇排水行政主管部门和城镇排水设施运营单位分别管理着一套排水设施数据，大多数城市未建立统一排水设施信息平台，因此尚未对排水设施进行统一的管理。从业务管理的层面考虑，需要一套排水资产统一管理系统以了解全市的排水设施的建设情况，支撑科学有效的统筹决策。需要参照《城市排水防涝设施数据采集与维护技术规范》（GB/T 51187—2016），根据当地情况制定统一的数据标准后，以现有排水管网数据为基础，进行数据现场核查与补充测绘、标准化与整理入库工作，再结合拓扑检查与修正，构建能基本反映现状的排水 GIS 数据库，同时建立有效的排水管网在线监测网络，准确反映排水管网运行动态，为规划管理提供可靠依据。

2. 系统性梳理排水设施现状，诊断排水系统存在的问题，形成提质增效作战底图

以数学模型为基础，建立专业化的分析评估模式，进行排水系统模拟综合评估。系统性地梳理全市范围内的污水处理设施、污水提升泵站、雨污水管网、河道水系、排涝防洪设施、排涝泵站及截流设施、水闸、化粪池、隔油池、隔渣池等现状，结合现场调研、勘察探测，诊断出城镇“厂站网”排水系统现状问题及风险；有针对性地提出全市雨、污水系统完善方案、污水处理设施布局优化方案、雨水防洪排涝完善方案等，形成提质增效作战地图，提高方案的实施效益；通过对雨污分流及正本清源工程的查漏补缺、排水管道的接驳完善、管线清淤及修复、暗渠整治、初雨弃流等措施逐一击破排水系统存在的问题，彻底实现雨水入河、污水入厂、严格分离、互不混流。为规划改造、运行调度、防汛应急、智能控制等提供决策支持。

3. 理清设施权属，统一管理，全面计量管护全过程信息，精细管理粒度

智慧排水系统应具有完备的管理软件、必要的硬件支撑以及标准的管理模式，以帮助城镇各部门、单位尽可能详细而全面地记录排水管网管理与维护的全过程信息。基于排水设施摸查与统一数据统一平台管理的基础，借助科学先进的管理手段，进行统一管理。依据管网主干、次干关系与管网主次干接驳关系，划分排水管理小片区，精细管理粒度，实现网格化管理；全面评估每个责任网格所负责的设施数量、质量以及运行系统情况等，再进行相关环节、细节的优化和改进，并为大数据分析提供依据，为决策分析和管理提供数据支撑，提高排水管网运营管理与维护水平。

4. 提高排水系统大型工程运行效率与优化投资

基于复杂系统优化方法，以提升排水系统总体运行效率为目标，建立新型规划设计评估优化流程；通过模型辅助排水系统的问题诊断、方案制定、工程决策等，系统级优化建设巨额资金的投入，改善管网运营效果；节约排水管网建设后期运营资金投入。同时，构建在线控制系统，实现系统级整体在线优化调度，大幅提高排水系统整体运行的可靠性及有效性，充分挖掘管网及污水厂潜能，最大限度发挥设施已有能力，减少不必要或低效的建设资金投入。基于网络技术以及空间分析功能，能够对收集的信息加以统计和分析并进行动态模拟，使数据以直观化的形式进行呈现，为工作人员提供了丰富的数据参考便于制定决策。

5. 构建技术和管理结合的长期动态运营支撑模式

排水管网系统的复杂度与不确定性决定了排水管网系统呈现动态复杂变化的状态。因此需要构建技术和管理层面的长期动态运营支撑模式，一方面建立在线监测预警系统，形成排水监测“一张网”，对排水管网进行动态监测和在线预警，及时掌握系统运行状况；逐步建立管线数据库与信息管理系统，实现信息的数字化存储和管理。另一方面建立多种规划管理的决策支持模式，不定期对业务数据、运行数据进行分析并给出管理建议；同时，利用在线监测、模型模拟与大数据分析等手段，对未来排水管网状况进行预测和分析，及时做出判断和预警。从而帮助城镇水务管理单位能准确得知排水管网系统的历史、当前和未来发展状况。

二、总体框架

智慧排水“一张图”技术体系架构依据目前最新的信息化技术，同时兼顾未来的技术发展，保证技术的可持续演化，使得系统具备良好的实用性、先进性、扩展性、移植性及开放性。智慧排水“一张图”总体技术架构如图 6－1 所示。

（一）用户层

用户层是整个智慧排水平台的统一入口，包括统一的 PC 及移动门户，为一线网格员、专项普查员、信息审核员、业务员、领导、IT 运维人员提供个性化的界面。

（二）应用层

应用层业务覆盖排水设施设备资产的统一管理，实现资产底数、资产状态的掌握，满足排水业务部门及各业务维度的管理需求。

（三）业务平台层

业务平台层基于 SOA 架构，建设以中间件、公共服务为核心的应用支撑平台。业务平台层主要为上层应用系统的开发、集成提供各类中间件支撑，为全系统提供统一使用的各类基础应用系统，避免重复建设。

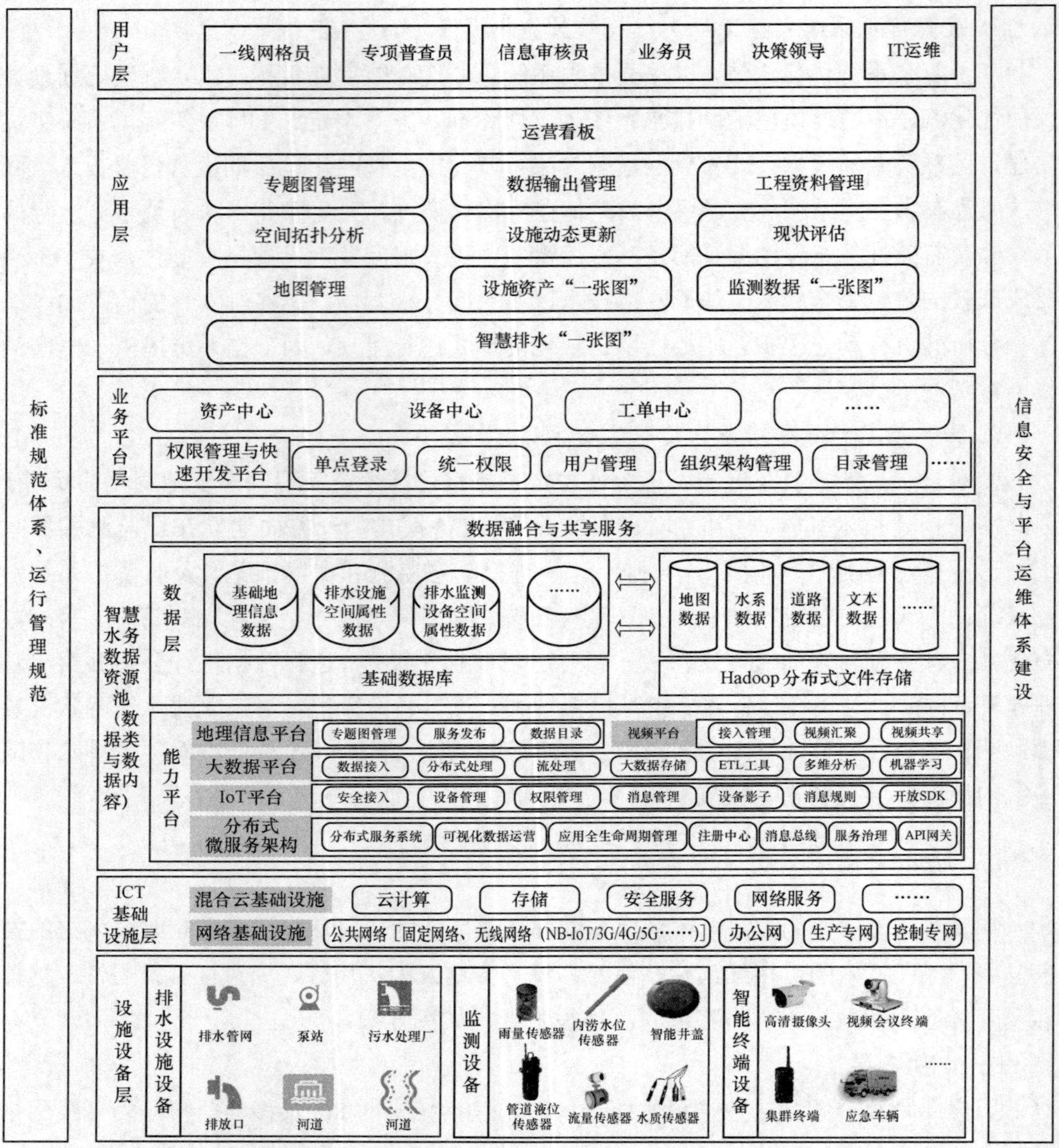

图 6－1　智慧排水一张图总体技术架构

（四）智慧水务数据资源池

智慧水务数据资源池主要基于能力平台，对排水数据资源进行全面梳理，构建形成智慧排水综合数据库，同时结合关系型数据库和大数据库两类数据库管理软件形成综合数据库的存储、管理容器。

（五）ICT 基础设施层

基础支撑包括云平台、网络、实体环境等内容，为智慧排水提供整体的运行基础环境和互联通道。

（六）设施设备层

排水设施设备、监测设备、智能终端设备的统一接入管理。

（七）标准规范体系

标准规范是保障智慧排水各个组成部分能够协调一致工作，是保障各类信息互联互通，是保障项目建设过程和运维管理的规范、有序、高效的重要基础。

（八）信息安全体系

在全面分析和评估智慧排水各要素的价值、风险、脆弱性及所面临的威胁基础之上，遵照《中华人民共和国网络安全法》和等级保护制度的要求，结合智慧排水安全管理需求，构建智慧排水信息安全体系，保障系统安全、运行稳定可靠。

三、应用综述

通过 GIS 技术，将城镇排水管网、污水提升泵站、排涝泵站、污水处理厂、河道、水闸、各类在线监测设备等排水设施设备“叠加”至同一底图上，实现对排水设施设备资产的标准化建库管理，形成智慧排水“一张图”，对设施设备资产进行全方位的可视化管理、分级管理、分层管理。同时完善每处排水设施管养单位信息，全面覆盖落实管理责任，消除监管盲区，为后续各项应用提供数据基础与工作底图。智慧排水“一张图”可为排水接驳许可业务审批提供管网数据查询、排水户资料管理、接驳点挂接与档案管理，还可以对管网进行拓扑分析、雨污混接排查等提供数据支撑。

（一）地图管理

与自然资源管理部门对接城市统一政务服务地图，包括标准地图、卫星地图和地形渲染图三种不同类型的地图，可在主界面上实现不同地图类型之间的随意切换，管理地图图片的级别、位置的定位与查询等。

通过组合叠加城市行政区划图、水系图、管网图、监测设备分布图等基础图层，实现地图常见的操作功能。地图操作部分包括基础操作、地图量算、坐标定位、鹰眼视图等，用户可以利用这些工具对当前显示的地图进行操作；在对地图显示有高标准、高要求的需求时，可采用三维精细化模型展示相关图层数据，直观、具体、生动地展示各类地图数据。

（二）设施资产“一张图”

将排水设施和各类监测设备信息导入到地图上进行“一张图”显示，基于地图进行设施设备管理，支持各类排水设施和监测设备详情查看与信息更新，实现对排水设施、监测设备空间和属性数据的显示、编辑、查询、统计等功能。实现水泵、水质监测仪、水位计、流量计、摄像头、GPS、井盖监测仪等设备基本信息、参数、位置信息管理以及设备的动态更新。具体操作上，可在地图上直观地看到水泵等设施的分布情况及设备列表，点击图上设施即可查看设施的实时监测数据，也可从设备列表中定位到设备位置并对设备进行编辑管理。

（三）监测数据“一张图”

建立城市排水系统中管网、易积水点、闸门、河道等监测数据“一张图”，对监测数据进行图面动态展示，全面显示区域内各类设备监测的数据，便于管理人员全面知悉排水系统的实时运行情况，做出合理预判，进行资源科学的调度。例如当泵站、泵闸、积水点监测值超过指定标准，可立即进行报警，同时管理人员可调用对应的监控视频实时查看现场情况。

（四）空间拓扑分析

城市排水系统由管道、节点和汇水区等要素组成，这些要素之间通过一定的拓扑关系有机结合在一起，管道、节点和汇水区都具有一定的空间特征。基于城市排水系统的通用空间拓扑规则，借助 GIS 的空间分析功能，可对排水管网进行倒灌分析、上下游分析、流向分析、横断面分析、纵坡面分析与连通性分析等，再通过可视化表达排水设施之间的拓扑关系，并能够快速对拓扑错误进行定位和修正，保证排水设施空间数据的完整性、一致性和连通性。通过对复杂管网的网络结构、上下游关系进行查询和分析，有助于管理者准确了解排水系统的结构特征。

（五）现状评估

基于排水设施的拓扑分析检查、向下或向上的排水和收水情况追溯分析、管道纵横断面分析、管网污水流向分析、管网坡降分析等，评估现状管网是否存在大管接小管、雨污混接、逆坡、淤积等问题，并自动形成问题报告。问题点可视化地展示在地图上，管理者可随时查阅问题点的详情，为下一步工程规划建设工作的开展提供基础数据依据。

（六）专题图管理

对排水设施监测数据进行专题表示，通过柱状图、曲线、表格等方式直观显示在线监测数据，包括水位、雨量、水质、视频等。实现各种排水设施［排水户、排水管道、检查井、雨水口、排污（放）口、泵站、闸门、污水处理厂等］、水务设施（河道、水闸、泵站、水库、大坝、水文站）的专题图展示管理。

（七）设施动态更新

充分利用现代信息技术手段，满足排水系统动态管理要求，管理海量的排水设施规划、建设、管理数据。同时开发手机 App 端，将后台与前台连接，既保障了信息数据的及时更新，又方便现场人员及时调取查阅相关信息，为管理维护带来极大的便利，提高工作效率。

（八）运营看板

通过运营看板，可在大屏上展示城市当前天气、降水量、排水管渠类型和长度等基本信息，对不同图表进行综合展示，能够根据排水管理片区查看监测点、泵站、污水厂等情况。

（九）数据输出管理

系统能够对地理背景下的背景数据、管网对象数据以及专题图中的各类数据进行数字化输出，例如支持对 AutoCAD 格式、Shapefile、图片格式等的输出，并保证在输出时数据的坐标信息准确、图层划分清晰、数据内容无误。

（十）工程资料管理

实现城市排水系统相关的图纸、文档、图片、视频管理，对排水设施相关的多媒体数据进行管理，主要包括增、删、改、查等功能。

四、发展趋势

智慧排水已在国内一些城市开展建设，作为多元技术交叉融合的高新技术领域，智慧排水还将迎来更为广阔的发展前景以及更为先进、实用、适用的技术成果。智慧排水“一张图”也将为智慧排水的发展添砖加瓦，相信会有更多结合空间的业务应用与数据分析、展示技术被发掘与实现，期待智慧排水与智慧“一张图”更好地融合，为排水工作者带来更多、更具突破性的技术手段。

世界发达国家对城市排水设施的管理都极为重视，例如欧美国家和日本都建立了大城市详细的排水管网信息管理系统，依靠 GIS 强大的空间分析功能对排水管网系统进行管理，并制定决策。如日本开发了商品化的管网信息处理软件，集成很多管网方面的数学模型如最佳路径分析、空间定位分析、缓冲区分析、管线事故分析、最优输配水方案和拓扑关系分析等，拓宽了其应用范围；国外排水管网信息管理系统还结合自动制图系统、设施管理系统与决策支持系统等功能，为城市规划与建设管理提供高精度、高可靠性和现势性的排水管网信息；有些发达国家正在研究更为先进的 GIS 管网管理系统，将自动探测、卫星实时发送接收、遥感技术和水力模型等与排水管网管理信息系统进行结合。从整个世界范围来看，将 GIS 技术结合网络通信技术、遥感数据处理和专业模型相结合并应用于城市排水管网的管理是一个不可阻挡的潮流和必然趋势。

第二节　排水设施监测“一张网”

一、需求分析

（一）政策要求

受近年来气候变化的影响，暴雨的频率及强度呈显著增加的趋势；在城市化背景下，硬质化地面的比例不断提升；在过去“重地上轻地下、重建设轻管理”的理念下，地下排水管网的建管赶不上城市化的进程。以上种种使得城市“逢雨必涝”“逢暴雨必瘫”

“城市看海”成为常态，对社会秩序、城市功能、环境与资源等造成不同程度的危害，给人民生活、经济社会发展和城市正常运转带来较大影响。为应对上诉问题，让排水管理者掌握排水设施的运行状态，全面管理排水设施，为后续进行科学有效的管网养护清疏、工程改造打下基础，及时发现排水设施运行中存在的问题，提高城镇排水设施运营维护水平，辅助解决排水系统高水位运行，控制污水管道溢流污染，落实排水系统提质增效。

应充分考虑实用性、代表性、可行性、分散与集中相结合等原则，结合城市排水管网实际管理监测数据需求，选择易涝区域、调蓄设施、泵站、主干管检查井、排放口、溢流口、河道等关键节点，布设监测设备监测水位、流量、水质指标（pH 值、水温、电导率、溶解氧、悬浮物、氧化还原电位等）监测内容，建立城市排水设施在线监测与预警系统，并长期有效地运行，保障城市排水设施监测的持续性、准确性和及时性。同时实现排水设施的长期持续监测与短时预警预报功能，动态监测排水设施的运行状况及风险，在管网运行数据异常时快速进行事故溯源、追踪和预警，提高管理部门对排水管网问题的预警和处理能力。通过收集排水设施长期运行数据，可识别排水防涝设施的运行规律，定量评估排水防涝相关工程的实施效果，提高城市排水管网的动态管理能力。

排水设施监测“一张网”是以时空信息为基础，充分利用感知监测网、物联网、云计算、移动互联网、工业控制和水力模型等新一代信息技术，全方位感知市政排水运行工况，通过“一张图”可视化管理模式，最终形成支撑排水管理部门各业务单元运行、管理和维护。

（二）业务需求

1. 统一物联网平台，实现监测设备远程管理需求

通过物联网设备适配管理系统的建设，既能向下接入各种传感器设备，又能向上为应用系统内各种应用和模块提供数据服务。系统支持不同厂家、不同类型、不同数据格式的物联网监测设备，实现统一适配，支持监测设备远程管理，支持设备接入管理、设备配置管理和权限管理、测站类型管理、测站管理等，以减少巡检过程中人力财力投入。

2. 整合并集成多源数据，有效支撑排水日常监管需求

整合排水相关的各类在线监测数据，集成调蓄池、泵站以及污水处理厂的工况运行数据，在平台上统一进行管理。将集成/新建设的监测点的状态分布，包括各排水分区、各雨水小流域内的监测点数量分布、监测点实时数据、监测点报警情况、监测点异常情况等数据，以图表的形式展现，方便排水管理单位的相关人员及时掌握设施的状况和监测数据。

3. 感知排水设施运行变化规律，精准定位问题管网，指导管网改造与修复

污水管网长期处于高水位运行状态，一方面无多余空间完全容纳渠箱内污水，容易造成污水溢流；另一方面，长期的超负荷运行状态，容易造成管网隐患。在管网基础数

据的基础上，排水设施监测“一张网”将整合业务数据、监测数据以及第三方关联系统数据等多源数据，实现城镇污水处理厂、排水泵站、调蓄设施和排水管网等的实时运行状态的感知。当水位或流量超过报警值或设备异常时系统会进行实时告警，通过多终端报警模式，通知相关人员，让其知悉处置。通过长期的数据积累分析，排水管理单位能够掌握长期高水位运行的管网状况，系统能够自动绘制成专题图，为后期规划设计提供数据基础。排水设施监测“一张网”利用 GIS、自动化、远程监测和无线传输等技术，将管网水位、河涌水位、潮位、雨量、水质等实时监测数据集成共享，逐步形成了排水设施（管网、窨井、闸站、污水厂、排水口等）运行情况“一张图”可视化管理与排水全过程水位流量“一张网”在线监测预警分析。

二、总体框架

排水管理单位通过安装在线监测设备，基于物联网技术构建排水动态监测网，实时掌握降雨、排水管道水位流量、河道水位水质、排污口水质流量、重点排水户水质流量、泵站水闸流量水位及运行工况和污水处理厂进出水水质流量及工艺各环节工况信息。排水设施监测“一张网”能够记录并展示实时监测数据，分项分级进行监测预警，实现设备基本信息增改，实现设备的动态更新管理。

排水设施监测“一张网”技术体系架构如图 6 – 2 所示。

其中数据采集层基于地表、地下和遥感监测相结合，驻站监测和移动监测相结合的空天地一体化立体监测技术，建设形成智慧排水智能感知体系，实现对排水系统及时、全面、准确、稳定的监测、监视和监控。

智慧水务数据资源池主要基于能力平台，分析排水设施运行状态，构建智慧排水监测数据库，同时结合关系型数据库和大数据库两类数据库管理软件形成监测/检测数据的存储与管理。

应用层业务覆盖排水设施在线监测与人工检测的统一管理，实现排水设施全要素采集与运行状态全掌握，满足排水业务部门及各业务维度的日常管理需求。

三、应用综述

围绕排水管理核心业务，完善排水系统监测体系，全面感知排水系统全要素涉水信息。利用雷达、卫星、物联网等技术构建智能感知体系，确保信息互联互通和资源共享，形成“天空地水网”一体化的排水立体感知监测体系，全方位采集城市排水信息，包括雨量、水位、积水、流量和水质等，实现排水信息的汇聚、处理、整合、存储与交换，形成排水系统在线监测数据库，为城市排水业务管理提供数据基础支撑。

（一）综合视图

全面整合排水管网长度、设施数量、监测点类别及数量、在线监测概况、监测告警等信息，以多样化图表技术可视化直观展现，让管理者直观地从全局把控城市排水系统运行情况。

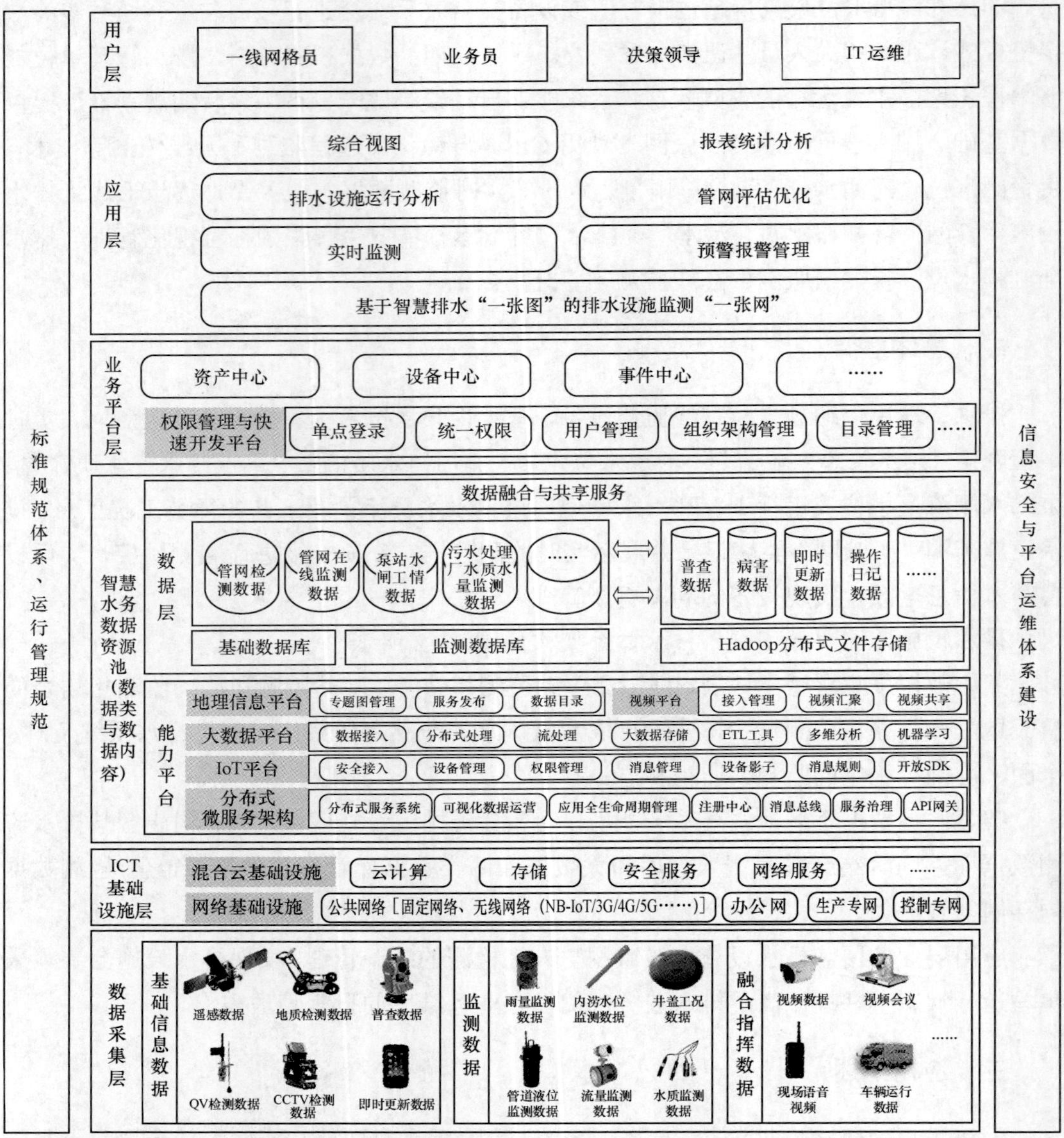

图 6-2　排水设施监测“一张网”总体技术架构

（二）实时监测

结合 GIS 地图总览所有设施设备监测点位的分布、联网状况、运行状态、最新监测数据及数据状态等；基于智慧排水“一张图”实现设备监测点位、在线监测数据单点信息查询、上下游联动展示，业务管理者可实时掌握排水系统的在线监测信息，实现对所有设施设备的运行状况的高效把控。

（三）预警报警管理

通过建立报警规则体系，满足不同设备、不同监测项与不同报警级别的报警管理；通过插件式的设计，使用标准化的、可插拔的数据接口，可方便地选用规则进行对比，使系统设计实现报警规则的解耦和警报的分级管理，并提供多端报警提示和警报发送功能，实现警报的分级提示通告。如在管道内水质、水位、流量等动态指标出现异常时进行预警，并且判断出是否存在倒灌或者污水直排，以及工厂企业是否存在违规偷排污废水的行为；再利用水力模型构建与校核的依据，通过校验后的模型准确模拟整个管网的运行状况。构建完善的排水预警预报系统，结合气象局提前发布的雷达数据与城市综合排水模型耦合计算，提前预判将预警信息预报给环保、城管与交通等部门，降低污水冒溢及暴雨内涝灾害造成的风险损失以及车辆、人员的浪费。

（四）排水系统运行分析与状态评估

基于监测数据的挖掘分析，支撑解决高水位、控制溢流污染的问题，落实提质增效。通过挖掘分析历史数据记录，逐步掌握排水收集系统、污水处理系统以及水环境的运行变化趋势，为制定相应预案工作、保障排水系统的正常安全运行、提高排水管理的效率提供基础支撑。如基于排水管网的拓扑分析，结合在线监测数据联动分析，对排水管网状态进行研判。将排水管道上布置多个水位监测点，以某一监测点为基准，若基准监测点上游的临近监测点监测水位异常高，则可能是这两个监测点之间管段出现管道破损渗出或淤塞；若基准监测点下游的临近监测点监测水位异常高，则可能是这两个监测点之间管段出现排水管道私接的违法偷排行为或管道漏损地下水入渗等问题。

（五）报表统计分析

以柱状图、曲线图等形式展示排水管网、泵站与污水处理厂等各类设施设备的运行统计情况，为直观掌握一段时间内排水设施设备的运行状况、重点排水户水质变化、排水管网高水位运行、管网关键节点水质情况、泵站输送水量、污水处理厂污染物进出厂浓度变化、排放口溢流污染情况、河道水质变化等提供数据支持，以辅助开展管网、泵站、水闸养护以及水环境整治等工作。

四、发展趋势

智慧排水管理系统作为城市市政设施的重要组成部分，肩负着城市雨水、污水排放的重要功能，各级市政管理部门已从城市发展的战略高度来认识地下智慧排水管理系统在城市规划和建设管理中的作用与地位。各地市政管理部门充分利用地下管线普查成果，积极探索创新地下智慧排水管理系统的管理方式。在市政和企业的共同运作下，智慧排水管理系统的功能日益强大且日臻完善，充分体现了其在维护城市“生命线”正常运行上的优势。

排水监测能够保证数据采集的高效性、实时性与准确性，能够及时获取暴雨内涝时管网运行信息并做出应急措施，诊断管网中的缺陷管段并针对性地提出管道日常养护建议，有效发现排水组织有无违规排水，提升污水处理系统运行效能等。随着城市化管理水平的提升，城市排水安全不断得到重视，加强排水管网的信息化建设将成为排水管网管理行业的一种趋势。物联网行业的高速发展带动排水物联网的建设，为大幅提升城市排水系统的运营管理水平、规划决策水平和建设维护水平提供科学有效的数据支撑。

第三节 排水单元管理

一、需求分析

（一）政策要求

餐饮污水、施工泥浆随意排放，污水接入雨水管道，甚至将“泔水”直接倒入雨水窨井，还有预处理设施管理不善等违规行为，导致城市管网堵塞、污水冒溢等现象时有发生；此外，企业工业废水偷排乱排情况仍然普遍存在。规范排水行为，确保公共排水设施完好和安全运行，提高截污治污率，改善城市水环境，是城市排水管理的重要目标。《城镇污水排入排水管网许可管理办法》第十六条要求：城镇排水主管部门应当将排水许可材料按户整理归档，对排水户档案实行信息化管理。各地区的城镇排水主管部门纷纷提出要进一步加强排水户监管工作要求，因此，对排水户的排水行为进行系统的管理势在必行。

（二）业务需求

1. 排水户拉网式排查成果挂接上图展示，统筹推进排水单元达标创建

需要将排水户的排查成果挂接上图展示，用不同的颜色表示排水户排查结果，能够在统一的地图上总览排水户的排查进度与排查结果；也能对排水户详细信息进行统一管理，作为正本清源“作战图”，支撑排水单元内部雨污混接改造，统筹推进排水单元达标创建。

2. 排水许可精细化审批管理，强化源头控制

需要通过对接行政服务系统获取排水许可审批申请，实现污水接入排水管网许可审批流程的流转；还需管理所有排水接驳点档案信息，包括接驳点位置、管网信息、上游的排水户信息、排水户的接驳许可证审批相关资料，满足排水接驳许可业务审批资料与接驳点的挂接管理，方便现场查阅与该接驳点相关的审批资料。通过排水许可精细化审批管理满足城镇排水管理部门对已建、新建、改建、扩建工程的排水接驳监管需求。

3. 排水户档案实行一户一档信息化管理，实现动态监管

需要将排水许可材料按户整理归档，对排水户档案实行信息化管理；同时定期对排水户排放污水的水质、水量进行监测，建立排水监测档案，实现排水户的动态监管。

二、总体框架

基于智慧排水“一张图”和排水设施监测“一张网”提供的数据共享服务，提供排水户信息数据更新维护管理和排水户监督检查管理功能，实现排水户精细化管理。排水单元管理总体技术架构如图 6－3 所示。

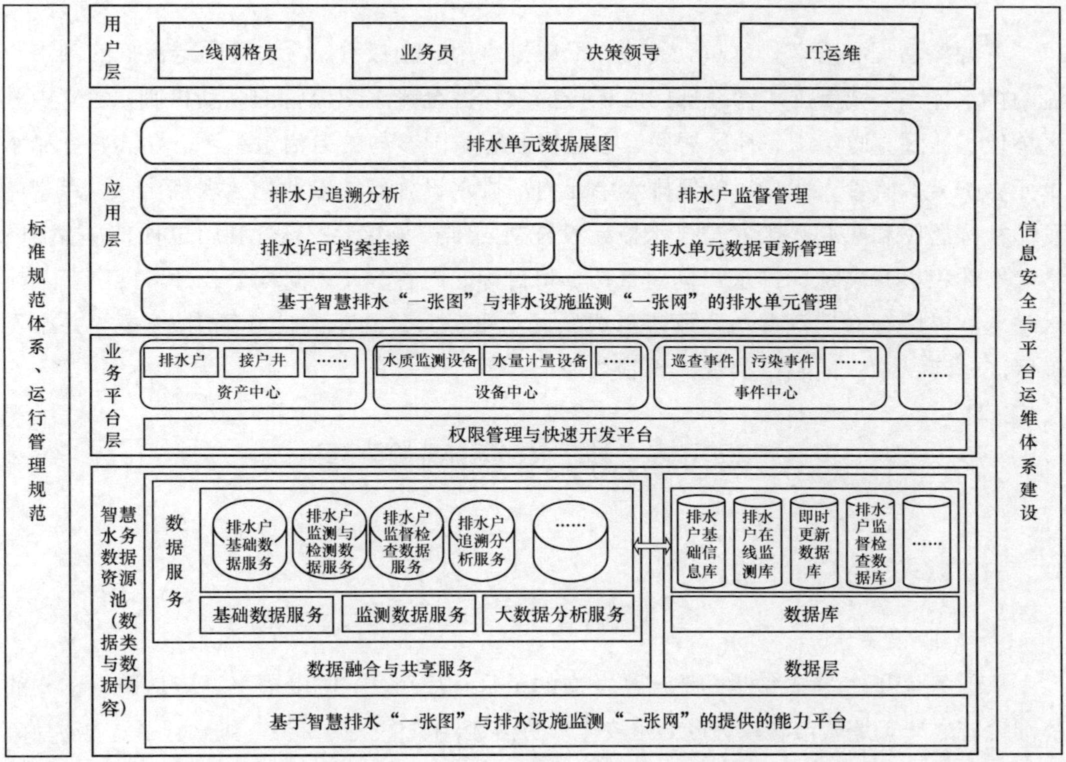

图 6－3　排水单元管理总体技术架构

三、应用综述

（一）排水许可档案挂接管理

实现在系统中录入排水许可案件信息的挂接，包括项目名称、项目概况、项目性质、占地面积（平方米）、投资规模（万元）、行业类别、建设单位、咨询内容等，并可在地图上自定义项目所在的位置，绘制出项目的范围等；根据排水许可分类原则进行差异化管理，对现有档案进行标签化，并提供增删改操作，为后续标签化搜索提供数据基础；同时将接驳核准意见挂接于申请单位，基于 GIS“一张图”可视化展示，便于查询数据信息及资源调度，为后续污染溯源分析提供工作基础。

（二）排水单元数据更新管理

可视化管理排水单元信息，包括排水单元内部的排水户位置、属性信息等，也可以查询、编辑管理排水户的接驳井信息；提供排水户增删改查功能；同时提供排水单元的巡查记录，方便管理员或巡查班组了解排水单元的巡查情况，避免出现漏巡、少巡情况，保证排水单元巡查做到位，并更新排水单元台账。

四、发展趋势

从源头清理和规范排水单元行为，形成排水用户全接管、污水管网全覆盖的国内一流的排水体系。城市排水管理部门应积极探索和健全排水户监管的联动机制，建立由驻区单位、社区党政组织、社区居民、小区物业等共同参与的自治组织，引导其履行排水单元养护人、监管人职责，确保排水单元内部排水设施养护专业化、规范化，以点带面发动社区居民和热心人士参与排水单元设施共同维护与建设；充分利用电视、广播与网络等媒体积极开展达标排水户创建宣传，将目标、内容、计划向社会公开，推广普及排水理念，鼓励公众广泛参与，逐步形成全民治水、共建共享的良好氛围。“多措并举”确保江、河、湖、涌早日实现“长制久清”。

第四节 排水管网管理

一、需求分析

（一）政策要求

从国务院和住房城乡建设部连续发文的重视程度可见，城市排水设施是城市重要的基础设施之一，是城市防洪排涝、水安全、防治水污染的保障体系；排水设施是否完好、功能是否健全，将直接关系到人民生活质量，关系到城市经济和社会的可持续发展，关系到和谐社会的建设。

（二）业务需求

1. 划分排水管理小片区，精细化管理粒度

基于排水管网统一平台管理的基础，由一个运营管理单位进行排水管网统一管理。依据管网主干次干关系及主次干接驳关系，划分排水管理小片区，精细化管理粒度，实现网格化管理，掌握每个责任网格负责设施数量、质量、运行情况，以提高排水设施管理养护水平。

2. 建立全覆盖、可追溯的排水管网巡检养护及问题发现机制，提升排水设施健康水平

基于排水设施统一平台及片区化管理粒度，借助互联网+技术，建立全覆盖、可追

溯的排水管网巡检养护及问题发现机制。制定标准化、精细化的日常巡查养护标准及问题整改台账，结合智慧排水“一张图”，要求对水位异常的检查及接户井情况第一时间上报，并派发给管养单位进行问题原因排查，列入问题台账进行整改落实，切实提升排水管网健康水平。

3. 强化排水管网运营管理质量与考核评估，提升运营维护水平

为进一步加强市政排水管网、污水处理厂、排水泵站、排水户的运营管理质量，激励和促进各片区排水设施运营单位切实提升运营维护水平，实现排水设施的稳定、安全运行，需要根据国家、省、市的有关法律、法规和技术规范，对全区市政排水设施运营维护情况以及各排水相关的建设工程进行监督考核，加强行业管理。

二、总体框架

基于智慧排水“一张图”和排水设施监测“一张网”提供的数据共享服务，按照统一的技术要求、统一的质量检验办法和评定标准，提供排水管渠维护作业，提升精细化管理水平，充分发挥排水管渠的使用功能。排水管网管理总体技术架构如图 6-4 所示。

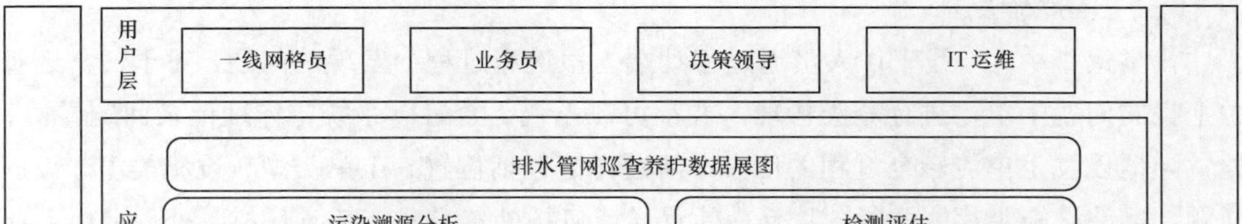

图 6-4　排水管网管理总体技术架构

三、应用综述

（一）追溯分析

基于河涌排放口－管网－接驳井－立管－排水户的全线追溯分析结果，与管网水位监测、雨量监测联动分析，快速查明排水管网中任意节点的污水可能流经管道，从而清楚了解污水的流向；并可精确分析到某一楼栋楼里某一户的污水具体排放到哪个截污干管或排放口，为高效发现违法排水行为，摸清污染源，“对症下药”采取措施提供基础数据支撑。

（二）计划养护

建立纳入养护计划设施的统一台账，实现排水设施养护巡检业务流程化和标准化管理以及排水管网设施养护业务的信息化管理。借助移动终端了解巡检人员的巡检轨迹和巡检到位情况，通过设施状态、参数等数据可掌握、分析设施运行情况，实现巡检计划制定—审核—下发—情况回复—考核等巡检全过程管理，提高管养业务水平，有效解决区域内排水设施数量多维护困难、设施运行状态情况不明、巡查养护计划不科学、养护经费不到位、人工巡检养护效率低等问题。

（三）问题修复

日常巡查中，一线工作人员通过移动端上报巡查过程中发现的问题，对于日常巡查中上报的问题工单，进行分类管理，并都可在系统上查看。系统中详细记录问题详情、处置详情以及工单流转全过程的信息：问题详情包括位置、工单类型、设施类型、设施问题、事件设施照片、位置图片等；处置详情包括处置方式、耗时耗材、处理前中后照片等。实现工单全流程完整记录，自动生成工程维修类案件工地台账。

四、发展趋势

习近平总书记指出，“城市管理要像绣花一样精细，越是超大城市，管理越要精细”。城市排水管理工作需要在细微处下功夫，应该借助信息化手段提升行业管理水平，花小钱办大事，既能摸清管网底数，为行业管理提供科学依据；又能厘清管网权属，规范日常管养行为；同时还提高了排水行业间各类信息的传递效率，解决信息传递不及时、不严谨、不全面等问题，促进排水管理达到更规范、精细、高效、智能决策的管理目标。基于智慧排水“一张图”和排水设施监测“一张网”，实现城市排水设施精细管理、动态更新、实时监测和智能控制，能够对污水流向和雨水流向全过程可视化查询、追溯与分析，同时为处置污水溢流、暴雨内涝等应急事件提供有效支撑，满足为排水空间规划、设计、排水设施改造与接驳提供决策支持的市场需求。

第五节 污水处理厂智能化生产与管理

传统污水厂工艺控制环节依靠经验判断、控制过程依赖人工干预，控制精确性差，污水处理工艺控制过程具有大滞后、变滞后、多因子、非线性等特点，因此，需要通过智能控制系统实现污水处理工艺的精细化控制。随着计算机技术、网络技术、控制技术的不断进步，出现了智能仪表、智能控制器、智能执行器、智能电气设备等工具，能在现场完成数据采集、数据运算及先进的控制算法等多种工作，同时专家控制、神经网络控制、系统辨识、自适应控制、模糊控制等智能控制技术在工业控制中的应用越来越深入，污水厂自动化控制系统的发展逐步进入了信息化、网络化、分散化的时代。

一、需求分析

（一）政策要求

2012 年住房城乡建设部办公厅发布的《关于开展国家智慧城市试点工作的通知》中明确：“智慧城市是通过综合运用现代化科学技术、整合信息资源、统筹业务应用系统、加强城市规划、建设和管理的新模式。为探索智慧城市建设、运行、管理、服务和发展的科学方式、决定开展国家智慧城市试点工作。” 2014 年八部委印发的《关于促进智慧城市健康发展的指导意见》表示智慧城市的手段是新的技术，特别是信息技术，目的是提高规划、建设、管理和服务能力。

全国污水厂不论是数量还是处理能力都保持着高速增长的态势。城市污水处理行业目前侧重在设施建设，对于污水处理的自动化智能化运行、节能降耗及优化运营尚未进行系统的研究，污水厂的自动控制和管理没有得到足够的重视。“重建设、轻管理”的思想导致污水厂的运行模式相对粗放、过程管理不够精细、智能化控制水平不高，造成处理工艺参数不稳定、处理过程能耗药耗高、污水厂配备人员多等问题，因此需要有效规划新一代污水厂，以提高生产效率，保证出水指标，节约运行能耗，减少运营人员配备。

（二）业务需求

1. 实时监控实现风险主动报警预警

需对污水厂实现远程监视，对现场设备设施及工艺流程中的实际运行采集的数据进行分析，发生异常情况即时、准确地将报警信息发给相关部门人员，以便其在第一时间做出响应；以可视化的方式向调度中心的管理运行人员进行信息数据展现，根据工艺段、设备等的报警情况进行统计和智能报警综合分析，为管理决策提供支持，实现远程掌控污水厂运行情况，提高工作效率。

2. 对曝气量与药剂投加量进行精确控制的需求

通过工艺智能控制系统实现污水处理工艺全闭环智能优化控制，能够提高全厂自动化程度的同时提升处理效率和效果，保障出水达标。由于污水厂进水水质和水量具有时变性，在特定的时间段内微生物的耗氧量也时刻变化，只有对溶解氧（DO）的动态平衡过程的充分认识，才可实现对曝气池内DO环境的精确控制。在污水脱氮处理过程中，污水处理厂现有的碳源投加方式由于缺乏合理的精细化控制手段，普遍存在加药过量或加药量不足的现象，因此精确的碳源投加量在此环节至关重要。生物除磷是城市污水除磷技术中相对经济的选择，但是由于进水有机物含量、工艺参数及构筑物尺寸等的影响，现阶段生物除磷工艺无法保证出水总磷稳定达到排放标准，为有效控制出水总磷浓度，采用或者辅助以化学除磷手段是很有必要的，因此对其投加量的精确控制有助于提高出水的达标率。

3. 完善的设备管理与全流程跟踪、记录需求

现行污水厂日常作业缺乏统一的标准流程，导致工作过程不透明，工作质量难以考核追溯，管理沟通成本高，获取信息量少并且导致决策滞后，进而影响设施设备的可用性以及运营维护成本，同时频繁故障对出水水质也有不利影响。需完善全厂的管理流程，建立制度化、流程化、科学化的设备台账管理、设备巡检管理、设备维修养护管理等管理流程，从而提高厂区整体效率。设备的运行状态需要及时跟踪与反馈，再通过分析结果为管理人员提供设备选型决策依据，为企业运行风险、能耗、成本分析提供基础信息；最后通过对整个生产过程数据进行统计而自动生成的业务报表，使各级管理人员能够及时、全面地掌握生产的实时数据、历史数据及各类运行报表，有助于加强内部监管，全面提升企业的生产管理效率和运营水平。

4. 应急预案管理降低紧急事件风险

目前常规自控厂家在设计自动化控制系统时通常只考虑理想正常情况下的运行处理，当设备故障异常时，通常采用人工干预，无法为生产运行过程中各种突发事件提供准确高效的解决方案与建议。因此亟须提供经模型检验过的科学应急预案和专家知识库，以便系统自动应对各种常见突发情况。当工艺出现问题时，相关人员或自动化器械自身可以在接到预警信号后，及时根据应急预案知识库专家建议给出的备选处理预案，采取科学的应对策略，将事故风险降到最低。

二、总体框架

基于智慧排水“一张图”和排水设施监测“一张网”提供的数据共享服务，按照统一的技术要求、统一的质量检验办法和评定标准，提供污水处理厂智能化生产与管理，如图 6－5 所示。

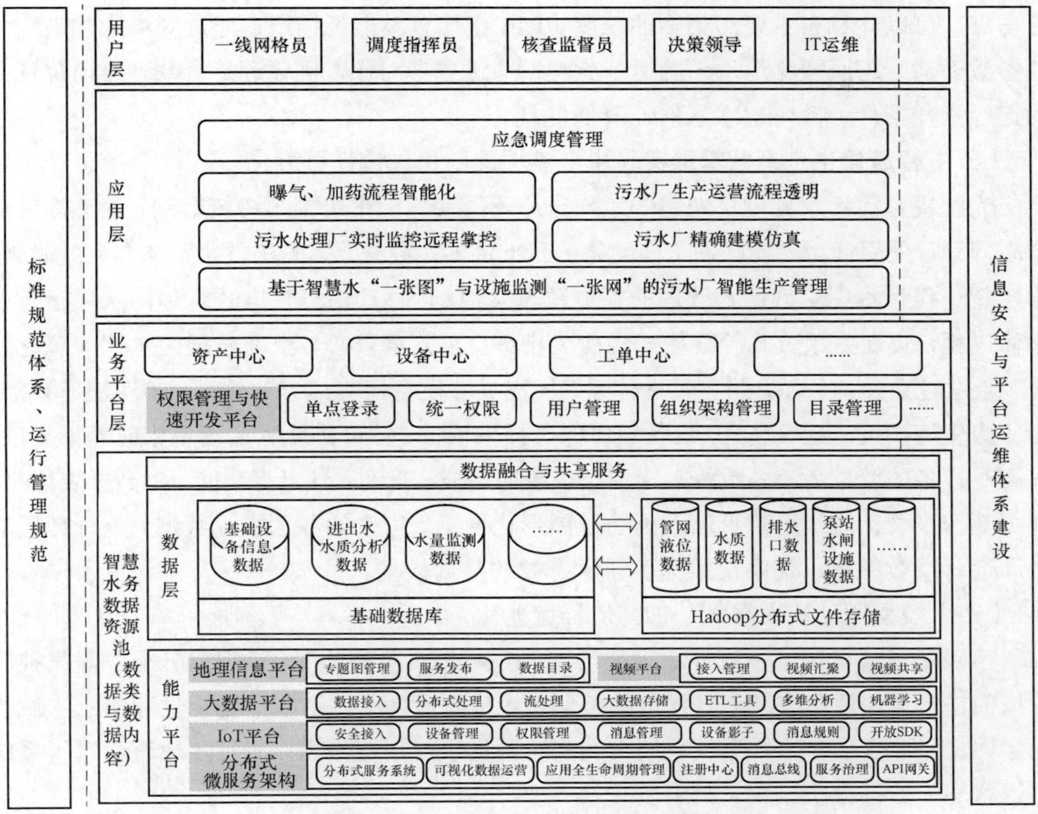

图 6－5　污水处理厂智能化管理总体技术架构

三、应用综述

（一）实时监控报警与可视化展示，实现远程掌控

基于 3D 高效引擎对污水厂的生产工艺流程、设备、操作人员等进行实时监控，将关键数据在污水厂各工艺构筑物展示，污水厂各级人员可以通过工艺画面直观地看到目前污水厂各工艺段的生产情况，掌握站点运营情况；在进行工艺设施或流程进行调整时，可根据实际需求进行编辑；当发生生产异常报警时，能够实时将报警信息推送给订阅报警的厂区相关人员，便于管理人员和运维人员远程查看现场的实时视频监控画面，便于相关人员及时掌握设备现场实时情况，对异常工况进行快速定位，利于快速诊断排除故障。

（二）污水厂进行精确建模仿真，实现运行工艺最优化

在活性污泥模型（Activated Sludge Model 2D，ASM2D）的基础上建立水厂模型，利用全厂自控系统、在线监测仪表收集进水的实时水质水量负荷变化参数及生物池实时数据、必要的化验室数据、历史记录数据等作为模型的输入参数；以污水厂进水的水质、水量作为信号，对整个生物反应池的水力情况、厂内各种运行状况、活性污泥反应等进

行仿真，可以计算各主要污染物的浓度、KPI 指标以及能耗情况；通过对微生物动力学的参数评估，还原预测污水厂的运行状况；通过方案对比，优化运行参数，给出最优化的运行操作条件，改善出水水质，降低能耗。

（三）智慧化生产运营管理实现生产流程透明化、责任可溯化

为解决目前污水处理厂普遍的工作过程不透明、工作质量难考核追溯、管理沟通成本高问题，采用运用“物联网＋移动化＋云平台＋大数据”等先进技术，结合系统思维，构建新一代污水厂生产运营管理的整体逻辑架构，以移动信息化方式管理污水厂运营的整体过程，实现由粗放式管理模式转变为精细化的运营管理，全面发展污水厂智慧化建设。通过建立设备、人员档案管理体系，加快提取设备档案信息的效率，实现快速掌控，为厂内生产调度、施工改造、设备维修保养提供依据；并可协助制定设备相应养护要求，提高对设备的管理效率；系统支持各类报表的生成、查询、导出等功能，提高报表质量，减少制作报表工时。运营管理人员通过图形化展示，可查阅各项指标数据，为管理层对全厂运营绩效评估、辅助决策提供科学有效的数据依据。

（四）模型驱动实现曝气、加药流程智能化

精确曝气流量控制系统能够根据污水厂实际进水负荷的变化，按需分配各曝气控制区域的供气量，精准控制曝气池内的溶解氧，从而提高工艺运行的稳定性和出水水质的稳定性。利用云平台整合曝气系统在线实时数据以及历史数据，随时随地查看曝气系统运行状态、数据分析结果，提升管理决策水平。

智能加药控制系统能够根据污水厂进水水量、水质以及所需加药工艺过程单元的实际数据与模型数据，通过控制药剂投加装置的运行负荷、加药量分配系统实现按需供给药剂、分配药剂投加量，提高出水水质的稳定性及达标率，实现加药过程的精细化控制，合理启停、调节加药泵组，节省加药量，降低药剂与能耗成本。

（五）升级应急调度处理，提高紧急状态下的决策质量

通过建立知识经验库，厂区各级人员可以自主查看知识文档，提高自身技能水平。将原有零散的知识，进行统一有序的管理；通过决策支持库的建立，当出现工艺运行出现突发事件时，将分析结果和支持决策建议反馈给相关管理人员提供决策支持；管理人员通过查看风险处理预案，对各相关执行人员进行统一调度；平台上能记录风险处理的全过程，实现风险处理过程的监督管理；此外，各相关执行人员在处理风险事件过程中能够调出相关参考信息，对风险事情进行分析和判断，按相应要求执行下一步的工作；风险事情处理结束后，平台能够录入对应处理结果和经验总结，通过调试风险预警模型，优化预案方案库以及管理模式，让污水厂的运营更有保障，应急状态下的处置也更灵活。

四、发展趋势

随着工业自动化技术、传感器技术与工业控制网络不断发展，在先进、有效和可靠

的智能算法和控制策略指导下，新一代污水厂将向高效率、高可靠、智能化的方向发展。自动化污水厂通过机器自我学习及建模仿真，独立做出分析、预测和判断，并据此调整一系列设备的动作或发送出相关信号供人参考，作出决策；通过原水的水质信息，结合历史数据的规律与对工艺的实时仿真模拟结果，自动调整处理时间、药剂投加量等参数，并通过各处理过程中水质检测结果的反馈，及时修正处理时间、药剂投加量等参数，使其短时间就达到最佳的处理效果。

污水处理厂智能化生产与管理系统利用先进的科学技术，实现少人化/无人化以及远程管理的目标，例如智能巡检机器人可替代传统人工巡检，其通过自主导航、指挥中心远程遥控或用户设置的巡检路线，在任何时间、各种环境和天气条件下，对污水厂的生产设施进行巡检；通过机器人搭载的摄像头，对现场主要设备控制柜的指示灯以及主要仪表度数进行读取和分析，从而辅助判断设备的运行状态；通过机器人搭载的各类传感器，对易燃易爆危险空间的环境指标进行检测，判断环境指标是否超过正常范围；在巡检过程中根据需要，实时回传清晰度较高的图像或视频，在设备状态异常或环境指标超标时回传报警信号。

第六节 “厂网河一体化”管理与提质增效

一、需求分析

（一）政策要求

长期以来，一个城市存在多个排水运营单位，以致运营管理主体不一、流域治理碎片化。为改变过去“分头治理、头痛医头、脚痛医脚”的模式，促进水生态、水循环、水景观、水安全的有机统一，实现河水环境与周边城市建设的协调发展，各地纷纷开始以系统思维、生态理念综合施策，积极探索实践“厂网河一体化”全要素治理模式。“厂网河一体化”全要素治理，即以流域水质达标为目标，全面梳理流域系统工况，构建“厂网河一体化”全要素总图和统一调度平台，并借助物联网技术，逐步实现对流域内所有厂、站、网、口、河等各要素的水质、运行状态、溢流等情况进行实时监控；对所辖流域内所有的河、池、口、闸、站、雨污管网及污水厂进行统一调度和一体化管理，逐步实现各涉水要素信息化、自动化和智慧化运行。从而改变“多头治水”格局，全力保障入河污染“扎口”效果，巩固治水成效，实现流域内污水全收集，收集全处理，处理全达标。

《城镇污水处理提质增效三年行动方案（2019—2021 年）》提出，积极推行污水处理厂、管网与河湖水体联动“厂－网－河（湖）”一体化、专业化运行维护，保障污水收集处理设施的系统性和完整性。

（二）业务需求

积极推进"厂、网、河（湖）全流域、全要素"联合调度，最大化发挥污水收集处理系统能力。即按照"统筹建设、协调运行"理念，以流域为单位，实行"厂、网、河一体化 "运营管理，对水务基础设施进行全要素管理。通过统一管理、科学调度，进一步提高流域水环境管理水平。同时需要利用排水管网模型模拟的结果，结合排水业务场景进行分析应用，满足排水智能分析的决策需求，为排水管网、污水收集以及污水处理厂水质水量调度等管理提供调度决策相关的建议。通过联合调度各种设施对污水量的时空分布进行调节，最大程度利用现有设施的输送、调蓄和处理能力，减少污水溢流量，优化现有设施的运行管理，从而充分发挥排水设施的效能。

二、总体框架

基于智慧排水"一张图"和排水设施监测"一张网"提供的数据共享服务，按照统一的技术要求、统一的质量检验办法和评定标准，基于排水管网水力水质模型，提供"厂网河一体化"联合调度管理，最大限度发挥污水处理设施的功能，实现城镇污水处理设施的提质增效目标。"厂网河一体化"管理与提质增效是总体技术架构如图 6-6 所示。

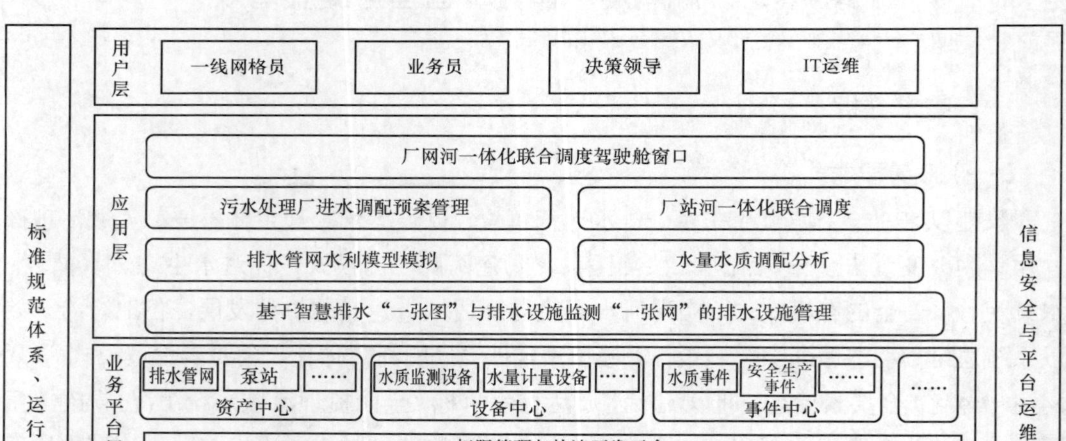

图 6-6 "厂网河一体化"管理与提质增效总体技术架构

三、应用综述

通过实施“厂网河”一体指挥调度和小流域、网格化生产运营，充分优化、提升污水收集和处理的全系统功能，实现了“水质保障、水量均衡、水位预调”，实现“厂、网、河”数据联动与信息共享。通过多级水质监控、水质水量预报警、超标排水追溯管控、污水均衡进厂、清污水联合调度等措施，优化排水设施的效能，保障了污水处理厂及管网的稳定运行及河流水质的稳定。

（一）排水管网水力模型模拟

建立区域的排水管网水力模型，可模拟分析不同降雨频率下现状管渠的排水能力，从而根据运行结果提出可以改善该区域排水效果的实施方案和模型；可模拟城市雨水循环系统，实现城市排水管网系统模型与河道模型的整合，更为真实地模拟地下排水管网系统与地表受纳水体之间的相互作用。

（二）水量水质调配分析

针对污水处理厂进水水量变化大，水质不平衡的情况，不同污水处理厂之间可通过水量水质调配分析系统进行污水调配，以达到最大化的利用污水处理厂的保底流量，稳定水质的目的。此模块可运用将排水模型与监测数据相结合，预测污水处理厂进水水量，提前制定调度方案，降低进水水量变化幅度，减少非正常溢流，最大化地利用污水处理厂的处理能力。另外通过对工业排水户出厂水的水质数据收集，以及在污水管网的适当位置安装监测装置（如在主干管末端以及部分小流域末端安装了水位、pH 值、悬浮物、化学需氧量、生化需氧量、氨氮等集成式的在线监测装置），还可提前对进厂污水的水质进行预报、预警。一旦发现有污染物超标的情况，污水处理厂即可实行相应的应急调度，以提高整个污水处理厂运行效率和水质保障。

（三）污水处理厂进水调配预案管理

通过静态模型模拟在典型实测旱季、雨季以及自设极端情况下的污水处理厂的进水水量和水质变化，测试寻找出最佳的调度方案，使得污水处理厂的进水水质在允许范围内浮动，同时尽量减少非正常溢流，为调度系统提供各种条件下的调度预案。在监测系统基本覆盖排水管网干管、总截口和主要排放口的水量水质自动监控后，动态模型通过接入实时的天气状况和监测数据，能预测未来一段时间排水管网的水量和水质状况，根据设定的优化目标，自动寻找最佳的调度方案，并提供给数据采集与监视控制系统（Supervisory Control And Data Acquisition，SCADA 系统）实现自动远程调度功能。

（四）厂站网一体化联合调度

建立厂网一体化管理分析系统，结合历史经验和实际情况，制定绩效评估体系，通过计算分析为厂站的关键运营指标进行评估，以图表的形式展现评估结果，辅助管理单位发现厂站运行管理的薄弱环节，为厂站运行管理优化提供决策支持。

四、发展趋势

目前大多数污水处理厂与排水管网仍是分属不同单位在运营管理，由于运营目标和管理考核标准不同，出现了厂网统筹建设以及协调运行方面的诸多问题，导致城镇排水系统不能完全发挥其应有的功能，污水处理厂只能被动接收排水管网输送的污水；且由于排水管网没有为污水处理厂提供污水水量、水质的预报、预警等相关信息，导致污水处理厂的工艺调控滞后，易造成高峰流量时厂前直接溢流排放，或者部分污水处理水质不达标排放，对城市水体造成污染。因此，污水处理厂和排水管网的一体化运营更符合城镇排水系统的需求，更有利于充分发挥其水环境保障功能。随着信息化技术的飞速发展，利用物联网、CIM、水力模型、云计算、大数据分析等先进技术，采集污水系统中管网、泵站和污水处理厂等各环节的信息，建立大数据云，全面把握污水运行信息，再结合水质模型进行可视化分析、预测预警，可为决策者提供科学合理的决策支撑，提高水务管理的效率和质量，推进污水处理系统的智慧联动和智慧运营。

第七节　农村生活污水监管

农村生活污水主要包括人类、家禽粪尿；洗涤、洗浴和厨房等废水。因此农村污水中氮磷含量高，这也是其引起水体富营养化的重要原因。目前城镇污水处理已得到充分重视，基本上实现了污水的集中处理。但长期以来，由于农村环境基础建设以及监管水平低，农村居民环境保护意识薄弱，导致很多农村生活污水、生产废水未经处理就直接排放到合流和土壤中，从而引发面源污染，污水处理设施大部分不能发挥应有效能，农村水污染形势依然严峻；加之，农污处理设施具有数量多、分布广、规模小的特点，不容易集中监管，这为农村污水治理带来了一系列难题。

利用先进的互联网技术，以农村污水处理监管单位的业务需求为出发点，开发以农村生活污水远程监控管理系统为核心的在线运营平台，着重增强数据综合分析能力以及多级用户的协同管理能力，以提高运营管理效率，减少运行成本，有效保障设施正常运行与出水水质的稳定达标，最终实现农污处理设施的统一监管。

一、需求分析

（一）政策要求

近年我国对农村污水治理的要求不断提高，在《中共中央、国务院关于坚持农业农村优先发展做好“三农”工作的若干意见》（2019 年 1 月 3 日）中提出“扎实推进乡村建设，加快补齐农村人居环境和公共服务短板，加强农村污染治理和生态环境保护，加大农业面源污染治理力度，推进农村水环境治理”。2020 年 3 月，国家六部委联合发文推进农村人居环境整治，加强农村生活垃圾、污水治理和畜禽粪污资源化利用，以回应在第十三届全国人大二次会议上提出的《关于加强农村污水治理顶层设计与体制机制建设的建议》的部分内容。

全国各地不断加大农村污水处理设施的建设力度，大量农村污水处理设施的建成初步对改善农村水环境发挥了作用。但由于乡镇所属各个村落具有多且散、处理规模小、农村地理环境复杂等特点，导致污水纳管困难、监管困难。与此同时，越来越多已建设完成的处理设施处于闲置、废弃、损坏的状态，污水治理工作面临投入资金不足与资源极大浪费的双重挑战。随着物联网、移动信息网络等技术的高速发展，基于信息化手段开展农村生活污水处理设施运行的远程智慧监管是当下有望大幅度提高运维效率、降低运维成本的必要趋势。为积极响应《农村生活污水处理工程技术标准》（GB/T 51347—2019）中“对农村生活污水处理设施的运行、维护以及管理采用城乡统筹，统一运行、维护、管理；建立健全运行、维护及管理资料的记录和保存制度”的要求，建立物联网的农村生活污水监管平台有望实现对农村生活污水处理设施的信息化管理，实现农村生活污水治理全数字化、虚拟化、集约化、智能化等目标。

（二）业务需求

1. 农污在线监控标准化，实现对污水处理量、水质、设备运行状态的在线监控与实时报警

目前大部分已建农村污水处理设施仍然停留在人工监测阶段，监测质量不高，数据提交效率低，无法及时反映农村污水处理的真实情况。同时设施建设后运行管护资金不到位、运用管护不专业，导致主管部门对设施运行、维护情况、污水达标情况等信息掌握不全面。因而亟须建立农村污水处理动态监控与数据采集系统，利用传感器技术在线监测采集数据，将数据传输到统一开发的数据接收软件，再对汇集的数据进行统计与分析。可根据业务需求自由组合查询条件，对数据进行联合分析，最后通过采集的信息对故障设施进行实时报警，同时要求远程监控系统与对应治理点的污水处理工艺相匹配，以实现在同一个系统下，对不同工艺的污水处理设施的进行远程控制。一般而言，监控系统应根据不同工艺的特殊管理要求分别考虑，并将其体现在系统的界面和操作中。

2. 建立农村生活污水治理设备“互联网+”运营管理监管中心的需要

农村污水处理设施配备简陋，可掌握的设施运行信息数据有限。由于农村地区施工队伍素质相对不高，导致监管工作协调难度大，加之运维人员队伍流动大，落地问题多，导致运营能力差。因此，需要建立统一的设备运维监管平台，平台需要结合污水处理设施运行信息的实时采集传输与数据管理技术，对基础档案信息包括设施基础信息、设施运行信息、设备出入库信息、设施运维信息以及运维监管信息等进行分项管理。通过运维监管平台，对各设施设备的在线信息、巡检水质数据和人工监测水质数据进行自动分析和统计，对设施异常进行报警；通过集中调度中心对工单进行远程派送、任务在线分配，并严格控制时间节点。

3. 建立农村生活污水处理设施远程智慧监管的制度与标准的需要

我国的农村污水治理尚处于初级阶段，国家还没有制定农村生活污水排放的标准，地方标准因地制宜，排放标准宽严不一，没有完善的排放标准对其进行考核。农村生活污水处理工艺多样，同时设施的标准化、自动化、一体化水平不高，这限制了监控系统的应用，因此需要建立标准化、一体化的监控系统。为了形成可复制的智慧运维监管成套技术模式，需要尝试构建农村生活污水处理设施的智慧运维监管新模式，从提升处理设施、改进运维行为、完善体制机制、加强政府监管四个维度升改造对策方案，对巡查（管网、提升井等）、养护（泵、格栅等）、冲洗（管网疏通等）、清掏（化粪池等）、水质监测和绿化养护等工作做出标准化的管理要求；同时需要通过全面积极的交流沟通把科学、智慧化运维监管的理念植入到每一位运维和监管人员的心中。

二、总体框架

基于智慧排水“一张图”和排水设施监测“一张网”提供的数据共享服务，按照统一的技术要求、统一的质量检验办法和评定标准，提供农村污水系统化、可视化、智能化、可溯化管理，如图 6-7 所示。

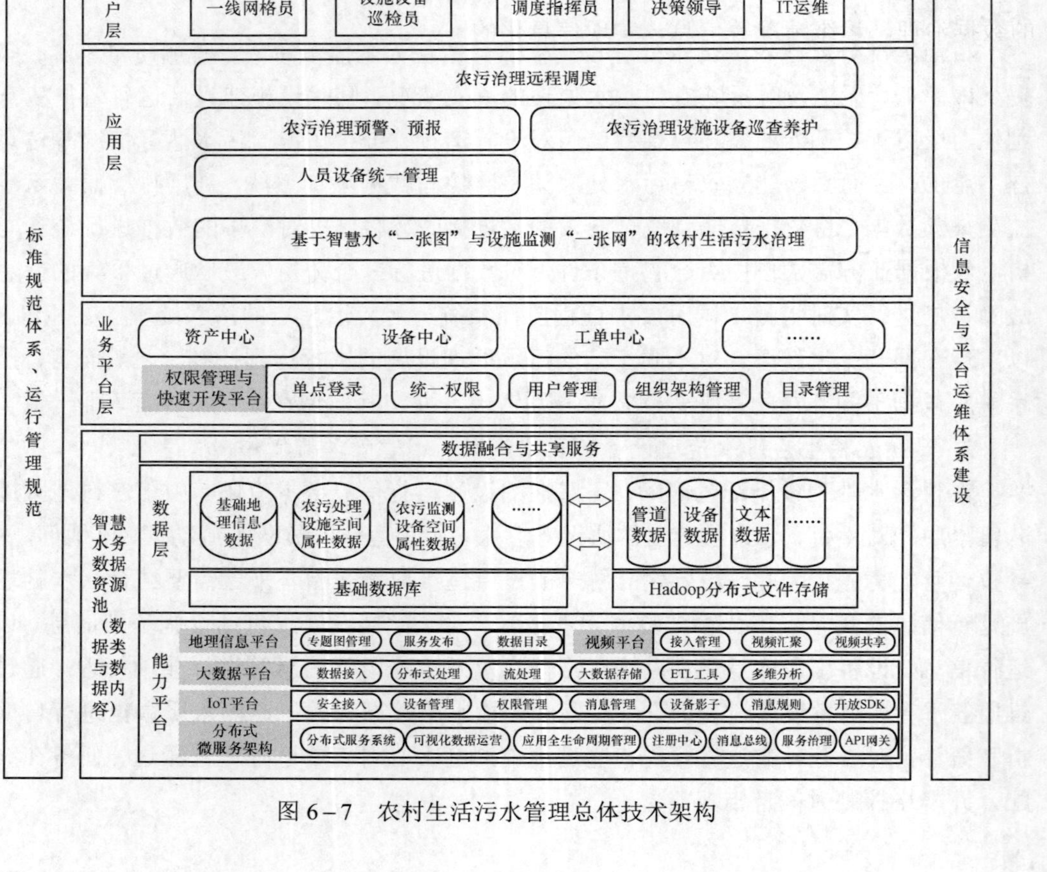

图 6-7　农村生活污水管理总体技术架构

三、应用综述

（一）统一编码实现设施设备可视化

以站点的可用性监控为主线，构建统一集成的农村生活污水治理设施资源及运行监控平台，形成可精准定位的农村污水管网图，能够主动、及时地发现问题，并调度资源解决问题，形成运维管理主动服务的新局面。在提取部件信息数据后，信息系统对部件进行统一编码，按照议定的编码规则自动生成工程码，再上传至相关软件校验准确无误后，由信息管理员打印实现数字转化；按各城镇标准要求形成具有位置信息、可以精准定位的农村污水管网图；还可以在线填报实时更新信息，信息变更申请通过后系统中农村生活污水处理设施设备信息档案可在所有平台实现同步更新，实现污水处理设施、管网设施及附属设施的全过程全生命周期管控；同时也可引入大数据及模型分析的方式，对整个区域的农村污水排放及管网运营状况进行有效的分析及溯源，得出污水排放及管网运行的规律，防止偷排现象的发生，实现设备可视化的智慧管理。

（二）远程监控调动平台实现管理精细化

利用系统平台实现农污处理的精细化管理，将设施上线情况以及监测数据分析落实到各区、各乡镇的各污水处理设施上。结合物联网、移动互联网等技术，随时核查设施的数据治理、运维情况等信息，实现信息化的管理模式。在对农污处理的监测过程中，影响环境监测的因素很多，一些特殊区域人力不能正常到达，监测难度大，应用传感技术实时远程监控收集各类地质、天气、水质水量参数信息，再由控制中心对不同水质参数进行综合分析，实现在发生水质极具变化与污染的情况下的及时预警。根据设备运营监控的信息，进行报警推送，再通过集中调度中心以及工单自动匹配派发，实现无人值守，提高运营效率。

（三）督办管理、扫码作业信息化，实现运维作业全流程透明化

计算机代替人工完成报表整理以及文件传送，调查整改工作可通过系统进行流转，实现业务处理与反馈的全流程闭环管理，进行督办任务的在线分配，可严格控制每个时间节点，随时查看任务进展，把控任务处理结构；运营分析以及一键报表输出，大幅度提升管理人员工作效率，降低管理工作中的沟通成本。施工阶段实名制扫码录入工程码、材料码（包含供应单位、规格、性能等）；无线视频监控，具有便携性、接入网络快、监控灵活等特点，便于现场监测人员随时随地进行现场监控和取证；运用运维人员智能导航系统，辅助人员快速、准确找到故障点，同时记录车辆、人员轨迹、站点停留时间等信息，建立可追溯化、透明规范的施工过程，实现设施的“全流程管理”：即项目的前期准备、规划设计、施工进度和投入运行以来的所有资料，都可储存在系统中，再利用数据分析工具，对数据进行优化查询、统计分析、整合，有助于提高工程项目管理的统筹力度，同时方便管理部门进行全流程进行有效监督。

四、发展趋势

在农污管理设施建设过程中，打破以往传统管理模式，结合实际情况，应用实时视频监控、无线传感器网络、数据分析等新技术，并创新采用互联网+、物联网传感技术和自动化控制相结合的模式，对农村生活污水处理设施长效、集中运行维护项目进行数字化施工、监管，有效提高农村污水管道施工质量，缓解农村生活污水处理设施管理难的压力，并对生活污水处理数据进行有效的统计与分析；在设备设施管方面，建立管网GIS系统、设备编码系统，有利于农村污水收集处理系统的全方面精细化与长效管理，降低运维成本。

在未来项目运行过程中，需基于系统化、数字化与可视化的农村生活污水管理平台，深化应用，能够实现农村生活污水设施的预测性维护管理；建立完善相关管理制度，建立包括远程监控系统在内的政府、运营方、村民等多对象、多目标的综合管理及运行技术体系，强化各服务对象之间的协调管理。为了便于有关政府行政管理部门进行有效监督与长效管理，今后治理农村生活污水的新型运营模式很可能会以远程监控系统为核心，将监控系统与处理设施的第三方运营相结合，并制定日常监督检查考核标准，以提高第三方专业服务机构包括成本优化与运行治理的管理水平。

第八节 城市内涝管理

一、需求分析

（一）政策要求

据不完全统计，中国60%以上的城市正遭受不同程度内涝的侵害，城市内涝灾害成为影响中国公共安全的突出问题和制约经济社会可持续发展的重要因素。国务院办公厅发〔2013〕23 号文《国务院办公厅关于做好城市排水防涝设施建设工作的通知》中的第十二点内容通知要求：“全面提升排水防涝数字化水平，积极应用地理信息、全球定位、遥感应用等技术系统。加快建立具有灾害监测、预报预警、风险评估等功能的综合信息管理平台，强化数字信息技术对排水防涝工作的支撑。”为进一步落实上述文件精神，2013 年 7 月 12 日住房城乡建设部下发的《关于印发城市排水（雨水）防涝综合规划编制大纲的通知》中明确住建部作为城市排水防涝设施建设的主管部门，并且要求直辖市、省会城市和计划单列市及有条件的城市要尽快建立城市排水防涝数字信息化管控平台，实现日常管理、运行调度、灾情预判和辅助决策，提高城市排水防涝设施规划、建设、管理和应急水平。

（二）业务需求

城市内涝是由于排水系统和水道的能力不足造成的。城市在扩张的同时，缺乏适当的排水基础设施升级，导致洪水事件频发、环境退化和地下水补给减少。尽管不断研究的新技术理念使得城市排水系统的设计有所进步，但由于目前的排水基础设施并没有进行适当升级，系统仍面临着功能崩溃的风险，从而引发一系列安全问题、健康问题、财产损失等严重后果。

1. 基于大数据挖掘，高精度的分析研判与及时预警预报内涝险情

准确预测受气候变化影响的水文数据，如排水基础设施使用期内的年降雨量、极端降雨量、前期土壤湿度、海平面上升和地下水位变化等是至关重要的。在综合规划的最初阶段，缺乏资料的情况下，必须通过监测和定期检查来认识影响排水系统及其效率的其他因素，这将为决策规划人员提供排水系统规划和设计的最新输入数据，通过整合设计和规划来修改设计过程从而揭示现有系统的不足，也可以帮助工程师和决策者建立一个基于场所的设计窗口；通过对有效数据进行挖掘利用，建立降雨径流模型以及内涝风险预警模型，有助于在暴雨急雨等紧急情况下对当前状态以及可能后果进行预判有助于进一步的应急处理。

2. 实时监测实现内涝险情可视化管理

在相关人员接收到内涝险情预警信号后，管理、运维组人员需要远程查看现场的实时视频监控画面，掌握设施设备现场的实时情况，对低洼易涝点、人员高危区域进行快速定位，以便做出方案调整，根据紧急等级按需进行抢险。

3. 构建完善应急相应机制，优化应急调度

在城市内涝突发情况出现时，需要满足应急预警管理、应急资源管理、应急预案管理、应急调度决策支持、成果管理等基本的业务需求，实现对防汛工作人员、车辆及物资的综合管理，根据应急预案指示并结合区域分布情况进行在线快速调配，并对应急调度做出规范和科学的监控、记录与反馈。

二、总体框架

城市内涝监测管理总体技术架构如图 6－8 所示。

三、应用综述

（一）对数据进行有效挖掘建立完善科学的内涝预警模型

尽管先前雨水系统在可持续管理取得了些进展，但为应对气候变化，仍需要进一步发展雨水管理模型，如涉及不确定性识别、系统级实时控制和多目标优化模型。基于排水模型的城镇排水系统内涝管理技术，应用水文、水力学原理，通过构建降雨径流模型、水文产汇流模型、管网一二维水动力模型等，实现城镇排水系统内涝管控，还可应用于

城市排水系统的现状评估、快速了解流道和洼地、规划改造和新建城市排水系统规划设计、排水系统运行方案制定与优化等方面，并且具有速度快、准确性高和结果直观等特点。防涝实时预警预报系统构建技术是对基于排水模型的城镇排水系统内涝管理技术的进一步拓展与延伸，在已构建的排水管网模型的基础上，通过整合雨情、水情、工情等数据，通过适当二次开发编程，构建形成防涝实时预警预报系统平台，实现城镇排水系统防涝实时预报预警与辅助决策方案制订。

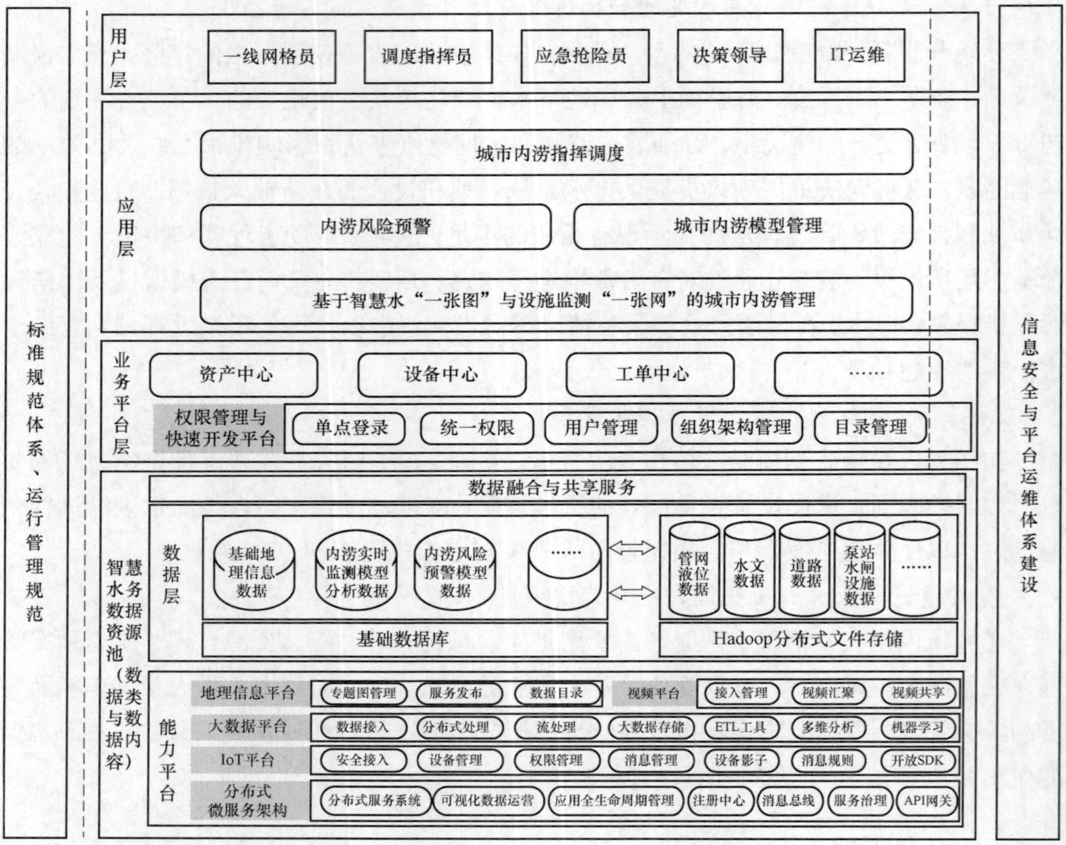

图 6－8　城市内涝管理总体技术架构

（二）实时监控实现内涝险情的全方位远程掌控以及调度联动

通过排水设施监测“一张网”在可视化的基础上，对险情区域进行全方位的分析；基于模型经验制定应急预案，并结合险情事件的特殊情况，对应急方案进行调整优化；再由调度中心根据调整后的方案进行科学调度，并且对行动进行全过程监控，保证指挥调度的科学性与有效性。

（三）内涝、调度全过程记录，按需对以往模型进行调整，优化预警方案

内涝风险事件结束后，通过对相应事件的处理结果进行经验总结，调试预警模型，

实现预案方案库的升级与管理模式的优化，保证应急状态下处置的灵活性。此外，通过对事件中的高风险设施以及区域进行通报，以便相关决策者对其进行改善，从源头降低未来内涝风险发生的概率，降低损失。

四、发展趋势

随着计算机模拟、物联网、GIS、大数据、AI等技术的不断进步，城市内涝管理系统仍然需要不断地深入研究。

（一）完善城市内涝监测监控体系

在整合现有气象、水文、水务等监测站点基础上，充分利用卫星遥感、无人机（船）、定位技术、视频监控、智能终端、图像识别等技术装备和手段，进一步扩大城市内涝感知范围，完善要素监测内容，增强城市内涝智能感知监测，为城市内涝防治精细化管理提供支撑。

（二）加强城市内涝多源数据汇集方法与融合技术研究

针对城市内涝涉及的暴雨洪涝立体监测数据以及多部门互联互通信息中存在的数据庞大、多源、异构、冗余等特点，按照城市内涝决策计算需求，研究多源数据汇集技术，对实时数据进行融合与挖掘，可提高数据的有效性、准确性。

（三）构建城市内涝系统下垫面、工程建设等基础信息更新维护机制

结合城市总体规划、土地利用规划等规划成果以及城市实时建设情况，在城市下垫面条件或者工程情况发生明显变化时及时更新相关基础数据，为城市内涝模拟提供基础支撑。

（四）加强流域、城市洪涝一体化预测预报技术的研究

鉴于城市与流域之间洪涝相互作用较为显著，为尽量降低外洪对城市内涝的影响，未来的研究可将预报范围拓展到流域，在城市防洪排涝调度计算中充分考虑流域外洪的影响，提高城市内涝预报精度和决策效率。

（五）提高城市内涝模拟模型的计算速度

针对目前大型城市区域内涝模拟，一维、二维耦合模型运算速度过慢的问题，未来需要使用更为先进的数值计算方法对计算过程进行优化，通过不断优化模型的框架结构，提高模型整体的计算运行速度。

（六）加强新方法、新技术的应用

加强大数据分析、人工智能、物联网等先进技术在城市内涝决策支持系统建设中的应用，提高洪涝信息监测汇集效率，识别城市洪涝实时信息潜在的规律，为实时决策提供技术支撑。利用人工智能技术结合水文、市政、运筹学、管理学等多种科学的方法，实现防洪排涝决策方案的智能生成，并形成多方案优选的体系，与预报预警有效对接，能够提高应急决策效率，降低应急处置时间。同时，加入专家经验到决策支持系统，并激发专家知识系统进行创造性思维，实现决策支持系统仿生化。

第九节 行 业 管 理

一、排水许可管理与许可后监管

基于 GIS 技术和大数据分析技术，搭建一个能够为排水管理工作提供一个先进、高效、人性、完善的审批与监管系统，实现城市排水行为的精细化监管。排水许可审批与监管系统主要应用功能包括：

（一）排水接驳点挂接与管理

强化居民、企事业单位和个人排水与市政排水的接驳、建筑施工排水等管理。基于智慧排水一张图，掌握接驳点位置、管网信息、上游的排水户信息、排水户的接驳许可证审批相关资料，实现排水接驳许可业务审批资料与接驳点的挂接管理，方便现场查阅与该接驳点相关的审批资料。

（二）排水接驳核查与统计

到达接驳点位置进行现场核查时，查阅接驳点相关的审批资料，核查现场实施情况是否符合审批资料里的要求，录入核查结果，并且实现接驳点核查案件的统计。

（三）污水接入排水管网许可审批管理

排水户申请排水许可时，按照雨污分流接驳，用户的申请数据录入系统后，综合运用 GIS 空间分析技术和排水管网基础信息，进行计算、分析和判断下游去向是否正确。如果是大用户接驳入污水系统，利用管径、现在的管网饱和度、申报的预计排水量等信息进行核算，可作为管理人员判断是否可以审批的依据。为排水许可申报，提供表单下载和录入工具，并在网上显示许可审批状态，公布审批结果。

（四）排水接驳点档案管理

建立排水户的排水接驳点及排水监测档案，按照排水户分类分级管理理念，明确各类型、各级别排水户的排水接驳、雨污分流、达标排放、预处理设施管养等方面要求，指导各级职能部门分工合作，完善排水户“一户一档”信息化台账，建立排水户分级分类差异化管理机制，落实排水户监督管理全覆盖。

二、初期雨水排放调控与溢流污染防治

初期雨水排放调控与溢流污染防治主要是利用工程性和非工程性措施截留初期浓度较高的雨水径流，达到良好的环境效益投资比。合流制排水系统全年排入水体的污染负荷总量，应不得大于相同条件下分流制系统排入水体的污染负荷总量。因此，合流制系统溢流污染控制的主要任务就是能够对雨水进行截流处理，在保证流入污水处理厂的水量不超过其设计允许流量的同时，使直接排放的雨水对水体造成的冲击性负荷控制在

可接受的范围内。因为水体的质量好坏是由全部进入该水体的污染物总量来决定的，需要将入受纳水体的全部污染物总量减少到最低程度。

采用水力模型的科学手段将溢流口、管网、泵站、调蓄池、污水厂当作一个统一的整体，制定调蓄池调控策略和泵站调控策略，通过联合调度各种设施对污水量的时空分布进行调节，最大程度利用现有设施的输送、调蓄、处理能力，减少污水溢流量，优化现有设施的运行管理，从而充分发挥排水设施的效能。

三、排水防汛应急调度

受全球气候变化影响，我国各地城市出现极端降雨情况，暴雨强度和重现频率增加。在城市化过程中，城市区域产生了大量硬化地表，改变了局部地区的水文循环，加速了降雨的汇集和排放过程；同时，大规模城市建设中缺乏应对暴雨的设施和措施，城市排水基础设施规划建设标准不高，不能满足城市经济社会发展的需要，导致城市发生内涝。在自然和人为因素的双重作用下，城市内涝问题时有发生。

《城镇内涝防治技术规范》要求利用信息化技术手段辅助城镇内涝防治系统，积极应对可能出现的超出源头减排设施和排水管渠承载能力的降雨，保障城镇安全运行。要求从雨水雨量监控显示、源头减排设施管理、排水管渠设施管理、排涝应急调度以及运行维护几方面进行城镇内涝管控。

（一）事前准备

汛前进行数据资源的梳理展现、仿真分析以及灾前预警，通过城市内涝模型进行事前灾害推演。搭建智慧防涝管控平台，对城市易涝点进行水量水位的实时监测与数据传送，以及城市内部易涝区域的分析；利用远程视频监控、遥感技术、信息化勘探技术、无人机、无人船等技术，对可能导致城市内涝的隐患进行排查，制定预案，实现内涝的灾前精确预警。

（二）事中调度

在内涝发生时，应用信息化技术，实现灾情的全程监控以及灾情处置联动。城市内涝模型事中灾害推演过程中，结合城市人员、车辆动态热力图和物联平台（包括视频监控系统；水位计、流量计等传感装置；数据采集以及信息通信系统）完成对灾情发展的动态信息进行实时传送，帮助防灾指挥相关部门对内涝信息进行准确的了解，明确可利用资源的分布情况，对指挥决策提供辅助，以保证内涝治理过程中指挥调度的效率。

（三）事后总结

内涝结束后，利用信息化手段，可提供更为迅速准确的灾情统计报表，确定或调整城市内涝相关模型参数，提高模型预测准确率，完善城市内涝模型，包括数据的更新以及模型修正。将内涝前后各信息化系统及传感设备所收集的数据信息作为内涝灾情信息统计的依据，统计灾害损失，且对内涝事件发生前后城市管理的全面信息进行对比，并根据数据分析提供排水工程养护及改造建议，形成完善的排水管理体系，做到有据可依。通过信息化系统的辅助，对复杂的内涝信息进行科学分析与评估，对以往内涝防灾方案进行优化调整进而得到更加精确有效的防灾措施和方案，为日后内涝灾害的预防和应急处理提供指导。

第七章 海 绵 城 市

智慧海绵城市管控平台旨在建立集监测、运营、考核、管理于一体的信息化平台。通过在线监测设备实时感知海绵设施的运行状态，形成以GIS为核心的“海绵物联网”；基于管网运营整合海绵体设施和管理运营信息，形成海绵水循环大数据库，对全过程海绵数据进行及时分析与处理，辅助做出运营指挥决策，从而构建现代、智慧、生态的海绵城市。

第一节 海绵城市“一张图”

一、需求分析

（一）政策要求

2013年《国务院关于加强城市基础设施建设的意见》（国发〔2013〕36号）指出要提升基础设施规划建设管理水平。城市规划建设管理要保持城市基础设施的整体性、系统性，避免条块分割、多头管理。在普查的基础上，整合城市管网信息资源，消除市政地下管网安全隐患。建立城市基础设施电子档案，实现城市数字城管平台全覆盖。提升城市管理标准化、信息化、精细化水平，升级数字城管系统，推进城市管理向服务群众生活转变，促进城市防灾减灾综合能力和节能减排功能的提升。

现状普查是城市排水防涝系统规划、建设与管理的重要基础工作，通过现场测绘、地理信息系统、网络拓扑分析等技术方法，加强普查数据的系统性、准确性和完整性，形成规范化的城市排水防涝设施普查数据库，为评估城市排水防涝能力和风险提供依据，也为后期建立智能化管控平台创造条件，以提高城市排水防涝系统运行调度、预警预判、应急处置的管理水平。

2015年10月《国务院办公厅关于推进海绵城市建设的指导意见》中表示要把海绵城市建设提上重要日程，完善工作机制，统筹规划建设，抓紧启动实施，增强海绵城市建设的整体性和系统性，做到“规划一张图、建设一盘棋、管理一张网”。

（二）业务需求

海绵城市的不断建设，为大数据分析决策提供了海量数据基础，通过海绵城市“一张图”监管交互界面的建设，能够为海绵城市各业务数据提供丰富的统计分析功能；海绵城市“一张图”需满足能够从时间维度、空间维度对城市、各行政区域及各汇水分区的地理信息、水文环境、项目状态、监测设备等，按图层、分布、单点概述、单点详情进行综合展示。能够以地块规划图、项目考核图、监测信息图和考核指标图为抓手，实现监测、建设、运维、考核的一体化展示。

二、总体框架

海绵城市“一张图”总体框架如图 7－1 所示。

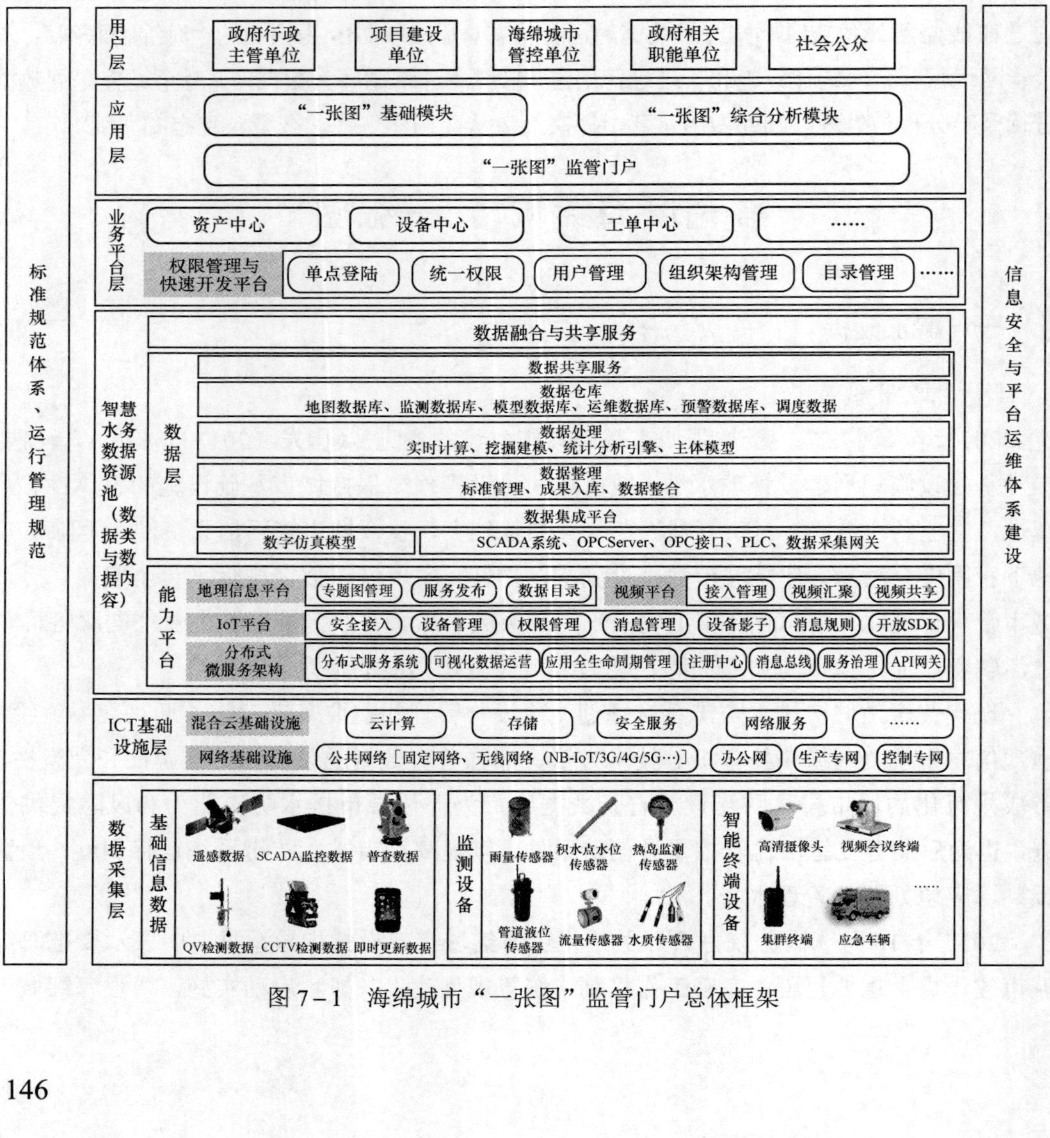

图 7－1　海绵城市“一张图”监管门户总体框架

三、应用综述

监管门户系统围绕考核指标体系，以地块规划图、项目考核图、监测信息图和考核指标图为抓手，实现监测、建设、运维、考核的一体化展示。运行管理部门可通过综合门户查看海绵城市的过程数据与实施效果。

(一)“一张图”基础功能实现地图数据无缝切换显示

“一张图”基础功能实现对标准地图服务的集成和支持，实现多源数据集成显示，地图操作、地图查询、综合查询等操作，如图 7-2 所示。

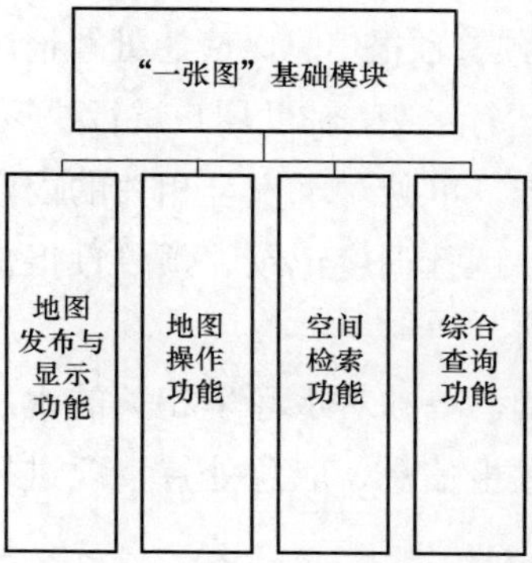

图 7-2　“一张图”基础模块组成

(1) 地图发布与显示功能。集成支持标准地图服务，支持基于地图的点击查询、分类查询、项目定位、设施定位等基本查询功能，并通过地图书签来进行地图视图控制。

实现项目、考核指标、监测点位、设施布局等海绵建设要素的快速切换，并提供多种选择模式，方便用户单独进行要素的选择与叠加，更加系统的掌握海绵城市建设考核评估信息。

(2) 地图操作功能。通过鼠标对地图进行缩放，漫游，并提供鹰眼视图和地图书签等进行地图视图控制。集成支持标准地图服务，支持基于地图，包括点击查询、分类查询、项目定位、设施定位等基本查询功能。并通过地图书签来进行地图视图控制。实现多源数据的集成显示，根据比例尺进行数据的无缝切换显示。

(3) 空间检索功能。快速查询片区实时状况及各项设施，如雨情、交通、调蓄池等的相关信息，实现信息的基本查询功能、分类查询、设施定位，并且能够对查询结果进行放缩，居中显示操作。集成海绵城市相关建设项目的信息，通过与 GIS 地图叠加显示，实现项目信息多维度、精细化展示与查询。

(4) 综合查询功能。实现设施的静态空间和属性信息进行综合查询，支持自定义查询模式，将查询结果的属性信息以图形或图表的形式显示系统中。支持各类专题图的生成和输出，能够实现随时间演变进行专题图的动态刷新与显示。综合查询海绵城市建设项目及海绵设施的静态空间信息和属性信息。

(二)“一张图”综合分析模块提供辅助决策

通过“一张图”系统，清晰地将海绵城市各种相关要素展现出来，并进行专题分析，提供辅助决策。“一张图”监管门户系统具体功能如图 7-3 所示。

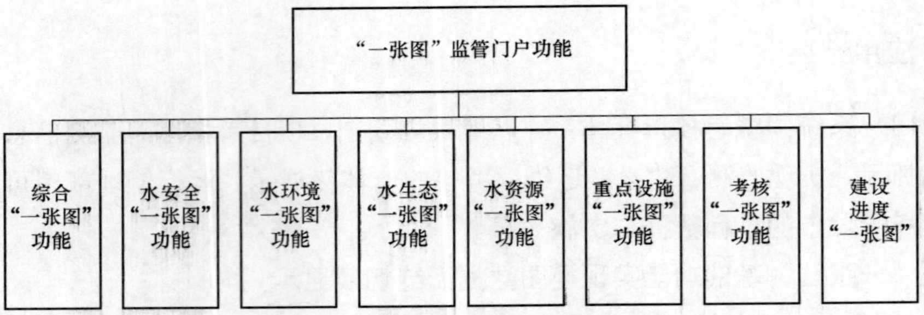

图 7－3　一张图监控门户功能组成

（1）综合“一张图”功能。综合“一张图”借助大数据等技术，以空间信息为基础，综合分析海绵城市全过程的在线监测数据、运行调度记录、预警预报信息、应急处置情况等信息，给出总体综合“一张图”，从而全面的反映海绵城市运行全貌，辅助用户进行决策。

（2）水安全“一张图”功能。以综合“一张图”为基础，单独对水安全相关的内涝积水点、调蓄池、管网监测点的地理信息、在线监测数据、运行调度记录、预警预报信息、应急处置情况进行分类展示或集中展示。

（3）水环境“一张图”功能。以综合“一张图”为基础，单独对水环境相关的水质监测点的地理信息、在线监测数据、运行调度记录、预警预报信息、应急处置情况进行分类展示或集中展示。

（4）水生态“一张图”功能。以综合“一张图”为基础，单独对水生态相关的区域排出口监测点、温度监测点、外部客水监测点、汇水分区监测点、调蓄池监测点、典型地块监测点等的地理信息、在线监测数据、运行调度记录、预警预报信息、应急处置情况进行分类展示或集中展示。

（5）水资源“一张图”功能。以综合“一张图”为基础，单独对水资源相关的调蓄池监测点、管网监测点的地理信息、在线监测数据、运行调度记录、预警预报信息、应急处置情况进行分类展示或集中展示。

（6）重点设施“一张图”功能。以综合“一张图”为基础，单独对海绵城市所有相关重点设施的地理信息、基本情况等进行分类展示或集中展示。提供海绵城市建设项目的属性信息、位置信息、设施建设信息等。方便海绵城市建设管理部门对项目的分级、分类、分阶段查询，对项目进行全过程信息的跟踪，对项目全要素的查看，以此为基础进行有效监控，进而对海绵城市建设各类设施的运行维护与优化改造提供指导作用。

（7）考核“一张图”功能。实现关键性考核指标，如年径流总量控制率、城市面源污染控制率等考核指标的专题信息展示。根据项目的不同类型、不同阶段、不同考核结果进行专题地图显示。对于监测点位的不同层次，如河道、排水管网、地块、典型设施，以及在线监测设备的不同种类，如在线液位计、在线超声波流量计、在线 SS 检测仪进行专题图的显示与查询。

（8）建设进度“一张图”。以综合“一张图”为基础，显示各工程的具体位置及关键信息。将项目以地图标注的形式标注在地图上，点击单个标注可弹出该工程详细信息。以地图标注形式展示已规划工程、在建工程。点击相应标注展示该工程详细信息，包括：工程名称、立项时间、预计完工时间、总投资额、资金来源、项目形象进度、现场照片等。

四、发展趋势

构建海绵城市“一张图”，强化规划统筹能力，要整合全市、各区及重点片区海绵城市相关规划，梳理、规划、编制重叠区域管控内容不衔接与不统一的问题，解决海绵建设管控指标混乱、指标取值冲突等矛盾，形成与城市空间管制体系相配套的海绵城市建设“一张蓝图”。以此为基础，将海绵建设管控纳入城市空间管制要素，指引片区规划编制、指标下达以及项目生成，提高海绵城市建设的系统性。

第二节 在 线 监 测

一、需求分析

（一）政策需求

为解决近年来各地城市化带来的积水内涝、城市面源污染突出、水资源形势严峻等一系列问题，2013 年，国务院及相关部门先后三次发文要求各地在建设过程中加强低影响开发建设模式的应用和推广工作。习近平总书记在 2013 年中央城镇化工作会议、2014 年考察京津冀协同发展座谈会以及中央财经领导小组第 5 次会议等场合多次强调在城市规划设中要体现“山水林田湖”生命共同体的系统理念，建设“自然积存、自然渗透、自然净化的海绵城市”。2014 年 12 月，三部委要求各地开展海绵城市试点建设工作，并给予专项资金支持，引导各地开展海绵城市建设探索。

为科学、全面评价海绵城市建设成效，住房城乡建设部于 2015 年 7 月印发了《海绵城市建设绩效评价与考核办法（试行）》，该考核办法共分 6 大类 18 项指标，全面指导海绵城市建设；又于 2017 年 11 月底印发了《关于做好第一批国家海绵城市建设试点终期考核验收自评估的通知》，通知中再次明确了《国家海绵城市建设试点绩效考核指标》以及《国家海绵城市建设试点绩效考核指标评分细则》等一系列有关海绵城市建设绩效考核评估方面的文件；在第一批试点城市三年建设期末出台了《第一批海绵城市试点建设城市绩效考核工作方案》（2018 年 3 月）政策性文件。绩效考核工作的进行，需要全方位围绕水生态、水资源、水环境、水安全和水文化开展。而年径流总量控制率、面源污染削减率、合流制管网溢流频次和内涝削减效果是最为关键的量化指标，根据国家政策和地方需求，非常有必要进行海绵城市建设效果关键指标的监测。

（二）业务需求

水质监测等数据的获取，是以人工现场采样、实验室仪器分析为主要手段，存在监测频次低、监测数据分散等问题，因而不能及时反映污染变化状况和水质变化趋势，难以满足运营考核评估的要求。建立海绵监测体系，可对海绵设施运行情况进行全天候智能感知，对水环境质量现状、变化趋势进行动态监测与实时预警，从而为海绵设施管理、巡查养护、泵闸调度等管理业务提供便捷的基础数据。

基于“水生态、水环境、水资源、水安全”的海绵智慧管理体系，采用物联网、GIS、数学模型、大数据分析挖掘等先进技术，通过在线监测仪表的智慧感知提供海绵城市所需的气象、水质、水文、供排水等基础监测数据支撑，结合绩效考核和运营管控的业务应用，实现海绵城市建设成果综合展现、建设绩效考核、长效运维与管理等方面的智慧化管理。

二、总体框架

智慧海绵城市管控平台技术体系架构依据目前最新的信息化技术，同时兼顾未来的技术发展，保证技术的可持续演化，使得系统具备良好的实用性、先进性、扩展性、移植性及开放性。技术体系架构如图 7－4 所示。

其中用户层是整个智慧海绵管理平台的统一入口，包括统一的 PC 及移动门户，为业务员、领导、IT 运维人员提供个性化的界面；应用层业务覆盖海绵设施设备资产的统一管理，实现资产底数、资产状态的掌握，满足业务部门及各业务维度的管理需求。

三、应用综述

在线监测系统基于前端监测数据、设备运行参数数据、海绵环境数据的同步采集，并通过数据质控、远程反控等智能化手段，科学合理地预测分析区域异常情况，帮助实时、准确掌握城市海绵体状况，为区域监督管理、海绵城市治理与运营提供数据依据。

（一）监测数据整体展示，实现实时监测，异常报警

以 GIS 地图为主要展示形式，对海绵监测系统监测数据的整体展示，显示各监测站点设备的实时监测数据。设备监测数据的查看有多种形式，能够通过由大到小的范围逐级搜索，可直接在搜索框搜索，也可在地图上直接点击查看。当自动站发生故障报警或者监测数据超标时，系统会按照预先设定的报警方式及时通知给相关人员进行处置。告警方式主要包括短信、邮件和系统消息提醒等，系统中的告警主要包括数据告警与设备告警两个来源，其中数据告警主要是指数据超标、异常波动等，而设备报警主要包括设备故障、设备警告与设备断线等。报警内容包括列表的站点名称加报警内容，发送人默认显示系统登录人，发送时间默认系统当前时间。

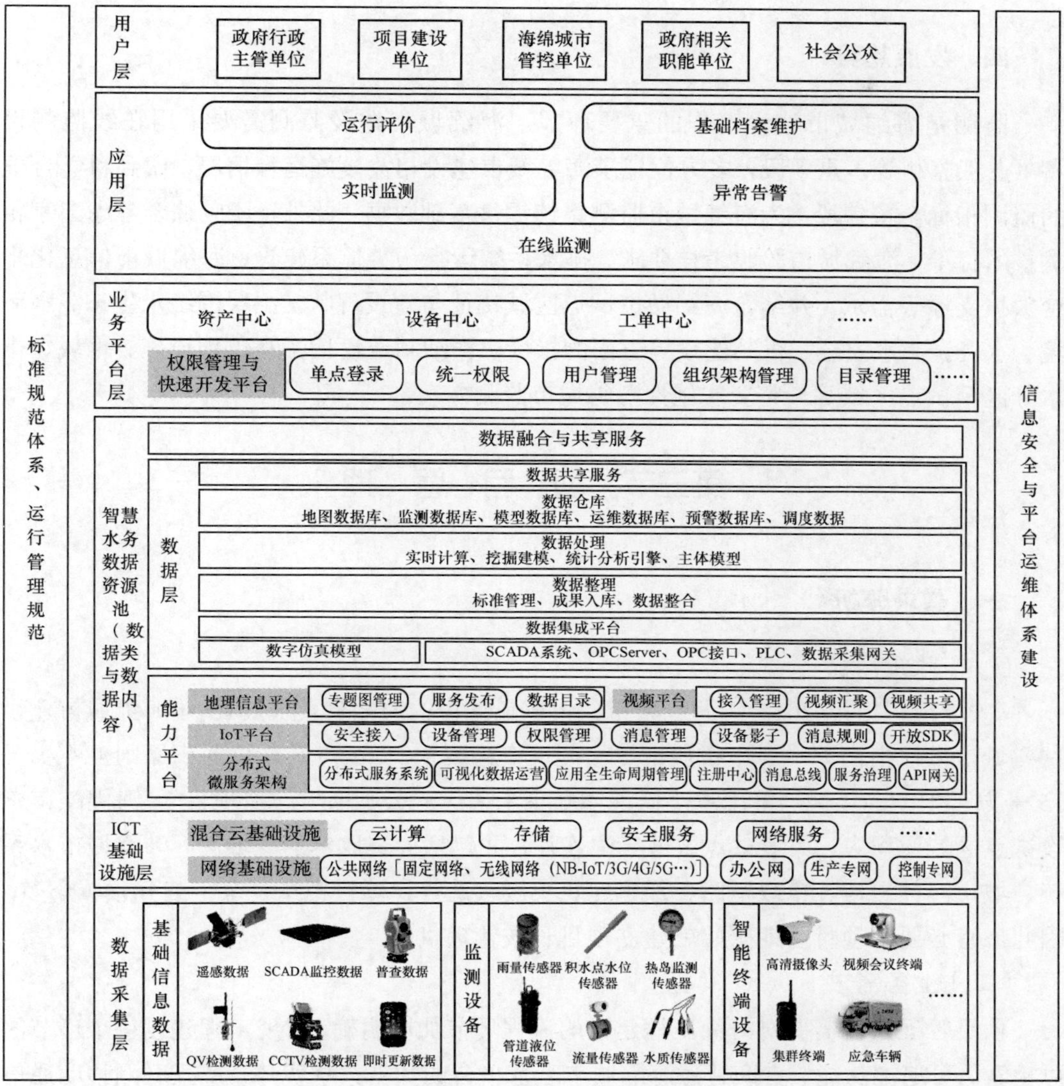

图 7－4 在线监测总体技术架构

（二）生成监测点位报告，方便进行运行评价

系统支持生成监测点位的日、月度、年度运行评价报告，并以饼状图、列表等多种方式进行展示。运行评价报告内容主要包括设备在线率、分析仪器运转率、监测数据趋势、数据完整率、数据超标率、报警信息统计等，为环境监察及考核提供依据。

（三）基础档案统一管理，统一调用

按照区域、流域、站点的细分维度，对监测点位、区域、流域、监测项目、监测设备、计量单位及水环境标准等信息与数据进行统一管理，形成基础信息档案，方便统一调取使用。

四、发展趋势

监测是海绵城市建设工作的重要环节。海绵城市建设监测需要采用在线监测设备+人工监测等多重手段，多方位记录海绵城市建设相关设施运行情况，做到科学合理的监测指标全覆盖段，为海绵城市监测系统提供基础数据。此外，还应综合考虑国家相关技术标准、海绵城市验收考核要求、排水系统运行预警体系建设、海绵城市信息化平台数据支撑等需求，并结合海绵城市试点区域特征与建设现状，主要围绕水生态、水环境、水资源、水安全、机制建设等方面的指标，详细制定囊括了从单项设施、地块、排水分区至试点区域等一整套实施性海绵城市监测方案。

第三节　项　目　管　理

一、需求分析

（一）政策需求

《关于组织申报 2015 年海绵城市建设试点城市的通知》及《2016 年海绵城市建设试点城市申报指南》中对申报城市提出硬性资格要求："试点区域总面积原则上不少于 15 平方千米；多年平均降雨量不低于 400 毫米；优先鼓励旧城改造项目"。海绵城市建设试点区域面积大，大多试点区域集中连片，并包括一定比例的老城区，涉及城市水系统、城市园林绿地、市政道路、绿色建筑小区改造等，项目类型复杂，细分领域众多，因此，有必要从项目前期开始就建立项目长效管理机制。

（二）业务需求

项目管理系统需要对海绵工程建设的流程环节加以明确，实现工程建设每个环节的可检索、可追溯功能。借助智慧海绵城市运营平台的数据共享优势，及互联网移动通信技术，将工程管理、GIS 和工程现场三方结合，实现工程建设管理的数字化、网络化和可视化，从传统单一化管理模式向开放互动管理模式转变，最终做到工程建设长效、精确、严密的管理。

项目管理系统需实现工程项目从生到死的全生命周期管理，基于系统对项目建设阶段、人员配备、资金使用等情况做实时跟踪把控；同时通过对项目的整体管理梳理，助力后海绵时代的运营交接，为海绵城市运营提供全面有效的数据基础支撑。

二、总体框架

海绵城市建设项目管理总体框架如图 7－5 所示。

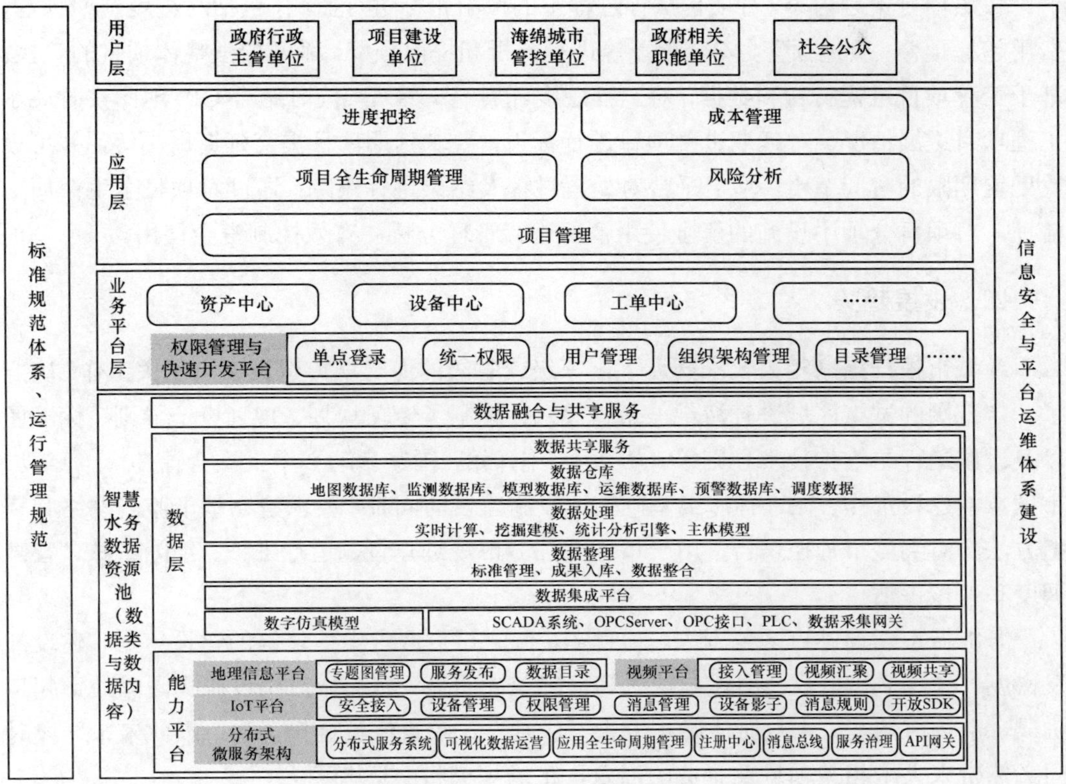

图 7－5　海绵城市项目管理总体技术架构

三、应用综述

项目管理系统以工程管理项目资料文档的输入为基础，按照分级管理模式对海绵城市建设过程中涉及项目进行全过程跟踪管理。建设期可快速定位项目开展进度、人员资金使用等情况，能够有效地把控项目实施的整体情况及人员的工作情况；运营期，建设运营单位可通过权限查看工程项目前中后期的全生命周期档案，对海绵城市建设各类设施的运行维护与优化改造提供指导作用。

（一）项目全生命周期管理

将工程管理过程中涉及的文档上传至档案库，包括招标管理、合同管理、设计管理、采购管理、施工管理等，实现项目资料的集中管理分类；通过文档本身的类别（视频、图片、文件等）、名称进行查询，也可根据文档所属工程的类别、区域、环节、地点等业务信息进行查询浏览；档案库的建立，帮助用户以多种方式同时管理项目文档的新模式，把项目竣工资料的管理融入日常过程中，避免突击整理，实现电子移交，形成竣工资料移交光盘。

（二）风险分析，进度把控与成本管理，加强整体管控

按照项目策划内容，对项目执行过程中的风险指标进行监测，包括对进度延期预警、费用超标预警、质量预警、安全预警等进行分析和提前预警，以便加强整体项目的管控；基于工程项目过程材料和数据，对工程进度开展统一管理，同时结合 GIS 地图实时展示工程项目进展情况，对延期进度项目进行标识，要求延期项目提交延期原因等，并可设置处置期限的时间节点，基于平台对处置过程及结果进行跟踪；通过对项目全生命周期梳理，对项目分项中设施的资金使用情况进行管理分析，有效控制资金使用。

四、发展趋势

各城市根据国家相关要求开展了国家级或省级的海绵城市建设试点相关工作，确定了一定范围的试点区域进行海绵城市建设，并编制了专项规划、规划设计导则、标准图以及设施运行与维护技术导则等。从 2015 年开始，国家启动 2 个批次合计 30 个海绵城市试点的建设工作，在进行海绵基础工程设施建设的同时，要求建立基于监测网络和模型方法的海绵城市管控平台，用于指导海绵城市规划建设、运行维护、绩效考核、智慧调度和考核评估。

海绵城市建设试点区范围大、项目多，同时试点区内主体建筑的建设年代、建设开发密度、绿地率和市政公用设施现状等情况差异明显。海绵城市建设在我国尚处于起步阶段，市场前景宽广，政府激励程度大，鼓励性、政策性资金投资大，因此未来一段时间必然带来大量相关项目及企业的涌入，市场规模将会逐渐扩大。

第四节　运　维　管　理

一、需求分析

（一）政策需求

住房城乡建设部总结国内外实践，于 2014 年 10 月编制印发了《海绵城市建设技术指南》，指导各地开展海绵城市建设工作。其中第六章“维护管理”对海绵城市低影响开发设施的维护提出了基本维护要求，给出建议常规维护频次及时间要求，详见表 7－1。

表 7－1　　低影响开发设施常规维护频次

低影响开发设施	维护频次	备注
透水铺装	检修、疏通透水能力 2 次/年（雨季之前和期中）	—
绿色屋顶	检修、植物养护 2～3 次/年	初春浇灌（浇透）1 次，雨季期间除杂草 1 次，北方气温降至 0℃前浇灌（浇透）1 次

续表

低影响开发设施	维护频次	备注
下沉式绿地	检修2次/年（雨季之前、期中），植物生长季节修剪1次/月	指狭义的下沉式绿地
生物滞留设施	检修、植物养护2次/年（雨季之前、期中）	植物栽种初期适当增加浇灌次数；不定期的清理植物残体和其他垃圾
渗透塘	检修、清淤2次/年（雨季之前、之后），植物修剪4次/年（雨季）	不定期的清理植物残体和其他垃圾
渗井	检修、清淤2次/年（雨季之前、期中）	—
湿塘	检修、植物残体清理2次/年（雨季），植物收割1次/年（冬季之前），前置塘清淤（雨季之前）	—
雨水湿地	检修、植物残体清理3次/年（雨季之前、期中、之后）、前置塘清淤（雨季之前）	—
蓄水池	检修、淤泥清理2次/年（雨季之前和期中）	每次暴雨之前预留调蓄空间
雨水罐	检修、淤泥清理2次/年（雨季之前和期中）	每次暴雨之前预留调蓄空间
调节塘	检修、植物残体清理3次/年（雨季之前、期中、之后），植物收割1次/年（雨季之后）前置塘清淤（雨季之前）	—
调节池	检修、淤泥清理1次/年（雨季之前）	—
植草沟	检修2次/年（雨季之前、期中）植物生长季节修剪1次/月	—
渗管/渠	检修1年/次（雨季之前）	—
植被缓冲带	检修2次/年（雨季之前、期中）植物生长季节修剪1次/月	—
初期雨水弃流设施	检修1次/月（雨季之前）	—
人工土壤渗滤	检修3次/年（雨季之前、期中、之后）植物修剪2次/年（雨季）	—

随着30个国家海绵城市建设试点验收结束，我国海绵城市建设进入全面推广期。为了确保实现2020年全国城市建成区20%以上的面积达到海绵城市建设要求，到2030年全国城市建成区80%以上的面积达到海绵城市建设要求的目标，海绵城市建设后运营显得至关重要。

（二）业务需求

常规运营缺乏智能化手段，执行效率较低，大大提高了运营成本；运营管理物资（人、财、物等）信息比较分散，未得到有效规整，不能实现远程访问与资源共享。要发挥海绵管控平台信息化作用，促进项目运营期内各考核指标顺利完成，实现海绵城市项目在项目管理、监测预警、考核评估、运营管理等多业务领域高度信息化与智能化。

运维管理系统将日常管理的计划制定、事件工单管理、巡检养护、任务跟踪等流程实现智慧化，结合监测数据分析助力异常事件工单的派发，并通过平台实时记录跟踪处置情况，加强对运维人员管理，有效提升运维人员日常工作效率。

二、总体框架

运维管理总体框架如图 7－6 所示。

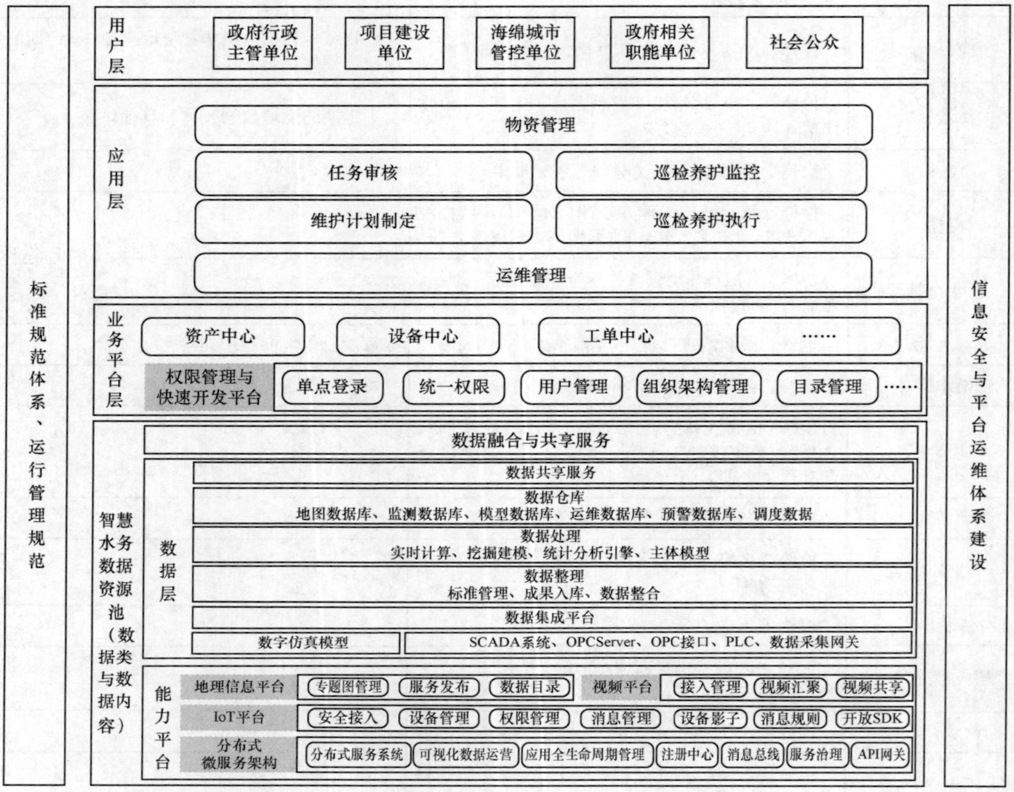

图 7－6　运维管理总体技术架构

三、应用综述

运维管理系统是对海绵后期运营工作的整体管理，系统为运维单位提供规范化的运维管理工具，以提高其运维管理水平；同时，还可实现对第三方运维工作的科学、量化考核，提高数据传输有效率，满足监测设备长效运行的需求，为海绵体系的运营管理提供日常运行管理及技术服务。

（一）维护计划制定，实现工单远程派发

根据运维要求，制定好巡检计划，计划的类型包括周期性巡检计划与临时性巡检计划两种模式。周期性的计划可以制定一年内的周期性计划，每月巡检一次；临时性的计划可以制定特定时间范围内的一个计划。制定完成巡检计划后，周期性的计划可在一定时间内自动发送至巡检人员的 App 当中，无须人工派遣；而临时性的计划需要巡检管理人员去手动操作，在计划执行之前，将巡检任务派发至巡检人员手中。

（二）全过程监督，巡检任务总体把控

移动 App 可以通过自动定位运维人员最近的站点，或者手动选择当前用户负责点位，选择巡检类型，填写巡检对象结果。系统还可以根据监测设施的唯一标识及条码自动关联监测设备，实现运维记录电子化、移动化，帮助运维工程人员减少多次填写记录。后台管理端需要对计划执行情况进行查看、监督。在巡检监控当中，可以看见所有巡检人员所在位置以及当前人员是否全部在线。临时性的巡检计划可根据人员的位置、目前负责的任务量及完成量，系统可智能推荐计划派发至哪些人手上更加合适。巡检管理员可宏观监控所有计划的执行完成情况，对巡检任务做到总体把控；还可以在后台管理端查看所有移动 App 执行完成的巡检内容，并对其进行审核，如果审核不通过，此巡检内容将会退回至 App 巡检人员手中，提醒其需要重新巡检。

（三）可溯化运维物资管理

对运维物资的采购、使用与储备等进行计划、组织和控制，记录所有物资的进、出库记录，与相关联的联系单，保证数据的完整性；后期可对历史操作的信息进行回溯追踪，可按时间、按物资名称、按任务单编号等方式进行快速搜索；在物资领用时，根据物资领用申请单内容，提取物资，对出库数、剩余库存数量进行调整统计。

四、发展趋势

经过海绵城市低影响设施项目建设，城市水资源、水安全、水环境、水生态等方面得到显著提升。但由于项目建设体量大、实施周期短，再加上城市地下排水基础设施薄弱、维护不到位等因素，导致地下排水设施基础资料与实际情况差别较大，错接漏接等问题频频发生，因此结合地下排水基础设施排查情况，对地下排水设施资产进行梳理，完成地下基础设施资产梳理及数据化，为后续政府实施地下排水设施智慧化管理提供数据基础与支撑。

目前我国部分城市已经开始了海绵城市的建设理念落实，但是所取得的效果有限，其中一个重要的因素就是运营管理不当。目前雨水的处理设施缺少有效的管理和维护体制，导致海绵城市不能发挥其效果，甚至会造成水资源的污染和浪费，因此，需要结合科学的信息化管理方法对海绵城市各类设施进行管理。

第五节 决 策 支 持

一、需求分析

（一）政策要求

2013 年国务院在《国务院办公厅关于做好城市排水防涝设施建设工作的通知》（国

办发〔2013〕23 号）中明确要求健全保障措施，完善应急机制，尽快建立暴雨内涝监测预警体系，住房城乡建设部门要与气象、水务、交通、公安、消防等相关部门进一步健全互联互通的信息共享与协调联动机制。制订、完善城市排水与暴雨内涝防范应急预案，明确预警等级、内涵及相应的措施和处置程序，健全应急处置的技防、物防、人防措施；加强科技支撑，加强城市降雨规律、排水影响评价、暴雨内涝风险等方面的研究。同年国务院颁布《城镇排水与污水处理条例》（国务院令第 641 号），首次将建立排水设施地理信息系统的内容以法规形式固定下来，指出随着我国城市规模越来越大，面对日益复杂、埋藏在地下的排水系统，传统的依靠经验、图纸的管理手段，已经难以适应现代化城市建设与管理的要求，更难以给出系统、科学、准确、及时的规划与管理建议。《条例》要求将现代地理信息和数字化技术运用到日常运行管理、风险控制和应急；结合气象部门的气象雷达监测与预报，以实现情景模拟、风险评估、预判预警、指挥调度等综合管理与实时决策的功能，将被动的风险应对转变为可预知、可掌控的主动应对管理。

2015 年《水利部关于印发推进海绵城市建设水利工作的指导意见的通知》在完善城市防洪排涝体系中明确要求处理好城市防洪排涝体系与海绵城市建设各项措施的衔接关系，增强雨洪径流调控能力。加强城市防洪减灾社会管理和应急管理能力建设，完善防洪排涝应急预案，建立应急抢险队伍和应急储备机制，健全预警预报和响应制度，增强群众防洪避险及自救意识，纳入城市安全运行体系。

(二)业务需求

在海绵城市规划、建设到运行管理的全生命周期中，政府行政主管部门发挥着至关重要的作用——制定海绵城市应急指挥体系，在特殊气象条件或遇突发水情事故时，进行有效的城市内涝或防汛等事故应急指挥与调度。

海绵城市建设项目数量多，建成以后需管理繁杂众多的海绵设施及其支撑设备。需要采取智能化、主动化的管控手段，对海绵城市进行全生命周期管理，覆盖海绵城市规划建设、运行评估的各个环节，通过信息化技术建设动态监管，对海绵城市建设过程、海绵城市建成设施、物联感知等支撑设备、海绵城市运行数据实行全天候管理，及时发现海绵城市建设与管理过程中的问题，采取有效的措施处理处置，进行预警应急的决策与指挥。

二、总体框架

决策支持框架如图 7-7 所示。

三、应用综述

利用先进的数学模型模拟理念和现代化信息技术手段，将监测数据、数学模型、各类评估分析方法与业务应用相结合，对城市范围内的水文、水动力和水质特征变化规律进行抽象描述及规律研究，对径流污染、城市内涝、水污染事故等灾害进行有效的分析预警和应急响应措施建议，为海绵城市建管模式创新提供关键的决策支持手段。

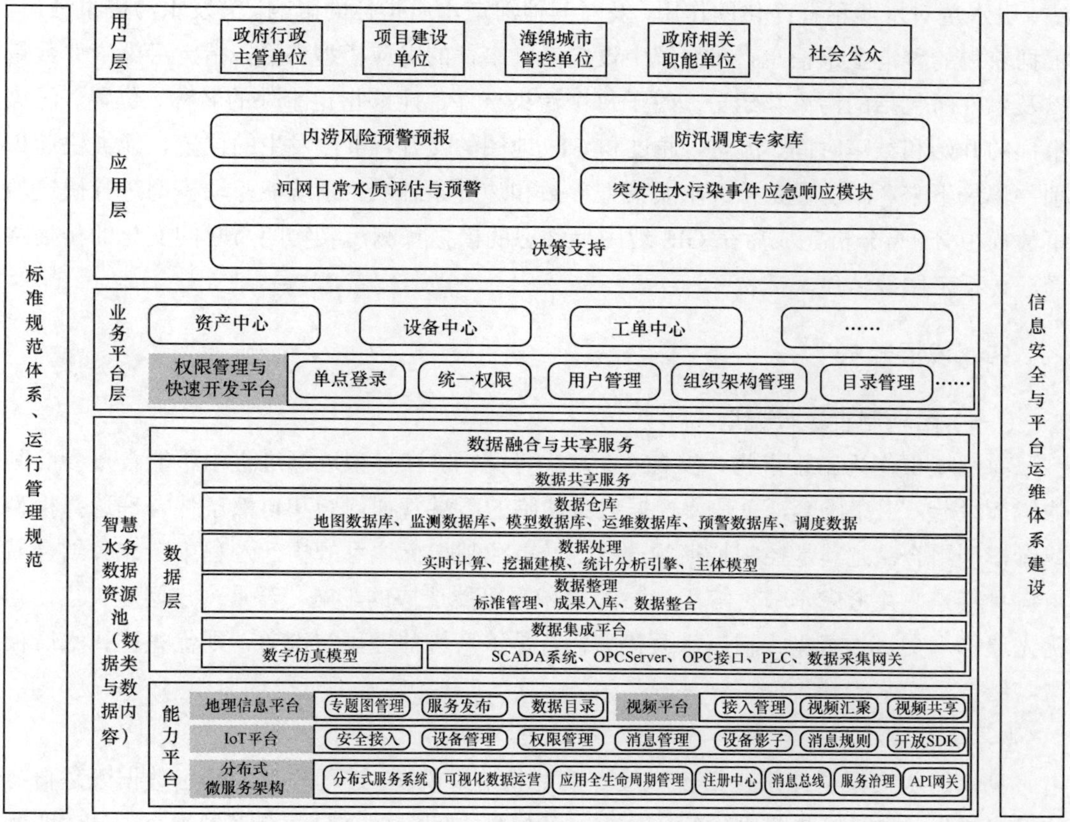

图 7－7　决策支持总体框架

（一）建立内涝风险模型实现风险预警预报与及时应急响应

针对海绵城市建设前后一年一遇、两年一遇、三年一遇、五年一遇、五十年一遇、一百年一遇降雨，结合河道高、中、低水位进行内涝风险模拟及预警预报。通过将天气预报中降雨量、降雨历时、峰值出现时间与历史多场次典型降雨类型进行最优匹配，显示最接近降雨条件下的方案库中积水范围及深度、管网充满度、河道水位、检查井冒水的模拟情况，并对模拟发现的未来可能存在积水风险的点进行风险等级预报；针对可能存在的内涝风险情况，通过模拟计算预降到不同的河道水位以及排河泵站的工作运行状态，输出该调度指令下的管网充满度、地面积水状态，并通过比较不同的调度方案，进行内涝应急响应的措施效果分析。

（二）河网日常水质评估、预警及应急响应

针对降雨产生的面源污染，对河道水体的影响进行扩散过程模拟及污染物对水体冲击分析。分析在大、中、小降雨条件下，面源污染在排口处汇入河道时 COD、氨氮、总磷的变化趋势，针对水质存在污染或者达不到水功能区要求的情况，模拟不同引水路线、引水量对水质稀释净化的作用，及对其他河道水质指标的影响。突发水污染事故后，根据获得的警情上报信息，在系统中设定污染事件的对应模型参数，指定污染事件数量以及事件所包括的污染物组分。对于每个污染事件都能够指定事件的名称、位置、污染事件的开始和结束时间、流量，通过和 GIS 地图的交互，事件发生的位置也能被快速识别并记录下来。在设置完相关水质模型参数和边界条件后，系统能驱动模型进行快速的事故模拟分析，分析完成后在 GIS 地图上动态的模拟预测污染物随着时间变化的传播路径、传播范围及浓度。

四、发展趋势

（一）因地制宜选择模型

海绵城市作为新生事物，没有“套路”可循，且在模型选择过程中不能直接参照其他城市经验，生搬硬套，而是要根据自身面临的雨洪管理问题和自然条件合理选择模型或者模型组合。尤其是控制特征的选取、城市控制指标体系的构建过程中应充分结合城市自身特点，并考虑季节性等因素对海绵城市可能造成的影响。若是内涝问题突出，则优先选择水文水力模型，辅以水质模型；若是水环境问题亟待改善，则优先选择水质模型，结合水文水力模型。

（二）合理耦合不同模型

复杂的水文模型体系包括若干过程模型和结果模型：过程模型的输出数据既是自身的最终成果，也是结果模型的输入数据，各模型之间需建立科学合理的耦合方法，即明确各模型的模拟范围与模拟内容；统一各模型的数据格式，便于数据输入输出；同步率定各模型参数，提升整体模型体系精确度。

（三）科学率定模型参数

模型体系搭建完成后，需通过实测数据设定模型参数，直至各参数达到模型精度要求。海绵改造、新建区域由于缺乏“未来”实测数据的积累，很多的参数使用了同类区域的参考值，在海绵城市建成后，需要根据实际监测的数据对模型的参数进行调整，使模型能更准确地反映实际状况，这部分工作需水务技术人员人工介入。此外，在智慧水务运营的过程中，当有一定量的监测数据积累和模型的运行经验以后，再逐步将各个主体的水务模型进行整合，使得不同体系的水务模型能够进行系统的衔接，实现真正的一体化智慧水务。

第六节　绩效考核评估

一、需求分析

（一）政策要求

2013年国务院发布《国务院关于加强城市基础设施建设的意见》（国发〔2013〕36号）要求科学管理、明确责任，加强协调配合；落实地方政府责任，省级人民政府要把城市基础设施建设纳入重要议事日程，加大监督、指导和协调力度，结合已有规划和各地实际，出台具体政策措施并抓好落实。城市人民政府是基础设施建设的责任主体，要切实履行职责，抓好项目落实，科学确定项目规模和投资需求，公布城市基础设施建设具体项目和进展情况，接受社会监督，做好城市基础设施建设各项具体工作。

2015年7月《住房城乡建设部办公厅关于印发海绵城市建设绩效评价与考核办法（试行）的通知》（建办城函〔2015〕635号）将绩效评价与考核指标分为水生态、水环境、水资源、水安全、制度建设及执行情况、显示度六个方面，分城市自查，省级评价，部级抽查三个阶段，详见表7-2。

表7-2　海绵城市建设绩效评价与考核指标（试行）

类别	项	指标	要求	方法	性质
一、水生态	1	年径流总量控制率	当地降雨形成的径流总量，达到《海绵城市建设技术指南》规定的年径流总量控制要求。在低于年径流总量控制率所对应的降雨量时，海绵城市建设区域不得出现雨水外排现象	根据实际情况，在地块雨水排放口、关键管网节点安装观测计量装置及雨量监测装置，连续（不少于一年、监测频率不低于15分钟/次）进行监测；结合气象部门提供的降雨数据、相关设计图纸、现场勘测情况、设施规模及衔接关系等进行分析，必要时通过模型模拟分析计算	定量（约束性）
	2	生态岸线恢复	在不影响防洪安全的前提下，对城市河湖水系岸线、加装盖板的天然河渠等进行生态修复，达到蓝线控制要求，恢复其生态功能	查看相关设计图纸、规划，现场检查等	定量（约束性）
	3	地下水位	年均地下水潜水位保持稳定，或下降趋势得到明显遏制，平均降幅低于历史同期。 年均降雨量超过1000mm的地区不评价此项指标	查看地下水潜水位监测数据	定量（约束性，分类指导）
	4	城市热岛效应	热岛强度得到缓解。海绵城市建设区域夏季（按6～9月）日平均气温不高于同期其他区域的日均气温，或与同区域历史同期（扣除自然气温变化影响）相比呈现下降趋势	查阅气象资料，可通过红外遥感监测评价	定量（鼓励性）

续表

类别	项	指标	要求	方法	性质
二、水环境	5	水环境质量	不得出现黑臭现象。海绵城市建设区域内的河湖水系水质不低于《地表水环境质量标准》Ⅳ类标准，且优于海绵城市建设前的水质。当城市内河水系存在上游来水时，下游断面主要指标不得低于来水指标	委托具有计量认证资质的检测机构开展水质检测	定量（约束性）
			地下水监测点位水质不低于《地下水质量标准》Ⅲ类标准，或不劣于海绵城市建设前	委托具有计量认证资质的检测机构开展水质检测	定量（鼓励性）
	6	城市面源污染控制	雨水径流污染、合流制管渠溢流污染得到有效控制。① 雨水管网不得有污水直接排入水体；② 非降雨时段，合流制管渠不得有污水直排水体；③ 雨水直排或合流制管渠溢流进入城市内河水系的，应采取生态治理后入河，确保海绵城市建设区域内的河湖水系水质不低于地表Ⅳ类	查看管网排放口，辅以必要的流量监测手段，并委托具有计量认证资质的检测机构开展水质检测	定量（约束性）
三、水资源	7	污水再生利用率	人均水资源量低于500立方米和城区内水体水环境质量低于Ⅳ类标准的城市，污水再生利用率不低于20%。再生水包括污水经处理后，通过管道及输配设施、水车等输送用于市政杂用、工业农业、园林绿地灌溉等用水，以及经过人工湿地、生态处理等方式，主要指标达到或优于地表Ⅳ类要求的污水厂尾水	统计污水处理厂（再生水厂、中水站等）的污水再生利用量和污水处理量	定量（约束性，分类指导）
	8	雨水资源利用率	雨水收集并用于道路浇洒、园林绿地灌溉、市政杂用、工农业生产、冷却等的雨水总量（按年计算，不包括汇入景观、水体的雨水量和自然渗透的雨水量），与年均降雨量（折算成毫米数）的比值；或雨水利用量替代的自来水比例等。达到各地根据实际确定的目标	查看相应计量装置、计量统计数据和计算报告等	定量（约束性，分类指导）
	9	管网漏损控制	供水管网漏损率不高于12%	查看相关统计数据	定量（鼓励性）
四、水安全	10	城市暴雨内涝灾害防治	历史积水点彻底消除或明显减少，或者在同等降雨条件下积水程度显著减轻。城市内涝得到有效防范，达到《室外排水设计规范》规定的标准	查看降雨记录、监测记录等，必要时通过模型辅助判断	定量（约束性）
	11	饮用水安全	饮用水水源地水质达到国家标准要求：以地表水为水源的，一级保护区水质达到《地表水环境质量标准》Ⅱ类标准和饮用水源补充、特定项目的要求，二级保护区水质达到《地表水环境质量标准》Ⅲ类标准和饮用水源补充、特定项目的要求。以地下水为水源的，水质达到《地下水质量标准》Ⅲ类标准的要求。自来水厂出厂水、管网水和龙头水达到《生活饮用水卫生标准》的要求	查看水源地水质检测报告和自来水厂出厂水、管网水、龙头水水质检测报告。 检测报告须由有资质的检测单位出具	定量（鼓励性）

续表

类别	项	指标	要求	方法	性质
五、制度建设及执行情况	12	规划建设管控制度	建立海绵城市建设的规划（土地出让、两证一书）、建设（施工图审查、竣工验收等）方面的管理制度和机制	查看出台的城市控详规、相关法规、政策文件等	定性（约束性）
	13	蓝线、绿线划定与保护	在城市规划中划定蓝线、绿线并制定相应管理规定	查看当地相关城市规划及出台的法规、政策文件	定性（约束性）
	14	技术规范与标准建设	制定较为健全、规范的技术文件，能够保障当地海绵城市建设的顺利实施	查看地方出台的海绵城市工程技术、设计施工相关标准、技术规范、图集、导则、指南等	定性（约束性）
	15	投融资机制建设	制定海绵城市建设投融资、PPP 管理方面的制度机制	查看出台的政策文件等	定性（约束性）
	16	绩效考核与奖励机制	1.对于吸引社会资本参与的海绵城市建设项目，须建立按效果付费的绩效考评机制，与海绵城市建设成效相关的奖励机制等； 2. 对于政府投资建设、运行、维护的海绵城市建设项目，须建立与海绵城市建设成效相关的责任落实与考核机制等	查看出台的政策文件等	定性（约束性）
	17	产业化	制定促进相关企业发展的优惠政策等	查看出台的政策文件、研发与产业基地建设等情况	定性（鼓励性）
六、显示度	18	连片示范效应	60%以上的海绵城市建设区域达到海绵城市建设要求，形成整体效应	查看规划设计文件、相关工程的竣工验收资料。现场查看	定性（约束性）

2015 年《水利部关于印发推进海绵城市建设水利工作的指导意见的通知》中提出要做好跟踪监测和评估考核，并与有关部门共同对海绵城市建设的实施效果进行考核评估，对相关技术的适用性进行分析评价。做好海绵城市建设经验总结，完善相关政策法规和技术规范。

2016 年 2 月《国务院关于进一步加强城市规划建设管理工作的若干意见》中为推进海绵城市建设，营造城市宜居环境，要求切实加强组织领导，落实工作责任。实施城市规划建设管理工作监督考核制度，确定考核指标体系，定期通报考核结果，并作为城市党政领导班子和领导干部综合考核评价的重要参考。

（二）业务需求

综合考虑国家层面海绵城市建设要求、过程监测数据需求，海绵城市试点区监测体系的构建需要兼顾考核指标的可量化、可评估以及可操作性。海绵城市绩效考核的具体方法既涵盖实际监测数据考核分析、设施规模及审图等纸质资料查阅考核，也包括模拟分析支持考核，并针对不同的考核指标进行优化。

智慧海绵管控平台需要以《海绵城市建设绩效评价与考核办法（试行）》中的考核指标为核心，逐项细化分解各类考核指标。具体业务需求包括：

（1）以排口、管道流量、水位数据，河道断面水质数据，历史积水点数据，雨水收集利用量数据等一系列数据为支撑；

（2）以在线监测、定期填报、系统记录相结合的方式获取所需数据，为海绵城市建设效果的定量化绩效评价与考核提供长期在线监测数据和计算依据；

（3）构建考核评估计算方法体系，为考核评估建立必不可少的数据采集、分析与展示平台；

（4）系统化检验海绵城市各项工程建设效果，为设施运行情况的应急管理决策提供参考；

（5）加强能力建设、提高运营管理水平，有利于开展海绵城市绩效评价与考核指标的自评工作，并成为国家层面考核评估过程中的重要依据与集中可视化展示的窗口。

二、总体框架

业绩考核评估总体框架如图 7-8 所示。

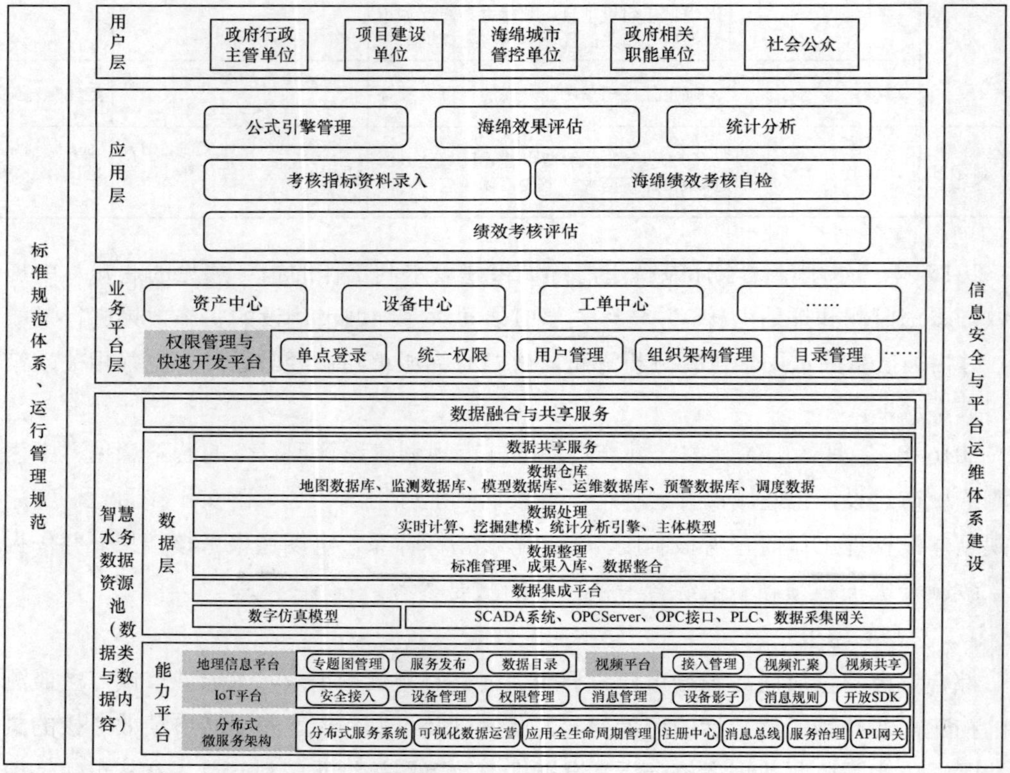

图 7-8　绩效考核评估总体框架

三、应用综述

绩效考核系统结合住房城乡建设部国家级海绵试点城市绩效考核要求，实现海绵考核的自评与自动汇总计算。主要包括考核指标资料录入，公式引擎管理，海绵绩效考核自检，海绵效果评估，统计分析等功能。

（一）考核指标资料录入

根据海绵城市考核自评要求，系统提供资料上传、录入、存档及自评打分评估。按照试点面积指标、水环境指标、水安全资料、水生态指标、水资源指标、机制建设考核要求进行对照模拟打分，系统提供自评报告模板功能，基于打分项整理上传附件资料，快速实现自评报告编制。

（二）公式引擎管理

海绵绩效统计分析引擎实现对各项考核指标的动态可配置性维护管理，以使该模块具备实用性和可操作性，以适应未来指标体系扩展与优化的需求。实现对考核指标构成要素的管理，包括指标类别、指标名称、定义、数据单位等信息的编辑，支持指标自定义添加、修改与删除功能。实现对考核指标计算公式的管理，提供指标计算公式编辑器、公式参数等的设定。

（三）海绵绩效考核自检

海绵绩效考核自检以仪表盘方式展示试点面积、水生态指标、水环境指标、水资源指标、水安全指标及机制建设，仪表盘指针会指向当前数值指标并在下方显示，同时提供考核详情，包括考核内容、考核指标、考核子指标、评分细则、分值。

（四）海绵效果评估

整体效果评估，整体效果评估可查看所有海绵设施类型的设施达标率，同时也支持查看具体设施达标情况。设备效果评估，海绵设备效果评估可通过汇总监测数据的报警情况反映设备运行情况，评估设备运行效果。海绵项目效果评估，海绵项目效果评估用于查看海绵项目相应的设计参数、监测数据和评估结果。

（五）绩效统计分析

海绵绩效统计分析引擎实现对各项考核指标的动态可配置性维护管理，以使该模块具备实用性和可操作性，以适应未来指标体系扩展与优化的需求；实现对考核指标构成要素的管理，包括指标类别、指标名称、定义、数据单位等信息的编辑，支持指标自定义添加、修改与删除功能；实现对考核指标计算公式的管理，提供指标计算公式编辑器、公式参数等的设定。

四、发展趋势

海绵城市的建设绩效评估是以特定的城市为对象进行的，这是因为每个城市受地理环境、水文地质特点、降雨规律、水资源不同状况的影响，绩效评估中各项指标的重要性就不同。对于水资源缺乏的城市来说，雨水资源利用化是十分重要的，而对于水资源充沛的城市来说，其考核的侧重点就要放在污水再生利用率上。因此在进行海绵城市建设绩效评估的过程中，一定要注意“因地制宜”地确定评价指标的重要性。

未来海绵城市建设绩效考核评估的发展趋势主要是对各级指标进行量化处理，需要采用适当的方法对各级定性指标进行量化，给出各级指标的具体权重值。同时海绵城市建设绩效评估中评价方法的选取对于最终评价结果的科学性和有效性有着很大的影响，应继续完善海绵城市建设绩效评估选取合适的评价模型并将该评价模型科学地运用在管控平台。

第七节　公　众　服　务

一、需求分析

（一）政策要求

《国务院关于印发水污染防治行动计划的通知》（国发〔2015〕17 号）提出“坚持全民参与，推动节水洁水人人有责，形成“政府统领、企业施治、市场驱动、公众参与”的水污染防治新机制，不断强化公众参与和社会监督的要求。

2016 年 12 月住房城乡建设部发表《住房城乡建设部关于加强生态修复城市修补工作的指导意见》也提及要鼓励公众参与。加强宣传工作，充分利用电视、报纸、网络等新闻媒体，普及生态环保知识，提高社会公众对“城市双修”工作的认识。要创造条件，鼓励社会公众积极参与，及时听取社会各界和有关专家的意见，形成良好的工作氛围。

（二）业务需求

海绵城市建设运行与社会民众生活息息相关，公众关注度比较高，建设过程中需要向社会公开相关信息，同时提供政府与民众双向互动的渠道。为实现海绵城市建设成果的展示及与公众互动交流，在海绵城市建设管理过程中，利用“互联网+”政务服务手段，提供海绵城市互动交流平台与展示窗口，让公众认识、了解、支持、参与海绵城市的建设。公众能够通过网站、App 等进行社会公众舆情监督、网上信息反馈等内容，让民众可以通过多种形式全方位了解海绵城市，同时可实时反馈水情及设施故障等信息，提高民众对海绵城市建设的参与度与支持度，营造全社会积极推进海绵城市建设的良好氛围。

二、总体框架

公众服务总体框架如图 7-9 所示。

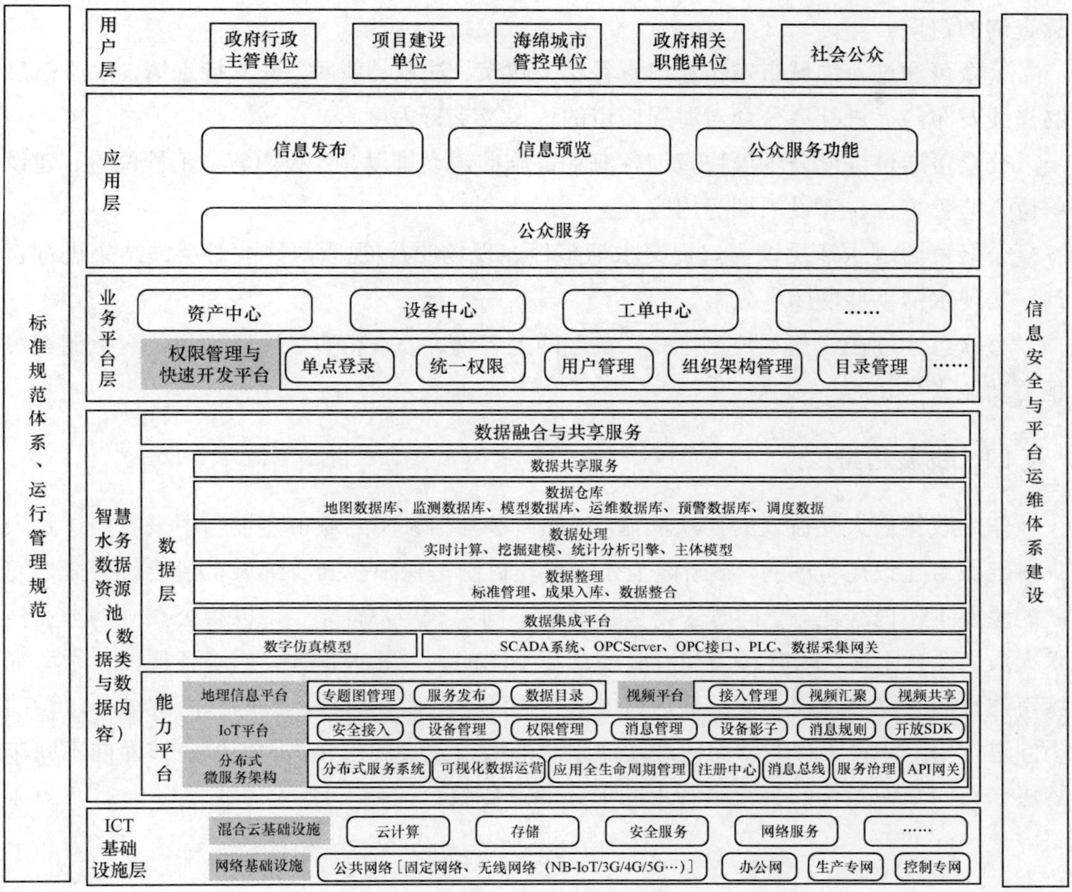

图 7-9　公众服务总体框架

三、应用综述

通过网站、移动 App 等推行社会公众舆情监督、网上信息披露与公开，向公众提供水情反馈、海绵城市信息互动等，增强社会公众对海绵城市的参与度。社会公众服务平台可以实现对公众发布信息的编辑、目录项配置、资源内容管理以及反馈信息接收等功能。

（一）信息发布与预览

信息发布能够存储和发布非结构化的信息，实现通知公告、海绵动态、政务、法律法规、监测、海绵计划、工作动态等信息的发布，同时能够展示信息编辑发布后的预览效果。

（二）公众服务

微信小程序系统界面分为三个部分：海绵城市宣传模块、业务监管模块和公众互动模块，为公众提供海绵概况信息、业务监管相关信息，最新公告，公众亦可反馈相关信息查询的窗口。

公众可通过海绵城市宣传窗口查看相关政策、法规、新闻，并支持水情、水质信息的在线发布，促进社会公众对海绵城市的认识及支持力度。

公众可通过进度公示模块查询各海绵设施的建设进度、建设内容、工程位置、建设单位、监管单位、建设周期等内容。

公众可通过水情反馈窗口提交水情事件、现场照片/视频，并能对反馈结果进行查询，实现水情事件的闭环处置。

公众可通过在线交互技术方式，实现网上咨询、公众留言、民意征集、网上调查等相关功能。

四、发展趋势

作为政策最大受益人的公众群体，该如何参与国家海绵城市建设当中来呢？这是未来海绵城市建设需考虑的。不断健全公众参与机制是保障我国海绵城市建设可持续性发展的重要工作内容之一。同时了为更加贴近不同层次用户需求，可以将公众分为专业技术人员、社会团体、政府部门和一般公众等不同的利益相关群体，明确各群体对于海绵城市建设的关注点及需求等；其次，根据其关注点，让不同群体参与到海绵城市建设的不同过程中。针对所有群体均应继续加强海绵城市建设的宣传教育，但应该面向不同年龄层、不同知识结构的公众进行不同形式的宣传教育。

第八章　水　环　境

为充分利用水务信息化建设成果，深化信息技术与水务业务融合，统筹推进防汛排涝调度、生态河湖管理应用系统建设，强化智能感知、预警预报、调度决策、监管考核功能，建设“数据全面、资源整合、业务协同、技术先进”的水环境治理智慧监控平台。此举能够推进水环境整治智慧管控平台的形成，为巩固城市水环境成果、提升行业监管和社会服务能力提供有力保障。

第一节　水环境综合整治“一张图”

“一张图”遵循开放地理信息系统协会（简称 OGC）标准进行组织，实现地图服务。按照开放的地理数据互操作规范（Open Geodata Interoperation Specification，Open GIS 规范），主要提供包括 WEB 地图服务（WMS）、切片地图 Web 服务（WMTS）、Web 要素服务（WFS）、Web 覆盖服务（WCS）等，利用大数据，分析各地水环境情况，构建多场景多条件的数据分析展示，快速剖析、钻取相关有效信息，以供河长与水环境监管部门决策，全面提升河湖管理保护能力，实现“河畅、水清、岸绿、景美”的目标，推进水务事业健康快速发展。

一、需求分析

通过“一张图”服务，各部门根据业务应用需要，分别调用基础和专业服务，聚合形成符合专业特点和应用需求的特定地图服务框架。结合 GIS 地图提供管辖范围内水环境信息、河道断面、排污口、视频监控、工程项目、投诉信息等内容的查询，帮助河（湖）长及时、高效、全面地掌握河湖动态；为管理工作人员提供所管辖区内的水环境信息查询与管理服务。

二、技术架构

通过最终的用户界面，将业务系统涉及的众多业务领域以图形界面方式与一个标准的界面为用户提供服务，包括业务应用系统集成和综合应用门户构建，水环境综合整治“一张图”技术框架如图 8－1 所示。

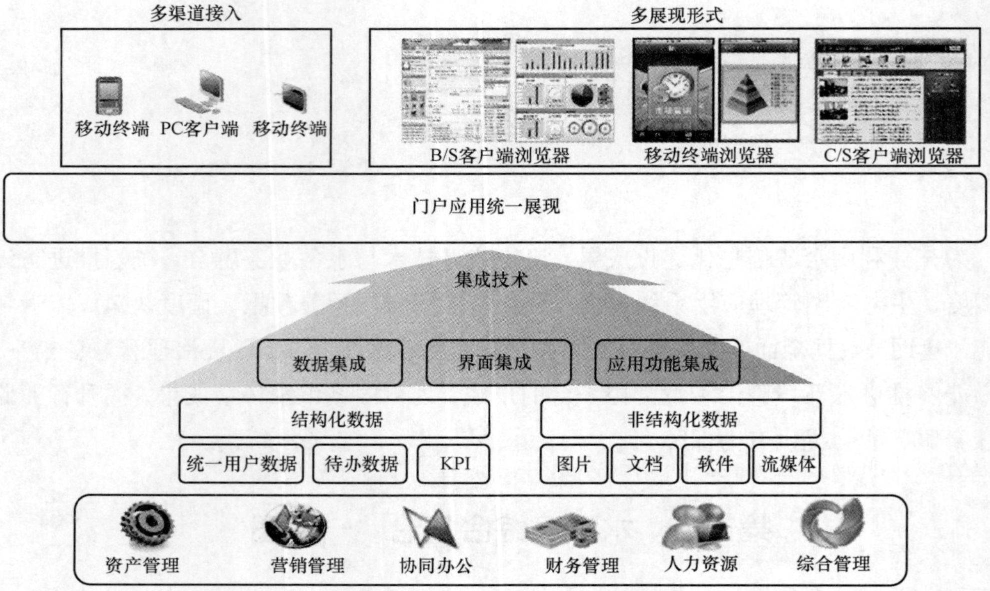

图 8－1　水环境综合整治“一张图”技术架构

三、应用综述

建设防汛防旱指挥系统，通过网格化降雨预报分析、城区内涝预警分析进行协调调度，提升防汛减灾管理水平，实现降雨量、淹没水深的网格化，提高抢险救灾水平。

（一）网格化降雨预报分析与模型计算仿真结合，实现风险图在线绘制，为防汛减灾提供支撑

为有效支撑防汛减灾决策及其辅助决策，围绕“简约便捷、专业高效、个性服务、决策协同”的理念，汇聚国内外权威气象机构数值预报成果，以实际水旱灾害防治需求为索引，聚焦城市河道、积淹水点等重点关注对象，通过大数据、云计算、空间分析以及专业模型技术，建设网格化降雨预报分析子系统，为防汛减灾决策提供精细、专业、及时的信息支撑，包括气象信息、未来降雨、预报评估、分析简报等数据信息。

通过产汇流模型计算，对各平原分区进行进一步划分，分别为水田、水面、城镇、旱地、非耕地以及山区下垫面，后再进行评估计算。根据流域河道和水务工程资料，将流域水系分为河网和水域两部分，对河网采用节点—河道模型，对成片水域则划分为单

元。对河网和水域通过引入陆域宽度概念，组成统一的数学模型进行计算；水流方程采用一维非恒定流理论来描述水流在明渠中运动，通过数值求解河网水量微分方程组，求出每一河道指定断面处以及节点上的水位、流量等水力变量，同时在河网水动力计算中需考虑河道漫滩处理。计算包括水流方程求解、堰闸水流计算、泵站出流计算、漫滩处理、平原淹没水深计算等内容；再基于洪水风险分析模型，通过降雨预报、产汇流计算、下边界水位预报、闸泵调度模拟和洪水演进计算五个流程进行动态洪水分析计算。

对洪水计算方案下的降雨信息、产汇流信息进行统计分析，提供水闸、泵站调度结果查询，并在地图上查询流域出口断面、河道代表断面等代表点的流量过程；根据模型计算成果，在地图中查询研究范围内任意网格的淹没信息，包括淹没水深过程、查询最大淹没水深及淹没历史等信息，也可对洪水演进过程进行动态仿真模拟；此外，通过模板定制和风险信息编辑，系统可自动根据选定的计算方案和输入的信息，输出相关洪水风险图图件，图件信息、内容和格式可按照国家相关规范进行绘制输出。

（二）河湖管理“一张图”

结合 GIS 地图，实现河湖信息的综合查询与管理，包括汇聚河湖基础信息与监测信息，如河湖基线、水工程、环境设施、市政设施等入库河湖相关构筑物空间数据信息；河道分级、河湖管理机构、河湖长体系等河湖管理相关属性数据信息；视频监控、水质监测、水位水量流速监测等河湖管理相关设施信息。实现考核过程科学化，数据可视化与全流程跟踪；河道巡查实现全程电子化，能够实时上报巡查路径、问题和巡查报告；实现统一监督，在线监管，协同共享，流程快速闭环；融合监测系统等相关平台数据资源，为工作人员提供统一信息平台，实现政策、公告统一发布，多平台实时传递，信息无缝传递，具体包括生态河湖“一张图”与视频智能巡河功能。

1. 生态河湖“一张图”

生态河湖管理系统在现有河长制信息系统的基础扩展与深化，在此基础上，补全数据内容、扩展功能应用、深化业务支撑能力，实现数据共享、复用与应用无缝衔接。

（1）河湖基本信息可视化展示。采集生态河湖全面基础数据，包括河湖基础信息，如名称、流经区域、起点、终点、长度、面积、河流级别、干支流逻辑关系等；将河湖及城区重要小微水体纳入该系统，完善河湖的基础信息、水文信息，如历史最高水位、警戒水位、实时水位等；系统实现各级河长、关联河道（上游、下游、支流）、排口、重要泵站、水质断面以及污水处理设施等信息可视化展示。

（2）河湖管理关联信息可视化查询与健康管理。生态河湖关联信息整合，包括水工设施，如水闸、泵站、排口、水文站点、自来水厂、饮用水源地、城乡污水处理设施等；岸边周围土地利用及污染源排放基础数据；河湖监测数据，如水位、水质、流量、视频、降雨等；水质监测断面位置以及断面形状等。系统应用影像自动识别技术，实现对河湖管理要素的动态监测。对重点河湖、水域岸线、河道的采砂行为进行动态监控，及时发现围垦河湖、侵占岸线、非法设障、水域变化及非法采砂等情况，为河湖管理和水行政执法提供及时信息；在河流健康内涵分析的基础上，针对河流的自然功能、生态环境功能和社会服务功能，根据河流的基本特征和个体特征，建立由共性指标和个性指标构建的河流健康评价指标体系。

2. 视频智能巡河

在重点河段监控断面沿岸布设智能巡河视频监控体系，依托智能视频分析服务，也可利用无人机、无人船等先进技术手段，掌握监控河道状态变化、违规行为等信息，以机器替换人力，实现智能巡河。同时接入现有无人机河道巡查成果，并对无人机巡查视频进行智能分析，基于智能视频分析服务提供的算法模型，业务平台提供“河道日常巡查与保洁”“违规涉水活动取证”“违规闯入取证”“岸线侵占取证”等服务，以解决各类河湖监管问题。管理用户可设置预警信息的推送规则，包括推送时间、推送要求等，根据设置的预警推送规则，系统通过向关联人员以短信、系统弹窗推送等预警方式，告知用户当前智能巡河所发现的事件；按照行政区划、时段、问题类型等条件对智能巡河的场景事件进行统计分析，以图表方式展示，用户能够直观地掌握发现的问题及其数量；最后系统可根据统计结果，自动生成周期内智能巡河事件简报，包括事件热力图、事件列表、事件造成影响与事件处理反馈情况。

四、发展趋势

在建立水环境综合整治“一张图”的基础上，建设水务综合信息平台，集中展示水务综合信息并提供数据分析决策功能。按照防汛排涝调度、生态河湖管理等多种业务场景分类，提供关键信息的综合展示，协助领导掌握水务工作全面信息，提高指挥调度决策水平；构建统一门户应用，将整合的业务应用系统集成到门户中，实现业务协同办公和公众服务门户一体化，达到“一站式”应用服务目标；面向服务的体系结构（Service-Oriented Architecture，SOA）的设计理念、企业服务“总线+组件”的技术方法，以及基于消息驱动的总线集成模式，利用适配器组件集成技术，使得各个业务系统之间能够以互动的操作方式交换业务信息，实现信息服务多元化以及系统之间的信息共享。

第二节　水环境监测“一张网”

水环境监测是以水环境为对象，运用物理、化学及生物等技术手段，对其中的污染物及其有关的组成成分进行定性、定量和系统性的综合分析，以探索研究水环境质量的变化规律。随着监测技术的不断发展与拓展，水环境监测已呈现由静态监测到动态监测，由定时定点监测到全程实时监测的发展趋势。为进一步发挥水环境监测的数据价值，应将水环境监测由单一的水环境本体监测，进一步拓展至涵盖水环境本体与其他相关的环境整体监测，共同组建水环境监测“一张网”系统。

一、需求分析

结合国家最新要求，构建动态信息闭环，提升协同联管能力。通过与现有涉水监察类系统进行信息共享，增强水环境管理能力，实现统筹规划、在线监管、科学决策制定；促进全市河道治理管理实现新突破，强化考核问责，执行考核科学化，建立监管部门主导、社会公众广泛参与的管理综合平台。紧密围绕定期巡查、问题处理、部门协作、考核问责等核心业务内容，形成河道网格化管理体系，促进上下级信息互联互通，落实属地责任，有效提升水环境整治管理效率及河道监管能力。

二、总体框架

水环境监测“一张网”除监测水环境本体外，还应监测与其相关的其他环境，以获取水环境本体的变化及其相关环境变化的诱导因素情况。水环境监测“一张网”的总体框架如图 8－2 所示。

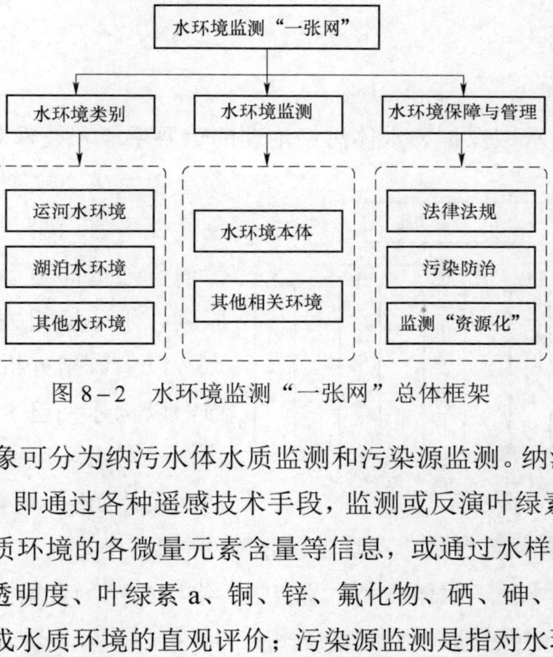

图 8－2　水环境监测“一张网”总体框架

水环境监测的对象可分为纳污水体水质监测和污染源监测。纳污水体水质监测是指对水环境本体的监测，即通过各种遥感技术手段，监测或反演叶绿素浓度、悬浮物浓度、总氮、总磷等影响水质环境的各微量元素含量等信息，或通过水样监测技术，直接获取氨氮、总磷、总氮、透明度、叶绿素 a、铜、锌、氟化物、硒、砷、汞、镉、铬（六价）、铅等元素的含量，形成水质环境的直观评价；污染源监测是指对水环境造成影响的生活污水、医院污水和各种工业废水，有时还包括农业退水、初期雨水和酸性矿山排水等水环境情况，可通过水资源相关环境情况的监测，实现辅助水环境监测的目标。为实现水环境的有效监测，本章节形成了水体监测、相关环境监测“二位一体”的监测理念，利用数字化的监测技术，形成了水下、水体、水面、空中“四位一体”的监测技术体系，具体如图 8-3 所示。

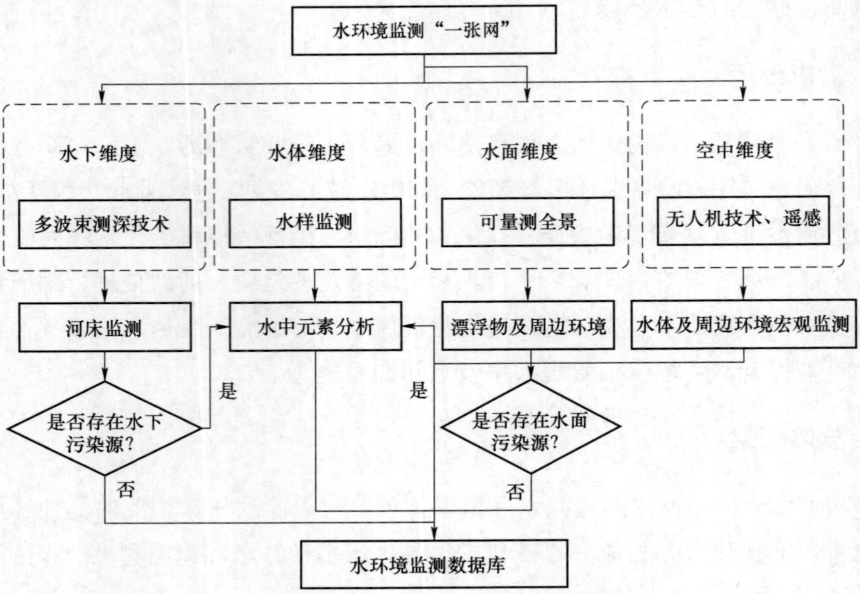

图 8-3　水环境监测“一张网”技术体系

三、应用综述

水环境监测作为水域保护和水体污染治理的重要手段和技术前提，关系到我国用水安全以及生态文明建设目标的实现，其重要性不言而喻，但目前水环境的监管治理仍任重而道远。以完成水环境本体监测、水环境相关环境因素监测为出发点，以大数据分析与数据挖掘技术为支撑，以构建完整水环境监测预警体系为目标，对水环境监测“一张网”的系统功能设计如图 8-4 所示。

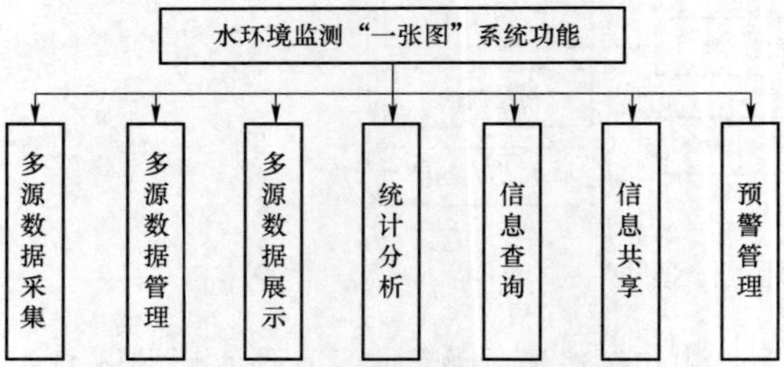

图 8-4　水环境监测“一张网”系统功能

（一）多源数据采集与展示，实现监测情况可视化

与水环境监测的水下、水体、水面及空中各维度的监测数据关联，获取各监测维度的监测成果；通过构建数据库，完成系统平台的挂接；水环境管理人员及相关专家，可直观了解水环境本体及其相关环境因素的监测情况。例如利用多波束测深技术完成水下河床的全覆盖声呐影像及测深数据采集，并基于测深数据完成一系列数字化成果的生产，并通过该技术发现、建立各水下排污口的位置档案及水环境的监测信息，实现水下水环境影响因素的溯源监测。此外，采用可量测全景技术完成水面维度的悬浮物、周边

环境的可量测影像生产，并据此分析居民生活等人为因素对水环境的影响；通过全覆盖监测，确定水环境保护的重点区域，完成水面维度水环境质量影响因素的溯源监测；采用空中多元监测技术，完成水环境本体的全景视频监测与周边环境的变化监测，通过监测水面及周边的工程设施建设等因素，确定水环境加强管理的重点区域，完成周边环境污染源的溯源监测。

以多源数据管理后的多源数据融合大数据库为基础，展现各水环境监测区域“四位一体”的监测成果，并将其周边的影响因素纳入其中，既为专家的分析决策提供依据，又为周边环境的整治提供数据支撑。

（二）监测数据管理与分析，建立多维度数据库为决策提供依据

水环境监测是水环境保护和治理的前提，监测的目标一方面是丰富水环境的数字化档案资料，了解水环境的演变规律，另一方面是对现有的监测数据进行数据挖掘与利用分析，充分挖掘其监测价值，服务于水环境的保护与防治；对各监测区域的水下河床病害情况、水体水质病害情况、水面悬浮物及其周边影响因素的病害情况、空中监测的整体环境变化情况等信息进行统计分析，并形成各自的报表及与水环境保护相关的融合、关联报表。

建立各维度监测数据库，分别对监测成果进行数据统计与分析，分析水环境本体的水质情况，获取水质微量元素含量的变化趋势；分析其他相关环境影响因子，做到源头的及时管控；通过现代化测绘基准，统一各维度监测数据的空间基准，建立包含水下、水体、水面、空中“四位一体”的水环境监测“一张网”体系，实现水环境污染源、水环境本体的全方位监测与数据分析；利用遥感水环境技术可完成水环境本体的宏观监测，基于宏观监测成果，可利用水样监测技术完成水质微元素含量的定性分析，两者相辅相成，建立水环境本体的现状监测档案，并推演水环境的发展规律。为实现日常监督管理、预防提供依据，又可实现水环境本体的应急监测，为分析判断事故原因、危害及采取对策提供依据。

（三）信息查询与共享

信息查询以各监测区域的基本信息为标签，开展各维度监测数据的即时查询、历史监测周期的报告查询、水环境变化趋势查询等多种内容的查询，以报告、图表的直观形式展现各监测区域的水环境状况。随着城市现代化建设的推进，水环境已突破了仅作为水资源的功能局限，与城市现代化经济社会的发展相适应，与城市旅游、水务、生态等多功能相融合。因此，水环境监测数据应建立共享机制，使得监测成果“资源化”，在服务水环境保护与利用的同时，也服务于其他部门的生产与管理。

四、发展趋势

目前，水环境监测已进入了数字化时代，呈现出了与新时代城市发展相适应的新兴

发展趋势。

（一）水环境监测技术手段趋于多元化

随着物联网、云计算、“3S”技术、传感器技术等多元化技术的出现及其在水环境监测中的转化应用，水环境监测呈现出由静态监测到动态实时监测、由定点监测到全覆盖监测的趋势。随着我国地理水系以及城市用水的污染程度由无机物污染向有机物污染的方向转变现状的出现，必然会有更加多元化的技术转换。

（二）水环境监测预警模型更加精细化、精准化

随着国家对水环境治理与保护力度的不断加大，专家学者对水环境监测相关指标的研究不断深入，对无机物污染及有机物污染认知逐步深入，监测的质量指标将不断得到完善。与此同时，水环境监测质量控制体系与制度也将不断得到完善，依托越发成熟的大数据、云计算技术，基于更加多元化的监测成果，成熟的实时、动态监测体系，完善的监测指标，与成熟的质量评价与管理制度，使构建的水环境监测预警模型更加精细化、精准化。

（三）水环境监测成果更加“资源化”

现阶段水环境监测成果的流通局限于监测工作人员、水环境管理相关部门、水环境管理工作者之间，监测数据的价值仍趋于片面化。随着城市现代化建设进程的推进，现代化监测技术的不断发展，水环境监测技术体系涵盖的内容更趋于多元化，一方面监测数据成果能够为更多的部门服务，通过将监测成果“资源化”，实现多部门的数据共享，有利于助推多部门协同合作保护水环境模式的早日到来；另一方面，可通过相应的系统平台向社会大众展现监测成果，向社会大众展现水环境现状及保护措施，有利于助推社会参与、人人有责的全民行动局面的早日到来。

第三节　水环境整治工程全过程管理

水环境整治工程是维持城市河道良好水环境不可或缺的环节，对水环境整治工程的科学管理往往也直接关系到河道水环境的长效维护。城市河道管理单位主要负责制定水环境整治工程监管工作方案，建立日常监管台账，对项目建设手续、建设进度、资金到位、资金使用、建设内容和信息报送等内容进行督查管理，完成项目从申报、审批、维护全生命周期的科学管理。为了提高水环境整治工程全过程管理的规范性，应疏通项目全过程管理的业务流程，构建项目全生命周期管理的信息化平台，为河道管理部门提供整治工程高效管理的利器，提升监管效率。

一、需求分析

随着我国经济实力的不断增强和生态文明建设的大力推进，水环境综合治理工程也在向更好的方向演变，其综合治理的理念、技术水平和治理效果都有了跨越式的提高。

2014—2015 年，国家相继出台了《关于推广运用政府和社会资本合作模式有关问题的通知》《关于推进海绵城市建设的指导意见》《水污染防治行动计划》等一系列相关政策，站在顶层设计的高度为水环境综合治理工程提出了可供采用的 PPP 模式和明确的目标要求，促进了水环境综合治理工程的策划和理念的提升。《水污染防治行动计划》中强调了要强化城镇生活污水治理、整治城市黑臭水体等工作内容，随着要求的完成时间不断临近，各地正在积极开展水环境综合治理工作，需要采取积极的态度认真总结经验，并在可能的条件下进行改造完善。

二、总体框架

为了实现对水环境整治工程的全过程管理，应从项目初始阶段介入，对项目的新增、审批、过程监管、入库过程进行全生命周期管理。因此，水环境整治工程管理平台也应覆盖项目新增、项目审批、项目维护与储备项目四个环节，环境整治工程全过程管理框架如图 8－5 所示。

图 8－5　环境整治工程全过程管理框架

三、应用综述

（一）项目新增，建立管理台账，便于项目审批

项目新增模块支持对新的项目进行新增入库，建立管理台账。新增的项目提交给相关的管理人员进行审批，其填写内容需包括项目的填报单位、区域、项目性质（新增、扩建、续建）、项目大类、项目小类、项目位置等，其中项目位置可直接通过地图点选，自动识别经纬度；该模块还可支持对新增项目依据区域、项目性质（新增、扩建、续建）、项目大类、填报单位、时间、表头管理关键词进行搜索查询；新增填报完毕的流程自动转到相关管理人员处，待管理人员审批。

项目审批模块支持管理人员对新增项目进行审批，审批流程图如图 8－6 所示。新增的水环境整治项目提交给相关管理人员后，管理人员与单位进行层层审核，若项目符合建设要求，则项目通过审核并进入项目的过程维护环节，若项目不满足建设要求，可将该项目退回或转出至储备项目库。

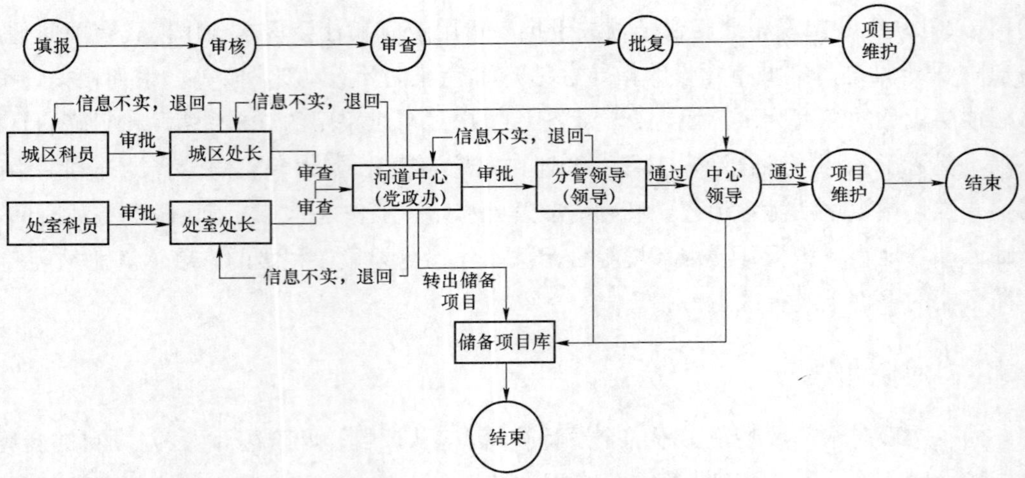

图 8-6 项目审批流程图

（二）项目维护以及储备项目管理，为管理人员提供便捷手段

项目维护模块支持对项目的可研、立项、招标、实施、移交验收等各个工作环节进行监管与维护。管理人员可在本功能模块查看项目的基本信息、当前的项目阶段、项目各阶段的审批流程信息等内容，在每一个项目环节，相关人员应填报项目在该阶段所需要的信息，并提交至管理人员进行审核；储备项目模块主要对没有通过当年预算的项目进行管理的项目库，审批未通过的项目转为历史项目库，第二年可以对历史项目进行二次申报，该模块包括编辑与删除功能，为管理人员管理历史项目提供便捷化手段。

（三）水务项目管理

为实现涉水建设项目统一的信息化管理，系统对涉水项目审批、审核、检查，对建设全过程重要信息进行采集、管理、分析，对建设项目进行全过程管理；建立多维度的涉水项目库，在工程的每个重要节点进行信息采集入库，市区、水管单位及市属管理处实时了解许可审批情况；实时掌握涉水建设项目现场建设、监管情况，使现场监管情况与意见在系统上可查询、可跟踪。其中，项目基础信息管理主要是对涉水项目库的数据进行全局性管理，用户可以对建设单位上报录入后的涉水项目库的信息进行修改等操作，所有的操作系统将自动对操作细节予以存档，便于审计追溯。

四、发展趋势

在城市污水“集中+分散”处理模式的基础上，提升河道水质原位净化能力，同时结合城市水系统规划，充分利用城市公园绿地空间，作河道旁流引水净化工程，构建城市水环境改善的“点—线—面”系统，实现城市水体的保持、活力循环和自净能力提升，改善城市地表水环境。《城市黑臭水体整治工作指南》提出了：“控源截污、内源治理、生态修复、活水循环”的技术路线，同时指出“黑臭在水里，根源在岸上，关键在排口，核心在管网”，其实质是将黑臭水体治理延伸到岸上，通过流域系统治理来达到综合治理的目的。流域治理是一个复杂庞大的系统工程，需要多学科、多部门联动，同时也需要政府与企业紧密相连，创建合理的治理模式，确定合理的技术路线，逐层推进，以达到流域综合治理的目的。在工程规划方案上将长效管理方案与自动监测、远程调度、多方协作、水力调度等手段相结合，为水环境长效治理制定高实用性的规划方案。

第四节　河（湖）长制管理

一、需求分析

在国家全面推进河（湖）长制的决策部署下，我国主要省、市、区已形成了较为完善的河（湖）长体系和“一河一策”工作纲领。在 2018 年 7 月水利部鄂竟平部长发表的《推动河长制从全面建立到全面见效》的署名文章中提出，全面推行河长制取得了重要阶段性成果，还应持续发力、久久为功，确保河（湖）长制各项任务落地生根取得实效，应科学布设河湖水量、水质、水生态等监测站点，利用卫星遥感、视频监控等技术手段，及时掌握河湖及水域岸线变化情况，实行动态监管；应依托河（湖）长制管理信息系统等平台，实现河湖基础数据、巡查监管情况、突发事件处理、督查考核评估等信息的互联互通和共享共用，提高河湖管理智能化水平。

二、总体框架

利用空间信息、大数据等技术，打造河（湖）长制智慧平台和河（湖）长制 App，实现“电子巡河、快速上报、留痕跟踪、闭环处理”的全过程管理，保障河道相关问题“可记录、可追溯、可监督”。通过 Web 端平台与 App 端系统的双极联动，将河长制管理的业务终端下沉至每一位河长办管理人员，加强河长制日常监管的灵活度与规范性，提高监管效率，河（湖）长制管理框架如图 8－7 所示。

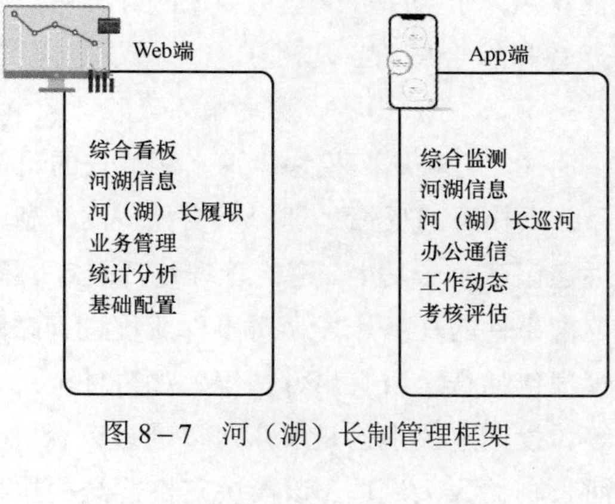

图 8－7　河（湖）长制管理框架

三、应用综述

（一）河（湖）长制管理 Web 端

河（湖）长制 Web 端的设计遵循河（湖）长办公室业务的日常管理逻辑与业务流

程，融合河长日常工作过程中涉及的主要管理对象、管理目标、管理流程与决策分析等功能，为落实河（湖）长的日常工作职责、开展高效办公提供全面支持。Web 端包括综合看板、河湖信息、河长履职、业务管理、统计分析与基础配置共 6 个功能模块。

1. 综合看板实现系统各类展示情况快速浏览

综合看板作为进入系统的默认页，起着快速进入各业务功能模块、主要业务效能统计、工作宣传的作用。综合看板可以通过统计图展示当前用户的待办事项、今日巡查新增、今日投诉统计结果等内容、河（湖）长管辖范围内某个时间段内的河湖水质的变化趋势、当前用户管理辖区水质类别占比、最新巡查记录与各区域的巡河情况（巡查次数、完成率）、群众投诉信息（投诉量、处理率、满意度）、工程项目（项目开工数、完工数）以及河道断面预警情况和治理达标情况。

2. 河湖信息模块实现对河道信息查询、分析与管理

河（湖）长可根据该模块实现对河道水质断面、排污口信息、治河工程、管养、巡检配置等内容的综合管理，全方面了解管辖范围内河湖的基础信息。河湖信息管理模块应包括以下基本管理内容：一河（湖）一档：建立电子管理台账，通过明确管辖河湖的问题清单、目标清单、任务清单、项目清单、责任清单，实现“一河（湖）一档”的检索、查看、增加、删除、修改与更新，推动治水由粗放式管理向精细化管理迈进。排污口信息：实现对排污口信息的查询、新增、导入；实现对排污口照片的上传。河道断面档案：实现对河道断面的查询、新增、导入。公示牌档案：实现对河湖两侧河（湖）长公示牌、排口公示牌的综合管理。视频监控：实现对河道视频监测站点数据的录入、更新、维护。气象监测信息：实现对辖区内气象信息的实时接入和动态查看。水雨情监测信息：实现对辖区内的雨情、水情监测信息进行实时抓取、可视化展示和动态管理。水质监测信息：实现对辖区内河湖水质监测数据的实时动态查看和综合管理。

3. 河（湖）长履职立足业务流程与监管需求

河（湖）长履职模块为河（湖）长的日常的巡检过程动态管理、河湖时间的跟踪处置、公众投诉的反馈处理提供支持。河（湖）长履职模块应包括巡检管理、事件管理与投诉建议三个子功能。巡检管理包括制定、下发河湖巡检计划，监督跟踪河长巡检记录，对巡检事件的任务派发，对事件流程进行跟踪，反馈事件处理结果，公示巡检记录。事件管理包括查看所有事件情况，如事件汇总、巡河事件、任务情况、跟踪事项、内部通知等。投诉建议指的是群众可以通过公众 App 进行环境事件上报，群策群力，真正落实河长制的源头治理。该模块支持群众根据事件实际情况填写事件描述内容、自己的姓名、电话号码以及拍照（视频）上传，按照环境污染中环保类、水务类等问题的及时上报。河（湖）长可查看所有群众上报的投诉建议，并将群众的投诉建议进行处理待办事件处理操作，并可实时查看事件处理进度，对事件处理情况进行评价。

4. 业务管理服务于河（湖）日常对外业务、工作考核

业务管理模块包括信息发布、考核管理、考核评分、考核排名、考核指标管理、考核办法管理六个功能。包括对发布的新闻公告等相关内容进行把控，如制定内容、审核、发布等。为促进各级河长履行职责，及时掌握河长制工作情况，确保河长制制度全面落实，河长制大数据管理系统实现了动态设置考核项目，在线自评与他评，在线打分与评价；同时可对河长的工作履职情况进行考核和评分，并以月度为单位，对河长的考核分数进行排名。该模块还可实现对当前考核指标、历史考核指标项及考核办法的查看、增加、删除、修改。

5. 统计分析挖掘数据背后规律与趋势

统计分析模块以各类统计模型为基础，对河（湖）长履职过程中的核心信息与数据进行统计与分析，为河湖的长效管理提供支持。统计分析可包括事件统计、巡河统计、系统使用率统计三项内容。事件统计可实现对巡检上报的事件按发生时间、发生区域、事件类型、处理率、事件处置情况、事件来源等内容进行月度、年度统计；巡河统计支持对巡河完成率、巡河时间、巡河次数、巡河排名等内容进行统计和展示；系统使用率统计模块支持按照月份、地区进行河长 App 激活率、河长登录率、App 使用量、App 热点功能的统计和报表展示。

6. 基础配置

基础配置模块可实现对用户权限、通信录等信息的综合配置，实现信息化系统的分级使用和管理。由管理员统一在后台进行数据字典维护，如果用户需要增加变更配置项，只需要修改数据字典即可，不需要修改代码，方便系统维护。

（二）河（湖）长制管理 App 端

河（湖）长制管理具有移动性强、对业务开展便捷度要求高等特点。为了保障河（湖）长日常履职的便捷性，可随时随地查看河湖信息、管理河湖相关事件、完成巡河（湖）工作。应建设河（湖）长制管理 App，与 Web 平台配合使用，提高河湖监管效率。河（湖）长制管理 App 包括综合监测、河湖信息、河长巡河、办公通信、工作动态、考核评估共六个功能：

综合监测模块：收集所有河湖的监测信息，并对超标情况进行预报预警，为河（湖）长实时掌握河湖水雨情、水质状况，及时采取应急措施提供支持；综合监测模块对接自动水质监测站，实现河湖水质断面信息的查询，查询信息包括站点的当前实时水质、主要污染指标、控制级别、所属河道、各水质监测指数、所在区域。

河湖信息：河（湖）长可通过手机 App 远程监测河湖的水位、降雨量等实时数据，从而实现多方位有效监管和管理，为区域的防汛排洪提供辅助决策依据。

河长巡河：该模块基于河（湖）长巡河的过程，进行留痕化、科学化与规范化的管理。

办公通信：该模块为河（湖）长提供高效、先进的现代化在线沟通方式，保障河（湖）

长就日常工作进行及时沟通与交流，保障各层级工作任务的及时传达。

工作动态：包括会议纪要、政策文件、信息简报、知识普及四个功能，为河（湖）长的工作状态发布与记录等日常管理工作提供全方位支持。

考核评估：该模块为河（湖）长的日常工作考核提供服务与支持。

四、发展趋势

在当前河（湖）长制全面见效的新阶段，河（湖）长制建设对于信息化管理手段在动态监管、网格化管理等方面的应用提出了更高要求。为了响应新时代的高层次要求，应充分利用信息化的手段，构建河（湖）长制智慧管理平台，打造“以图管河”与“闭环管理”的河（湖）长制创新管理模式，实现巡查问题上报与反馈的及时化、工作人员巡查轨迹的可视化、巡检养护日志的电子化，保障河湖的规范化、过程化和精细化管理，为各级河长办提供河湖管理的有力抓手，全面提升河湖管理水平。

第五节　河道巡检与养护

一、需求分析

根据河道巡查与养护的业务逻辑与流程，需要基于河道管理人员与养护人员的工作职责区分，设计河道巡检与养护 Web 端、App 端，打造“管理人员–养护人员”的二级河道巡检任务的联动化管理机制，升级构建“电子巡河、多维记录、流程再造、闭环跟踪”的巡检养护模块，为管理人员提供河道日常督查和不定期抽查的高效化手段，为养护人员提供日常河道巡检养护过程的跟踪记录和报表管理等功能。

二、总体框架

河道巡检与养护管理框架如图 8–8 所示。

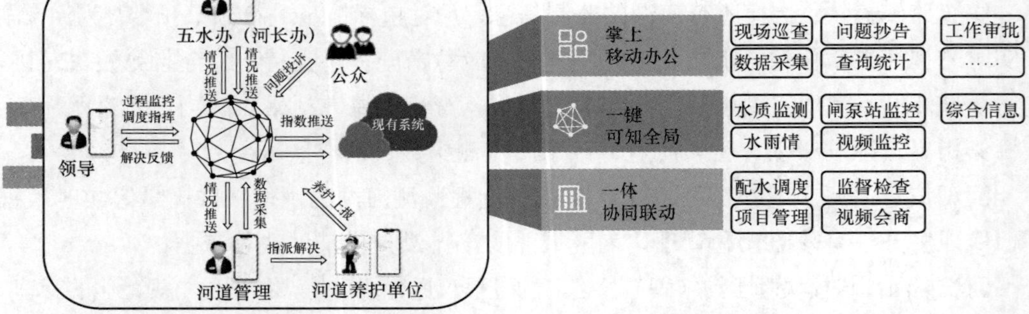

图 8–8　河道巡检与养护管理框架

基于以上设计思路与框架，可实现河道巡检与养护的多方面目标。

（1）管理手段规范化：任务管理、事件管理、日志管理涉及的表单按统一模板填报，日常管理按设定的流程严格执行。

（2）人员监管过程化：通过移动端记录人员工作轨迹、工作时长、工作内容等信息，管理人员可实时查看、跟踪人员工作情况，实现全面化管理。

（3）运维管理一体化：整合河道运维管养过程中的各类业务数据，实现管控、考核、统计分析、信息共享一体化管理。

三、应用综述

河道巡检与养护系统以网站端和移动端两部分内容分别部署。根据系统的服务对象与功能的不同，可将系统功能主要分为以下几个模块。

（一）案件管理

该功能模块供河道监管人员在河道巡查中使用，其模块流程图如图 8－9 所示。

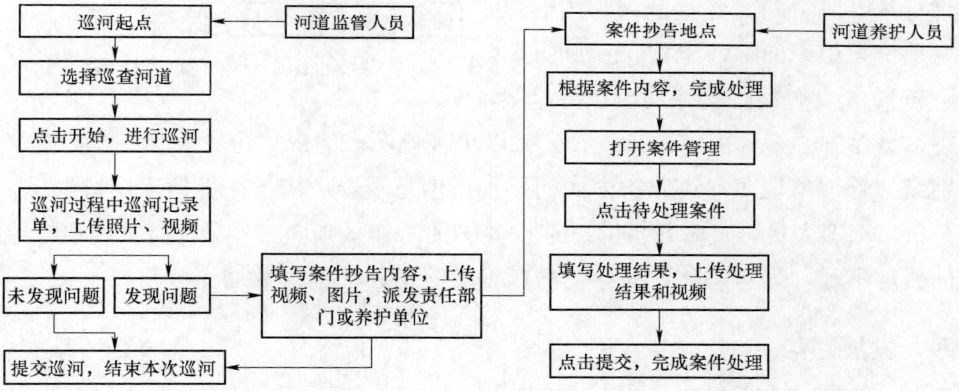

图 8－9　案件管理模块流程图

系统对河道的各类事件与问题按照类型进行了二级细分：一级案件类型包括河道案件、闸泵管养案件和河道违法案件，在每一类一级案件下，又分为若干类二级案件。每一类案件发现后，均对应各自的扣分分数。管理人员可根据定制化、分类化的案件清单，在巡河过程中便捷地选择河道问题，系统自动计算管理单位对下级单位的扣分分数，为定期考核提供智能化计分与排名支持，显著提升河道养护督查监管的效率。

（二）养护报送

该功能模块可实现养护单位对每条河道的养护信息报送。养护报送模块定制化养护报送的模板，涵盖养护力量、养护工作量、垃圾分类、设施维护、绿化养护、问题排查共六大项填报内容。养护人员按照模板定期填报养护清单，报送至管理单位，养护审核人员可点击待审核的报送时间，查看下级单位的养护报送内容是否符合要求。养护报送和审核人员均可根据时间段（年、月）对报送情况进行查看，保障河道的精细化养护与管理。

（三）日常巡河

日常巡河模块供河道养护人员在日常巡查过程中使用，日常巡河模块流程图如图 8－10 所示。养护人员选择巡检河道后，点击开始巡河，则系统自动记录本次巡河时长、轨迹、里程，并在巡河过程中填写巡河记录单，通过文字、照片、视频等记录本次巡河过程；在巡河过程中，对发现的河道问题及时改正、并填写自检自纠记录单。

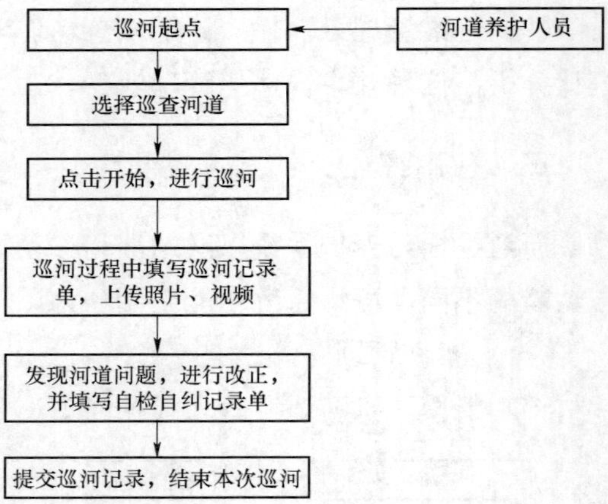

图 8－10　日常巡河模块流程图

（四）统计分析

基于统计分析模型，对巡检与养护的内容进行统计与分析。巡检的统计内容包括对各单位与组织的巡河里程、巡河时间、次数、自查自改次数、案件发现次数、案件状态、案件办结率等内容进行统计，并以可视化图表的形式进行展示。养护的统计是指分别统计管理单位在河道养护方面的工程量信息及养护单位在养护工作量信息。通过统计分析，管理人员可及时掌握河道巡检养护的工作效果与工作效率，发现巡检养护的各类问题与不足，为常态化、科学化与精细化河道养护提供数据支持。

四、发展趋势

为了加强城市河道的管理养护，提高城市河道管养的质量与技术水平，保持河道设施完好，不断改善城市河道环境，实现“河畅、水清、岸绿、景美、宜居、繁荣”的目标，应充分利用新一代的信息技术与管理手段，建立管理单位与养护单位的监管、维护的双向联动机制，为城市河道管理单位提供高效、全面的河道监管与保护工具，为城市河道养护单位提供全过程跟踪、记录的手段，全面提升河道养护的水平。

第六节　城市河道闸站联合调度管理

城市河道闸站联合调度管理主要实现对城市截流设施、引补水、重点排水泵站等水务设施的科学调度，系统可监控调度指令流转，确保指令下达和操作反馈，加强对实施单位的监管和考核。

一、需求分析

调度管理通过调度中心监控系统对全线管线、排水泵站、污水厂、水闸等进行远程监测和调度管理；根据上级的调度指令进行统一优化调度，下达调度命令到下级泵站，各泵站监控系统根据水量分配指令，自行实现泵站内设备监控、优化处理、故障处理等具体运行监控功能；各泵站系统中设备的重要信息上传于生产调度系统以供数据分析及预测；模拟突发、紧急等情况下的调度方案执行；通过城市河道闸站联合调度平台整合河湖水位、泵站水位、闸门及管网关键点位状态，运用大数据技术和水力模型算法，建立智能化调度系统，实现调度指令全行业网上发布，形成指令分层级的应答确认闭环管理。

（一）平台数据整合，实现可视化展示

全面整合城市现有水务设施数据以及雨量、水位、流向、流速、流量、闸门启闭与泵机开关等水务物联感知数据，形成水务设施数据资源池，并基于 GIS 平台实现各类数据的可视化展示。

（二）建立模型算法，提供决策方案

基于水务大数据分析和水力模型算法，建立城市积淹水控制、河湖水质保障模型、污水收集处理进出水调控等水力模型，根据雨量、汛情、水位等工况信息，实现智能化分析，为水务管理部门提供调度辅助决策方案。

（三）指令发布与执行闭环运行，实现报警管理

实现指令发布与执行反馈的闭环运行，形成指令分层级的应答确认闭环、并过程留痕，通过上传文字、图片、视频等形式，对调度指令进行执行验证，并结合调度指令和设施运行状况巡检对指令的执行情况进行跟踪，实现违反指令行为的报警管理。

二、总体框架

城市河道闸站联合调度管理系统的架构设计遵循 SOA 理念，采用“四横两纵”的架构，如图 8－11 所示。其中“四横”包括排水设施综合调度平台、基础支撑平台、大数据中心和物联感知网络，“两纵”包括排水业务管理制度与信息安全体系及管理制度。

三、应用综述

通过水力模型、降雨量、河道水位、泵站开机情况等大数据分析，实现自主适配优化方案并实现自控。

（一）整体化的综合调度流程

通过对排水系统进行现场调研，获取排水系统的基础地理信息资料、调度各类工控

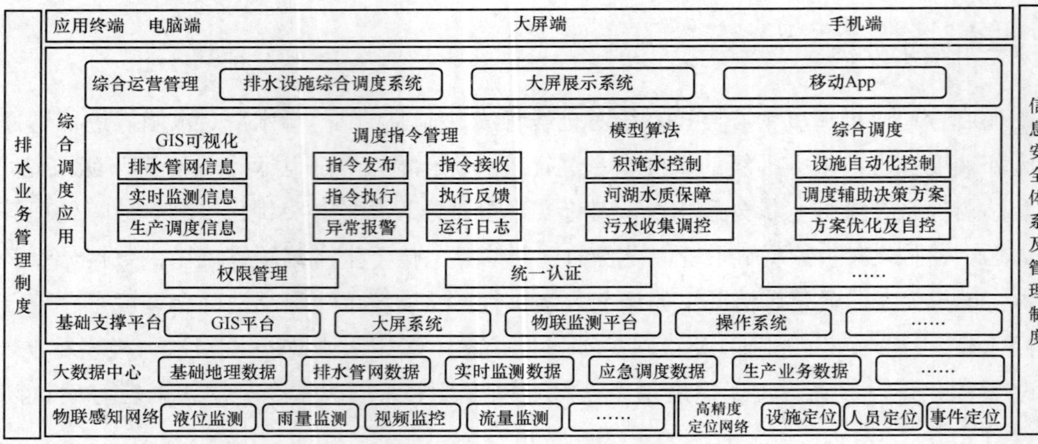

图 8－11　城市河道闸站联合调度管理系统总体架构

设施实际运行数据；再将地理对象相关数据导入所述排水管网水力模型，通过“概化处理”生成模型对象，构建可视化的排水管网水力模型。所述地理对象相关数据包括管段、工控设施、汇水区域、蓄水单元与排口；通过对构建的可视化的排水管网水力模型进行检查、校准，设定各个工控设施的运行区间和运行条件；通过对各类工控设施的现状运行数据进行采样和分析，获取各类工控设施的实际调度规律，根据各类工控设施的实际调度规律并结合模拟的运行区间和运行条件设计各类工控设施在不同调度场景下的调度模式。

（二）逻辑化的调度模式设计

根据不同的排水要求，为不同的调度模式设置相应的启动条件，并为不同的调度模式下各类工控设施配置不同的调度规则。根据调度模式的要求，为各个监测点设置监测阈值区域和调度规则。根据特定问题的检测，设置相应调度模式的启动条件，所述特定问题包括管网的淤塞、渗漏、倒灌；再根据工控设施的故障维护情况，对故障的工控设施设置调度模式的切换条件。

（三）科学的调度监测管理

根据不同的排水要求，启动相应的调度模式，对现有的排水系统中的各工控设施进行规划，对现有的排水系统进行评估，以及对监测数据进行关联展示和分层展示。通过获取现场实际运行数据，启动调度模式对现有的排水系统进行实际调度分析，获取各种降雨情形下的调度状态和数据；再根据各个监测点设置的监测阈值区域和调度规则，通过启动相对应的调度模式对不符合阈值区域和/或调度规则的情况进行报警。

（四）调度方案自主优化及自控

对排水系统各类工控设施的运行数据进行判断，判断是否包含于已设计的调度预案中，若包含，则启动相应的调度模式对当前排水系统进行实际调度；若不包含，则进一步分析各类工控设施的调度数据，生成新的调度预案。在符合预先设置好的启动条件的情况下，对设备发送相应的执行指令，实现自动化运行。

四、发展趋势

城市河道作为城市血液，承担着防洪排水、景观文化、生态环境、雨洪利用等多项功能，是直接影响人民生活安全和文化享受的自然主体，是决定城市生态环境水平的主要要素。未来需全面对泵闸站群的重要部位和关键参数进行实时有效的监测、监视与控制，通过分析应用查找河段历年潮水位规律，预测外江水位涨落趋势和规律，建立经验调度模型，根据调度目标，实时生成调度方案，提高泵闸站群运行的安全性的和管理的高效性，并从整体的角度考虑区域内泵闸站群调度，提高调度决策的合理性，达到区域内防洪排涝，水环境调度、水量分配等水资源统一管理目标。

第九章　智慧水务行业发展趋势

智慧水务作为智慧城市建设的重要组成部分，是我国战略层面的重点发展产业。2019 年，水利部先后印发了《水利业务需求分析报告》《加快推进智慧水利指导意见》《智慧水利总体方案》和《水利网信水平提升三年行动方案（2019—2021）年》，系统谋划了水务网信发展的时间表、路线图、任务书，旨在推动水务工作的信息化进程。2020 年，国家发改委住建部在《城镇生活污水处理设施补短板强弱项实施方案》中明确提出：“为推动信息系统建设，需要开展生活污水收集管网摸底排查，地级及以上城市依法有序建立管网地理信息系统并定期更新。直辖市、计划单列市、省会城市率先构建城市污水收集处理设施智能化管理平台，利用大数据、物联网、云计算等技术手段，逐步实现远程监控、信息采集、系统智能调度、事故智慧预警等功能，为设施运行维护管理、污染防治提供辅助决策”。

结合水务发展现状以及国内智慧水务的发展进行分析，智慧水务将聚焦在以下几点。

一、创造企业价值

水务智慧化是辅助企业持续提升管理效率、服务水平和企业盈利能力的有利途径。企业价值是以客户为中心的高生产效率、强盈利能力、大成长空间等方面的综合体现。对于水务企业，扩大企业价值就意味着持续降本增效，传统的方式显然已无法有实际性突破。实现水务智慧化，通过信息化手段为未来的水务相关领域开辟疆土，打好基础；运用可视化、可溯化的生产、运营、监管模式，避免传统生产管理中存在的处理延迟、人员效率低、业务效果不稳定等弊端；采取统一的管理规范和流程，实现业务流程重组和优化，保障高效的运营，进而提高业务处理效率，保证公司业务高效运行的同时降低企业的运营成本，实现企业最大化的价值变现。

二、促进行业参与者跨越发展

智慧水务的切实落地能够促进城市间的协作，实现数据共享，拓展数字经济，为城市智慧水务战略目标提供决策支持。水务行业传统的发展生态存在诸多问题，各城市、部门，甚至同一公司内部由于缺乏汇聚、整合数据的能力，在资源难以共享的同时也无法做到各方深入协作，各施所长，导致数据资产化成为空谈。通过引进大数据分析和人工智能等技术，可增强行业间的数据交互；通过大数据分析、微服务、云计算等技术手段，可实现数据增值，拓展数字经济，实现各类水务活动的数据化、信息化与智慧化管理，为水务业务的发展、战略规划提供决策支持，保障服务质量。从而实现从源头到龙头的全监管与全感知，打造完整的水务行业生态圈，提高水务部门工作效能与工作质量。

三、助力相关行政部门监管

智慧水务建设提供的一体化业务处理平台有助于水务监管部门降低沟通成本，提高监管效率。传统监管存在诸多问题：信息在传递过程缺失、偏差延迟等现象严重；沟通效率低下、成不高导致相关问题难以及时有效、高效地处理；问题解决之后反馈路径复杂、周期长；部分监管部门人员缺乏水务专业性培训，导致对相关事务敏感性低，预知能力不足等。一体化业务处理平台为海量数据提供高效的共享服务，从而降低行业与政府监管部门、城市规划管理各部门的沟通交流成本，提高效率；对工况与水务环境情况进行可视化展示，利于政府部门非水务专业人员理解水务专业的事件，以便做出更准确的判断，提升对水务事件的预知能力与敏感度，并及时提供相应支持。

四、为公众提供高质量服务

“以人为本”是智慧水务服务的宗旨，打造简单、优化、服务体验好的系统也将是建设的主要工作之一。传统的业务办理流程烦琐，透明度不高，服务体验差，导致公众普遍对水务公司、部门缺乏信任，对水务相关信息的了解缺乏主动性，对相关政策缺乏信心，这将严重影响相关工作的开展，以及相关建设成果的维护。依托于智慧化生产运营模式和一体化业务处理平台，使公众投诉能够及时反馈自身问题，通过系统给出的相关辅助决策预案作为参考，使问题能够被及时解决。此外，公众可以订阅所关注的水务系统信息，并且可以按需随时随地查询相关的水务信息；通过网上营业厅，公众能够利用无线终端 App 多种方式获得相关服务，亦可自主操作所需的服务如缴费等，提高办事效率，提升水务服务水平与公众满意程度；同时逐步提高社会大众节约用水、维护水务相关设施设备、保护水生态环境等意识。

目前我国水务智慧化建设尚处于初且正蓬勃发展的阶段，其建设成果在解决方案的设计理念、项目的管理模式以及实际操作的落地效率等各方面都具有极大的上升空间。

面对当下亟待解决的如城市内涝防治、城市水资源保护、黑臭水体治理等问题，面临全面实现“提质增效”的迫切需求，基于我国智慧水务建设现状与目标的差异，对未来的其重点的发展趋势作以下七个方面的畅想，囊括了水务全要素实时监测、数据高效治理、一体化业务处理平台、全域业务上云、智慧化生产、智慧水务生态以及水务业务切实落地等内容。下面将逐个展开进行讨论。

第一节　水务全要素的天地空实时监测

随着遥感/气象卫星、无人机、摄像头、各类传感器等技术与设备的高速发展和普及，相关应用分布在城市空间的各个层次、领域中，实现水务全要素天地空实时监测目标已是当下智慧水务建设过程中的大趋势。通过物联感知手段，包括卫星遥感、智能视频监控设备、GPS 定位、VR 技术、传感器等，对监管区域内所有水务信息进行全方位、全天候实时监控，实现场景的真实表达与再现，为后期的智能仿真、智能诊断、智能预警以及智能调度等打下坚实的基础；完善物联感知数据采集，实现运营信息数字化，通过物联感知网进行数据统一采集、传输，建立起水务大数据仓库。具体对未来全要素感知的畅想在于以下几个方面：

一、感知技术全面升级，提升管理效率

卫星遥感技术正在向多光谱、多极化、微型化和高分辨率的方向发展，现在正探索利用更先进的方法，将来有望利用更高分辨率的遥感影像，考虑更具体的参数，如加入气象、泥沙数据等，更精确地获取所需水文特征。随着虚拟现实 VR 等前沿技术发展与推广，未来可利用 VR 技术与 BIM 系统相结合的方法，实现设施设备的数字化、实时化与可视化管理，达到从虚拟场景中看到设施设备与管线等所有相关信息的目标，如查看构筑物空间、工艺设备、检修模拟动画等，为设备维护人员提供一种精准高效又直观的设施管理模式与方法。利用定位精准系统与 CCTV 集成，定位设施在极短时间内形成设施图，并监测设施结构与功能状态，产生分析报告，对下一步工作的开展提供依据，例如将人工智能、图像识别技术应用到积水点、管道 CCTV 监测图像识别等方面，以提高设施评估效率。

二、物联网平台助力提高数据整编效率

传统水文数据整编成果的离线生产模式存在效率低下、数据不一致、质量难把控、信息难共享与服务时效低等问题，水文全要素在线监测系统通过利用物联网平台强大的整合能力，以及各类新兴信息技术互相协调与优化，助力打通水文自动采集、人工测验、数据规整、智能识别、实时整编的在线数据链路，从而全面提升水文数据整编成果的生

产效率和服务质量。

三、数据通信全面普及，感知技术更经济可靠

目前前沿技术在落地实践上存在短板，但随着各地基础设施的逐步完善，技术不断发展与升级，因地制宜项目的实践经验将越来越丰富。未来数据通信技术的运用日渐成熟，其性能、效果与效率等将趋于稳定，运用起来更可靠；此外，各项前沿技术、工具也将朝着更经济的方向发展，其使用成本将大幅降低。例如5G技术、井下物联网、CCTV等技术与工具的使用不再需要付出巨大的经济代价，这大大缓解了相关企业、单位的负担与压力，也更有利于这些技术的普及与不断升级。

第二节　海量数据高效收集整合治理

由于目前极大部分的业务都是独立的项目，没有建立其统一的标准规范，因而存在着统计口径不一、数据通信不畅、运维权费不明、建设标准不统一等问题；目前流程化、精细化的管理模式尚未建立，现存大部分新兴数据格式是非结构化的，数据挖掘、治理软件工具也无法处理大规模与复杂性强的问题；此外，由于海量多源异构数据的组织管理来源多样，加之并未对客户地址进行标准化管理，造成了数据统计困难，服务难以精准的问题；在日常业务管理的过程中缺乏过程数据，且对于数据的分析处理能力不足，还没有建立有效的指标体系评估体系，无法有效进行更高层次的信息挖掘以支撑决策。因此，数据治理是智慧水务建设过程中的核心任务。

一、基于“数据中台”构建数据与业务相互转换的闭环机制

针对上述问题，亟须充分运用数据治理中“数据中台”所具备的数据汇聚整合、数据提纯加工、数据服务可视化以及数据价值变现四个核心能力，实现“以客户为中心以数据为基础”的业务价值，盘活全量数据，构筑坚实壁垒以保持在业务上持续领先。同时满足应对、处理多数据的需求，丰富标签数据降低管理成本，实现数据的快速“复用”而不仅仅是“复制”，保证数据价值能够体现业务系统的整体效果而不仅仅是准确度。利用数据中台将业务生产资料转变为数据生产力，数据生产力同时也会反哺业务生产，形成一个不断迭代循环的闭环过程，实现数据驱动决策、运营，构建一套持续不断将数据转换为资产并服务于业务的机制。

二、构建大数据仓库，实现关键业务的智慧应用

在目前的智慧水务建设中，要形成囊括所有子系统的大数据仓库，需要重点关注物联数据采集、传输、清洗以及存储等统一标准的建立，基于物联网和工业互联网，将水

厂、污水厂、泵站、管网、二次加压设施的 SCADA 数据、各类用户计量仪表数据以及其他子系统的管理信息数据等存入大数据仓库，奠定生产运营信息化应用和管理的基础；利用数据标准化技术在资源池进行冗余处理、脏数据清洗、数据格式标准化及关联分析等处理，采取相应技术统一划分地理底图等非结构化数据；为实现异构水文数据的统一管理，需要建立异构水文数据间的关联关系实现业务工作的统一管理，维持数据在全系统中的一致性和完整；此外，要充分发挥信息系统的数据信息，将数据转化为知识，根据业务规则，深度挖掘信息价值，实现关键业务的智慧运用。

三、构造公司级数据仓库，形成主题数据服务

未来还需构造公司级数据仓库，抽取不同应用的核心数据，针对多变、多样的社会需求，通过信息整合形成各种主题的数据服务，系统需提供灵活丰富的数据应用接口服务、在线支持不同形式的数据应用，以便管理人员通过信息门户调用数据服务，来实现对生产类、经营服务类等综合指标的展现和专题分析，切实发挥大数据的作用，为决策提供依据，辅助智慧水务的各级领导及管理人员做出有效经营决策，规避企业风险。通过统一的体系对数据建模、加工分析处理，最终提供给客户所需的服务，当再次需要类似的服务时就不需要重复进行建模、采集分析等工作。

第三节　统一的业务处理平台

目前我国水务基础建设尚未完善，水务综合保障能力相对薄弱，运营数据分散在各个单位与业务系统中，导致水务资源数据不能及时互通共享，水务资源不能实现高效配置。此外，系统内部大量重复的建设，缺乏业务核心的固化沉淀，当系统服役到期只能推倒重建的现状难以改善。未来智慧水务建设项目应该加快建设的统一水务处理平台，实现各级部门、公司在一个平台进行业务处理，增强水务管理部门设施的可视化，整合规范分散在各级单位、业务系统的运营数据，以提高运营质量和决策效率。通过信息系统建设，将运营管理业务中各项流程与数据中心建立“强关联”，实现运营系统的全流程信息化管理。具体畅想如下几方面：

一、建立“业务数据化，数据业务化”的闭环运营管理模式

积极构建并充分运用以“构建水务企业共享服务中心”为核心的业务中台，通过各个业务板块之间的链接与协同，持续提升水务业务的创新效率，确保形成稳定性、高效性与经济性兼备的关键业务链路体系；并突出水务各部门组织与业务机制的协同关系，培养水务企业与公司能够快速、低成本创新的能力。水务业务中台作为企业级能力承载与共享的中台，需要把大部分解决水务问题的能力积累、沉淀为能够供业务应用层共享

与复用的业务能力池。

二、促成网络互通的一体化平台建设

实现网络互通，即企业内网与电信营运商外网互通、有线与无线互通，内部局域网与广域网互通，各电信运营商之间互通。加强业务融合，各应用功能的信息能够在各应用系统之间相互调用，打破各应用系统之间的功能界限。共享网络资源，以便多个异地水务公司共用同一数据中心与系统平台，通过数据集中采集传输和存储、数据资源共享，实现各应用模块之间信息共享。

三、创建覆盖全领域的统一涉水业务

将供水系统、污水处理系统、管网系统、防汛防旱系统、水资源管理系统、运营管理系统等功能体系在统一平台呈现出来，形成一个完整的水务决策支持与应用服务系统；同时还需进一步规范和统一内部水行政业务工作流程，建立水政监察执法统一的法律法规标准、裁量标准、文书标准，构建水务数据信息来源的统一入口、政民互动的统一渠道、信息资源共享的统一平台。

四、多元数据、业务子系统集成，提升服务能力

要为水务运营、资产管理等提供健全的数据支撑，首先需要实现多元数据的统一集成，还需打造共性应用支撑与公众服务，形成以综合调度服务为统筹，各业务系统为服务能力支撑的外业管理系统、生产类系统切实落地的运营格局；对各项专业化业务管理系统进行整合，打通各业务应用系统的接口，实现各业务系统间有机联系、互联互通、数据通信、信息共享；通过调用运营平台共性应用支撑与公共服务，实现客服业务线上办理，引导客户服务业向线上转移，最终达到服务能力共性化、数据资源集同化、集团管理协同化、客户服务便捷化的目的。

第四节　全域业务上云

鉴于当下智慧水务云平台尚处于逐步完善的阶段，数据量动态增加，数据格式复杂多样；且随着规模日益庞大的数据存储需求的出现，数字化转型阶段的涉水业务在处理过程中面临着千万级复杂工况仿真、优化与数据可靠备份等挑战，全域业务上云为解决上述问题提供了必要条件。首先，业务上云避免了现场数据中心所需的大量软件设置、软件补丁与其他费时的 IT 管理，相关人员则能够把时间用来实现更重要的水务业务目标；云端提供按需的自主服务，方便调配海量计算、分析资源，赋予水务企业很大灵活性，能够有效缓解容量规划的压力；同时，水务企业无须投入大量资金购买软件和硬件，

也无须在设置与运行现场数据中心方面增添投入；计算服务在安全数据中心上运行，能够降低应用程序的网络延迟，提高全局缩放的经济性；此外，云服务能够提供用于提高整体安全情况的策略、技术与控件，有助于数据的保护，同时也能够避免应用、基础架构等受到潜在的安全性威胁。由此可见，云是当下水务企业数字化转型的一个重要方面，云的标准化、共享特性、自动化等可以与企业的业务进行结合产生新的价值，满足水务工程领域对数据传输效率、服务安全以及稳定性的要求，同时解决多部门应用数据的安全防护问题。因此，为了给水务企业提供便捷化、智能化的仿真应用服务，需要进一步构建水务工程智能一体化云应用平台，实现全域业务上云。

一、企业上云，运营模式向“云”转换

目前水务企业亟须加速建设、发展 IT 能力，但同时这也需要大量资金的投入，尤其是对于中小型企业，这是非常大的压力。企业上云是必然趋势，其有利于促进各类新型技术在企业中的普及与应用，进而加速企业 IT 基础设施的更新与发展，促进软件架构复用，加快应用部署，缩短业务服务升级的上线周期，在提升业务服务质量的同时大大降低人员成本与运维费用。企业的运营模式也需向云运营模式转换，具体体现在服务化运营与产品化运营两方面：服务化运营将通过水务云平台，整合水务行业专业应用，辅助水务企业一站式获取云服务资源，为客户构建专业的云支持服务模式；产品化运营以敏捷水务云平台为主打，引入“互联网+”新型技术，从而形成智慧水务综合解决方案，提升企业的管控与决策能力，真正实现应用和决策的智慧化。

二、业务需求与发展阶段决定上云方式

企业需要结合在不同业务发展阶段中的自身情况，与所面对的主要问题和挑战，调整、应用不同的上云方案，包括私有云、公有云以及混合云。私有云的资源是由企业自己购买与建设，对比传统 IT 分散资源具有点明显的资源集中、资源共享、资源高效利用等优点，例如涉水业务中管线的管理、客户数据以及抄表数据等均可放在私有云中。公有云相当于租用企业外部的资源池，相较扩建私有云，不需考虑自建设施的维护成本、人员支出以及空间问题；公有云具有方便快速，准备时间短，弹性大等优点；同时，公有云的使用是按需付费，有利于减少不必要的资金浪费，水务企业可以考虑将公众应用等服务放在公有云上。但对于一些大型企业复杂的管理情况，也可以运用私有云与公有云相结合的混合上云方式，这样既能享受公有云的便利，同时保证了不便迁移的私有云系统的正常运行，二者可实现网络信息流互通，方便统一管理。在合适的实际选择合适的云服务，是大势所趋，上云方案的选择取决于水务企业业务的需求与其所处的发展阶段。

三、利用云技术三大服务模式，提升云服务体验

充分利用云技术的IaaS、PaaS和SaaS三大服务模式，新增的管理系统也可在“云端”进行开发而无须增加终端设备。在云平台下，各项水务业务应用管理系统采用SaaS模式统一版权，根据各种新的功能需要，可在云端实现软件版本的实时在线升级，不断完善系统功能；网页应用部署以及应用程序服务由云计算资源提供，结合5G技术构建水务工程云应用App，为智慧水务用户提供更优质的业务体验；根据水务智慧化建设计划，将先期建设逐步扩展上“水务云”，达到硬件共享、软件共享、数据共享和信息共享的状态，提高设施的利用率，降低软硬件费用和开发费用。

第五节 智慧化生产

针对目前生产各系统缺乏独立的分析判断能力、还未具备主动调整优化的功能、智慧化生产水平不高的现状，需要运用移动信息化的方式来管理整体的运营过程，实现运营管理精细化，同时提升其安全性。随着各种传感器技术与控制网络不断发展，在先进、有效和可靠的智能算法与控制策略的指导下，通过构建全自动化、智能化的控制体系，整个生产过程可实现全面智慧化，如将来生产工艺运行中的智能控制系统与生产运营管理系统，能够依据设定的目标程序自动运行。通过打造先进的行业信息化平台，提升企业的生产管理效率和运营水平，实现供污水厂的智慧化建设；利用先进的自动化、电气、无线通信、软件技术以及云计算技术，建立先进的远程管理云平台，高速高效地采集与处理数据；实时动态掌握全市排水管网、泵站、污水处理厂的运行情况，迅速有效地发挥调度中心的指挥作用，对泵站、污水厂等进行“少/无人值守”改造，实现数据远程监测的同时还能远程控制；对城市特定区域水务信息进行模拟预测，在图上标示实时的变化，并结合实时工况以及当地设备设施的实际运行状况，提出合适的设施设备运行方案。

通过机器人搭载的各类传感器，可对危险空间的环境指标进行检测，判断环境指标是否超过正常范围；再根据需要，实时回传清晰度较高的图像或视频，在设备状态异常或环境指标超标时回传报警信号，以便实时掌握运行状况，进行远程生产调节、设备控制与诊断调度，实现在减少现场巡视频率、值班人员、运营管理人员的情况下，设施设备也能稳定运行。

在未来，构建“数字孪生”是实现智慧化生产的重要手段之一。基于管网、泵站、污水厂等基础生产设施，通过集成已有的水务工程仿真专业软件，结合实测采集数据与实验数据，再利用大数据与人工智能等分析手段，建立全国水务工程数字孪生云服务计算模型，开展实时水务事件演进数值模拟，将数字化的运营系统与真实系统完全对应上。在出现高效运营的要求时，针对水务工程仿真应用的典型性、复杂性应用场景进行定制

化、流程化的分析处理，以便运用线上的方式保持业务正常运行。

此外，通过建立相应的工艺模型，对工艺和能耗进行仿真模拟，对潜在的不达标事件进行预警，检验各种运行方案的合理可行性，对工艺指标进行短期预测，提前预知不利工况，便于及时调整运行方案，提高决策能力，同时也便于工艺的适时优化。建设以信息系统为基础的智慧生产应用，通过信息系统的支持，提高劳动生产率，同时减少某些岗位人员，转为其他岗位工作，或者现有岗位上的人员能承担更多的工作，从而减少不必要的成本。在智慧化生产中，数据一经产生，将完全由系统自动计算与传输，从而减少各部门的数据统计校对工作量。通过机器自我学习、建模仿真等技术，令其独立做出分析、预测与判断，进而自行调整设备的运行状态与模式，或者向相关决策者发送出信号。未来工控系统为主导的工作模式将被人工智能所取代，生产流程中的工单管理亦将被跨部门云端流转所取代；水务生产运行升级到智能化后调度运行的优化，使得水务生产运营的智能水平大幅提高。

第六节　智慧水务生态

近年来智慧水务的建设从科技发展、相关政策、企业重视等各方面得到了大力推动，与智慧水务相关体系正处于逐步规范与完善的重要进程中。由于水务系统辐射到社会的方方面面，加上传统水务存在的限制、新型科学技术应用的高度不确定性、前沿的技术研究技术参差不齐、标准规范的缺乏等因素，导致行业各部门比较分散，其对解决具体问题方案涉及理念与项目实施落地水平差距较大。目前我国水务的各相关行业之间、自身水务企业之间与需要水务专业提供方案的合作者之间缺乏沟通，甚至是缺乏主动沟通的意愿，这对水务智慧化转型是极为不利的。今后智慧城市的治理实体必须建立开放、透明、参与协作为指导原则的健康、可持续的智慧水务生态，让大数据的交流和流动处于标准规范地控制之下，同时，社会各领域合作伙伴、同行业合作伙伴间建立起良好、正面的发展关系，共同推进智慧水务的发展，助力城市智慧化的实现。其具体体现在如下三点：

一、加强社会各生态合作伙伴之间交流共享

社会各行业之间、水务企业之间、与需要水务技术的合作伙伴之间更好沟通交流，改善信息孤岛化，建立更透明更规范的可持续智慧水务平台，实现行业间的资源共享、信息互通，避免重复作业造成时间成本、人力成本以及资源成本等的浪费。

二、深化行业合作伙伴之间合作共赢

数据驱动下的开放集团业务生态与数字经济生态发展，并实现各个平台相融合（例

如：资源平台全链条化；运营平台协同化、网络化以及服务平台主动化、智能化等）是数字化变革引导下的智慧水务生态的关键所在）。通过重构智慧化生态，打造平台化的业务发展，让更多上下游企业与不同平台融合，共同推动行业良性发展；行业、企业自身管理需要主动调整，去适应新技术的应用业务与技术融合，达到相互引领的境界。

三、促进电子政务发展，助力智慧城市建设

数据驱动的智慧城市主义数字经济正在强势崛起，已成为未来经济发展的主要驱动力，如何在未来 10 年最大化收获数字化溢出的经济增长硕果，成为各行各业都非常关心的话题；水务的数字化、智慧化转型正适应了这一趋势，电子政务以及智慧城市的发展方针为智慧水务的发展提供了坚定的政治基石，同时，随着智慧水务建设的深入、普及，同时也极大促进电子政务的发展，为实现城市智慧化奠定基础。

第七节　先进技术理念与水务业务紧密融合

目前主流的智慧水务项目建设，仍然以信息化企业、GIS 公司以及设备商为首，主导着自下而上的智慧水务发展路径，缺乏水务专业性的认知，同时也缺乏对专业性的重视程度，因而导致大部分相关企业只具备对接业务需求的能力，而非水务应用层专业的咨询能力，与对接水务专业性问题的能力，在这样的团队领导指挥下的项目，其最终效果必然难以使业主与大众满意。

由于水务系统的问题涉及一整套复杂又完整的互相辅助又牵制的系统，如果在缺乏对水文水动力过程的专业理解的情况下，进行智慧水务的开发，必然存在诸多问题，同时也会严重限制智慧水务自身发展的上限。智慧水务应该是水务与信息通信技术深度融合的产物，需要架起二者之间的桥梁，将行业专业性的咨询力量与先进的开发能力充分结合，打破智慧水务基础架构中感知层、网络层和应用层之间的壁垒，提供强有力的联合解决方案，才能实现智慧水务的切实落地与可持续发展。目前我国所处于信息化与智慧化更迭的关键节点，需要充分将信息化带来的硕果，如 NB-IoT，GIS 技术成果等，与其能解决的问题相结合；未来无论是信息化、智慧化还是水务本身，都有很大的发展空间，这也有利于在此过程中彼此的融合，与此同时，还应着力打通信息技术与水务专业之间的壁垒，在开发新型技术、算法的同时，加强对水务应用的专业性培养，促进二者之间相辅相成的发展关系。

第十章　智慧水务行业应用案例

案例一　京杭大运河（苏州段）遗产监测

苏州市测绘院有限责任公司

一、项目背景

水环境监测是以水的循环规律为依据，以水质、水量及影响水体生态、环境的各种人为和自然因素为监测对象，开展的一系列监测活动。随着我国城市现代化建设的开展、城镇化的推进，受工业入侵、生活废水等多种人为或自然因素的影响，水环境污染等一系列问题日益突出，已被多个主管部门纳入相应的发展规划中，亦已成为当今社会经济发展面临的亟须解决问题之一。

京杭大运河（以下简称“大运河”）作为世界上里程最长、工程最大的古代运河，是中华民族文化地位的象征之一，是世界运河史上的创举，2014 年成功入选世界文化遗产名录。大运河水环境作为大运河遗产的重要组成部分，其质量影响着大运河的生态和文化价值、旅游和货物运输等多重功能发挥。大运河（苏州段）北起苏州与无锡交接的望亭镇五七桥，南至京杭运河与太浦河交汇处，河道总长约 96km。根据世界文化遗产保护相关标准要求、国家有关部署要求和苏府办（2016）258 号《苏州市文物保护事业“十三五”发展规划》的要求，为了更好地保护世界文化遗产大运河（苏州段）的安全，需要对其开展周期性、持续性、保护性、全方位的水环境监测。

在良好的文物保护、水环境监测的大环境下，为了科学保护珍贵的历史文化遗产，根据相关监测指标要求，实现大运河（苏州段）持续性的遗产监测和水环境监测，尽早实现监测数据的全覆盖，需开展大运河（苏州段）遗产监测工作。

二、建设内容

本项目采用“总体规划、分步实施、宏观监测”建设思路，综合运用新兴的水下多波束测深技术、水面可量测全景技术、空中实景监测技术等多种新型、多元化的监测技术，构建水下、水面、空中“三位一体”大运河遗产监测体系，并在此基础上融合应用水体环境监测技术，形成水下、水体、水面、空中“四位一体”水环境监测体系。同时，依托 GIS、大数据、云计算等现代科技手段，构建了大运河“四位一体”的监测体系和大运河苏州段遗产监测预警管理平台。

1. 构建了“四位一体”的监测体系

随着空间信息技术的飞速发展，大运河等线性文化遗产的保护性监测呈现出“水、陆、空结合”“多学科介入”等新特征。随着空间信息技术的发展，新型监测技术的日臻成熟，国内外已采用多波束测深技术获取了水下河床形态变化等信息；采用卫星遥感技术或水样监测技术获取水质信息；通过可量测全景技术对水面驳岸材质、形态、稳定性等情况进行了数字化存档；对线性文化遗产缓冲区内的变化，通过空中摄影测量技术实现定位、记录。但遗产监测与保护存在各种技术相互独立，周期详细监测与文化遗产利用不协调、无益于可持续性文化遗产保护等问题。通过工程实践探索，形成了一套“四位一体”的大运河文化遗产与水环境的监测体系，包括以下几部分内容：

（1）四维度空间数据采集。“四位一体“监测体系涉及的水下、水体、水面、空中四个维度，不同维度的数据采集分别为：

1）采用多波束测深技术开展水下河床测深数据采集。针对大运河浅水或超浅水的测量特点，采用多波束便携式安装装置安装多波束测深系统。测量时，根据测区水深调整换能器安装倾斜角度，避免测船过度靠近河床边坡等超浅水区域，有效保证了测量仪器安全，同时实现了测区的全覆盖测量，如图 10－1 所示。

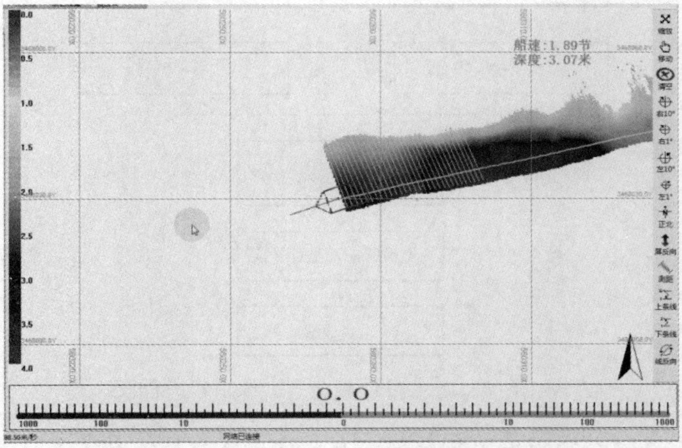

图 10－1　多波束数据采集

2）采用遥感技术或水样监测技术对环境水体与污染源进行全方位多层次的监测。以大运河（苏州段）均匀布设的水文浮标为依托，获取水环境本体的水质监测数据，包括总悬浮物、总氮、总磷、环境监测氧参数、水温等，如图 10－2 所示的溶解氧分析。

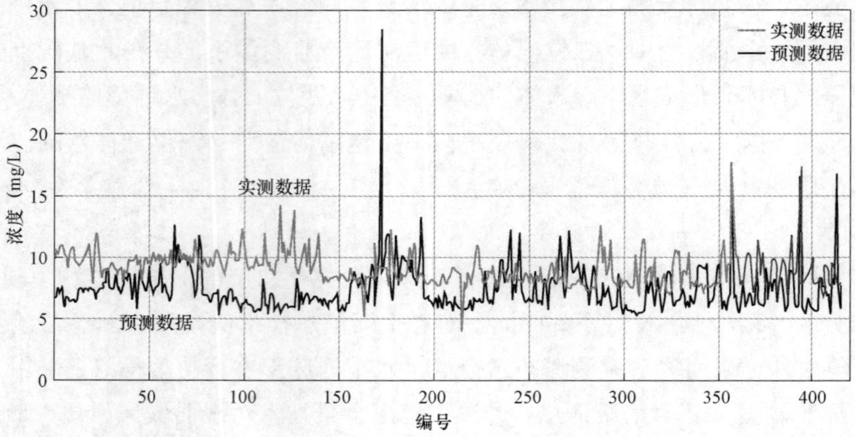

图 10－2　溶解氧时序对比图

3）采用可量测全景采集技术开展水面可量测全景数据采集。可量测全景技术是将激光扫描系统、影像采集系统、定位定姿系统、辅助硬件系统等多元系统综合组建而成，并整体移植至水环境监测条件中，对水面及驳岸进行 360° 环视拍摄，在拍摄的同时采集高精度三维激光点云数据，完成水面漂浮物及周边环境的定性监测。采集技术流程如图 10－3 所示。

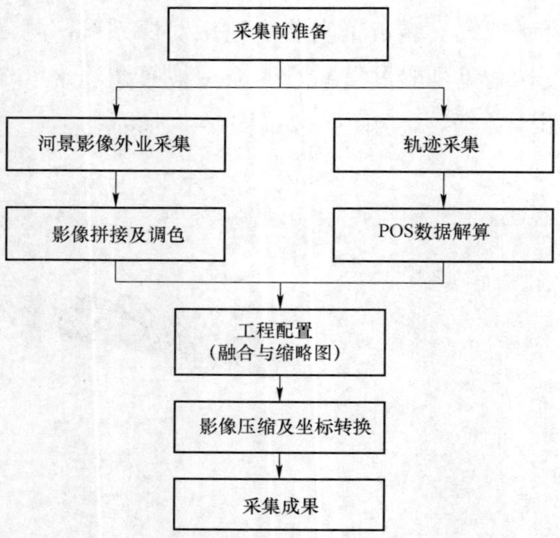

图 10－3　水上可量测全景影像采集流程图

4）采用无人机低空航空摄影测量技术开展空中全景、视频、正射影像图数据采集。

利用无人机航空摄影测量系统，生成整个大运河（苏州段）遗产本体及缓冲区的数字正射影像图、空中实景以及多期航拍视频成果。空中全景采集数据如图 10－4 所示。

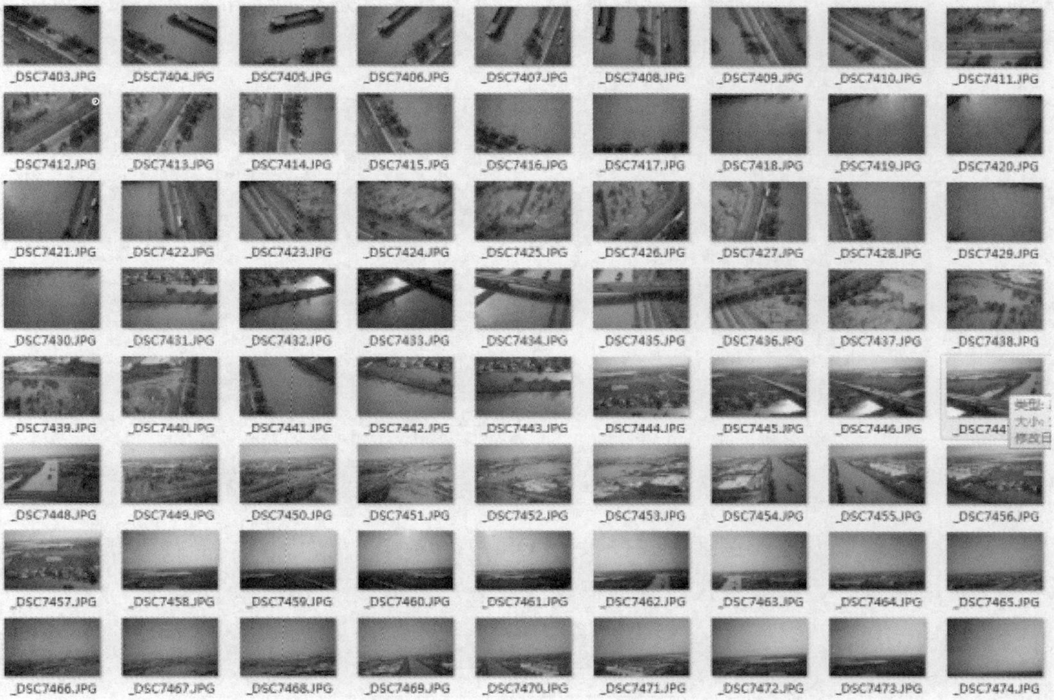

图 10－4　无人机低空航空摄影测量采集

（2）四维空间数据处理。针对大运河（苏州段）遗产监测各维度空间数据的特性，形成了一套科学、高效的数据处理流程与方法，最后通过空间基准统一技术实现四维度空间数据的空间基准统一，形成水体上下及空中一体化的监测成果融合。

处理后的河床三维点云数据成果如图 10－5 所示。

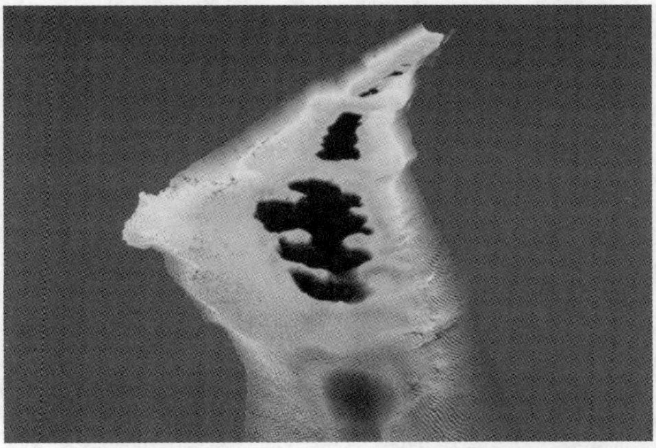

图 10－5　局部河床三维点云成果图

对环境水体与污染源进行全方位多层次的监测。以大运河（苏州段）均匀布设的水文浮标为依托，获取水环境本体的水质监测数据，包括总悬浮物、总氮、总磷、环境监测氧参数、水温等。以直观形式表现水环境本体中的各类元素的含量及其与水质量等级明细划分的对应关系，如图 10－6 所示。

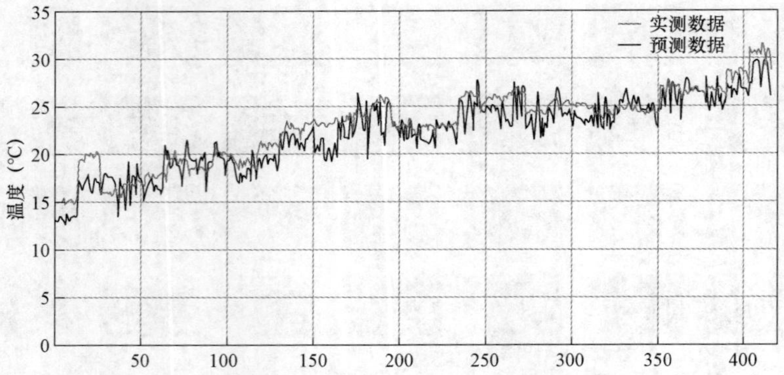

图 10－6　水温时序对比图

可量测全景数据处理包括影像拼接、POS 数据解算、点云配准、面片提取、深度图切片、轨迹编辑、数据成果入库等过程，内业处理流程如图 10－7 所示。

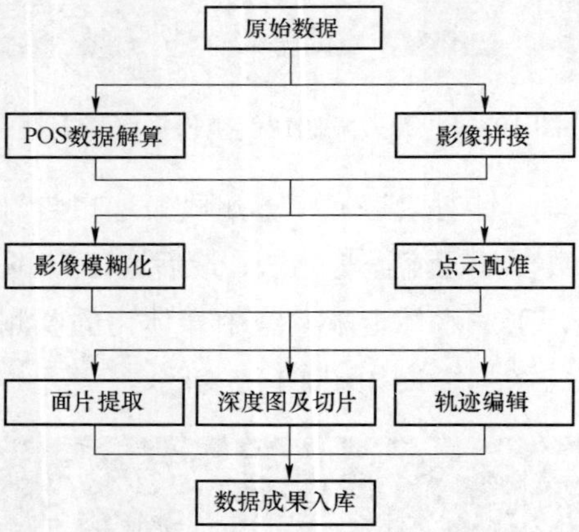

图 10－7　全景影像数据处理流程图

通过 GIS 服务的方式实现基于互联网在线浏览查看，空中监测成果数据如图 10－8 所示。

2. 大运河苏州段遗产监测预警管理平台建设

（1）数字化成果的数据挖掘与变化分析。从水下、水体、水面、空中四个维度获取的大运河多元化、多时相监测数据，能够充分反映大运河遗产及水环境监测时点的现状信息。利用科学的数据分析方法，对监测数据进行挖掘和分析，获取各维度监测数据的突出价值，从而为保护与防治做出及时预警，为科学有效应对措施提供数据支持，最终达到大运河遗产、水环境数字化监测目的。以空中实景数据挖掘分析为例，对大运河缓冲区变化情况监测，如图 10－9 所示。

图 10－8　空中全景示意

图 10－9　2017～2019 年缓冲区变化监测

（2）基于全景虚拟漫游的移动端展示系统建设。基于全景虚拟现实技术开发了移动端展示系统，能够通过真实场景的再现，还原展示大运河文化遗产带及其缓冲区场景、水环境现状，有利于实现大运河文化遗产、水环境资源的共享。

三、应用情况

大运河苏州段遗产监测预警管理平台以实现遗产监测、遗产研究、遗产管理、遗产展示、公众参与为核心的“五位一体”遗产监测模式为目标，建设了涵盖了大运河（苏州段）遗产水下、水体、水面、空中等所有数字化成果的数据展示平台。系统功能主要包括以下几个方面。

（一）遗产监测

平台系统把大运河苏州段遗产分为 14 个点（段），包括白洋湾至胥江段、现京杭大运河苏州城区至吴江段 2 条航运河道，山塘河、上塘河、胥江、环古城河、平江河 5 条景观河道，虎丘云岩寺塔、全晋会馆、平江历史街区、山塘历史街区 4 个相关遗产，盘门、宝带桥、吴江古纤道 3 个水工遗存，监测项目包括河床形态、驳岸保存状况、水质、水位、水面漂浮物、建设项目、本体稳定性、安防和消防、船舶撞击等 16 项。

（二）遗产研究

针对大运河苏州段遗产的历史文档资料、历年多位一体遗产监测成果开展遗产研究相关工作。

（三）遗产管理

依托 16 项监测指标及日常巡查结果，对遗产区及缓冲区内的建设项目、本体稳定性等问题进行监管，对发现的未登记变化区域执行发函等操作。

（四）遗产展示

遗产展示涵盖了大运河（苏州段）遗产水下、水面、空中等多维度数字化成果，实现了以下功能：

1. 正射影像图成果展示

系统平台实现了历史监测数据及档案资料的梳理，实现了 1978 年、2011 年、2013 年、2015 年档案资料的梳理，以及 2017～2020 年度监测数据的整合。通过系统发布，以时间标签的方式实现了正射影像图成果的管理。点击时间节点或动滑块，切换到对应年份的正射影像图成果，实现了遗产区及缓冲区整体风貌变迁的直观展现，操作界面及效果如图 10－10、图 10－11 所示。

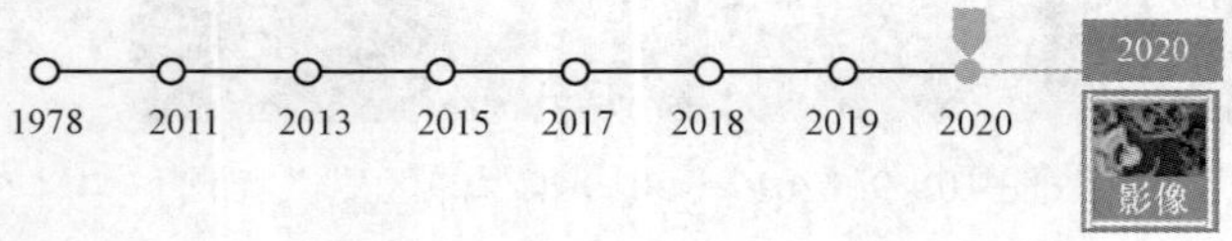

图 10－10　时间轴与时间标签

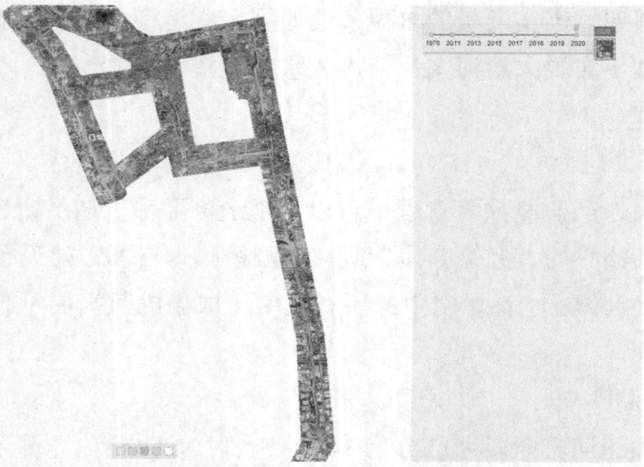

图 10－11　正射影像发布效果图

2. 河床监测数据展示

系统平台实现了环古城河、山塘河、上塘河、胥江河床多波束全覆盖测深成果、2019

年度及2020年共计17处重要区域的断面测深成果的梳理及发布。为便于数据管理，厘清水下河床与周边环境的位置关系，平台研发了图层透明度功能，全覆盖测深数据发布效果如图10－12所示。以热点形式发布了重要河床断面图成果，发布效果如图10－13所示。

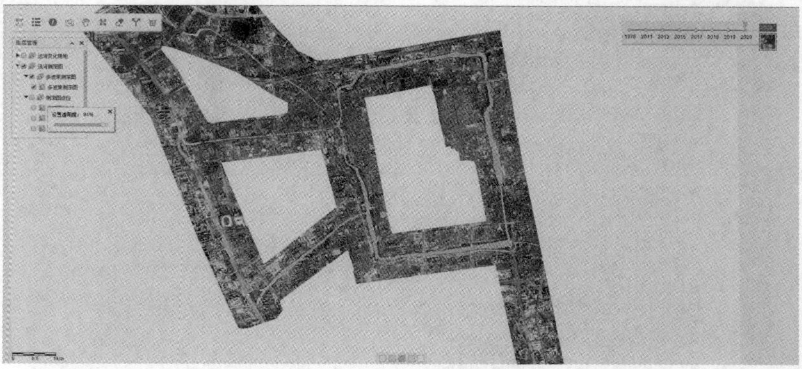

图10－12　全覆盖测深成果发布效果图

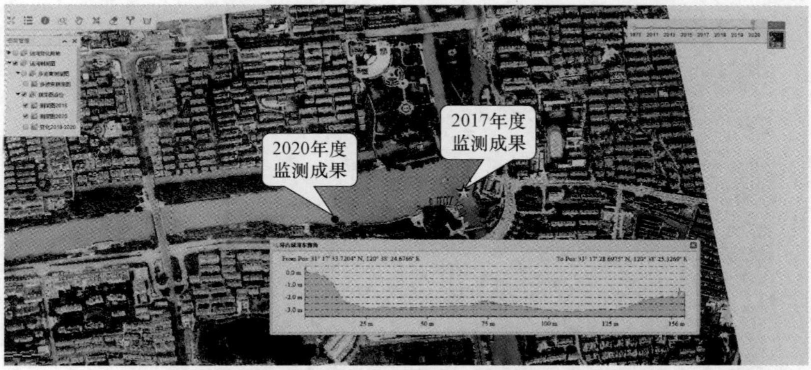

图10－13　重要区域河床断面效果图

为形象、直观展示河床的形态变化情况，系统平台实现了新增河床监测数据与历年监测数据对比分析功能，并将河床形态变化情况进行了系统发布，效果如图10－14所示。

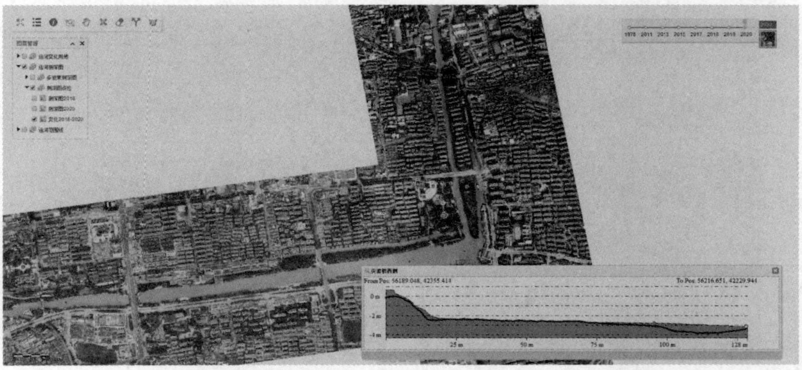

图10－14　河床形态变化效果图

3. 空中实景成果展示

系统平台完成了历年空中实景成果的梳理与发布，其中每年度监测点位105处。空中实景发布主界面如图10－15所示，发布效果如图10－16所示。

图10－15　空中实景发布主界面

图10－16　空中实景发布效果

为进一步适应周期性监测的需求，发挥大运河周期性监测的数据及应用价值，研发了监测数据多时相分屏对比功能，效果如图10－17所示。

图10－17　空中实景分屏对比效果图

4. 可量测河景成果展示

系统平台实现了历年可量测河景成果的梳理，并完成了发布工作。为更加科学、高效的监测驳岸保存状况等信息，针对病害区域，系统研发了量测功能，如图 10－18 所示；针对周期性演变区域，研发了多时相分屏比对功能，如图 10－19 所示。

图 10－18　量测功能示意图

图 10－19　可量测河景分屏对比效果图

5. 公众参与

以大运河苏州段遗产监测管理中心为“枢纽”，虎丘风景名胜区管理处、平江历史街区管理办公室等 7 家遗产管理单位，市水利局、市环保局等 6 个职能部门一起联动，公众通过添加“苏州遗产监测”微信公众号参与其中。

四、关键技术

针对大运河（苏州段）遗产监测项目中的遗产监测与水环境监测，完成了一系列的关键技术研究与工程示范应用，并取得了显著成效。

1. 面向浅水区或超浅水区的多波束测深技术

多波束测深系统是一种多传感器复杂组合的系统。受大运河（苏州段）等城市多功能河道水深等因素的制约，难以通过常规的多波束测深方式获取大运河文化遗产水下遗产本体的全覆盖测深，亦无法获取废水排水口等水环境污染源的排查。项目采用GPS-RTK 无验潮站的水深测量模式，可获取水下河床及驳岸的全覆盖测深数据，和与水环境污染有关的水下因素的位置等信息。

2. 面向水面污染及驳岸病害可量测分析的可量测全景技术

可量测全景技术是将激光扫描系统、影像采集系统、定位定姿系统、辅助硬件系统等多元系统综合组建而成，并整体移植至大运河监测条件中，完成水面遗产监测及水面漂浮物、周边环境的定性监测。建立水面驳岸等遗产本体病害的位置、面积等档案信息。

3. 兼顾宏观监测与重点监测、应急监测的水环境监测技术体系

为充分发挥水环境监测的数据价值，突破水环境本体事中、事后监测的局限性，借助运河遗产监测技术体系，对水环境相关的影响因素进行系统分析。将四个维度的监测技术体系相融合，形成包含水环境本体及其影响因素在内的立体监测技术体系。在水环境宏观监测的基础上，开展重点监测及应急监测，达到最大程度节约人力、物力的目的。

4. 多源数据融合应用的空间基准转换技术

在监测数据采集时，基于不同技术的采集原理，其坐标基准也不统一。为此，项目在充分调研各维度空间成果的基础上，对各维度成果的格式、空间基准、建档等信息进行了整理、归纳，研究建立了高精度的空间基准转换技术体系。

五、社会价值

通过一系列的技术攻关，已形成了一套科学、高效的“三位一体”遗产监测体系和“四位一体”水环境监测技术体系，已应用于2017～2020年度的大运河（苏州段）遗产监测项目中，后期将继续开展相应的文化遗产监测与水环境监测工作。基于本项目探索、形成的这套行之有效的工程化应用体系，可为其他城市的大运河文化遗产保护性监测、水环境监测提供技术支持和成功经验，具有较大的推广应用价值。

本项目涉及的关键技术在取得技术突破后，已先后应用于市政工程、文保、规划、街景等领域的社会经济建设项目之中。推广应用的项目详见表10－1。

表10－1　关键技术推广应用情况一览表

序号	领域	项目名称	关键技术
1	市政	独墅湖第二通道工程	浅水区多波束测深数据采集及多波束测深数据处理技术
2	文保	苏州市区国保单位精密三维数字化建设	多源数据采集及处理的融合应用体系

续表

序号	领域	项目名称	关键技术
3	文保	紫金庵泥塑彩绘罗汉精密三维数字化建设	多源数据采集及处理的融合应用体系
4		忠王府工字殿及苏式彩绘精密三维数字化建设验收	
5		苏州文庙精密三维数字化建设	
6		2019 年度苏州市区国保单位精密三维数字化建设	
7	规划	吴中区历史建筑普查与现状情况研究	多源数据采集及处理的融合应用体系
8		苏州市历史建筑测绘、建模	
9	全景	苏州市街景信息采集更新项目	可量测街景处理技术
10		宿迁市对口支援项目	

与传统监测方式相比，本项目的关键技术研究、生产体系及创新性应用成果在项目运用中均具有一定的优势，取得了显著的社会效益。

（1）丰富、完善了大运河保护性监测、水环境监测的技术体系，提升了文化遗产监测水平与水环境监测水平，助力大运河的常态保护。

（2）加速推进大运河遗产监测及水环境监测的动态、持续性监测进程，并建立了数据共享机制，为有关部门提供了基础资料，避免了监测数据的重复获取。

（3）为大运河沿线其他城市的遗产保护和水环境监测提供技术支撑和成功经验。

案例二　固原海绵城市运营管控平台

北京华展汇元信息技术有限公司

固原市于 2016 年成功入选国家第二批海绵城市建设试点城市。应海绵试点区域智慧化建设运营需要，2017 年开展规划海绵城市运营管控平台项目建设，建立集监测、运营、考核、管理于一体的信息化监测网络及平台，总投资本 3340.75 万元，项目总建设期 3 年。

一、建设背景

2016 年 4 月，经过层层推荐选拔，固原从全国 16 个申报海绵城市中脱颖而出，成为全国第二批海绵城市建设试点城市，成为宁夏唯一入选国家试点的地级城市。固原市住房和城乡建设工作坚持以党的十九大精神为指引，全面贯彻落实市委四届二次、三次全会精神，按照市委、政府推进新型城镇化的决策部署，主动作为，以实施海绵城市建设、旧城改造、环境改造为目标，以建成“宜居宜业宜游”的美丽家园为抓手，全力打好“六场硬仗”，建设“四个示范市”，振奋精神、实干兴宁，积极探索走出了一条具有固原特色的新型城镇化路子。

固原市位于宁夏回族自治区南部的六盘山北麓清水河畔，地处西安、兰州、银川三省府城市所构成的三角地带的中心，是“丝绸之路”经济带上的重要节点。市属中温带干旱大陆性气候，干燥多风、蒸发强烈。据固原市原州区 2000～2015 年蒸发降雨数据统计，固原市多年平均降水量为 438.9mm，多集中在 7～9 月，为暴雨，占全年 60%以上；蒸发量高达 1471.1mm 以上。

固原市海绵城市建设试点区域包括固原老城区、西南新区、饮马河区及清水河原州四中桥至火车站桥段，总试点面积约 23km^2，如图 10－20 所示。

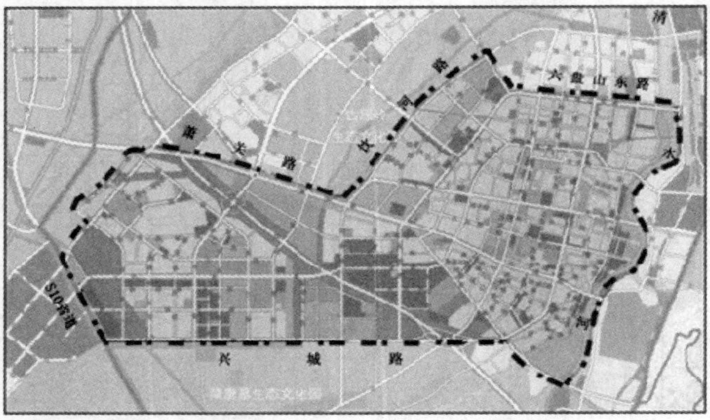

图 10－20　固原市海绵城市建设试点范围

同年结合雨水排水现状、地形条件、道路规划和城市与自然水体等间关系进行了试点区域排水分区的划分，如图 10－21 所示，为区域洪涝、水体黑臭等问题边界条件的识别、区域雨水径流综合管控、海绵城市建设效果的评价等多方面工作的开展奠定了基础。固原市试点区域划分为 3 个一级排水分区，分别为 QX、MY、YM；9 个二级排水分区，分别为清水河西片区 QX2、QX3、QX4、QX5，马饮河片区 MY2、MY3、MY4、MY5，饮马河片区 YM4。

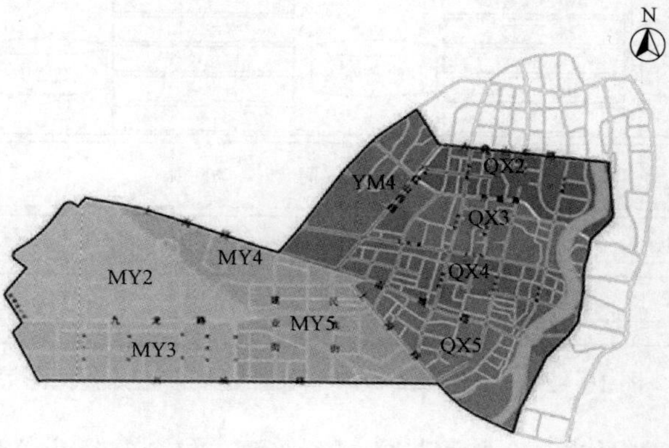

图 10－21　固原市海绵城市排水分区及水系图

海绵城市建设是落实生态文明建设的重要举措，是实现城市水生态修复、改善城市水环境、提高城市水安全等多重目标的有效手段。为更好地检验和评价固原市海绵城市建设效果并为海绵城市建设提供指导依据，参考《固原市海绵城市专项规划》《固原市海绵城市建设系统化方案》，结合固原市海绵城市试点区域特征与建设现状，开展固原海绵城市运营管控平台项目的建设。建立了从单项设施、地块、排水分区至试点区域的一整套海绵监测网，并运用信息化手段，加强海绵城市建设运营管理，改善区域环境质量。

二、建设内容

固原海绵城市运营管控平台采用“1＋1＋1＋N”的总体架构模式设计，如图 10－22 所示。以管网为核心，串联形成一张海绵监测物联网（感知接入）、一个海绵水数据资源中心、一个支撑平台及 N 类应用。通过在线监测设备网实时感知海绵设施的运行状态，形成“海绵物联网”；基于管网运营整合海绵设施，形成大数据中心；以平台基础组件为支撑，以更加精细和动态的方式管理城市海绵生态系统。

（一）海绵监测物联网

在综合考虑国家相关技术标准、海绵城市验收考核要求、排水系统运行预警体系建设、固原海绵城市信息化平台数据支撑等需求基础上，围绕水生态、水环境、水资源、

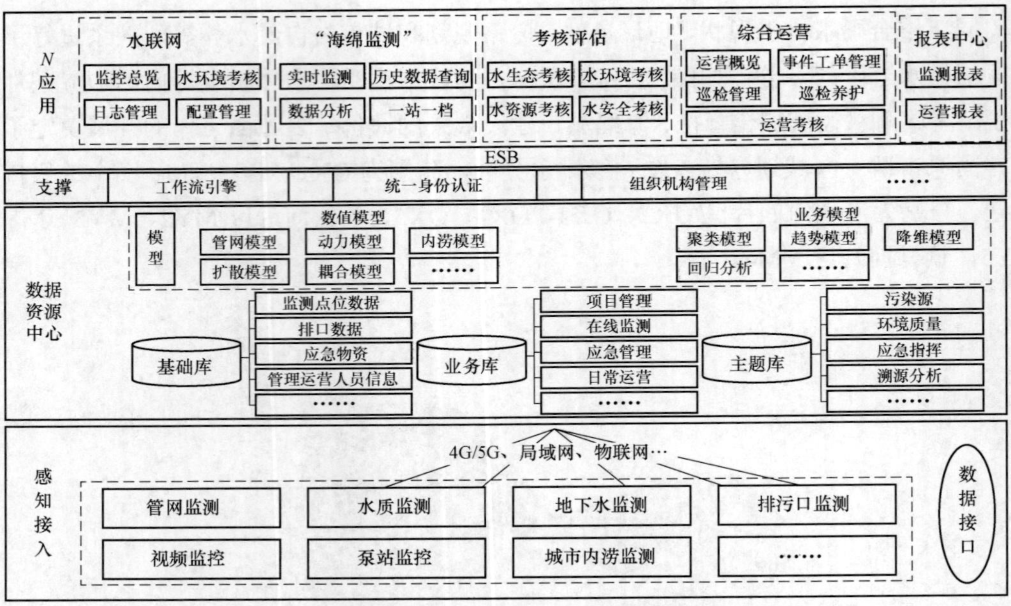

图 10－22　固原海绵城市运营管控平台总体架构图

水安全、机制建设等方面的 8 个监测指标展开监测。包含年径流总量控制率、生态岸线恢复、地表水体水质达标率、面源污染控制、合流制溢流污染控制、污水再生利用率、雨水资源利用率、内涝防治。

1. 年径流总量控制率

（1）监测指标。包括流量/流速、降雨量、土壤湿度。

（2）监测频率。为年内的每一场降雨均需监测，且当以上测点雨水管道内径流水深超过 3cm 时，需实时监测径流量。各测点流量监测均定为 5min/次。

（3）点位布设。

1）单项设施主要包括玫瑰苑小区 1 处植草沟、纵五街 1 处生物滞留槽、山城名邸小区 1 处雨水花园；单项设施监测点共 6 个。

2）地块项目具体包括玫瑰苑小区外排口、纵五街外排口、山城名邸小区外排口、丝路公园等四个处共 5 个测点。

3）排水分区层面径流控制率监测点共 25 个，客水汇入监测点 6 个，主要用于界定试点区域外径流量对径流总量控制率的影响；另外，还布设有污水/雨污合流测点 10 个，主要用作污水管网的运营维护。

4）降雨监测点：在玫瑰苑小区、九龙公园、古城墙遗址公园、九龙半岛公园各安装 1 台小型气象站用于监测降雨量；为掌握海绵城市建设对局地微气候、土壤湿度的影响，在各气象站安装点同步安装 1 台土壤水分测定仪，气象站及土壤水分测定仪各 4 台，位置分布如图 10－23 所示。

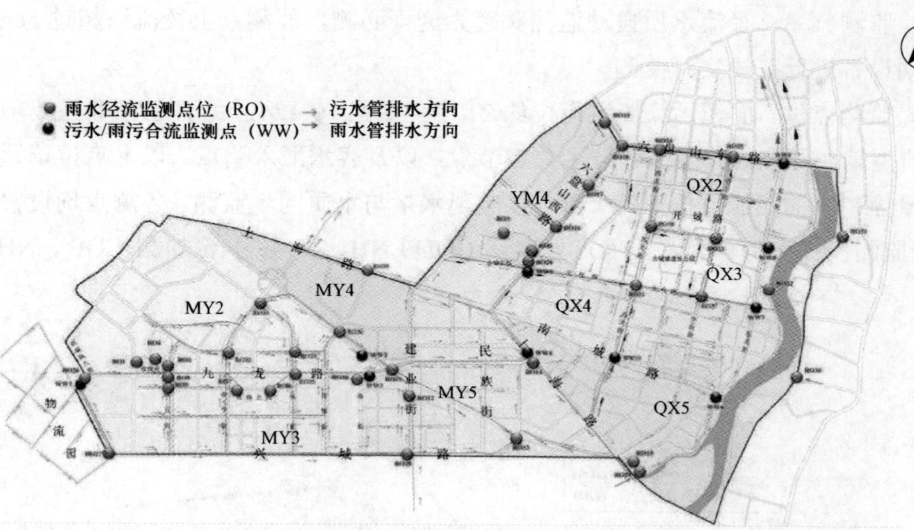

图 10－23　年径流总量控制率监测点位图

2. 生态岸线恢复

鉴于固原市海绵城市试点区域内的天然地表水体仅有清水河，故生态岸线监测范围即为清水河进入和流出试点范围区段的岸线，即原州四中桥至火车站桥段清水河岸线范围。该指标主要由相关工程部门提供岸线修复进展及岸线修复长度、修复率等信息，数据采集频率为每年 1 次。

3. 地表水体水质达标率

（1）监测指标。对该指标采用自动与人工监测相结合的方式开展。四个断面均开展人工监测，其监测的水质指标包括 pH 值、溶解氧（DO）、化学需氧量（CODCr）、总氮（TN）、氨氮（NH_3-N）、总磷（TP）共计 6 项监测指标；在入境断面和出境断面各设一套水质在线监测设备，监测的指标包括化学需氧量（CODCr）、氨氮（NH_3-N）2 项。

（2）监测频率。

1）每年常规期采样 12 次，外检 4 次。

2）每年雨洪期采样 3 次，外检 1 次。

3）对自动监测设备其 COD、氨氮两水质指标采用可每 4 小时监测一次。

（3）点位布设。为掌握流入及流出试点区域的河道水质状况，在清水河海绵城市建设区段设置入境断面和出境断面各 1 个；同时考虑到沿岸污染源分布及污水、径流雨水汇入等因素，在出入境断面之间的南河滩桥及文化东路桥处增设 2 个污染控制断面，共计 4 个监测断面。

4. 面源污染控制

（1）监测数据。各测点均设置 SS 在线监测仪 1 台，即各测点水质均以 SS 为代表；客水测点增加 COD、NH_3-N 两水质指标。

（2）监测频率。径流水质自动监测频率为逢雨必测，即测点上径流深超过 5cm 时，立即启动设备进行在线实时监测。

（3）监测点位。面源污染监测点位约 21 个，如图 10－24 所示，包括典型单项设施测点、典型地块测点、典型排水分区关键节点，以及客水汇入测点。以上点位位置与年径流总量控制率的相应点位保持一致，以实现水量与水质同步监测。各测点均设置 1 台 SS 在线监测仪；在每个客水汇入点处增设 COD＋NH_3－N 各 1 台加测 COD、NH_3－N 两指标。

图 10－24　面源污染监测点位图

5. 合流制溢流污染控制

（1）监测数据。溢流管流量及溢流次数。

（2）监测频率。年内的每一场降雨均需监测，对各测点液位读数初定为 5 min/次。

（3）点位布设。在所有雨污合流制管网的溢流井入河口均需布点监测。在固原市老城区清水河西岸共有 4 处合流制雨水溢流口，每个排口均设有 1 台流量计。

6. 污水再生利用率

对于该指标主要由污水处理厂提供污水处理量、污水再生利用量等信息，数据经人工处理后上报即可，数据采集频率宜每月 1 次。

7. 雨水资源利用率

（1）监测指标。试点区域内各雨水收集设施的雨水利用量（或收集量）。

（2）监测频率。需在线实时监测，各流量计数据采集频次一般不高于 5min/次。对于雨水桶雨水收集利用量采用水表进行计量，其监测频次为每月统计 1 次。

（3）点位布设。根据试点区域雨水收集设施规划及建设现状，拟选玫瑰苑、山城名邸等小区为重点监测板块，监测的设施包括雨水桶及蓄水池。雨水桶共监测点共 4 处，蓄水池监测点共 4 处。

8. 内涝防治

（1）监测指标。积水面积、代表水深及退水时间。

（2）监测频率。对于自动影像监测系统，则逢雨必测，每场降雨均开展积水内涝监测，数据采集频率不高于 15min/次；对于人工监测点位，每年监测成涝降雨 6～8 场次，数据采集频率可按 60min/次计。

（3）点位布设。重点监测积水严重的内涝点，并在内涝点处布置积水影像监测设备；其他积水点可根据降雨强度采取人工巡检的方式，获取积水点积水的相关信息。结合前期现场调研，初步拟定内涝监测点 3 处、积水点 9 处，共计 12 处。

（二）设备适配接入

通过水联网将前端的海绵监测设备通过一定的通信协议连接入平台当中，如图 10－25 所示，对设备基本信息、接入适配、设备运行状态进行管理，保障实时监测数据顺利地上传至系统当中，支撑海绵监测系统中实时监测数据的展示，设备状态的统计。

图 10－25　水联网监控界面图

（三）数据资源中心

（1）采用统一的数据标准，将海绵城市的监测监控数据、业务管理数据、考核评估等数据有机的整合起来，形成海绵城市专业数据中心。同时建立数据安全、数据规范等机制，保障数据中心安全高效服务。

（2）数据库是数据资源中心的基础，主要包括基础信息库、业务信息库、分析主题库等。

（3）基础信息库用来存储和管理各应用系统在处理业务中均需要使用的基础性信息，包括机构基础信息库、环境质量基础信息库、指标信息库、公共代码信息库、元数据库等。

（4）业务信息库用来为业务应用系统提供数据管理和支撑，存储业务应用系统处理业务过程中产生的业务过程信息和业务结果信息，如站点运维数据库、运营管理数据库、日常监测管理数据库等。

（5）分析主题库是面向分析决策的专用数据库，其数据来源于基础信息库和业务信息库，但是其组织形式与这两个信息库不同。为了使得业务数据更加便于分析，将与分析主题相关的基础数据和业务数据抽取出来，改变其数据结构，并增加表示分析纬度的维度表，这样构建出来的分析展现库可以方便地根据维度表对数据进行多层次的深度分析。

（四）海绵 *N* 类应用

基于水联网、数据中心，建立面向政府部门、项目公司、公众等用户的“*N* 类”应用。

1. 海绵监测系统

实时监测是对海绵监测系统监测数据的整体展示。以 GIS 地图为主要展示形式，显示各监测站点设备的实时监测数据。监测的设备有流量计、水质分析仪、液位计、气象站、视频等。对各类监测设备的历史监测数据进行同比环比分析、趋势分析、相关分析，从多个角度了解监测数据的变化规律。一站一档对海绵监测对象、监测站点、监测设备的基本信息以及运行维护的信息进行管理，形成一套基础数据，方便对站点或设备所有相关业务信息的直观预览调用。

2. 预报预警系统

预报预警系统基于前端监测数据、设备运行参数数据、动力环境数据的同步采集，并通过数据质控、远程反控等智能化手段，通过后台设置阈值，科学合理的预测分析区域异常情况，帮助实时、准确掌握城市海绵体状况，为河道监督管理、海绵城市治理与运营提供数据依据。

3. 工程项目管理系统

工程项目管理系统通过对工程建设的实施情况、资金情况、质量控制、工程进度等环节进行全流程化、全阶段的可视化、电子化梳理，对海绵工程建设的流程环节加以明确，实现工程建设每个环节的可检索，可追溯。

4. 资产管理系统

通过对运营公司的运营对象含主要设备、管网等资产进行管理，建立资产台账，通过对资产运转生命周期和经济生命周期进行动态、可视化管理，主要包含对主要运营对象的设备信息以台账信息录入系统并进行管理，针对管网信息建立管网台账，可快速及时响应突发事件。

5. 综合运营管理系统及 App

综合运营管理系统是对海绵运营工作的整体管理。为了推进“运营/管理”的委托运营模式项目，系统将从运营概览、事件工单管理、巡检管理、维修养护管理几个方面进行管理，为海绵体系的运营管理提供全部日常运行管理及技术服务。同时通过无线网络与运营管控平台连接，可实时接收平台发送的运维消息提醒，查看海绵监测数据，进行现场运维，上传运维记录，受理工单，上报事件等，方便快速处理运维工作。运维人员工作轨迹如图 10－26 所示。

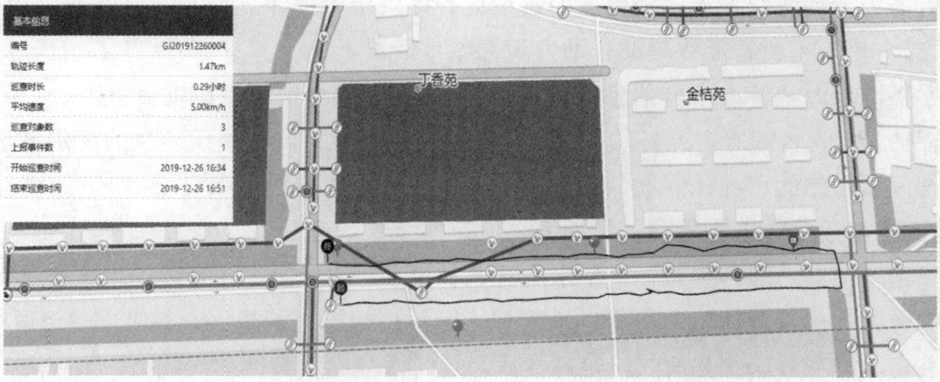

图 10－26　运维人员工作轨迹

6.“海绵一张图”

基于 GIS 实现对城市的主要河道、排水管网和受污染水体等的动态采集数据的综合展现，可视化呈现海绵城市建设效果和总体控制目标，实现对海绵城市水环境的智能化管控。“海绵一张图”将各层次的总体运营结果展示在统一界面下，方便快速了解整体项目情况，如图 10－27 所示。主要包括以地图为核心的区域/站点/人员/车辆分布情况，项目概况，监测情况，设备状况及运营情况。

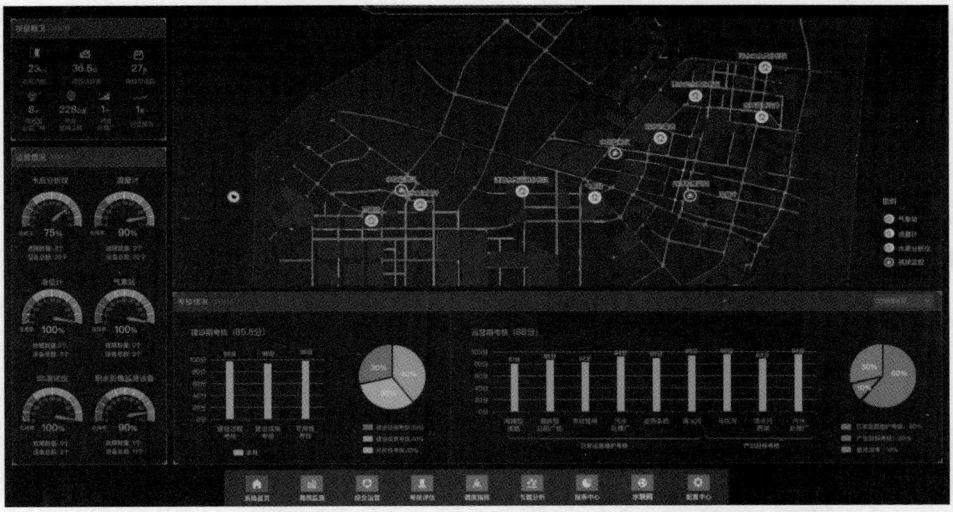

图 10－27 “海绵一张图”

三、应用情况

（一）通过业务数据汇聚，形成城市综合分析能力

基于水联网平台整合固原海绵城市设备设施、河道监测和视频监控等业务数据，建立海绵城市建设与运营管理的标准化数据接口，规范化建设运营数据，形成海绵城市综合分析能力，为海绵城市各类设施的建设运行提供决策保障。

（二）借以平台智能化辅助，助力海绵城市建设

发挥固原海绵管控平台信息化作用，实现固原海绵城市项目在项目管理、监测预警、考核评估、运营管理等多业务领域高度信息化与智能化。同时基于地块的海绵城市考核指标与区域设施的可视化联动，指导海绵城市区域项目建设。

（三）基于考核机制管理，倒逼海绵城市持续长效运营

以运营绩效考核为手段，基于水资源、水生态、水安全、水管理、水文化“五水共治”的海绵智慧管理体系，结合日常管理、运营管控等的智慧化业务应用，形成政府、项目公司、第三方运营公司三级管理模式。从而增强突发事件影响能力，实现海绵城市生态持续运营与长效保持。

四、关键技术

（一）3D 建模技术

结合三维技术、信息技术和自动化技术，建设以管网数据采集与监视控制系统、地理信息系统、仿真系统为一体的三维管网信息管理平台，可科学管理管网资源及相关的管网信息，实现整个管网的协调与统一。同时通过对矢量数据、三维数据等地理信息资源的整合利用、分析共享，结合海绵业务信息，实现海绵体设施的在电子地图上的可视化展现。

（二）模型模拟评估

通过模拟系统模拟城市地表内涝积水情况及海绵设施建设后，如积水点位置、积水面积、积水深度、积水量等信息。模型不仅可以在海绵城市建设完成后，通过对比所模拟工程建设前后的内涝积水程度，评价其对内涝削减的量化效果，判断是否达到建设目标。也可按照评估需要对某一片区或者某一时间段内的降雨致涝情况进行实时模拟，评估其是否出现内涝，以及内涝等级等。

（三）视频识别技术

视频识别主要包括前端视频信息的采集及传输、中间的视频检测和后端的分析处理三个环节。通过中间嵌入的智能分析模块，对视频画面进行识别、检测、分析，滤除干扰，全天候监控掌握动态即时信息，对视频画面中的排口污水排放、河岸垃圾倾倒等异常情况做目标和轨迹标记，发现问题及时整改。

五、社会价值

搭建物联感知的城市生态体系，辅以多维度数据实时分析，有效削减地表径流污染物，改善河湖生态系统和水环境，提高城市防洪排涝和减灾的能力。改变海绵城市建设政府单向主导体制，转为政府、公众的双向互动，通过水环境质量信息的汇集发布，让本市居民随时知晓感受身边城市环境现状，提升对海绵城市建设的参与感。

基于监测物联网全方位记录感知海绵城市建设设施运行情况，及时发现排水设施中存在的潜在风险，有效提升区域综合管理能力和快速处置能力，彻底解决小区地下管网破损、污物横流、散水塌陷等突出问题，提高身居海绵城市的幸福度。

通过模型分析，对海绵城市项目建成效果进行对比模拟，指导海绵工程项目建设，实现区域雨水消纳和综合利用，达到雨水的溢流排放和错峰排放的目的。同步结合海绵具有雨水滞蓄渗功能的绿地改造提升区域整体景观品质。

案例三　研创园智慧水务综合管理平台

江苏长三角智慧水务研究院有限公司

一、建设背景

排水系统是重要基础设施，是城市水污染防治和排涝、防洪的骨干工程。排水问题是个系统性问题，目前主要排水问题包括管网年久失修，雨污混接、淤积等导致城市内涝积水；破损、渗漏等导致污水污染土壤、地下水；城市发展、扩建，导致排水系统日益复杂，但建设和管理严重落后；各部门间信息孤岛，难以协同合理的应对预案。

南京江北新区产业技术研创园位于国家级江北新区滨江区域，北起城南河，南至虎桥路，东起滨江大道、横江大道，西至浦乌路、浦滨路，总规划面积 14.8km^2，如图 10－28 所示。

图 10－28　研创园范围

江北新区研创园智慧水务管控系统一期工程的建设区域范围为：江北新区研创园四期，北至五桥，南至虎桥河，西至浦乌路，东至浦滨路，共计 6.0km^2。

目前排水系统主要存在以下问题：

（一）污水系统存在问题

污水系统高水位运行：高水位造成管道养护困难，同时容易由于污水液位高于地下水水位，导致污水外渗，污染土壤和地下水。

雨污水混接：雨污水混接造成雨水进入污水系统，使雨季系统输送能力不足，冒溢至雨水系统，造成污染。

污水管道淤积：同时由于排水不畅，容易引起淤积，降低管道排放能力，从而造成进一步的排水不畅，恶性循环。

干管、系统运行负荷不清楚：研创园位于珠江路系统的末端，上游负荷，区域负荷，及其动态变化不清楚，给系统和干管的规划设计、提升改造、运行调度造成困难。

（二）雨水系统存在问题

暴雨期间内涝积水：智能分流井进水管与出水管管径相差很大，暴雨期间调蓄池进水排水不畅，可能造成内涝积水。

智能分流井闸门起闭控制与河道水位：智能分流井闸门关闭通过河道水位来控制，河道水位因排涝泵站抽排不均匀引起河道水位变化。

雨季污水入河：雨季污水混合雨水直接排放。

雨水管道信号与调蓄池控制问题：上游雨水管道信号结合到调蓄池控制，避免内涝。

调蓄池利用率问题：调蓄池建设后，合理控制闸门、提高调蓄池的空间利用率的需求。

（三）雨污水系统共同存在的问题

管道数据与现状不符：由于设计阶段对管网规划的调整，后期施工的变更等种种原因，造成管线数据资料不全，给系统扩充和养护管理带来困难。

混接：识别区块混接问题，对区块混接及时预警。

二、建设内容

（一）建设原则

1. 标准化

通过全面需求分析，把握业务实质，遵守业务操作规范，遵照有关地理信息标准，设计平台与数据标准、规范。对现行业务进行规范化、标准化处理，制定严格的数据标准、服务标准和应用标准。

2. 先进性

在保证系统实用、稳定的前提下，采用先进成熟的主流技术，符合今后的发展方向，使设计系统能够最大限度地适应技术发展变化的需要，延长系统的生命周期。在软件开发思想上，严格按照软件工程的标准和面向对象的理论来设计、管理和开发，以确保系统的先进性。

3. 实用性

软件的功能设计立足于操作者的使用习惯，做到简单、实用、人性化。

4. 高效性

系统运行、响应速度快。各类数据组织合理；图层、属性设计简洁；数据库设计合理。

5. 开放性

在系统构架、采用技术、选用平台方面都必须要有较好的开放性，尤其发布的应用服务接口，要符合国际通用规范和其他行业标准。

6. 可靠性

由于平台涉及部门多、访问量大，任何的系统故障都有可能带来不可估量的损失，这就要求平台具有高度的可靠性。设计将采用成熟、稳定、可靠的软件技术，保证平台长期安全地稳定运行。

（二）软件构架

南京江北新区研创园市政道路及配套项目工程智慧水务管控系统一期工程，可划分为几个板块，如图 10－29 所示。

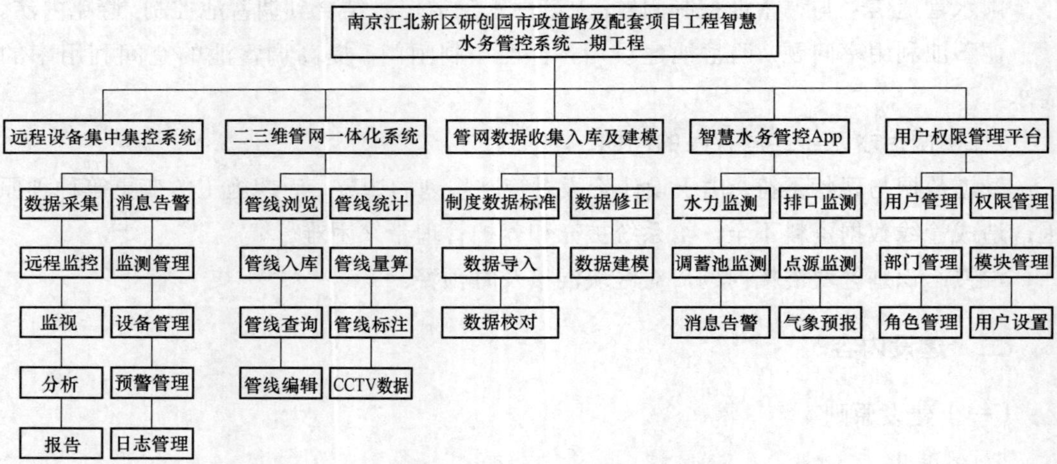

图 10－29　江北新区研创园智慧水务管控系统功能结构图

江北新区研创园智慧水务管控信息系统，系统拓扑如图 10－30 所示。

（1）感知层。主要借助物联网技术，将各种传感器技术引入到排水管网各类设施中，通过传感器对相关设备设施及排水系统水情水质的实时监测，从而掌握排水管网运行的动态信息。目前依据水环境提升项目的需求，结合当前的智能分流井＋调蓄池＋一体化处理站的治水模式，充分考虑后续运维监测保障的必要性，感知设备包括，排口智能分流井监测设备、调蓄池监测设备、河流水情水质监测设备、检查井水情、水质监测设备、泵站及污水处理厂工情监测等。

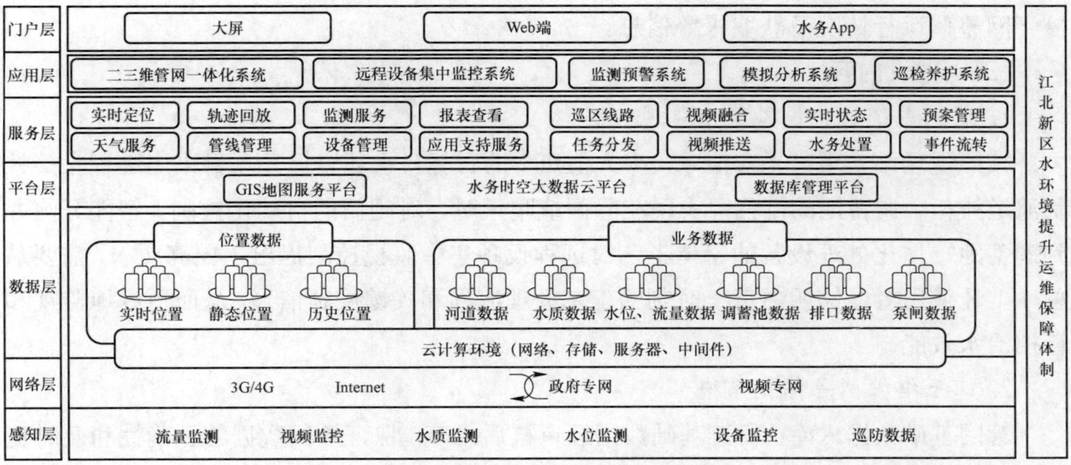

图 10－30　系统拓扑

（2）网络层。感知设备到管控中心的数据传递离不开网络，按照数据从末端到中心端的传输层次来说，排水管控系统的网络可以分为内部以太网、GPRS/3G/4G/NB、外部以太网/政府专网/视频专网三部分。

（3）数据层。系统中要展示的主要数据来源于排水管线、河道、排口、调蓄池、CCTV节点、泵站污水处理厂等，平台支持扩展第三方数据源。所有数据可分为位置数据和业务数据两类，其中位置数据是指管线基础数据、管线底图数据，业务数据是指各种传感监测数据以及人员、权限等业务基础数据。

（4）平台层。服务器提供所有业务应用服务、文件服务、空间数据等服务。程序运行在 linux 及 Windows Server 系统环境的服务器上，服务器支持分布式集群。软件开发基于 JAVA + ArcGIS Server 实现。考虑到数据量可能会比较大及空间数据的缘故，关系数据存储采用 MYSQL，空间数据存储采用 PostgreSQL，Web 服务器软件采用 Tomcat。

（5）服务层和应用层。根据前期调研分析，系统应用层包含二三维管网一体化系统、远程设备集中监视控制系统、监测预警系统、模拟分析系统及巡检养护五大业务系统。因研创园大范围土建及巡检养护制度业务流程暂不完善，因此，本次建议以二三维管网一体化系统、远程设备集中监视控制系统、监测预警系统为主。

（6）门户层。门户层即展现层，该系统的主要终端门户包括管控中心大屏、电脑浏览器端（Web 端）和手机 App 端；管控中心大屏以实现应急管控展示为目标，以一屏掌控全局、快速定位到事发地、实时辅助应急决策为基本要求；电脑浏览器端（Web 端）是系统的大脑，也是基本展示端，所有的应用模块及业务内容都可以使用和设置，本系统兼容主流浏览器；水务 App 端是系统的微型延展，将用户最需要关注的排口调蓄池工情信息、泵站信息、水情水质信息以及天气预报信息整合到 App 上，供用户实时把控管网整体运行情况及获取报警信息。

（三）建设内容

1. 管网系统远程设备集中监视控制

按照现场站实现“无人值守，少人值班”的目标，水环境提升项目采用远程直接控制河道排口、调蓄池的闸门，实现在降雨或晴天时，对闸门的自动化控制。智能分流井到调蓄池一体化处理设备的整体工艺对远程设备集中监视控制提出了更高要求，需要从总体上让使用者能够明白每一时刻的工艺处理流程和关键控制信号，从而更好地监视和管控治水效能。

2. 二三维管网一体化系统

管网基础数据入库：所有基础数据经审核后入库，保证管网数据的正确性和及时更新。所有工程经相关审批后再开始建设，规划、施工图、竣工图统一管理。

管网数据查询：管网数据繁杂、众多，即使专业技术人员也很难厘清管网的情况。因此需要对管网进行分级处理，让管网随显示尺度浏览不同级别的管道。

管网追溯和水力分析：通常的 GIS 不具备管网分析功能，例如管道流量出路分析，管网汇水区域分析、纵断面管道坡度和倒坡分析等。因此需要采用专业的管网 GIS 平台对管道进行分析。

3. 管网数据收集入库及建模

管网数据收集入库：所有基础数据经审核后入库，并进行校正，保证数据准确性。

数据建模：根据管网数据，利用专业算法生成水力模型。

4. 智慧水务管控 App

智慧水务管控 App 的使用对象包括各级水务巡检单位工作人员、不同管理部门监管人员及社会公众等不同的用户群体，系统针对不同的用户开发设计手机 App 终端展示方式，实现不同型号手机终端服务，为用户和管理人员提供更加全面、快捷的智慧水务管理控制平台。

三、应用情况

随着研创园管理机构对智慧水务平台的深入使用和掌握，由软、硬件组成的智慧水务平台物联网系统可以从方方面面对研创园片区排水管网系统具体问题的解决形成强有力的支撑，在宏观、中观和微观三个层面都能发挥预防问题、发现问题、帮助决策和日常运维的作用。

从宏观上说，通过统计预警类型、预警次数和各设备预警情况可以找出日常重点监测和排查的问题类型、问题区域和具体设备，有层次、有先后、有资源投入差别地进行管理，综合地对整个园区排水管网系统进行健康评估。从微观上说，可以更准确地发现导致问题的原因，如管道渗漏、企业偷排污水、管道淤堵等。远程设备集中监控系统通过数据采集和视频监控给出了充分推测问题原因的资料，而二三维管网一体化系统则清晰覆盖统计了现有地下资产，使出现问题在出现的第一时间得到快速定位。从微观上说，PC 端、移动端的管控平台方便了技术人员调取信息、判断问题和提出建议。

因此发展传统管网系统的信息化、智能化、自动化不仅可以快速发现、解决眼前的内涝、倒灌、偷排等管网问题，还可以形成长效的管网系统监测、治理机制，大大节约了问题发生后的补救成本。标准化、技术化的桌面端操作对于人才的培养、队伍发展都有促进作用，管理职权更加明确，管理成本大大降低。

以下分析阐述三个主要应用场景以及可以处理的情况。

（1）在线查询。平台提供在线查看多项设施设备信息的功能，主要包括设备列表、设备位置、运行情况、监测数据、现场视频、预警信息等。这为监测某一具体设备、设备相关片区，找出管网问题以及联排联调提供直接的数据支撑和证据支持，同时预警信息也是以软件辅助技术人员解决问题。以下就是围绕设施设备进行的监测活动所提供的可查询信息：

1）设施设备直观地被呈现在地图上，操作人员可以快速定位具体设备并判断设备运行状态和水力情况。

2）设备列表可以帮助判断互相关联的设施设备是否正常联动，并可以帮助判断各片区系统的整体运行状态。

3）设备具体运行情况界面以纵断面图示将主要构筑物和设备呈现，对于分析设备具体运行情况有重要帮助。同时，具体的液位、流量信息是水力情况技术分析最重要的支撑。

4）预警信息可以提醒操作人员问题发生，同时对预警信息的统计分析可以描绘整个排水管网系统的状态，有利于找出问题集中点以及提供解决问题方向。

在如此密集的监测环境下，管道渗漏、企业偷排污水、管道淤堵就可以通过液位变化、视频监控、流量监控等被迅速发现，并且被迅速定位。

（2）工况分析。工况的及时反映是为了管理方更好地安排检查管理工作，也能在一定程度上减轻检查人员的工作强度。

平台不光可以监测实时的工况，分模块提供设备运行的详细信息如弃流井前后池液位、调蓄池液位、一体化设施、雨量、管道流量、管道液位、设备通信情况以及电量，还可以将以上重要信息集成到一张纵断面图，更直观全面地反映设备工况。由此，各个设备运行健康程度、运行过程和运行问题可以全面地反映在平台里，方便技术人员的操作。

平台也提供工况模拟的功能。对于晴天初雨、调蓄池进水、超雨量排河与调蓄池排空的工况模拟，有效验证了调蓄池及其对应设备的运行情况。

（3）运行情况分析。管网及设备运行情况健康的反映主要是以纵断图和数据图标组成了的分析页面完成，所有能直接、间接反映管网水力情况和设备运行情况的数据都被合理安排在分析页面上，这是为了满足追溯问题原因的需求。通过各项指标的分析，无法一眼看出或者是无法直接经验判断的问题可以被分析出，可以计算推测上游的问题，对于难度大、情况复杂的问题得到解决有重要帮助。同时，为了解决区域重点问题，平台特别设置了专门模块来反映重点问题所涉及管网的流量、液位，冒溢问题常发地点也设置了冒溢警戒功能，弃流井设备状态界面如图 10－31 所示。

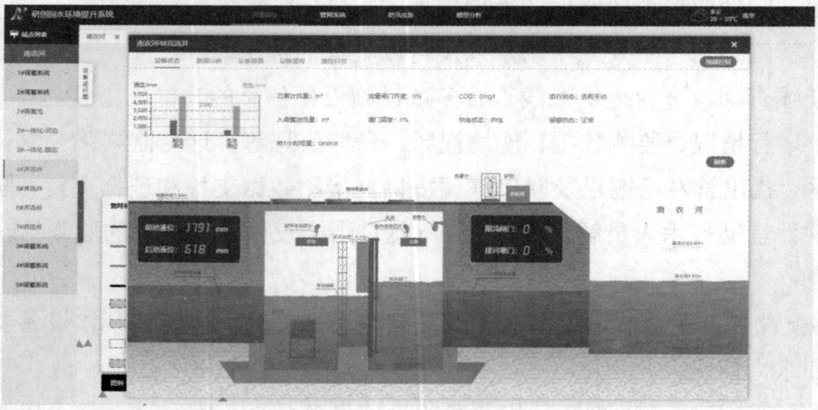

图 10－31　弃流井设备状态页面

本项目已经初见成效，对江北新区管网雨污分流和城市水环境提升起到有力的支撑作用。

（1）建立了研创园区域和江北新区重点区域和节点的水务物联网在线监测体系。

（2）建立了江北新区管网与排口一体化监测体系。

（3）为新区管网提供了系统的诊断，可快速发现区域管网淤积，有效提升了管网的输送能力，改善了污水溢流问题；为园区的雨污混接提供了有效的监测，可针对性地进行管控。

（4）CCTV 设备与软件结合，为新区市政和小区管网提供了快速、高效、准确的混接检测手段；大幅提升了园区排水管网的管理水平，节约人力、物力和财力。

（5）有效降低了区域水体的水环境污染，提升了园区水环境，改善了园区的创业和生活环境。

（6）初步建立了智慧水务的框架和产业基础，形成了智慧水务的示范和产业的集聚环境。

四、关键技术

1. 数据库技术

（1）关系型数据库 MySQL。MySQL 是一个关系型数据库管理系统，由瑞典 MySQL

AB 公司开发。MySQL 是最流行的关系型数据库管理系统之一，在 Web 应用方面，MySQL 是最好的 RDBMS（Relational Database Management System，关系数据库管理系统）应用软件之一。

（2）时序数据库 InfluxDB。InfluxDB 是一个开源分布式时序、时间和指标数据库，使用 Go 语言编写，无须外部依赖。其设计目标是实现分布式和水平伸缩扩展，是 InfluxData 的核心产品。

应用：性能监控，应用程序指标，物联网传感器数据和实时分析等的后端存储。

（3）存储引擎（Timestamp-Structure Merge Tree）。TSM 是在 LSM 的基础上优化改善的，引入了 serieskey 的概念，对数据实现了很好的分类组织。

（4）空间数据库 PostGIS。PostGIS 是对象关系型数据库系统 PostgreSQL 的一个扩展，PostGIS 提供如下空间信息服务功能：空间对象、空间索引、空间操作函数和空间操作符。同时，PostGIS 遵循 OpenGIS 的规范。

2. GIS 技术

排水系统与空间技术不可分割，包括管网的展现、分析、查询以及与各设备的联动等。因此需要一个完善的服务引擎。GeoServer 是 OpenGIS Web 服务器规范的 J2EE 实现，利用 GeoServer 可以方便地发布地图数据，允许用户对特征数据进行更新、删除、插入操作，通过 GeoServer 可以比较容易地在用户之间迅速共享空间地理信息。GeoServer 是一个功能齐全，遵循 OGC 开放标准的开源 WFS-T 和 WMS 服务器。利用 Geoserver 可以把数据作为 maps/images 来发布，也可以直接发布实际的数据，同时也提供了修改，删除和新增的功能。

五、社会价值

1. 经济效益

通过将软件、大数据技术与传统的机电行业进行紧密结合实现管网管理和维护的数字化保证管网资产的价值，升级传统市政基建为“新基建”，为传统水务行业巨大市场注入新的需求，可有效拉动行业经济。同时，智慧水务平台可有效提升管网管理效率，减少不必要的投入，同时做到“开源节流”。

2. 社会效益

智慧水务平台可带来长期的社会效益，同时满足当下和未来对管网管理的要求。通过数字化、初始化、动态化、智能化管网的数据，可以做到管网供排水系统化、养护科学化、作业自动化、资产数据化、调度智能化，对中国城市现代化、智能化中市政管理的现代化、智慧化起到重要作用。

3. 行业效益

对于行业来说还有如下重要促进作用：

（1）供排水系统化。供水数据与排水数据的整合，供水设施与排水设施的协同调度。

（2）养护科学化。通过资产管理系统，制定巡检计划，分析管网健康状态及其变化情况，科学制定养护作业计划，进行预防性养护。

（3）作业自动化。采用智能自控软件系统，定制作业流程，进行管网清淤、检测、修复作业，降低劳动强度，保证作业安全，提高作业质量。现场所有的作业信息动态监控。

（4）资产数据化。对城市排水设施资产进行数字化，摸清家底，配合管网建设改造，建设管网适应性动态管理，提高从而能够支持城市建设的投融资。

（5）调度智能化。基于模型进行分析预测。

案例四　智慧城市排水防涝信息管理系统

广东绘宇智能勘测科技有限公司

一、项目背景

随着城市化进程的快速发展，对排水管网的设施管理、养护管理、运行监测、应急防汛和科学决策等提出了越来越高的要求，但由于经费投入不足，维护管理力度不够，导致排水管道老化、淤积、堵塞、城市内涝、黑臭水体、污水外溢等问题十分严重。由强降雨引起的城市下穿隧道、立交桥以及道路低洼地带存在大量积水的“城市观海”现象时有发生，给人们的出行带来了极大的不便。因此科学组织排水管网普查、雨污混接排查，并建立动态的城市排水防涝信息管理系统和运维管理机制，实现对排水管网的精细化管理，是城市排水设施日常维护和安全运行的可靠保障，也是促进城市水环境改善的必要和有效手段。

目前，全国正在大力开展智慧水务及城市黑臭水体治理工作，国家、省市均出台了相关政策文件。排水管网及设施作为智慧水务及城市黑臭水体治理工作的重要组成部分，加强对城市排水管网升级改造、防汛应急抢险、日常养护信息化管理成为“补短板、强监管”的重要工作。

城市排水防涝信息管理系统基于“物联感知、信息共享、科学决策、精细管理”的理念进行设计，以物联网、大数据、GIS、移动互联网技术为基础，通过建立前端监测感知体系，实现排水管网、泵站、积水点等监测对象运行状况数据实时采集与传输；通过整合排水防涝设施数据资源，形成排水防涝管理“一张图”；基于“一张图”的基础上实现排水设施管理、档案资料管理、日常运维管理、运行调度、灾情预判、预警预报和辅助决策等业务需求，进一步提升综合处置和应急救援能力，为城区安全度汛提供强大技术支撑。

二、建设内容

（一）系统设计原则

1. 规范建设原则

标准化、规范化是智慧城市排水防涝信息管理系统建设的基础，也是系统与其他系统兼容和进一步扩充的根本保证，因此在系统建设中应遵循国家行业标准或应用标准，对尚不形成标准的应尽量参照国家和相关规定执行。

2. 整合资源原则

在系统建设过程中，充分考虑、整合、利用已有的资源。挖掘、发挥已有的、分散的各类人力、软硬件设备、信息、环境等资源的潜力，通过立足实际，整合资源，降低系统建设成本，并且带动其他政府部门的信息化水平共同发展，避免“信息孤岛”与“数字鸿沟”现象的发生。

3. 先进经济原则

在系统的总体设计上，借鉴各类系统的成功经验，同时注重考虑同类系统的建设教训，要采用国际上先进的且成熟的技术，使设计更加合理、更为先进，保障系统在较长时间内有较高技术层次。

尽可能利用现有设备和现有数据资源，新增软硬件设备在满足要求的前提下，优先采购国产设备和软件，节省系统的建设费用和运行费用。

4. 全局前瞻原则

从“智慧排水”建设的全局和整体的角度着眼，前瞻性地考虑智慧化排水管理系统的建设，使系统成为“智慧城市”的有机组成部分；充分发挥系统在城市管理流程再造、功能优化和部门业务协同、信息资源共享中的综合作用，减少城市信息化整体投资。

5. 实用简便原则

项目建设应最大限度地满足城市排水管理工作的需要，以实用性为首要原则，集约化利用现有信息化资源，提供大数据处理、关联性分析，为政府决策提供科学支撑服务是系统建设的根本目标。因此系统设计应面向实际需求，易于使用，响应快捷，便于维护，具有优化的系统结构和完善的数据库系统，具有与其他系统数据共享、协同工作的能力；充分考虑用户单位的具体情况和实际需要，用户接口和界面设计进行充分优化，使界面美观大方、功能完善、操作简便。

6. 安全可控原则

安全、可靠是技术工作的根本，是信息系统运行的基本立足点。信息化项目应提供多种途径、多个层次的安全控制手段。系统必须具备足够的安全权限，保证数据不被非法访问、窃取和破坏；同时保证系统操作安全可靠，不让非法用户登录使用系统；还要具备足够的容错控制能力，以保证合法用户操作时不至于引起系统出错，充分保证系统数据的逻辑准确性。通过在数据安全和网络安全两个方面提供一系列安全、可靠的措施，为系统建立一个集机密性、完整性、可用性和可控性为一体的切实可行的安全保障体系。

（二）系统建设思路

智慧城市排水防涝信息管理系统总体建设思路可概括为“信息共享、实时监测、精细管理、科学决策”。

1. 信息共享

建立排水防涝信息共享服务体系，通过整合排水防涝设施数据资源，形成排水防涝管理“一张图”，实现共建共享共用。

2. 实时监测

通过集成对接和利用物联网技术，建立前端监测感知体系，实现排水管网、泵站、积水点等监测对象运行状况数据实时采集与传输。

3. 精细管理

基于可视化管理、移动化巡检、非开挖修复技术，提高巡检养护、病害检测、整治修复效率，提升排水设施管理、缺陷管理、巡检管理、养护管理的精细化管理水平。

4. 科学决策

提供预警预报、灾情预判、应急预案、应急抢险等功能模块，提升综合处置和应急救援能力，为城区安全度汛提供强大技术支撑。

（三）总体架构设计

根据城市排水管网及防涝应急的管理要求，结合当前业界主流技术和项目建设原则，本项目总体逻辑架构采用“五横两纵”的架构，如图 10－32 所示。其中“五横”包括基础设施层、数据资源管理层、服务层、业务应用层和用户层，“两纵”包括安全保障体系与标准规范体系。

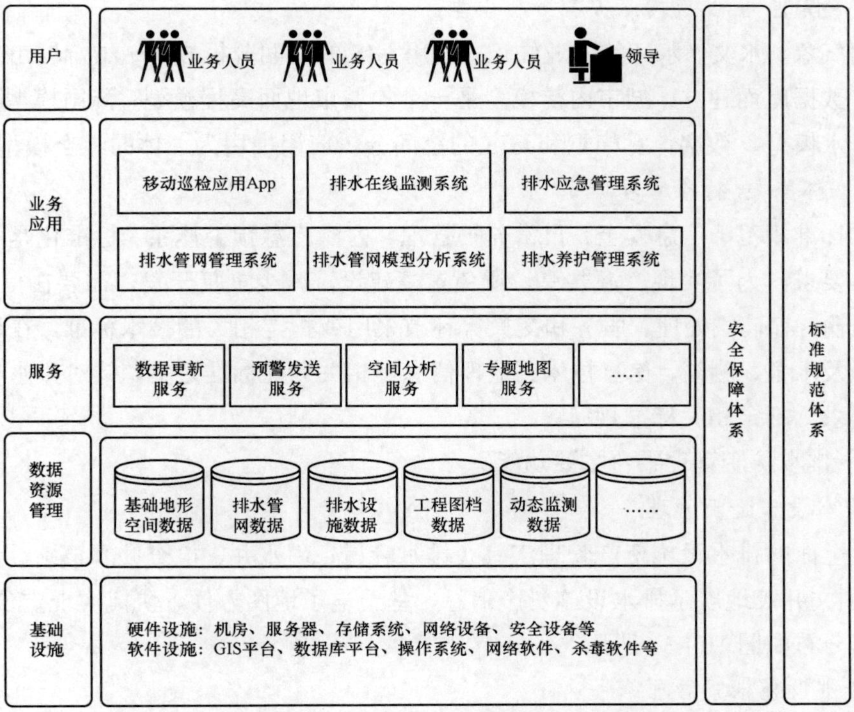

图 10－32　系统总体架构图

以标准规范为参照，以安全体系为保障，本项目从基础支撑、数据资源整合、服务管理、业务应用等多个层面，以及数据规范、应急报警、运维保障、安全审计等保障措施，开展智慧城市排水防涝信息管理系统的建设工作。

（四）建设内容

智慧城市排水防涝信息管理系统由“一网、一库、一平台、一模型、一体系”构成。

1.“一网”：排水管网前端感知监测网

对高风险渗漏、淤堵、错接、溢流管段、历史易积涝点区域、易发生黑臭水体污染的河道进行运行安全风险评估。选择高风险的区域，通过安装部署雨量监测终端、积水监测终端、管道水位监测终端、河道水位监测终端等设备，实现对排水管网流量、液位，易积涝点、河道水位，泵站运行状态及河道水质等状况进行实时采集与传输，实现实时化监测。

2.“一库”：排水防涝设施数据库

整合基础地形、遥感影像、三维实景、排水管网、泵站、闸门、雨水口等数据资源，建立排水防涝数据资源库，形成城市排水防涝管理“一张图”。

3.“一平台”：排水防涝管理平台

建设排水管网 GIS 系统、巡检养护系统、在线监测系统、应急指挥系统等，实现排水设施管理的数字化、可视化、精细化。

4.“一模型”：城市内涝灾害分析模型

根据气象、水文、水务等专业知识，利用 GIS 的空间分析技术，结合城市地理数据库和灾害数据库而建立。城市内涝模型是一个集城市地面高程模型、降雨模型、产汇流模型、排水模型、数字计算模型和 GIS 的空间分析应用模块为一体的综合模型。

5.“一体系”：标准管理体系

建立标准规范、信息安全、日常养护管理、内涝应急预警体系。标准化是实现信息化的基本要求，为了实现资源共享，避免重复建设，减少重复开发，需要在信息采集、收集、传输、存储、处理、服务和交换等环节采用或指定相关的技术标准。在已有的国家标准以及水务、测绘、信息技术、地理信息等相关行业标准之上，针对排水信息化对标准的需求，制定相关标准规范。

（五）排水防涝管理平台主要功能

1. 排水设施资产管理

提供全面的排水设施资产管理工具（排水管道、雨水井、检查井、泵站、水闸、涵洞等），图文并茂地展示排水设施资产信息，基于电子地图方便、快捷实现定位、查询。排水管网分布如图 10－33 所示。

2. 排水设施档案管理

全面提升排水防涝设施档案管理能力，除按国家标准普查的设施基本资料外，还提

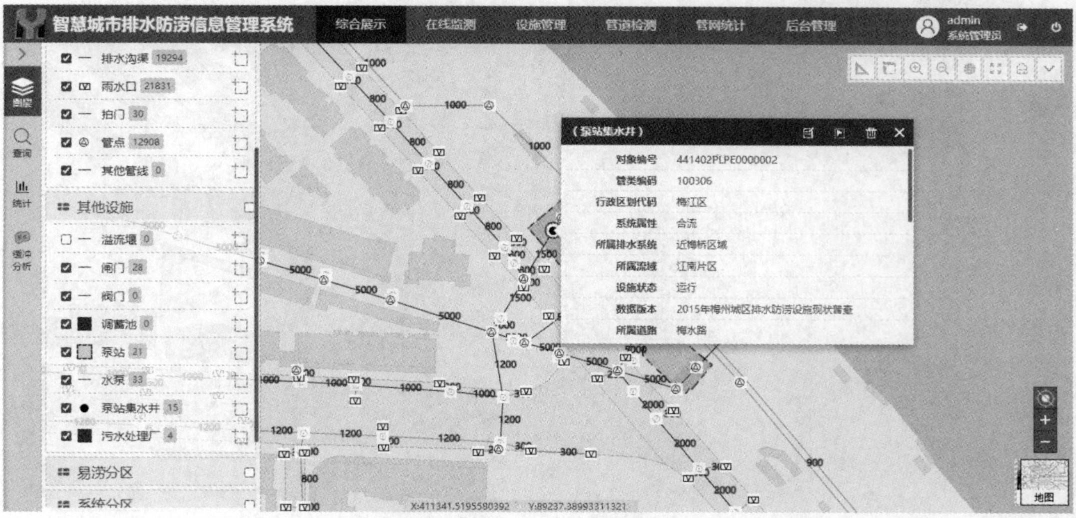

图 10－33　排水管网分布图

供了如管道清障信息、管道检测信息、管道 CCTV 检测影像信息、工程档案信息等功能。窨井挂网档案如图 10－34 所示。

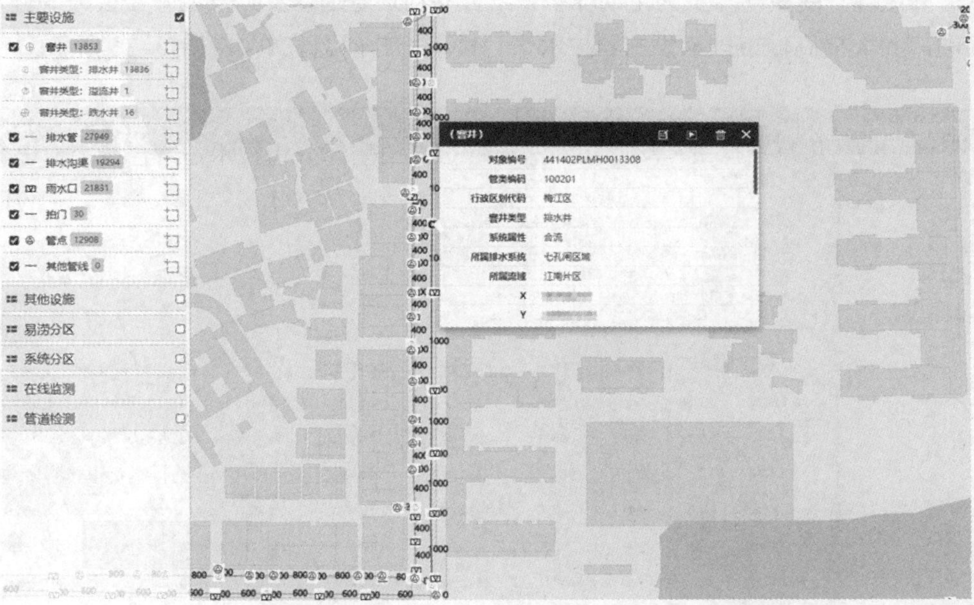

图 10－34　窨井挂网档案

3. 排水管道缺陷管理

对排水管道开展 QV 检测或 CCTV 检测后，系统辅助实现对排水管道缺陷分布、缺陷评估、缺陷信息查看等功能，使管理人员及养护人员更便捷地掌握排水管道缺陷情况。排水管道缺陷分布如图 10－35 所示。

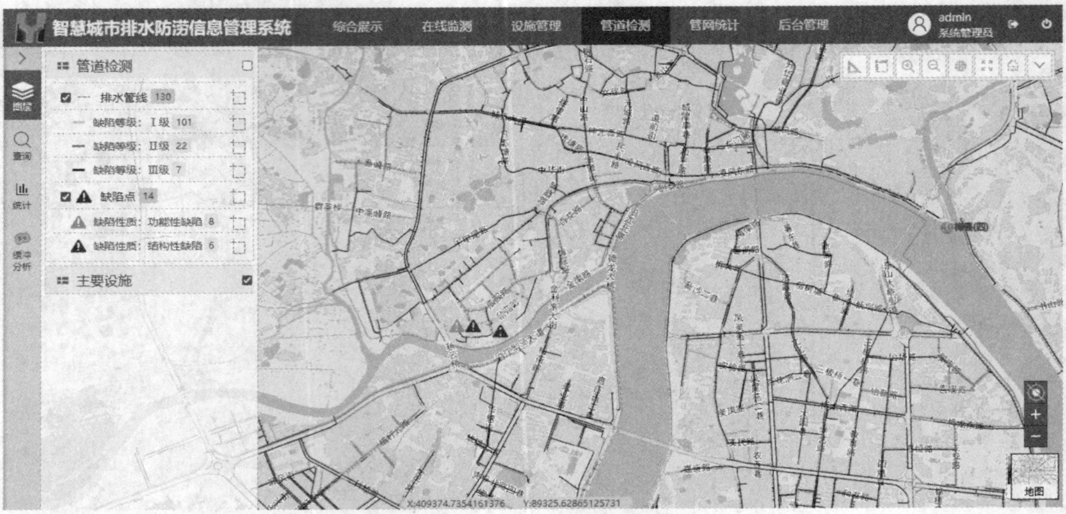

图 10－35　排水管道缺陷分布

4. 排水设施养护管理

提升科学养护管理能力，提供基于道路和水系两种养护管理方式，规范养护流程，明晰管养主体，变被动养护为主动养护；结合移动巡查通，及时发现井盖丢失等排水设施问题，大大提高城市排水设施养护水平。排水管养问题表单如图 10－36 所示。

图 10－36　排水管养问题表单

5. 移动 App 巡检应用

利用移动 App 管网巡检系统，如图 10－37 所示，巡检人员通过 GPS 定位，及时发现排水管道及附属设施有损坏、缺失或有危及安全运行的情况。

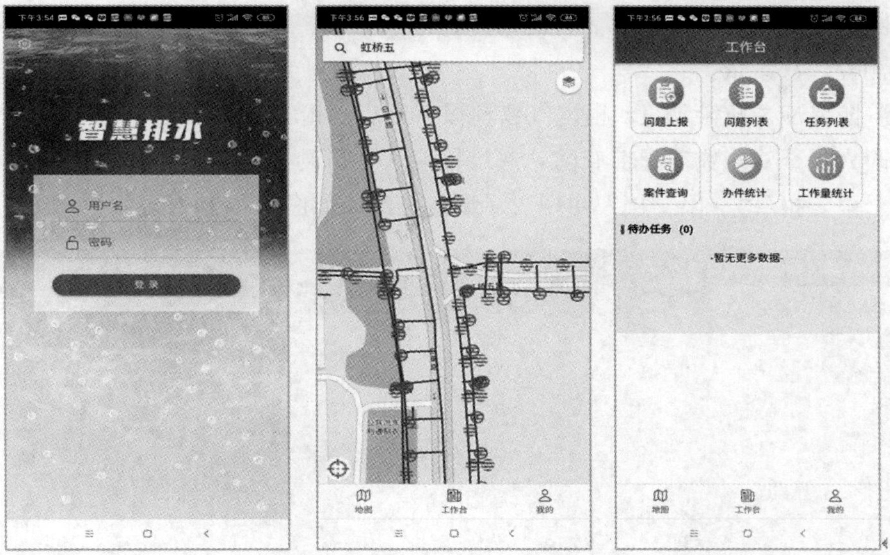

图 10－37　移动巡查

6. 排水防涝在线监测

通过物联网、SCADA、三维仿真等技术，实时监控水闸、泵站、管网等设施工况，实现城市易涝点的管理。通过部署液位仪、液位尺、高清摄像头等，重点监控城市易涝点积水情况，如图 10－38 所示。结合城市防汛预案，实现智能化泵闸联动控制，为防涝指挥提供科学依据。

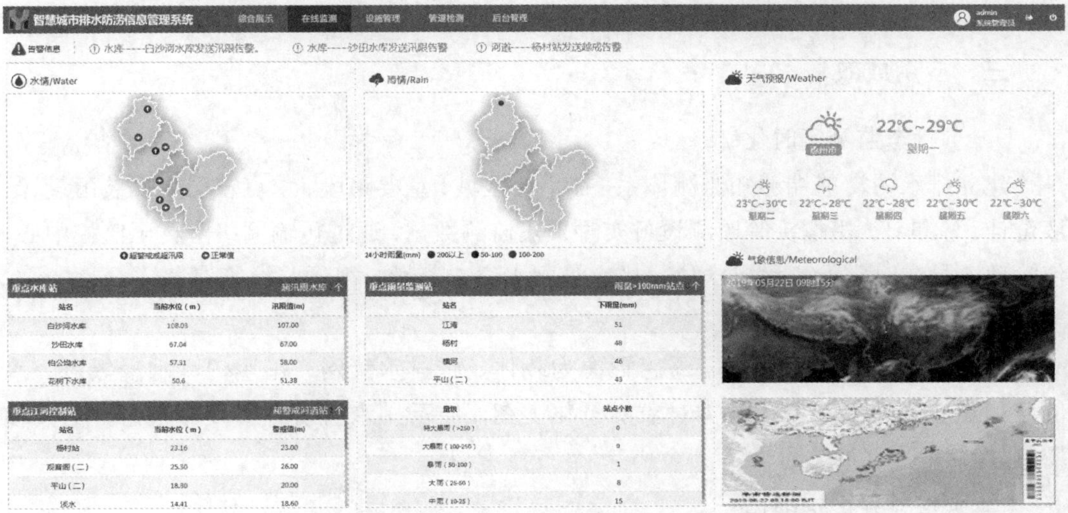

图 10－38　在线监测

（1）排水管网水力模型。基于 SWMM（Storm Water Management Model，暴雨洪水管理模型）降水－径流模拟模型，以城市排水设施数据为基础，结合管网监控数据，气象雨情状况，实现对城市汇水区智能划分、排水网管、管点饱和度分析，为管网规划、防涝预测提供决策依据。

（2）防涝应急抢险调度。根据气象预报信息启动相应防涝应急预案，通过移动 App 通知抢险人员，实现灾前提前布防。通过抢险队伍与设备物资调度实现灾中应急抢险，通过“一雨一报”“一雨一档”实现灾后恢复总结，如图 10－39 所示。

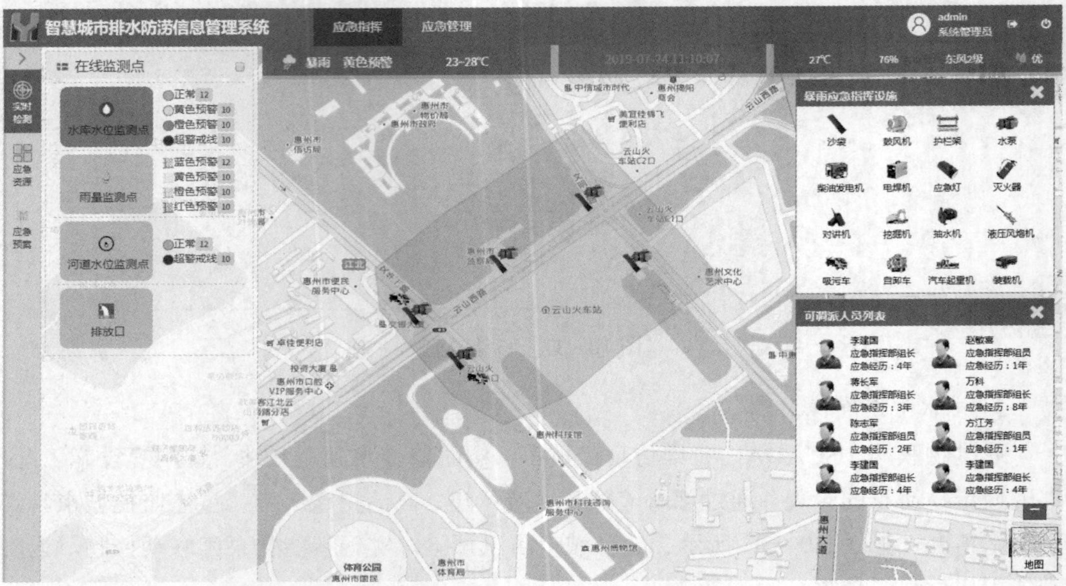

图 10－39 防涝应急指挥

三、应用成效

（一）状态监测实时化

建立排水防涝前端感知监测体系，在重要区域、重要路段、重点管网处安装雨量计、液位计、流量计、摄像头等监测设备实时采集监测数据，通过传输网络上传至监控中心，使管理人员实时掌握积水点水位、排水管网水位、流量、视频监控等信息。

（二）综合展示可视化

以三维实景、二维地图、遥感影像为载体，将排水管网、雨水口、水浸黑点、水位监测点、视频监测点等各类对象实景化上图，展示排水防涝各类设施信息，更具临场感。

（三）检测养护精细化

将移动互联网应用技术运用到排水养护管理工作过程中，借助移动智能终端，现场调阅巡检区域的排水管网及设施资料情况，也可将现场发现的问题及时发送给管理平台，实现问题早发现、早解决。

（四）应急指挥科学化

通过健全统一高效、科学规范、反应迅速、处置有力的应急体制和应对机制，提高应对城市内涝处置的综合能力。通过对应急物资、应急队伍、应急人员等联动指挥，实现应急指挥的科学化。

四、关键技术

（一）基于 NB-IoT 技术的防涝监测

基于 NB-IoT 技术的液位监测防汛设备，布放在城市主要水库、河道中，实时上传监测点水位。当上游水位超过设定预警值，智慧排水系统发出预警信息，提醒作业人员及时调度下游泵站，控制城区水库、河道的蓄水量，防止内涝发生。

（二）基于移动互联网应用技术的排水设施养护

基于移动互联网应用技术进行排水养护巡检，养护管理人员在一线现场通过借助移动互联网终端（如手机、平板等）即可方便调阅排水管网档案资料，同时也可将现场问题即时报送给管理中心，使养护管理中的问题能够早发现、早处理，实现了排水养护管理的移动化和精细化。

（三）基于异构系统集成及多源数据融合技术实现排水防涝综合管理

通过异构系统集成技术将原本分散独立的水库在线监测系统、泵站监测系统、水雨情监测系统、气象预报系统等进行集成，并基于统一的空间坐标体系融合电子地图、影像图、工程图档、运行监测、业务处理等多类型数据，形成了排水管理"一张图"。通过设备管理、实时监测、应急调度、视频平台等模块，极大地优化了管理人员的决策速度，提高了应急人员的施工效率，大幅度降低了内涝灾害对城市带来的影响。

五、社会价值

（一）实现城市排水科学管理

通过应用新一代信息技术与管理模式，实现城市排水运行管理精细化，实时掌控排水设施运行状态，提升指挥调度和应急处置能力，保障城市科学排水安全需求，提高运维效率和服务质量，同时政府相关部门可以集中精力对城市进行全域化排水规划、建设，有利于城市排水防涝和治污全面协调可持续发展。

（二）加强城市公共安全

通过对易涝区域、重点防涝除险设备运行状态进行实时监控，对窨井安全进行智能监管，建立地上、地面、地下一体化的前端感知体系，从而减少城市内涝区域，降低城市易涝点内涝风险，保障城市内人民财产不受内涝洪水影响。

（三）改善民生服务

智慧排水与保障民生相融合，通过系统进一步减轻城市内涝对城市居民生活的影响，营造更加和谐、美好、干净、安全的城市环境，为市民提供一个无须顾虑内涝风险和污染风险的生活环境。

（四）助力经济社会发展

提高城市基础设施智能化水平，加快城市智慧化发展步伐，为城市增添活力，塑造城市“无内涝、无污染”的品牌形象，保障生产和生活，促进旅游与消费，为促进当地经济社会发展做出贡献。

案例五　EPRILI 智慧环保系统在工业水处理中的应用

轻工业保护环境研究所

一、建设背景

目前工业水处理工程运行管理痛点分析如下：

1. 过度依赖人工经验

工业废水处理工程由于水质、水量、排放标准存在较大差异，普遍采取项目制的建设运营方式。在项目生命周期中的可研立项、设计、建设、安装调试、试/正式运行等不同时期，占主导地位的利益相关方不同，专业投入水平差异大，尤其在运营阶段专业化水平较低，对工艺的理解能力和水处理专业背景，成为困扰现场决策的一大障碍，更多情况下依赖人工经验或在不断的试错中积累经验。

2. 工艺流程复杂，数据孤岛多

随着排放标准的不断提升，在原有工程基础上改造升级是多数工程的选择，导致工艺流程增长，运行管理复杂度增高，新旧设备同时运行成为常态，运行在工艺链条中的每一个环节发生异常都有可能成为威胁整个系统正常运行的隐患。控制系统往往由于不开源、难扩展、企业升级改造积极性不高等，导致更多设备资产处于松散管理状态，更多运行数据成为孤岛。

3. 人员管理松散粗放

对于运行操作人员松散、粗放的管理模式普遍存在。判断运行状态的运行数据仅限于就地控制系统使用，信息不对称的情况时有发生，瞒报、延报事件过度积累，导致系统性异常。主要由于缺乏对操作人员的量化考核手段，事故追溯机制不明确；相应的，员工对于异常处置、风险排除等工作没有成就感；而管理人员则由于信息不对称而焦虑。

随着 5G、物联网、云计算、大数据、人工智能等新技术的发展，为工业废水处理工程的监测感知、生产运营、异常处置等方面的智慧应用提供了支持。

二、建设内容

（一）EPRILI 工业废水处理系统运行管理平台

工业废水处理工程的需求是在稳定和安全前提下的低风险、高效率和低成本，运行过程的任务要素，可归为技术和管理两类，这两类要素相辅相成，任何一类存在短板，都有产生运行风险并导致损失的可能。EPRILI 智慧环保系列产品中的“EPRILI 工业废水处理系统运行管理平台”（下称：EPRILI 平台，如图 10－40 所示）遵循国际水协（IWA）对污水处理 ICA 技术的指导建议，针对工业废水处理工程流程长、工艺复杂、开闭环混合控制、过度依赖人工经验等突出问题，借助云计算，将处理工艺、数学方法、机理模型、行业经验相结合，面向运行过程中的工艺分析和设备、人员管理，通过机器感知、过程控制、异常处置及评估优化等手段，打破信息不对称，协同提升工程运行过程的技术和管理两方水平。

经过多年的融合开发和功能迭代，目前已形成包括桌面客户端、微信客户端、管理平台及数据采集终端在内的软硬件协同解决方案，可满足各类项目数据的无损接入和系统的快速部署。

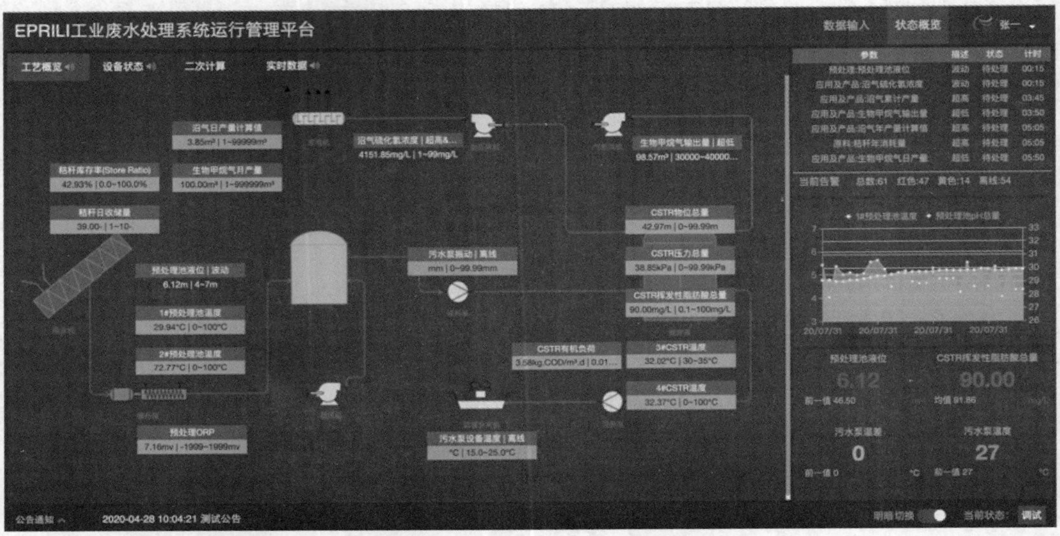

图 10－40　EPRILI 平台运行主界面（模拟数据）

（二）系统架构

EPRILI 平台系统功能架构如图 10－41 所示。

（三）系统优势

1. 基于运行工艺生成异常处置库

工业废水处理工程的非标工艺设计、非闭环控制流程，导致其受各种外部条件影响，情况的复杂程度并非单纯技术手段可以解决，因此智慧系统的核心挑战不是技术本身而是如何理解和处理复杂问题。EPRILI 平台基于工业水处理工艺特点，开发了基于场景分析的建模方法，将高度耦合的工艺参数归类划分，按异常类型生成具有明确操作规则的处置策略库，并在运行处置过程中不断评估并实现自优化。

2. 获取一线经验知识并用于系统运行和优化

大量有效的知识来源于一线现场，且无法通过理论或者实验获得，EPRILI 平台可

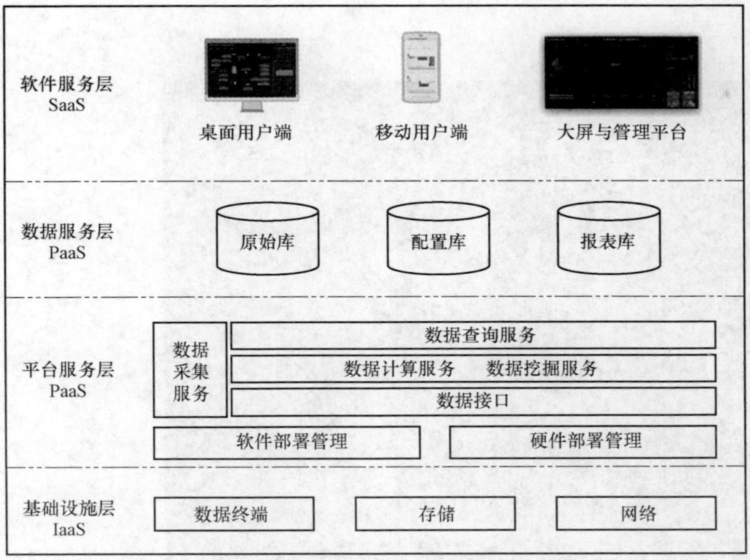

图 10－41　EPRILI 平台系统功能架构图

替代人工经验，但并不否定经验，通过人机交互将蕴含于现场的知识和经验通过知识库进行内部分享，扩充处置库并应用到异常处置和工艺优化中，进一步提升一线工人知识和经验对工程运行的贡献，提升其成就感和责任感。

3. 可扩展的逻辑组态，弥补就地控制系统的缺陷

通过云计算可以轻松实现完整的逻辑组态，同时对就地控制系统不造成任何干扰。一方面弥补就地控制系统扩展缺陷，另一方面，也实现了资产管理的效率，在数据与数据、数据与信息、信息与人之间架起通路。

三、应用情况

（一）主要功能

1. 实时监控工艺数据并进行异常预警和告警

EPRILI 平台不仅接入各类在线数据，同时也为离线分析化验数据提供输入接口，通过扩展计算，生成丰富且包含不同时间尺度的指标体系，以简洁直观的可视化方式对各指标数据进行实时预测预警和异常告警，如图 10－42 所示，并将告警信息实时推送至移动设备，如图 10－43 所示。

2. 实时监控高值设备、“哑设备”，并进行预警和告警

工艺关键节点的设备、高值设备出现故障会对正常生产造成巨大影响，尤其是高值进口设备。对这类设备的电流、频率、温度、温差、振动、振动加速度等指标进行监测、分析和预警（见图 10－44），将大大降低运行风险和减少设备故障支出。相关数据表明，云监控可使设备计划外故障减少 50%，维护和服务成本降低 40%。

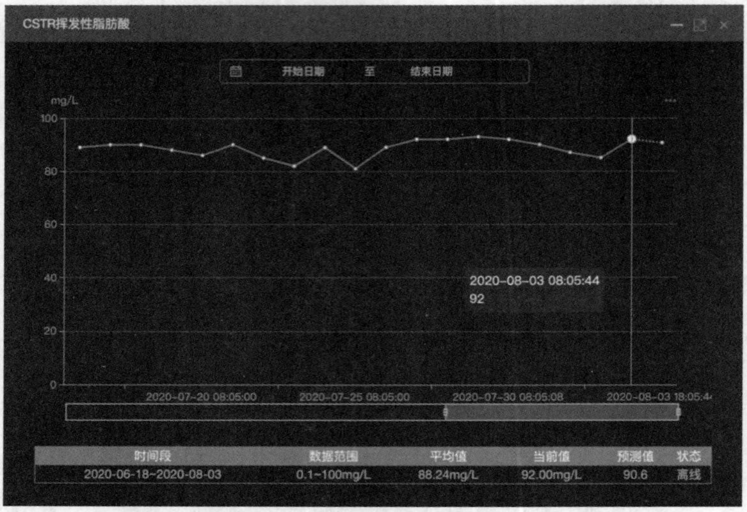

图 10－42　实时监测并预测关键参数走势

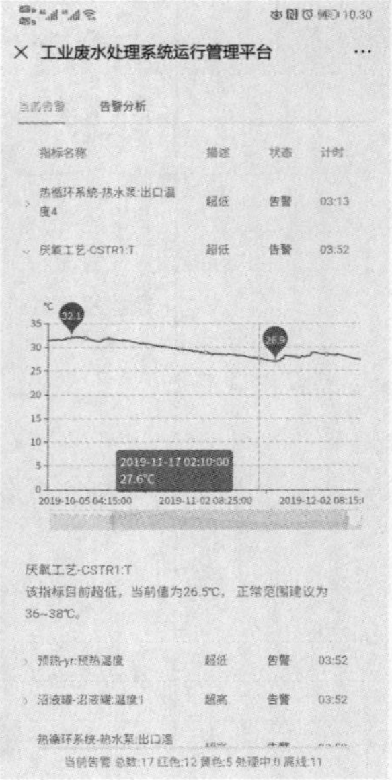

图 10－43　移动端同步告警

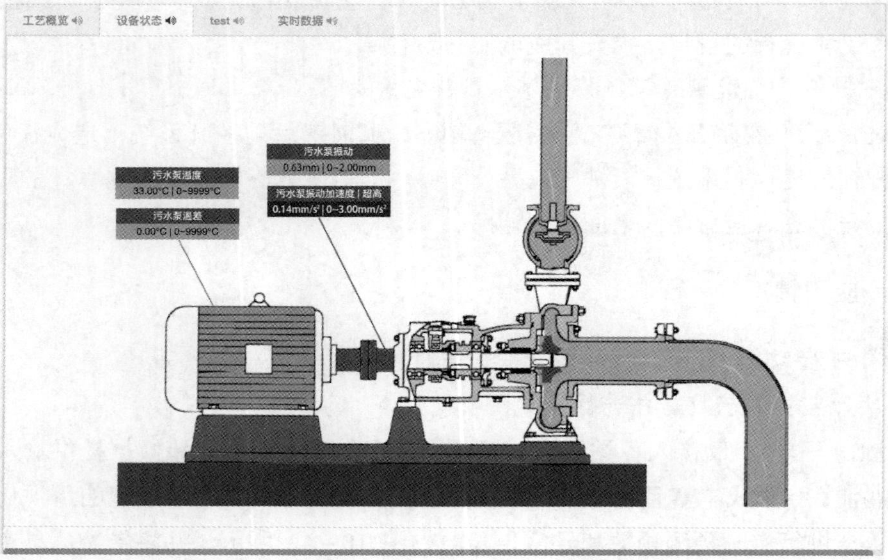

图 10－44　对“哑设备”的状态监测

3. 对异常处置过程的监控及评估优化

在告警预警发出后，采取有效措施并且得到期望的结果，才是最终目的。将这个过程数据进行记录、分析并且有效利用，一方面，分析工人行为，将处置结果与绩效挂钩，实现问题可追溯，如图 10－45 所示；另一方面，对处置措施进行效果评估。大量交互数据及过程监控数据的积累，能够进一步规范异常处置操作行为，发现系统瓶颈，为进一步改造提供数据支撑。

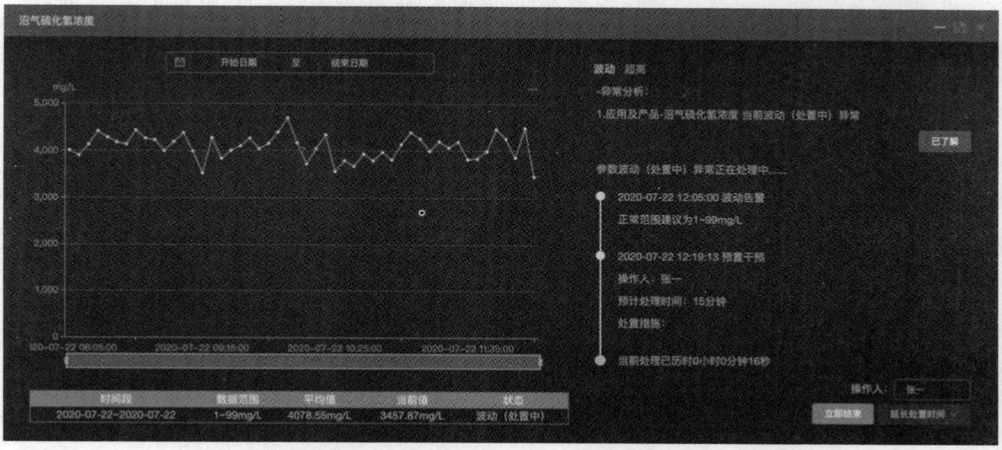

图 10－45　指标异常处置过程时间流（模拟数据）

（二）应用案例

1. 总体应用情况

工业废水处理工程中水质、水量、排放标准以及企业管理方式的差异，决定了工程、工艺设计及运行管理的个性化特点。EPRILI 平台在开发之初就开展了大量调研，分析了行业痛点并引入内部用户参与迭代开发，目前已在造纸、酒精、白酒、秸秆沼气等行业实现应用并取得显著成效，代表案例包括：

（1）将葡萄酒精废水“全混合＋升流式厌氧污泥床反应器”的两级厌氧消化处理效率提升了 30%，在提升沼气产量同时降低好氧生化池能源消耗。

（2）在造纸废水处理中，将 IC 反应器 COD 去除率由原来的 58.6%～66.6%提升至 68.5%～75.9%，综合去除效率提升 11.8%、运行稳定性提升 15%，由效率提升带来的沼气增产为企业创造 270 万/年的经济效益。

（3）对秸秆沼气发电项目的产气效率提升 23%，运行人员对异常发生的平均响应时间在 5min 以内，一次性异常处置有效率达到 82%，运行稳定性大大提升。

EPRILI 平台的使用不仅提升了工程运行稳定性和异常处置效率，也增强了一线员工的责任感、使命感和获得感，缓解了企业主、环保责任人等管理层由于信息渠道不通畅、缺乏有效管理手段等带来的焦虑。

2. 预警模型在造纸行业的应用案例

轻工行业废水大多是浓度高、可生化性好的有机废水，经厌氧消化后产生的大量沼气经处理后可代替天然气或者燃烧发电，厌氧产沼气是变废为宝、提升企业内部经济效益重要的手段。因此，淀粉、酒精、造纸、酿造等行业废水处理多以“厌氧＋好氧＋深度处理”工艺为主线，其中，厌氧工艺在不同类型废水处理系统中承担着系统约 50%～90%的 COD 去除负荷，在整个流程中起着决定性作用。在厌氧工艺运行过程中，一般将 COD 去除率、容积产气率、物料产气率等作为效率评估指标，以挥发性脂肪酸、碱度等指标作为过程稳定性指示指标，在运行条件如进水负荷、有机负荷、温度、毒性物质、原料等发生变化时，监控并评估其趋势或走向，及时发现问题并采取调控手段以保持系统的稳定。上述的检测/监测以及决策过程，由于各类指标的检测方式、检测周期不同，工业废水处理工艺沿程可利用传感器有限，越是工艺前端，可利用传感器越少，对过程监控的时效性越差，造成分析需求与数据获取效率倒挂的矛盾；从纷繁复杂的数据变化中获取信息且做出决策，传统分析手段大多是简单的数据曲线，分析和决策过程依赖的是人工经验，其对缓慢趋势变化的误判、漏判、响应不及时等问题，极易导致问题的过度累积，对生产造成重大影响。

某造纸企业，日产造纸综合废水 5 万～6 万 m^3，其水处理工程设计日处理量 6 万 m^3，COD 为 3300mg/L，进水负荷为 3.5kgCOD/（m^3 • d），厌氧工艺为两台单体容积为 3 万 m^3 的全混合反应器，设计 COD 去除率为 60%～70%。厌氧效率不稳定会严重影响后续工艺的正常运行，因此该公司按每天三个班次，2～3 次/班的频率检测分析进出水 COD、挥发性脂肪酸（VFA）等指标，厌氧出水 VFA 浓度作为厌氧工艺稳定性的指示参数，被严格控制在 100mg/L 以下。

该企业纸类产品生产线多，废水成分复杂，各车间废水排口未全部安装独立监测装置，经沟渠、管道等直接汇流至集水池混合进入废水处理系统。2019 年 9 月中下旬期间，因调试化学浆造纸生产线，排放了部分高盐废水，与其他废水混合进入厌氧生化系统。11 月初，运行人员发现厌氧系统出现以下现象：厌氧出水 VFA 指标几天内迅速升高，并且超过 100mg/L 的控制上限；COD 去除率维持在 60%～70%时，处理负荷不能高于 2.6kgCOD/（m^3 • d），并且抗冲击能力急剧下降，当提高废水进水量时，污泥将大量洗出，综合判断为污泥中毒。为了避免超标排放、恢复处理效率，该企业不得不降低造纸产能以减少废水排放，并采取投加厌氧污泥等措施补救，至 12 月底仍未恢复正常，对生产造成较大影响。

从 9 月 1 日～10 月 30 日的厌氧 COD 去除率及 VFA 浓度曲线如图 10－46 所示。从运行数据的表观分析看，从 9 月初到 10 月中上旬，COD 去除率和 VFA 整体处于较平稳的状态，虽然在 9 月份时 VFA 波动幅度较大，但均在 60mg/L 以下，远低于 100mg/L 的控制限。从 10 月中旬到 10 月底，VFA 有明显的波动并迅速增高趋势，短短两天就突破了 100mg/L 的控制限，VFA 超限后，COD 去除率也进入了明显的降低过程，为了避免继续恶化，只能降低进水量和进水负荷，保证后续工艺的正常运行及总排口达标。

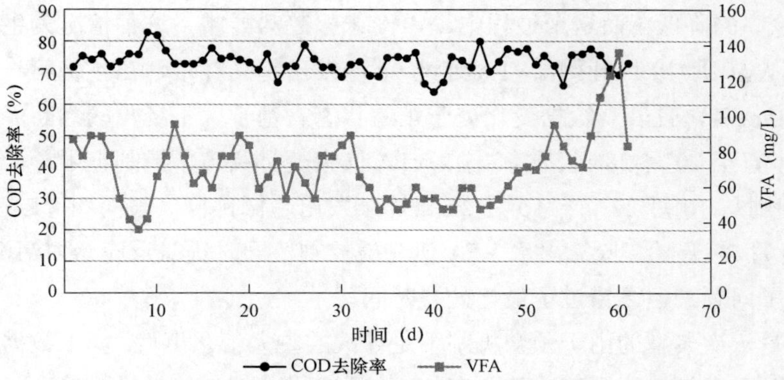

图 10-46　造纸废水厌氧工艺连续 60d 监测数据散点图

自适应边界的指标趋势预测模型是针对废水处理运行过程中非线性变化指标的分析模型，随数据更新，实时预测目标数据在未来周期超过控制限的概率，其优势是不依赖先验知识、自动确定计算边界，异常趋势识别准确率高，计算资源消耗少。

以上述造纸废水厌氧污泥中毒事件为例，同时以 COD 去除率和 VFA 作为过程监控指标，采用自适应边界的指标趋势预测模型，起始数据时间为 2019 年 9 月 30 日，样本数据长度固定为 30d，循环迭代至 2019 年 10 月 31 日，将 VFA 做趋高计算，COD 去除率做趋低计算。判断预测趋势异常成立的，计为 1；预测趋势异常不成立的，计为 0。并对两种指标的判断结果进行综合，结果如图 10-47 所示。

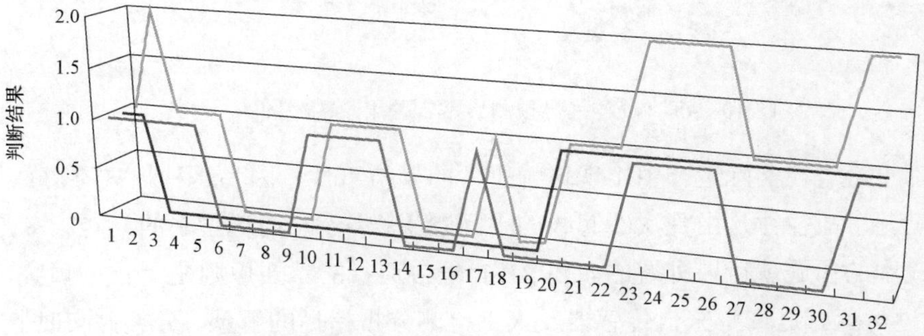

	1	2	3	4	5	6	7	8	9	10	11	12	13	14	15	16	17	18	19	20	21	22	23	24	25	26	27	28	29	30	31	32
去除率判定结果	1	1	1	1	1	0	0	0	0	1	1	1	1	0	0	0	1	0	0	0	0	0	1	1	1	1	0	0	0	0	1	1
VFA判定结果	1	1	0	0	0	0	0	0	0	0	0	0	0	0	0	0	0	0	0	1	1	1	1	1	1	1	1	1	1	1	1	1
叠加判定结果	1	2	1	1	1	0	0	0	0	1	1	1	1	0	0	0	1	0	0	1	1	1	2	2	2	2	1	1	1	1	2	2

图 10-47　趋势异常判定结果及其叠加图

在第 1d 和第 2d，两种指标均指示趋势异常，从第 3d 开始，VFA 恢复了正常，直至第 19d，VFA 未再报趋势异常；从第 9d 到第 12d，COD 去除率连续发出趋低预警，查看运行记录数据，在 10 月 9 日至 11 日，系统进水量和进水 COD 浓度双双降低，由于厌氧反应器内消化液的缓冲作用，出水 COD 相比进水 COD 的变化幅度小，导致了计算 COD 去除率的降低；而这个过程中，VFA 未报趋势异常，这种情况为生产过程中的正常波动。从 10 月 19 日开始，VFA 连续 9d 均发出趋高异常，在预警第一次发出时，VFA 值为 60mg/L，且表观数据变化处于正常状态，基于人工经验的判断无法发觉此时的趋势变化，直至 10 月 28 日，厌氧出水 VFA 值突变且突破了控制上限，达到 111mg/L；COD 去除率则从 10 月 22 日～10 月 25 日连续发出趋低预警，与同期 VFA 的异常结果叠加。从 10 月 28 开始，厌氧出水 VFA 值突破控制值同时厌氧反应器内污泥大量洗出，此时才发现了问题，但已错过了最佳处置时间。

本案例是一次典型的由于预警机制不足导致的重大工艺事件。基于数据驱动并与业务需求深度融合而做出的预警决策，在超出控制限提前 9d 的时候就对运行异常做出了预警，这在实际运行过程中能够为调整策略的制定和实施赢得更多时间，降低或避免损失。VFA 趋势预测异常告警用户端截图如图 10－48 所示。

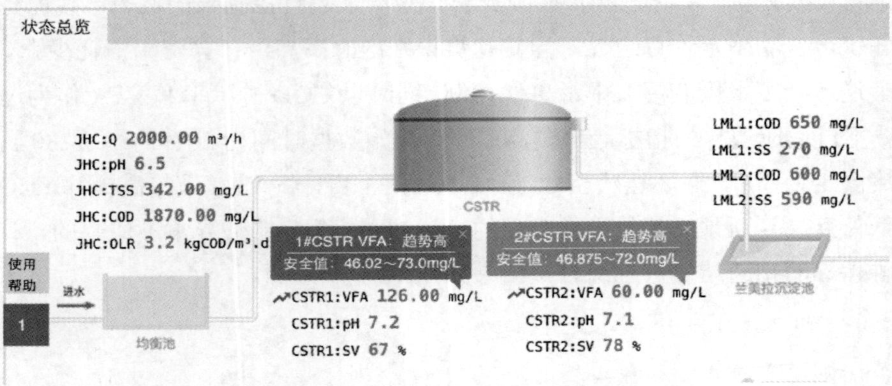

图 10－48　VFA 趋势预测异常告警用户端截图

任何人都不希望在实际运行中出现这种重大的异常事件，因为这种损失不可估量。但一次大的工艺事故往往是由几次不起眼的小问题累积导致，而这些小的问题大多是采取简单且低成本的措施就可以处置的。EPRILI 平台运行的首要原则是“预测预警、预防为主”，通过对运行过程中来自传感器及人工检测分析指标的解耦、分类并实时监控，提前发现各类微小问题，改变传统松散的管理模式，通过设定操作的逻辑闭环，监督工人及时处置，形成“运行数据→实时分析→发现异常→处置异常→评估优化”的问题发现和处置闭环，将运行过程中的风险降至最低，为运行决策提供全天候的“工艺云脑”。

四、关键技术

云计算大数据技术的发展，极大地推动了传统行业组织形式和管理模式的转变，但并不改变其通过数据反映现象，挖掘规律、形成知识并做出决策的本质，其关键在于数据技术与业务需求的深度融合。EPRILI 平台建立了全量数据及结构化指标体系，基于工艺特点深度融合数学算法与模型，通过数据的流动，改变松散的设备与粗放的人员管理现状，提升现场人员对工艺过程的分析能力和决策能力，为工业废水处理工程的运行提供全天候“工艺云脑”。其中自适应边界的指标趋势预测模型、基于场景的指标异常分析模型、基于逻辑闭环的异常处置绩效评估模型及模型等在降低运行风险、规避信息不对称、提升异常处置效率等实际应用中均取得了良好效果。

五、社会价值

由于工业废水水质水量的可变性、处理系统的非标工艺及非标设计、开闭环混合的控制系统等因素，导致系统运行过程中受各种影响的情况极其复杂，从工艺初端到尾端沿程检测需求与可用传感器的倒挂，对水处理过程指标变化信息的获取、频率有很大差异，在不同的软硬件配备条件下，如何更有效地利用运行数据，减少干扰，挖掘有效信息，服务于工艺决策，降低运行风险，是综合了专业技术、管理、信息等在内的复杂问题。

当前，达标排放依然是各类水处理工程首先要满足的需求，在更多人关注排放口是否达标时，EPRILI 平台将重点放在了过程数据的分析上，站在运行者的角度梳理解决导致各方焦虑的技术和管理问题，实时定位异常并给出处置策略，大大降低了依赖经验所带来的决策压力，众多案例所体现的正馈提升也证明了平台应用的有效性。随着企业员工的年轻化，以智能分析、远程操作的运行方式满足他们对工作环境、职业健康、工作压力的要求，并在工作中获得满足感和幸福感，是 EPRILI 平台能够实现的社会价值。

智慧环保需要数据驱动和学界前沿的融合，更需要脚踏泥地苦练内功。云大脑的强大，需要对各种工艺及其不同场景的模型化描述，需要大量数据训练，从而逐步提升对问题分析的准确性和调控的精准性，进一步降低运行风险和成本支出，逐步积累从辅助决策向云脑控制的信心和信任，实现由就地控制向云管控的过渡。

案例六　长沙望城海绵城市

上海昊沧系统控制技术有限责任公司

一、建设背景

习近平总书记在2013年中央城镇化工作会议上明确提出："解决城市缺水问题，必须顺应自然；在提升城市排水系统时要优先考虑把有限的雨水留下来，优先考虑更多利用自然力量排水，建设自然积存、自然渗透、自然净化的海绵城市。"

为响应中央号召，大力推进长沙市望城区生态文明和新型城镇化建设，根据《长沙市人民政府办公厅关于全面推进海绵城市建设的实施意见》（长政办〔2016〕32号）的相关要求，结合区域实施情况，望城区制定了《长沙市望城区海绵城市建设工作方案（2016—2018年）》，通过三年试点建设，探索一条具有望城特色的海绵建设发展之路。

望城区海绵城市实施范围为望城区城市规划区，重点实施范围为省级海绵城市试点示范区，即滨水新城核心区（北至沩水河，西至雷锋大道、金星大道，东到湘江西岸，南至二环路），包括滨水新城大泽湖、张家湖、斑马湖等主要水系，面积为31.4平方公里。根据实施步骤及计划要求，至2017年底，将完成相关规划编制及技术标准体系建设，完成相关政策体系制定，实现海绵城市体制创新，规划建设管理工作全过程、全方位实施海绵城市建设标准，完成部分海绵城市重大项目及部分试点示范区的建设；示范区内涝问题得到妥善解决、城市排水防涝、防洪减灾能力得到进一步提升，年径流总量控制率达到75%以上，内涝防治标准达到20年一遇，城市原有生态系统得到较好的保护、恢复和修复。2018年将对试点示范阶段经验进行总结，探索出适合望城区海绵城市建设的技术路线和建设管理模式。

二、建设内容

（一）海绵城市示范区监测网络

通过"源头—过程—终端"监测网络的建立，为海绵城市建设效果的定量化绩效评价与考核提供长期在线监测数据和计算依据，同时为设施运行情况的应急管理决策提供参考。

综合应用实时在线检测与实验室化验两种手段，以SS及地表水常规检测参数为典型指标建立估算关系，满足城市水环境质量、城市面源污染控制、地下水等海绵城市指标考核要求。

（二）海绵数据中心

集成地理信息、运行管理、在线监测、文档多媒体等多源多格式多类型的数据，构建综合数据库，为海绵城市规划建设提供可视化及分析评估基础。

融合集成海绵城市的物联网监测数据、空间基础数据、业务数据、主体数据，统一规范和标准，使用数据仓库模型，建设海绵城市数据中心。实现数据统一管理、计算建模、挖掘分析、共享交换，为智慧水务、智慧城市数据管理提供实时联动更新。

（三）软件应用平台

长沙市望城区滨水新城海绵城市管控平台服务于海绵城市建设管控工作，支撑望城区滨水新城试点区及全域海绵城市建设全生命周期管理与考核评估。

设计并开发各子系统，实现海绵城市建设、运维与考核的全流程管理，包括智慧监测监控子系统、考核评估子系统。

（四）绩效量化计算体系

以住房城乡建设部《海绵城市建设绩效评价与考核指标（试行）》为基础，结合长沙市望城区海绵城市运行管理的实际需要，建立一套量化监管的指标体系，包括整体考核指标体系、项目或地块考核指标体系和设施运行评估指标体系，从规划、建设、运行到改造，对海绵城市全程进行数据记录，运用统计分析引擎+实时计算技术，精准评估海绵城市建设实施效果。

（五）空间基础数据及地理信息管理系统

通过地图服务及统一数据接口调用的方式，实时获取长沙市望城区基础空间地理数据和遥感数据，并在此基础上整合海绵城市在线监测数据，形成海绵城市各类专题图，并进一步实现各类空间分析功能。考虑到海绵城市地理信息专题图和空间分析功能的专业性和复杂性，拟采用业内成熟的 GIS 基础平台作为地图引擎，支持相应的专题分析和空间分析功能。

三、系统效果展示

长沙海绵总览页面主要由 4 个子系统组成，即在线监测子系统、项目管理子系统、绩效考核子系统、公众服务子系统。

（一）在线监测子系统

首页展示报警信息，包括报警统计、报警列表、报警设备数量、水质变化趋势线等。水质变化趋势中对应的岸边站和集成站的数据进行趋势曲线的展示，通过点击站点和时间来选择展示的曲线，如图 10－49 所示。

（二）项目管理子系统

系统提供两种方式新增项目档案：单独添加项目档案可以通过项目档案页面的新建按钮进行逐个添加，当需要批量添加的时候可以通过导入的方式，如图 10－50 所示。

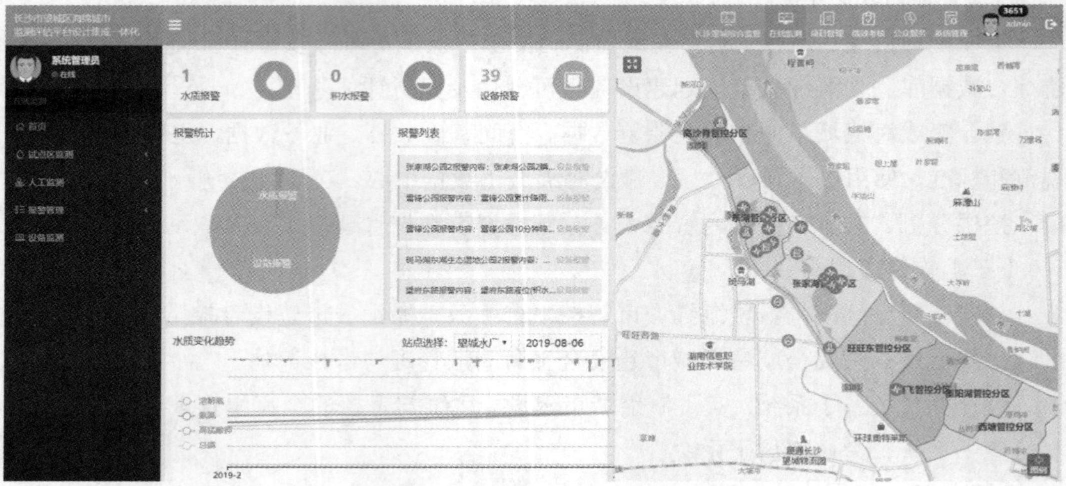

图 10－49　在线监测子系统

图 10－50　项目管理子系统

（三）绩效考核子系统

评估子系统以长沙望城海绵运行效果为核心，基于在线监测数据、填报数据、系统集成数据，支持海绵城市建设效果的全方位、可视化、精细化评估，并通过多种展示方式进行考核评估指标的综合展示、对比分析等，如图 10－51 所示。

（四）公众服务子系统

公众服务平台主要包括海绵城市宣传、进度公示、水情反馈、互动交流等功能，如图 10－52 所示。平台可通过网站、社交网络、微信公众号、小程序等方式向公众提供水情反馈、海绵城市信息互动等。

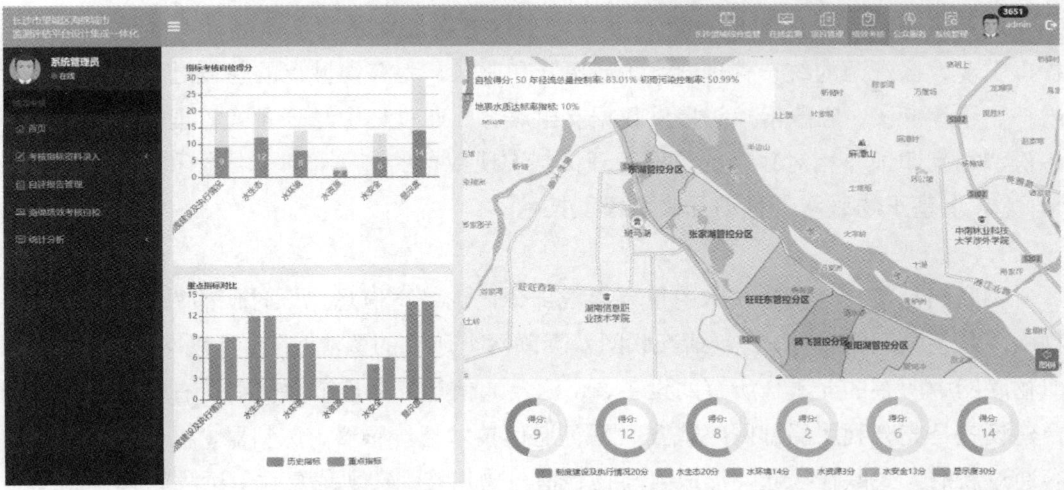

图 10－51　绩效考核子系统

图 10－52　公众服务子系统

四、关键技术

（一）基于 3NF 数据仓库模型技术

海绵城市信息化管理中的数据具有海量、多源、异构的特点。通过信息资源规划的方法，结合 3NF＋星型结构模型技术，建设海绵城市数据中心。通过数据中心提供标准的数据服务，并结合建模技术通过相应的管理和业务触发机制保证信息的一致性、准确性、完整性、鲜活性。

数据仓库可通过可视化界面的配置管理方式实现多源、多类型的数据集成，能实现简单、快速的多数据格式间的相互转换，为海绵城市数据管理创建统一的数据模型，可支持数据集，电子表格，XML，Web 服务，GIS，CAD 以及许多其他数据类型。

利用数据交换系统、信息资源目录等工具推动信息的共享和综合协同性的管理维护，实现数据资源的统一管理、维护、更新和服务，为海绵城市的建设过程管理、运行维护、绩效考核、应急指挥等提供数据支撑服务。通过集中与分布式管理相结合、多级备份、相互印证、相对独立的数据管理机制实现数据的统一管理、维护和服务。

（二）基于物联网、移动互联及模型技术

1. 物联网技术

物联网是新一代信息技术的重要组成部分，也是“信息化”时代的重要发展阶段。物联网是互联网的延伸，它包括互联网及互联网上所有的资源，兼容互联网所有的应用，但物联网中所有的元素（所有的设备、资源及通信等）都是个性化和私有化的。智慧平台建设就是充分利用局部网络或互联网等通信技术把传感器、控制器、机器、人员和物等通过新的方式联在一起，形成人与物、物与物相连，实现信息化、远程管理控制和智能化的网络。

2. 移动互联技术

移动应用与设备服务无缝结合：通过标准的 API 访问核心移动设备功能。应用程序可以声明功能供其他应用程序使用：易与第三方控件或其他服务结合。底层框架保证底层基础应用，业务层只需处理业务逻辑代码，使得程序可拓展性高。

通过移动互联技术，用户可以利用移动终端，实现运行管理的信息化、智能化、即时化、公开化，为构建现代行业监管模式开辟了一条新的道路。

3. 模型技术

借助一维水力学模型、二维水力学模型及防汛排水模型等，基于现有排水管网资料、数据，模拟排水管网运行工况，评估排水管网现状，帮助管理人员对排水系统中薄弱区域进行判断；根据地形数据资料，建立研究区域的地表漫流模型，模拟降雨径流和管网溢流在地表的流态，以及易积水区域，并对现状排水管网的排水能力及内涝风险进行评估，同时应用模型进行多预案分析，为管网管理、防洪规划提供技术支持。将汛期应急被动控制模式转换为主动预警模式，全面掌握排水系统整体运行情况，为防汛排涝工作提供决策支持。

4. 基于云计算技术底层环境

云计算是网格计算（Grid Computing）、分布式计算（Distributed Computing）、并行计算（Parallel Computing）、效用计算（Utility Computing）网络存储（Network Storage Technologies）、虚拟化（Virtualization）、负载均衡（Load Balance）等传统计算机技术和网络技术发展融合的产物。它旨在通过网络把多个成本相对较低的计算实体整合成一个具有强大计算能力的完美系统，并借助 SaaS、PaaS、IaaS、MSP 等先进的商业模式把这强大的计算能力分布到终端用户手中。Cloud Computing 的一个核心理念就是通过不断提高“云”的处理能力，进而减少用户终端的处理负担，最终使用户终端简化成一个单纯的输入输出设备，并能按需享受“云”的强大计算处理能力。

智慧排水项目的建设，离不开信息化技术的支撑，基于传统模式下设计和开发的软、硬件产品都已无法满足当前排水信息化建设发展的需要，面对不断增加的信息化业务和日益增长的数据管理及分析，无论是对排水企业基础设施建设和信息化软性平台建设都是非常严峻的考验。因此，智慧排水建设必须结合云计算的海量数据分布存储技术、海量数据技术、虚拟化技术等技术特性，解决传统单机版（C/S 架构）软件存在的无法实现云部署问题、本地化数据机房数据存储安全、管理问题、不断增加的业务应用造成基础设施重复建设问题、维护人员的技术能力问题等。

5. GIS 技术

（1）可视化服务。可视化服务的类型主要包括地图服务、3D 地图服务以及地图切片服务等。

1）地图服务。地图服务用来提供对电子地图的访问服务。创建地图服务之前，需要通过制图软件，指定矢量和栅格数据源，创建专题图，设置注记，然后发布为地图服务。发布的地图服务可以预先创建地图缓存以提高地图显示和访问效率。地图服务是最常见的 GIS 服务。除了提供基本的地图浏览功能外，一些 GIS 功能服务也基于地图服务来实现，如地图查询服务、地图查找服务、地图编辑服务。

2）3D 地图服务。在 3D 桌面软件中创建的 3D 地图文档可以发布为 3D 地图服务。3D 地图服务提供对三维地球的访问能力，我们可以交互使用三维地球，并将它与其他地理信息叠加显示。

3）地图切片服务。对平台的地图和影像数据服务，可以直接调用平台提供的切片服务接口，来提供服务。地图切片服务是为了满足多用户并发时对地图服务的高性能需求而组织开发的综合数据服务接口，它作为其他空间信息服务的有益补充，是一种获取地理空间信息的快速解决方案。

（2）数据服务。数据服务也是 GIS 的基本服务类型，它提供给访问者关于地理空间数据的描述信息（元数据）、地理空间数据的图形信息和属性信息。数据服务通过直接发布空间数据库而获得，进而实现通过网络访问空间数据库的能力。数据服务的类型主要包括空间数据服务和移动空间数据服务。

1）空间数据服务。空间数据服务允许我们通过网络访问空间数据库。空间数据服务可以使用任何类型的空间数据库。除了支持对空间数据库的查询操作，该服务还可以支持空间数据库的编辑、空间数据库复制，或通过指定空间范围，进行空间数据抽取、转换并下载到本地。

2）移动空间数据访问服务。提供移动终端对空间数据的访问能力。在发布地图服务的同时启动“移动数据访问”功能，移动设备利用移动数据服务，搭建可以访问 Web 地图服务的移动应用程序。

（3）GIS 功能服务。GIS 功能服务是以服务（Web Service）封装的形式向访问者提供有关地理空间信息处理和分析功能。访问者按规定格式输入请求，经服务器处理和分析后，将结果返回给访问者。常见的 GIS 功能服务主要包括：

1）空间分析服务。空间分析服务用来对大量数据进行大规模计算，如临近、包含、穿越查询、坐标转换处理、最优路径分析、叠加分析、缓冲区分析、网络分析等。

2）地图查询服务。地图查询服务基于地图服务或空间数据服务来实现，支持通过鼠标点击方式对空间数据进行基于空间位置的属性查询。

3）地图查找服务。地图查找服务基于地图服务或空间数据服务来实现，支持通过关键字对存储在空间数据库中的关键内容进行查找。

4）地图编辑服务。地图编辑服务基于地图服务或者空间数据服务来实现，支持通过浏览器对空间数据直接进行编辑。

五、社会价值

（一）经济效益

长沙市望城区海绵城市监测评估平台设计集成一体化项目通过建立监测预警系统，为在线监测数据提供统一的数据管理分析平台，并通过智能算法识别各类设施的潜在运行风险，及时发布溢流、内涝等报警信息，辅助管理者了解设施的运行状态，最大限度地避免了城市内涝灾害及环境污染影响，从而避免内涝灾害事故造成的经济损失。

平台作为海绵城市规划、建设、管理信息的可视化窗口，政府管理部门可查看海绵城市的建设数据及 LID 设施的监测数据。该平台的简便化操作和可视化查看功能为政府管理部门的管理工作提供便捷性、高效性的服务，减少管理人员的投入频次和数量，明显提高海绵城市建设管理工作质量，从而降低海绵城市建设管理成本。

（二）社会效益

长沙市望城区海绵城市监测评估平台设计集成一体化项目的建设可以确保项目实施全过程、全方位的信息动态反馈：从信息上报、在线监测、方案设计评估到综合信息管理，从规划目标由上而下的分解到项目实施情况由下而上的反馈，保证市海绵城市建设的系统规划、建设实施、运营维护和高效管理提供全过程管控。

对于管理者来说，海绵城市一体化平台及监测考核的开展为海绵城市建设的有效实施提供现代数字化管理手段，促进了管理者对城市海绵城市建设情况实时现状的把握。同时，海绵城市建设与考核最新情况通过信息化管理系统向社会公开，可以增强城市软实力，广大市民对政府和城市环境状况的满意率将大幅度提高，增强社会凝聚力。

（三）环境效益

海绵城市建设将进一步降低城市雨水径流污染物排放量、减少排水系统末端污染输入，提升河网水系自净能力，从而减少治污投入。海绵城市建设一方面调节城市微气候，缓解城市热岛效应；另一方面，在低影响开发设施建设过程中，增加城市绿地面积，保持城市天然水域面积，极大提升了城市的景观品质、美学与生态价值。海绵城市建设将为带来综合生态环境效益，城市“蓝”“绿”空间将明显增加，人居环境进一步得到优化、美化。通过低影响开发和可持续排水系统的建立，恢复自然的生态系统，是一种绿色经济的建设模式。

而长沙市望城区海绵城市监测评估平台设计集成一体化项目的开展，可有效、及时地监测水环境质量、设施运行效果，确保 LID 设施的有效运行，更好地保证海绵城市建设工作顺利开展，从而间接促进了城市水环境的改善，达到预期的环境效益。

案例七　深圳光明智慧水厂项目

上海昊沧系统控制技术有限责任公司

一、建设背景

深圳水务集团主营供排水、水务投资、水务产业链、污泥及废水处理、河流生态修复等业务，下设多个自来水和污水处理公司。其中深水明水务有限公司位于深圳市光明区，目前日供水能力47万t，供水面积130km^2，供水管网总长度838km，服务8.2万户、123万人。工程设计规模60万t，采用强化常规处理+消毒工艺，预留深度处理工艺，出厂水浊度≤0.3NTU，保证率≥95%。其中深圳市光明水厂位于光明新区光明办事处凤凰社区凤凰村，光明水厂总设计规模40万m^3/d，一期工程规模为20万m^3/d，水厂一期工程于2017年7月正式投产。

光明水务公司自2016年底启动智慧水务建设以来，已基本实现供水业务从“线下”到“线上”的转变。作为智慧水厂项目的承建商，上海昊沧系统控制技术有限责任公司以行业先进技术帮助光明水务公司进行数字化转型。上海昊沧自主研发的少人/无人值守智慧水厂两化融合方案率先在光明水厂实施，对传统水厂进行智慧化改造，建立全流程自动化控制、运维数字化管理、资产全生命周期管理、一体化安全管控的智能化水厂。

二、建设内容

深水光明智慧水厂项目建设内容：

（1）升级原有PLC控制程序和厂内SCADA程序。针对现有程序进行优化改造，优化原来的控制过程同时，提供多套控制逻辑冗余方案策略。

（2）厂级智慧运营管理平台。平台集成了水厂自控、安防、资产管理、算法模型等多种应用数据，提供电脑登录和手机App登录等多种操作体验，是智慧水厂实现少人/无人值守的操作面板。

（3）全厂数字安防管理系统。包含门禁系统、全厂WiFi信号覆盖、厂区出入口车辆车牌识别道闸系统、视频专网系统和原有自控网络改造工程、智联安全园区可视化管控平台。

（4）混凝剂投加控制系统（简称TurOS）。TurOS采用“前馈+模型+反馈”的多参数控制模式，根据进出水水量和浊度、混凝剂投加种类和浓度、混凝剂投加点搅拌强度、温度、pH值等影响因素，建立数学模型，实时计算混凝剂投加量设定值，并控制加药泵及稀释泵组的启/停、运行负荷的变化，实现按需供药。

三、应用情况

（一）混凝剂投加的智能化精细化控制

2019 年 10 月以来，深圳深水光明自来水厂部署了 TurOS 系统，实现了混凝剂投加的智能化精细化控制，如图 10－53 所示，出水水质保持稳定。据统计，混凝剂单位药耗从 2019 年的 13.06～17.2mg/L 下降至 2020 年的 12.36～14.62mg/L，同比下降 6.58%～14.91%，月平均节省约 10.6%。

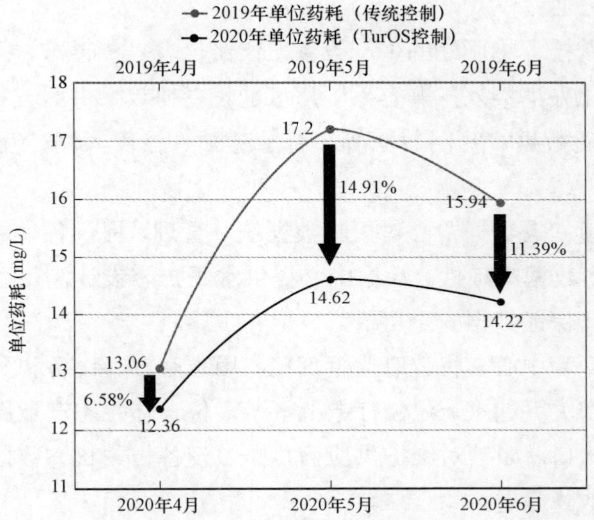

图 10－53　混凝剂投加精细化

*数据来源：深圳深水光明水厂生产运行数据（剔除受到疫情影响月份的数据）。

（二）集约化、数字化的水厂生产运行监控

通过三维可视化展示各工艺点的基本信息、指标数据、工业画面、报警情况和相关出勤人员任务分派以及执行情况，实时掌握水厂生产运营情况。

（三）高可靠性、可量化的全厂自动化

通过划分程控率、闭环率、连续运转率、冗余水平评估、硬件冗余、逻辑冗余等评价指标，量化评估全厂自动化水平。

（四）水厂资产全生命周期管理

包含设备资产采购、监视预警、计划调度、运维控制和管理 KPI 的全生命周期管理，提高设备使用寿命，降低总体运维成本。

（五）“口袋中的水厂”全厂移动化运营

及时掌握生产运行情况和设备运行状态，打破中控室物理围墙的空间限制；采用流程化智能巡检作业方式并形成电子化巡检记录，为水厂规范化运营提供有力保障。

(六)全面的水厂安全保障

全方位感知的水厂数字化安防系统，监控、报警、诊断、处置一体化的联动应急机制，提供全面的水厂安全保障。

四、关键技术

(一)建立平台化工业物联网接入体系

基于物联网技术构建全厂工业物联网采集平台是实现“智慧水厂”建设的基础，主要表现为以下几个方面：

(1)通过物联网技术将厂站的生产设备、仪器仪表、传感器、门禁、视频监控、电子围栏等进行平台化采集接入，兼容不同厂家的设备协议，并且支持第三方数据接入，比如水文数据、水质数据、管网数据等，智慧感知、按需入网、互联互通，打破信息孤岛。

(2)在平台内建立大数据中心对采集数据统一管理，提供各种数据预处理、数据清洗方式，保障系统内数据准确性。数据中心提供水平扩容设计满足海量数据存储，提供数据安全、灾备设计保证数据安全可靠。

(3)以自来水厂为中心，将政府监管部门、用水客户、设备和药剂供应商、系统集成商等用户群体紧密关联起来。积极打造上下游多位一体生态产业圈。根据不同用户关注点按需提供应用入口。如针对维护供应商，提供设备相关状态数据展示，方便供应商及时响应处理设备故障问题。

(二)建立高可靠闭环控制体系

通过对全厂控制系统进行改造及优化设计，提高自动化控制的可靠性，主要表现为以下几个方面：

(1)从设备仪表选型方面，优先选择支持4-20MA的模拟量仪表、优先选择易维护或者免维护仪表、环境适应性较强的品牌仪表。

(2)从自控系统控制逻辑方面，对原有系统中控制逻辑进行梳理，新增多套逻辑冗余性设计方案策略实现小闭环运行，满足自控能够自适应各种异常情况下应急响应处理能力，满足不同工况下高可靠运行要求。

(3)针对全厂相对复杂工艺环节，通过高级控制策略实现对复杂工艺环节的自控系统控制逻辑进行补充与完善，如混凝剂投加、消毒等，从全厂大闭环角度，实现全厂“按需调节、稳定工艺、节能降耗”的精细化控制。

(三)建立集约化监控调度体系

完善现有的监控调度系统，实现对各个子站集中式监控和调度控制。基于移动互联、云技术架构应用，当系统检测发现运行异常，立即发布预警和报警信息，通过手机App方式主动推送至相关人员。系统对设备故障进行在线诊断分析，协助人员快速定位问题，解决问题。形成一套监控、报警、诊断的一体化联动机制。

用户可采用PC或App方式平台随时、随地、实时对全厂工艺运行及数据进行全方位的综合管理，实现对水厂的当前运行状态的实时监视、数据分析、远程巡检及设备控制等，从而简化运行管理人员工作方式和内容，降低企业经营过程中人工干预参与度，减少现场值班人员和巡检养护人员配备，厂级中控室值班人员可实现无人或一人即可。

（四）建立规范化的科学巡检管理模式

建设规范、科学、有效的巡检机制，对巡检养护记录进行综合管理，能及时预防生产事故的发生，为自来水厂处理设施与设备的养护和维修提供依据，并且人员工作成果将作为企业对人员绩效考核参考标准。

巡检养护人员通过移动巡检、设备故障告警快速定位、移动控制等方式简化传统工作模式，同时，对人员统筹分配可以实现多站、多厂的巡检养护人员综合利用，提高工作效率，降低工作人员招录技能水平要求，降低企业用人成本。

建设智慧水厂，通过信息系统建立全过程、精细化的巡检管理模式。借助手机等移动终端，采用“扫码—巡检—记录—上报—统计”的流程化作业方式并形成电子化巡检记录，为自来水厂规范化运营提供有力保障。

（五）建立设备全生命周期管理体系

通过构建设备全生命周期管理体系，尤其对于区域式多厂设备的维修与养护管理业务，可以采用协调作业团队，统一调度，实现人力及物力的资源共享，使设备运维管理体系得到优化整合。

采用电子化工单实现设备运维调度过程，通过制定计划、派发工单、填报工单、审批工单及工单归档五个基本步骤完成单次设备维护。将设备维修业务划分为故障维修和预防性维修两大类；将设备养护业务划分为润滑、清洁、紧固等类别，运营中心的设备运维人员依据工单要求前往自来水厂现场实施运维作业；另外，还可以通过设定任务提醒功能，为养护任务及时执行提供保障；对实施进度状态进行可视化追踪，强化过程监管力度；对设备维护历史记录进行电子化存档，为日后制定和改进设备管理方案提供依据。

（六）建立移动化管控体系

随着“互联网+”的发展，人们的日常工作方式将会带来很大的转变，随着手机的普及，从传统人们需要每天坐在办公室里面盯着电脑屏幕或者一大堆文档资料将转变成移动化、随时随地办公方式，未来人们的工作方式将可能通过一部手机即可解决全部问题。比如通过手机可以实现对全厂管控，查看生产运行情况，提供数据报表、监控画面、报警等信息，通过微信、QQ等方式互通与互动。

随着信息技术的不断发展，未来以云平台技术为基础设施建设的移动化控制将成为未来工业自动化监控领域的主力军。通过建立一套高可靠的远程安全下控体系，保障厂内人员能够随时随地了解全厂运行状况的同时，能够实现远程移动控制操作。

（七）建立智慧化运营体系

依托于云计算、大数据等技术优势，对数据及资源的有效整合、挖掘、利用，发挥数据背后的价值，从自来水厂传统运营思维向数字化智慧水厂运营转变。智慧运营主要体现在以下几个方面：

1. 专家级决策支持

通过全厂工艺仿真建模方式，将现实的工艺场景与虚拟世界进行无缝融合，将过程仿真融合到数据预测、方案择优中，为各级管理人员及工艺人员提供各种辅助决策支持。原来依靠人脑分析、经验积累的决策方式可以通过系统能快速、准确、科学地给出合理化建议和方案。

2. 风险应急预案处理

针对自动化控制及工艺运行过程中常见各种异常故障问题及突发情况，通过专家库中提供相应的预案进行应对处理，出现异常故障或事故时，系统能够自动给出应对方案和建议，协助人员解决问题，减轻事故带来的影响、提供补救措施。同时可以不断持续完善专家库，作为企业资产进行存档。

3. 全厂 KPI 统计与分析

建立智慧水厂运营状况量化指标评估机制，从管理质量、工艺运行参数、能耗、药耗、自动化控制指标、评价指标、设施设备运行效率、环境效益等多个方面定期对运行管理状况进行综合评定。基于现有信息系统之上，提供智慧运营门户展示，以多维度图表方式集中展现指标结果，识别自来水厂运行管理薄弱环节，实时了解企业经营状况，为企业管理层经营决策提供科学参考依据。提升企业科技感。

4. 客户服务及信息分享

基于大数据挖掘、云计算技术特点，对数据进行整合处理，为上下游、供应链等用户群体提供个性化应用和服务，实现业务数据整合共享、业务系统整合共享，发挥数据潜在的价值。

五、社会价值

（一）实现水厂少/无人控制运行

实现水厂少/无人化控制运行是建设智慧水厂的核心，通过厂内自控系统实现全工艺流程自动化运行，各类控制指令的下达不再依赖人，而是由系统自动下达完成。参与控制过程的设备及通信链路采用冗余设计，保障设备故障或网络中断时自动切换至备用方案。在工艺智能化运行时，系统自主驱动自来水厂处理设备实现控制目标，动态调整控制参数，以获得稳定与精准的控制效果，满足不断变化的运行工况下设备运行要求。将大量的简单、重复的工作完全由计算机接管。

1. 实现闭环运行

现有的自来水厂大部分自动化控制系统 80%以上依靠人脑判断为基础，人员根据当前工艺情况凭经验进行相关参数设定操作，系统自动化平水平比较低，运行反馈不能做到响应及时，带来人为造成的滞后性，无法达到最优的控制效果。而且对监控管理人员要求较高，对运行成本造成提高。

实现全厂闭环控制，通过系统内专家库决策和系统风险预案可以针对性解决问题，提供科学、准确、及时的控制方法，大大提高自动化控制水平，为少人/无人运行提供强有力的控制策略支撑，使系统的可靠性、安全性大大提高。

2. 提高系统自诊断能力

系统具备故障自诊断能力。当设备发生故障时自动定位设备故障位置，分析故障发生原因，给出故障相关信息并通知其他人员，帮助维修人员快速定位问题、解决问题。实现该功能需要对现有自动化控制系统进行技术改造，主要包括 PLC 程序和 SCADA 程序的自诊断能力的优化和提升、移动管控平台的实施。

（二）实现混凝剂投加环节的智能化运行

数据驱动与模型驱动相结合的协同智能算法，在线实时计算混凝剂投加量，满足了混凝剂投加量的按需计算，实现了混凝剂投加环节的智慧化运行、精细化控制，对降低水厂能耗、药耗水平具有积极意义。

（三）实现水厂移动化运营

实现全厂无/少人值守运行核心之一是让不同层级的管理人员能够随时随地实时掌握厂内运行情况，并且在特殊情况下能及时有效的远程干预。现有的监控系统（SCADA）是建立在厂级子站监控基础之上，只能实现在厂内运行监控，并且监控室必须需要专职专岗人员实时的人工值守，根本无法实现随时随地监控，这为无/少人值守系统带来技术屏障。通过移动终端实现远程或移动监管，运行管理人员不必在厂内进行运行值班，只要打开移动终端，即可全面了解厂站的运行情况，提高人员工作效率，减少运营人力和管理成本。

通过云平台系统和手机移动 App，管理人员能够远程实时监视自来水厂运行，在线显示厂内仪表监测数据和设备运转信号。一旦系统检测发现运行异常，立即发布预警和报警信息，并以短信或微信等方式发送至相关人员。通过调取相应监测点视频监控录像，启动专家系统进行故障诊断与风险预测，形成监控、报警、诊断的一体化联动机制。

（四）实现水厂全面的信息感知

智慧水厂对厂内设备设施信息、设备运行数据、视频信息、安防门禁信息等信息进行集中采集，同时对水厂周边数据（如管网数据、水文数据）进行按需收集。通过信息收集的全面性、信息处理的快速性，可以全面地把握水厂全局的信息状况。

（五）实现高可靠的水厂运营安全性

智慧水厂能够依靠先进的技术进行监测，及时发现问题，及时作出合理的方案，对设备运行过程中出现的故障、告警进行故障诊断分析，快速发现问题根源，及时处理问题。对水厂生产运行过程中各种突发事件，比如提水泵故障、进水水质变化等，能够提供准确的解决方案或建议，使应对处理更加及时、有效。

（六）实现规范的绩效指标管理与分析

建立自来水厂运行关键绩效指标评估机制，从管理质量、能耗分析、设备运行效率、运行工艺参数等多个方面定期对自来水厂的运行管理状况进行综合性评定。通过信息系统，应用绩效评估指标体系，对自来水厂业务管理数据进行统计计算与评估分析。以多维度统计图表的方式展现绩效结果，识别自来水厂运行管理薄弱环节，为自来水厂运行管理优化提供决策支持。建立信息化绩效评估机制需在管理和技术上总结大量经验进而推陈出新，这部分内容的开展可在自来水厂实现自动化运营后逐步深入研究，建立一套完善的运营监管机制，使管理人员通过定性和定量的精细化管理来了解自来水厂运行的健康程度，以满足自来水厂合理化、最优化运营的需要。

（七）提高水厂科学决策水平

智慧水厂基于全面的信息感知，依靠智能仿真、智能诊断、智能预报、智能控制和智能服务于一体，利用智能专家决策系统，对数据进行综合运用，能为水厂运营中的设备故障诊断、生产调配、方案择优、运营管理等提供科学化的辅助决策支持。

案例八　江门三区三市排水信息化与管理系统

广东中工水务信息科技有限公司

江门三区三市排水信息化与管理系统（以下简称“排水系统”）将排水管线、泵站、污水站、排水户等数据整合，在排水设施关键位置安装在物联网监测设备，动态监测排水设施运行健康。配套建设排水资产管理“一张图”、排水设施在线监测“一张网”、防涝应急指挥管理、管网设施巡检、排口巡检管理以及排水业务辅助审批管理系统，大大提高了水务信息化建设的水平，不仅能为江门三区三市排水防涝设施的管养和排水防涝应急调度提供一整套的技术流程，而且能在水环境治理上起到很重要的作用，大力助推江门三区三市的水环境治理工作再上一个新的台阶。

一、建设背景

排水系统能对三区三市排水管网的管理起到很大的作用，是城市水务建设过程中一个很重要的环节。结合江门三区三市内涝现状和城市发展趋势，建设功能齐全的智慧排水系统迫在眉睫。

国家层面高度重视城市排水防涝工作，出台多项政策要求，广东省人民政府对城市排水防涝工作做出明确指引：

（1）建立城市基础设施电子档案，实现设市城市数字城管平台全覆盖。提升城市管理标准化、信息化、精细化水平，提升数字城管系统，推进城市管理向服务群众生活转变，促进城市防灾减灾综合能力和节能减排功能提升。

（2）加快城市排水防涝数字化管控平台建设，提高城市排水防涝设施规划、建设、管理和应急水平；其他城市要逐步建立和完善排水防涝数字化管控平台。

（3）排水防涝基础信息普查内容包括建立排水防涝设施普查与数据库，建立普查数据库定期更新维护的机制。

（4）建设信息化管控平台，各地级以上市要加强城市降雨规律、排水影响评价、暴雨内涝风险等方面的研究，构建城市排水管网水力模型，逐步建立完善覆盖整个城市排水防涝体系的信息化管控平台。发挥数字信息技术对排水防涝工作的支撑作用，实现雨情分析、水文分析、日常管理、辅助决策、远程监控、风险评估、灾情预警、指挥调度等综合管理功能。

二、建设内容

（一）排水资产管理可视化

基于地理信息系统，在三区三市地图上叠加展示排水管网单位权属管养的排水管网、河道、泵站、水闸等各类排水设施以及建设的窨井液位计、雨量计等在线监测设备，形成排水设施资产管理“一张图”，如图 10－54 所示。排水设施资产管理“一张图”实现设施进行全方位的可视化管理，一方面为管网设施巡检养护等应用提供数据基础、工作底图，另一方面为管理者提供一个资产设备管理的驾驶舱，方便了解整体的资产设施状况，为后续各项应用提供数据基础。

图 10－54　排水设施资产管理“一张图”系统替代原有排水设施查看方式

各用户借助排水设施资产管理“一张图”可以宏观了解管网的总体分布情况外，还可以查看管网的详细属性信息，管网信息包括设施类型、管径、材质、起止点高程、埋深等信息；支持在地图上点选、线选、自定义范围查询所有排水设施的属性信息；实现基础地图切换展示，提供地形图、卫星图，可按需进行切换操作，系统具有以下功能：

1）GIS 地图展示：排水管网、污水厂、泵站、闸站等数据 GIS 展示功能；

2）管网设施查询：查询管网的详细属性信息；

3）地图基本操作：对 GIS 地图基础地图切换、图层控制、平移、放大缩小等操作；

4）管网图审核：审核巡查员上修改的管网图；

5）修改权限分配：管理巡查员修改管网图的权限；

6）现状对比：对比管网编辑操作记录；

7）排水户管理：对排水户管理，可查看排水户摸查信息，进行排水户排水去向分析；

8）隐患点管理：挂接管网隐患检测成果数据，分类统计管网隐患检测成果，查看检测 QV/CCTV 视频；

9）混接点管理：混接点管理、管网混接点分析；

10）运营看板：对设施、管网图进行多维度统计；

11）进展展示：查看管网图修改进度；

12）追溯分析：追溯分析支持查找管线的上下游连通管线。

（二）排水设施监测实时化

在各种的决策场合，实时掌握第一手现场资料加以分析往往对整个决策起到决定性的作用。通过本项目建设排水设施在线监测“一张网”系统，安装设备提供数据监测、实时数据查询、监测报警等，把城市中发生的情况第一时间通过网络传输到系统上，大大缩短了信息获取的时间差，达到不耽误辅助决策的目标；健全完善综合监控预警系统体系，利用现代网络技术、计算机技术和多媒体技术，以地理信息系统、数据分析系统、信息展示系统为手段，实现对实时水位、水质、泵站运行、污水厂运行、巡查养护 GPS、重点区域视频监管等的监控功能。系统功能包括：

（1）监测设备总览：对监测点数据展示、数监测数据统计分析、运行状态监控，在地图上叠加排水管网等设施及其上的监测设备，进行设备信息显示和设备状态提醒，如图 10－55 所示。

（2）监测数据查看：对实施监测和历史监测数据查看，监测数据概览，可查看管网水位、水质、流量等监测数据。

（3）数据统计分析：监测数据统计分析，液位统计分析以每天的平均液位为统计对象，结合降雨量，分析出液位情况和降雨情况的规律；展示液位对比分析，系统可根据所查询的测站提供上游、下游的测站关联分析，支持自定义比对时间、统计维度（按日统计、按月统计）等筛选条件自由组合进行所选测站的液位监测数据查询。

（4）污水浓度分析：支撑叠加分析污水系统水质进行对比分析。

（5）监测设备信息查看：可查看设备安装信息详情和设备运维日志。

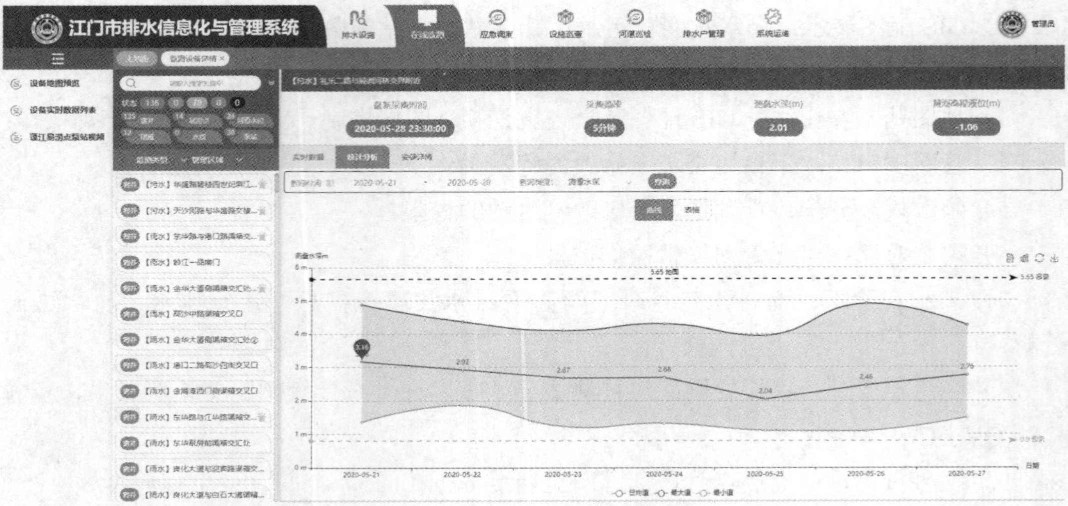

图 10－55　排水设施在线监测“一张网”系统

（三）排水防涝设施管养数字化

管网设施巡检养护主要负责对排水管网的日常巡查、清疏、维修等养护工作管理，需要有先进的信息化手段、配套的规范化、精细化的养护管理体系才能发挥作用。建设排水设施巡检养护系统，如图 10－56 所示，结合手机移动端，实现对人员、车辆工作情况的可视化管理，管网设施养护全流程管理记录、运行工作智能化统计分析，工单台账自动化生成等。系统功能包括：

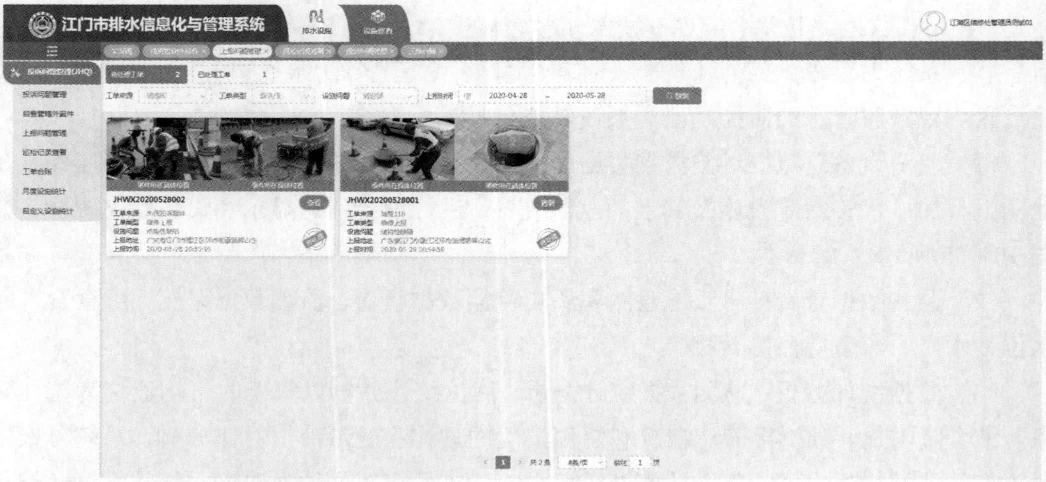

图 10－56　排水设施巡检养护系统

（1）人员管理：班组管理、人员出勤监测、人员巡查轨迹回放、人员考勤管理，形成对人员全方位管理。

（2）计划养护管理：对养护单元管理、养护计划制定、养护计划审批、养护工单下派、养护工单管理、养护质量考核、养护工单施工日志形成对计划养护全过程管理，如图 10－57 所示。系统可自动统计出该管养单元内所有需要养护的设施，下派工单后，班组里的所有人员都可通过 App 接收任务。

图 10－57　排水设施巡检养护系统处理前后跟踪

（3）问题上报管理：工人通过 App 上报巡查过程中发现的问题，对于日常巡查中上报的问题工单，都可在系统上查看，对于待分派的工单，可在系统上派发给指定的维修班组或清疏班组去处理。

（4）统计报表：对养护工作的运行情况、工单台账、用户使用情况进行统计。

（5）管养单元巡查记录：查看养护单元巡查的人员、时间、在该单元内上报的问题记录等。

（6）安全作业交底管理：对交底内容管理和查看。

（四）排水业务审批规范化

排水业务辅助审批系统主要与江门市政务服务统一受理系统对接，进行辅助审批，实现许可申请、许可受理、许可审批、打印许可证、案件归档等功能，如图 10－58 所示。系统具体功能如下：

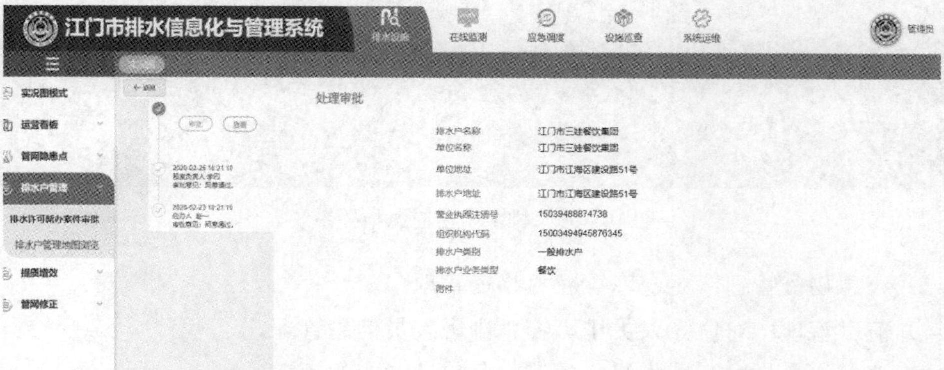

图 10－58　排水业务辅助审批系统

（1）排水户管理：可以对本区排水户进行管理。

（2）排水户日常工作管理：对接排水户审批数据。

（3）排水户现场摸查：对排水户现场摸查情况上报。

（4）整改上报：对问题排水户整改情况上报。

（5）案件下派：将案件下派给指定的班组人员处理。

（6）咨询意见办理：进行接驳点选取和自动生成咨询意见。

（7）案件分类查询：可以对已办结的案件进行多种组合标签查询。

（8）案件分类导出：进行多种组合标签查询，并导出案件列表到 Excel 格式。

（9）可视化查询统计：进行多种组合标签统计符合条件的案件数量，并把结果的空间位置显示在地图上。

（五）排水防涝调度科学化

为保障人民群众的生命财产安全，排水防涝应急指挥系统通过应急事前准备、事中调度、事后总结三段式应急管理，规范化应急调度工作，如图 10－59 所示。实现防汛工作人员及车辆、物资的综合管理、区域分布及在线快速调配，提供应急预案，具体包括：

（1）应急队伍管理：对应急队伍管理。

（2）布放点管理：对布防点位置管理。

图 10－59　排水防涝应急指挥系统

（3）应急物资管理：对仓库等应急物资管理。

（4）值班管理：对值守人员排班表、排班人员信息管理。

（5）调度信息收发：接收气象预警，可启动对应的预案。

（6）事中应急调度：调度人员在监控调度室中，通过调取实时监控视频和接受现场反馈信息，及时作出处置人员的优化配置，如对应急处置完成的内涝点班组发送撤防指令，对情况严重的内涝点加派处置人员支援。

（7）调度记录管理：每一次启动预案，系统都会自动生成一条该预案的记录。

（8）一雨一报：应急抢险调度结束后，系统可自动生成本次的应急抢险报告。

（9）调度信息统计：实现应急抢险工作完成后，应急事故总结、工作成果归档。

三、应用情况

各系统均上线运行使用，截至2020年9月底：

（1）排水资产管理“一张图”系统已超8万人次使用，管理部门采用系统提高了10倍以上管线资料查阅效率，并且修正了几千处与现场不符的管线数据，提升了管线数据质量。巡查人员在现场核查后，可通过手机App现场更新管网数据，管理部门可快捷查询地下排水管网分布，既支撑了管网规划设计工作，又提高了施工效率。

（2）排水设施在线监测“一张网”系统已超5万人次使用，防涝应急部门减少了80%现场巡查人员的投入，并且对现场事件响应速度提高了50%，已经安装监测设备的位置报警遗漏降至0。排水设施关键位置安装了监测设备，对易涝点、井下水位、河道水位、降雨量、泵站情况实时监测，让应急队伍在室内也能实时掌握排水管网运行情况，既减少了应急人员，又提高了队员的安全，还能提前对容易积水的地方进行预警，保障民众的生命财产安全；在河道安装了水质检测仪，对河道水质实时监测，当水质出现异常时，管理部门可通过水质监测指标对管网追溯分析，对重点排水户进行排查，找出污染源头，保障河道水质正常。

（3）排水设施巡检养护系统累计发现近300多起问题，现已解决260多起，40余起事件正在进行工程施工。系统投入使用后，多级部门相互监督，实时监控事件进展，大大提高了事件处置率和降低事件处理时间。巡检人员可以通过手机上报发现的问题以及现场照片，领导可随时随地对进行审批，加快了审批速度。审批完成后，自动下发任务，工程队处理后，通过手机上报现场完成图片作为依据，提高了处理和核查的效率；系统还可以查看历史工程的处理信息与处理结果，监督工单处理的质量，最后可以很方便地导出月度年度统计报告，掌握排水设施运营的整体情况。

（4）排水业务辅助审批系统逐步应用，现已登记800多排水户，并推动补充摸查队伍的组织，提高全区对污染源头的监管。在摸查前可通过系统查看排水户附近排水设施，提高现场摸查登记效率，还支持核对申请材料的真实性，如果不符合，可以复查提醒；对源头上进行摸查，做到支撑区分污水处理上下游之间权责关系，规范排水户科学排水。

（5）防涝应急指挥系统累计正式启动10次应急响应，通知、调度近千人次，原来需要1个小时电话通知调度，现在只需要一键即全部完成通知，大大提高了应急指挥中心工作效率，也提高了通知的时效性。全面规范化管理应急管理工作，使得应急资源利用率提高30%；事后报告整理时间的效率也大幅度提高，由原来至少半天工作，现在一键即可导出；应急调度系统规范了工作流程，实时获取一线人员定位，一键即可启动预警通知，实现一线人员快速响应，并避免了重复调度和多次调度，提高了抢险效率，支撑抢险人员争分夺秒保障人民群众的生命财产安全；同时系统可自动收集本次抢险的人员、时间、现场照片等总结生成汇总报告，为调度业务部门人员的后续工作提供决策依据，实现防涝调度科学化。

四、关键技术

（一）低功耗、广覆盖的智能监测体系

基于 NB-IoT 的全流程覆盖的排水一体化监控体系建设，具有监测设备智能化、监测数据平台标准化的特点。通过前期基于窄带物联网通信的排水各监测环节感知网络的建设试点，探索窄带通信在智慧水务全流程感知网络的介入模式，为后期全面建设智慧化的水务感知网络提供建设理论和实践支撑。

（二）多源数据融合汇聚

项目整合江门三区三市排水设施数据（包括排水管线、排涝泵站、污水提升泵站）和已有监测数据接入并建库统一管理，接入全区气象预报、雨量、积淹水点的水位监测、管道水位流量、河道水质水位监测、设施工况等实时监测数据，实现多源排水数据的大融合。基于江门三区三市地图，形成排水设施资产“一张图”，排水设施在线监测“一张网”等系统，实现水务静态数据与动态数据的结合应用，为更上层的水务应用提供有力支撑。

（三）实现应急融合指挥体系

在城区防涝应急系统中，实现了事前应急预案管理、物资人员管理，事中启动预案、人员布防、利用在线监测或现场上报险情、险情信息发布共享，事后进行一事一报总结、事后回顾、工作考评以及应急预案优化；优化了应急抢险“三段式管理”工作机制；通过信息的汇聚共享，以实时监测数据与视频监控、视频会商相结合的手段，提高城市综合管理局与各部门间的实时联动效率，形成了科学高效的三区三市应急融合指挥体系。

五、社会价值

（一）全面摸清排水管网现状，指导管网规划

通过全面普查排水管网，可掌握三区三市的排水管网现状，数字化管理将节省大量查找图纸和表格的时间，同时可以减少今后不必要的外出作业现场调查，节省人力及资金成本；同时结合排水管网水力水质模拟分析管网的生命体征，指导排水管网规划设计、工程改造等工作，通过优化工程设计，可节省投资。

（二）精细化科学化管理巡检业务

通过使用排水设施运营管理系统配合管网运营 App 后，可确保排水设施巡查的质

量。通过信息化管理管网设施及其养护记录，为科学制定排水设施管养计划和巡查路线提供支持，从而提高管网养护质量以及管网维护人员工作效率。

（三）实现源头治理信息化，降低排污治理成本

通过将排水户的信息进行数字化管理后，如果发现存在偷排的情况，可以通过系统的追溯分析，分析出嫌疑排水户的所在区域。解决了以往排查过程中排查区域过大、难以定位的情况，从而减低排污治理成本。

（四）实时掌握管网运行情况，提高管网资源利用率

通过安装在线监测设备并配套建设相关信息化系统，实时掌握排水管网实际运行情况，合理分配排水管网资源，避免造成管网资源浪费；并快速掌握管网中可能出现的险情，避免造成经济损失。

（五）为黑臭水体治理提供信息化支撑

通过排水户管理、追溯分析，可以及时发现非法排污并分析嫌疑排水户所在区域。通过信息化手段辅助解决河涌黑臭水体治理的问题，提高居民的满意度。

（六）为解决城市内涝提供管网设施信息化基础

通过信息化手段将排水设施的家底摸清，为日后的排水管网升级改造提供信息化基础，辅助解决城市内涝这个国家与人民群众所共同关心的问题，从而提高企业的社会形象与地位。

（七）提高排水设施整体运营质量

通过规范化管网养护流程，实现提高排水设施养护工作效率与工作质量的目标，从而提高排水设施整体运营质量与抗风险能力。

案例九　天驰城市智慧排水在线监测系统

广州市天驰测绘技术有限公司

一、建设背景

住房和城乡建设部、生态环境部、国家发展改革委联合发布《城镇污水处理提质增效三年行动方案（2019—2021年）》（建城〔2019〕52号），主要目标是实现污水管网全覆盖、全收集、全处理；经过三年努力，地级及以上城市建成区基本无生活污水直排口，基本消除城中村、老旧城区和城乡接合部生活污水收集处理设施空白区，基本消除黑臭水体，城市生活污水集中收集效能显著提高。

为切实落实广州市城市污水提质增效三年行动方案，提高城镇污水处理能力，提高人民生活生产质量水平，广州市某镇开展了污水提质增效项目，建设要求如下：

1. 辖区内主干管考核点处污水浓度

2019年，进水浓度达到COD 180mg/L，氨氮21.7mg/L；

2020年，进水浓度达到COD 260mg/L，氨氮23.6mg/L；

2021年，进水浓度达到BOD 100mg/L。

2. 污水管网密度

建成区达到10km/km^2（全覆盖、全收集、全处理），河涌无污水直排口，消除黑臭水体，消灭重要水浸点。

为了使地下污水管网、污水厂、泵站、排水户等信息实现动态监控，提高排水管道及其附属设施智慧化管理水平，及时发现异常情况，本次在辖区设置相应的监测点位，以便后期集中搭建城镇排水智慧监测系统。该系统将污水管网及其附属设施的地理空间信息和相关属性信息有机结合起来，目标是提高排水管网运营管理的效率、质量和水平，为项目竣工评审提供可靠有效的数据依据，切实提高项目施工质量。

二、建设内容

项目主要建设内容包括以下两项：

一是排水设施实时在线监测，即在排水管网关键节点、城市易涝点、外江关键断面处布设水雨情水质在线监测设备，包括多普勒流量计、翻斗雨量计、激光液位计、COD、氨氮等水质传感器以及视频监控设备等。

二是开发智慧排水一体化平台，包括排水管网二三维信息管理系统、排水管网在线监测系统、排水防汛应急调度系统以及排水管网智能监测App等。

（一）排水监测站建设

1. 监测布点方案

项目总共划分了 27 个排水分区，实时监测排水系统各分区的运行状态参数，包括 COD、氨氮、流量、液位以及流速等。本项目主要解决排水系统改造后的日常维护、管养、污染监测等信息化管控问题，并且为镇内水闸、泵站远程控制的设施提供接口，保证能够实时查看水闸，泵站的实时运行情况，并可远程操控设施、设备。

2. 监测内容

（1）监测的指标。不同类型排污单位生产的产品不同，生产工艺不同，排放的污染物也不同。水污染物总量控制的监测项目应以反映区域环境主要污染特征为主，同时兼顾不同类型污染源废水的特征，对废水特征污染因子进行污染物总量监测。根据国家规范，结合提质增效的项目需求及建设成本，确定本项目排水管网关键节点的主要监测指标：水量监测有液位、流量、流速；水质监测有 COD，氨氮。后期将根据项目实施情况，合理纳入 BOD 水质监测指标。

（2）监测的方法。水质监测方法有在线自动监测和实验室检测。在线自动监测成本高，但时效性好；实验室检测中人工采样等环节具有不及时和操作困难等缺点，但是费用相对较低。考虑到时效性、连续性及便利性，并结合项目需求等各类因素，本项目水质指标中的 COD、氨氮等指标均采用在线自动监测的方法。

3. 监测站点建设实例

为确保设备稳定运行，项目上因地制宜地采用多种方式来设计监测站的安装方式，改良部分设备材料，定制现场安装模式，有效地保证了后期设备运营效果，部分典型监测站点安装运行现场如图 10－60 所示。

图 10－60　典型监测站点安装运行现场图

（二）智慧排水一体化平台

智慧排水一体化平台包括排水管网二三维信息管理系统、排水管网在线监测系统、排水管道防洪内涝系统以及排水管网智能监测 App 等。

1. 排水管网二三维信息管理系统

排水管网二三维信息管理系统是基于 GIS 地理信息服务平台，建设的排水空间数据服务体系，为排水业务应用系统提供统一的空间数据应用服务，实现“一张图”数据的浏览、查询和分析功能，为门户信息展示、排水流程信息展示和管理及各排水业务管理系统提供全面、准确的数据支撑。该系统可展示管辖区范围内所有排水管网和污水处理厂的位置，能够实时展示排水管网和污水处理厂相关监测数据。系统主要功能包括地图定位、污水处理工艺流程图查看、群发短信、统计报表等，将地图、排水管网或污水处理厂设施状况和运行数据进行动态监控与实时呈现，实现管辖区范围内排水管网和污水处理厂的一张图管理，如图 10－61 所示。

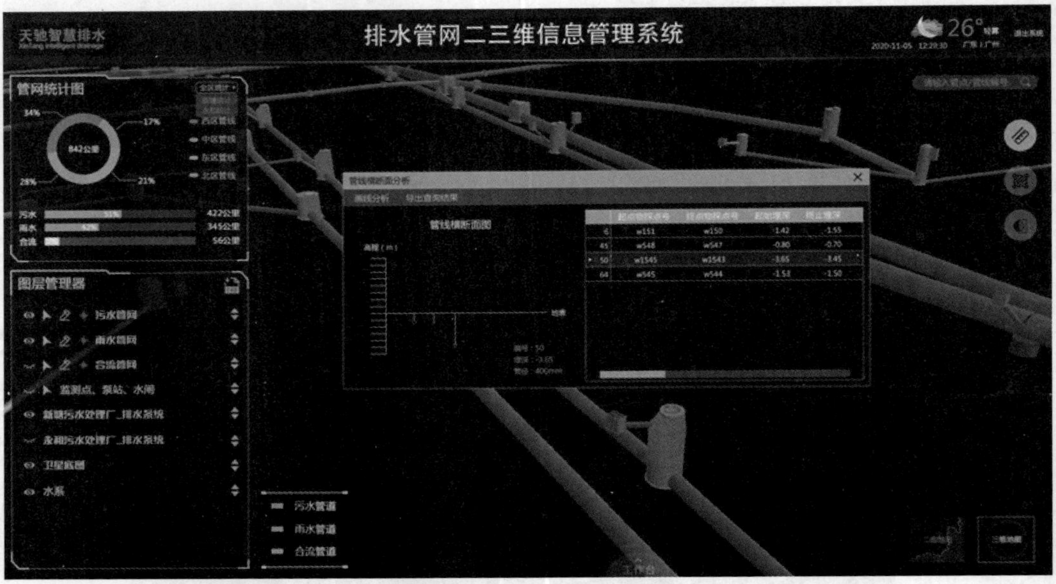

图 10－61　排水管网二三维信息管理系统界面

基于统一 GIS 平台根据基础地图数据和业务专题数据，加工制作形成基础地图数据和业务专题数据服务，为各业务应用系统提供基础地图操作、地图浏览、查询、分析、标注和打印输出等功能。

2. 排水管网在线监测系统

排水管网在线监测系统将所有的水位监测数据进行统一展示。将各个管网关键节点水位监测数据统一接入监控中心。流量监测系统将污水进水流量监测数据进行统一展示，将各个管网关键节点的流量监测数据统一接入监控中心；水质监测系统将所有的水质监测数据进行统一展示，主要是 COD、氨氮等水质参数。系统主要功能包括地图定位、查询、视频监控、工艺流程图、统计报表、查看历史数据等功能，如图 10－62 所示。

图 10－62　排水管网在线监测系统

根据需求，可实现不同管网之间同一监控参数的横向比对，以及管网不同时期同一监控参数的纵向比对，全面掌握管辖区范围内管网的运行状况，为设备调整、环保规划等提供有力的数据支撑。

3. 排水管道防洪内涝系统

排水管道防洪内涝系统实现对不同监测点、不同时间段、不同监测数据的历史监测数据的查询与分析，并按照用户需求，通过选择不同监测设备、统计时间间隔、统计报表类型自动生成内涝监测数据的各种报表及图表（柱状图、曲线图、对比图等）。

系统具备数据统计分析功能，并基于数据统计分析及报表实现预警预报功能，包括内涝预警与水污染预警。系统接入排水管网的监测数据，24 小时实时在线监控，对异常数据进行警报，实现排水管网的预警预报及应急处置。排水管网监控数据主要包括流量、水位及 COD、氨氮浓度等水质参数。

颜色预警功能主要用于历史警情和实时报警信息的查看。当监测值超过指定标准，监测点数值背景颜色立刻变换颜色进行报警提示。

实现不同类型、不同时间段警报信息的统计。可查询某一地区在不同时间段内的报警次数，或者可统计同一时间段内不同地区的报警次数与报警类型，如图 10－63 所示。

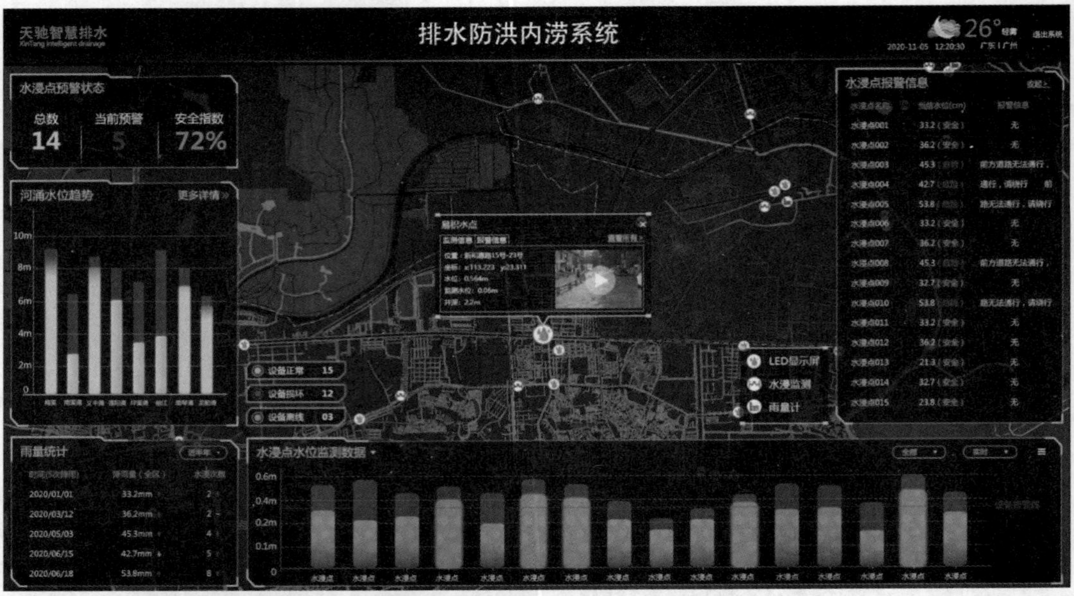

图 10－63　排水管道防洪内涝系统

4. 排水管网智能监测 App

为满足智慧排水系统日常的生产需要，实现系统的巡检、日常业务智能化处理，实现液位、流量、COD、氨氮等在线监测数据的无缝集成，根据需求进行数据的入库、汇总、分类查询与输出。支持分角色开展数据的填报与审核，不合格数据可多次打回重填；实现 Android 手机端的现场信息拍照、数据填报及上传，实现管网巡检管理功能；量化日常工作情况，统计相关工作量，并自动生成设备、人员周、月工作报表，并导出打印，如图 10－64 所示。

图 10－64　排水管网智能监测 App

三、突出特点

天驰城市智慧排水在线监测系统是以精确探测、定位地下排水设施为基础，以传感器实时监测为手段，实现管道监测、隐患排查、污染源管控、管线破损及污水泄漏等故障的预警预报，构建排水管网全生命周期管理的综合信息平台，从而达到及时预警、及时处理地下管线异常情况的目的；并能够实时动态管控污染源，确保人民生命财产安全。

重点打造“设备+监测+数学模型”的智能排水监测系统，设计科学、合理的系统的监测方案、采用可靠、有效的监测设备获取可靠的数据，利用数学模型诊断监测数据，分析管网运行状况，利用监测反馈机制，远程控制泵站、闸站阀门等排水设施，达到优质高效的智慧管控目的，实现数据采集自动化、信息系统集成化、决策调度智慧化、平台建设规范化的目标。

四、关键技术

天驰城市排水智慧排水在线监测系统实施过程中有以下几点关键技术。

（1）拥有完整的数据标准化工具链，排水设施基础数据是整个系统的基础，没有精准的基础数据，智慧系统无从说起，为此，我司开发了一套从外业数据采集，到内业数据处理，到 GIS 标准化入库的工具软件，最大限度了保证了数据的准确性与完整性，为系统的成功实施奠定基础。

（2）强大的数据分析能力，依托公司排水设计研究院及数据分析团队的力量，从排水设计人员传感器的点位布置到监测数据的采集设置再到数据的数学模型分析，设计出了一套完整的排水数据分析的业务流程，有效地解决了外水点摸查、水质不达标等管网运营问题。

（3）成功打造出了排水管线巡检管理，问题审批等管网维护业务管理流程。对管网维护，管网养护等流程进行充分分析，梳理其特有的业务需求，满足以排水公司为主的业主对管网日常运营管理的需要，做到问题尽早发现，故障及时解决，定量、定性化考核巡检人员的工作绩效，有效提高管网管理质量与水平。

五、社会价值

为排水管理部门的市政设施规划与设计提供依据；为工程业主方优化设施工程及改善的资金的投入效果；为工程建设方提高施工及运行费用的使用效率；为排水运营部门量化评估效益，改善设施运行状况。

案例十　杭州智慧河道监管平台

杭州市城管局水设施和河道管理保护中心
聚光科技（杭州）股份有限公司

一、项目背景

城市河道承担防洪排水、景观文化、生态环境、雨洪管理等多项功能，是直接影响人民生活安全和文化的自然主体，也是决定城市生态环境水平的主要要素。我国历来高度重视河道保护与管理工作，由于河道管理涉及水域、岸线、排水口、涉河建设项目等多个方面，具有显著的复杂性，在新时期治水要求不断强化细化和现代信息技术发展日新月异的时代背景下，采用智能感知、大数据等技术手段全面提升河道保护与管理能力，形成精细化、智慧化、以生态导向的河道保护与管理工作模式，成为城市河道管理改革发展的必然选择。《浙江省美丽河湖建设行动方案（2019—2022 年）》将“全面加强河湖管理保护，着力在深化河（湖）长制和推进河湖数字化转型上下工夫，实现管护高效”明确为主要任务。杭州市城市大脑遵循新时代统筹推进“五位一体”总体布局的战略目标，以经济、政治、文化、社会、生态五大领域为根目录进行顶层设计，构建纵向到区县（市），横向到各部门的组织架构，打造“互联、在线、智能、开放”的城市生活数字化界面，促进城市空间结构优化，推动城市绿色发展，强化城市治理能力，提升市民生活品质，2016 年 4 月起步以来已取得了许多阶段性成果。《杭州市城市河道“碧水迎亚运”三年行动计划》将科技治水作为河道综合治理原则的重要内容，不断推进城市河道精细化、标准化、智慧化管理能力提升，实现城市河道生态保护管理可持续发展，实现水质管理向水资源、水环境、水生态“三水”并举管理转变，向亚洲与世界展示最美河道环境。

近年来，杭州市区两级河道管理部门遵循分级管理体制，在各自事权下开展了河道保护与管理的信息化建设。由于各城区的应用信息建设思路不一致、数据标准不统一，造成了全市市区两级应用系统的割裂，形成了众多的数据孤岛。在信息系统割裂的情况下，对全市 470 条河道的管理保护工作变得极为艰巨，市河道保护管理中心为了对市区两级河道进行有效监管，不得不派出大量人员进行监督巡检，每月手工统计各区报送的大量报表。由此可见缺乏全市统一的河道监管平台严重制约了全市河道管理保护工作的开展。

为贯彻杭州市城市河道治理的决策部署，提高城市河道精细化、标准化、智慧化管理能力，市河道保护管理中心按照“标准先行、开放统一、弹性扩展”的原则，以对接杭州市城市数据大脑、构建全市开放统一的智慧河道管理平台为目标，构建了以“一张网、一中心、一张图和N平台”为主要内容的“杭州市智慧河道监管平台”。先后完成《城市河道数据采集与维护技术规范》、一体化河道感知网络以及河道大数据资源库、河道信息管理平台、河道信息应用平台和大数据可视化平台等系统，打破了市区两级河道监管信息孤岛，实现全市的河道基础数据、感知数据和管理数据的汇聚和共享。打造了全市统一开放的智慧河道监管平台，并对接杭州市城市数据大脑指标系统，形成了杭州市智慧河道“大数据、大平台、大应用”的总体框架，大大提高了杭州市河道管理保护工作的精细化和智慧化水平，为全国城市内河的智慧化管理提供了一个鲜明的样板。

二、应用内容

（一）总体架构

杭州智慧河道监管平台按照“1+1+1+N”的总体结构建设，如图10-65所示。

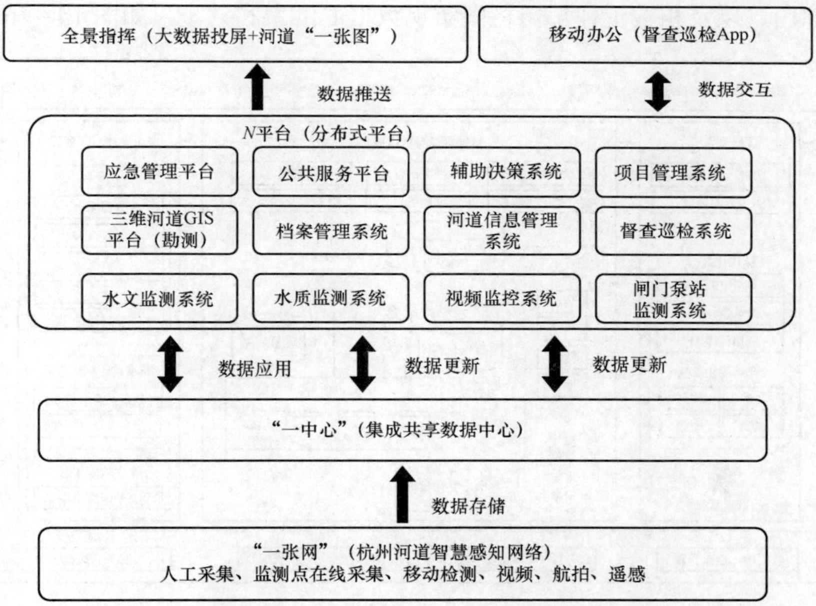

图10-65　杭州智慧河道监管平台

一张图：综合展示河道空间数据、勘测数据、各类监测数据、巡检轨迹、工程项目、报警预警等各类专题图在内的河道一张图。

一张网：面向全市河道水系的、涵盖河道水位、排水管网水位、断面水质、闸门泵站运行、巡检定位在内的河道智能感知网络。

一中心：集成共享数据中心。

N平台：基于一张网和一中心，建设河道信息管理系统、河道信息应用系统和公众管理系统。这些系统覆盖了河道基础信息、水质监测预警、河道督查巡检、闸门泵站管理、引配水调度、辅助决策和公众服务在内城市河道监管的所有业务。

（二）数据标准规范建设

为整合全市河道相关的数据资源，建立格式统一、信息完整的城市河道数据集成共享体系，本项目首先编写了《城市河道数据采集与维护技术规范》。该规范将城市河道数据分为空间要素、运行维护管理、监测监控、技术资料、管理事件等五个大类数据资源目录，在这个五个大类数字资源目录下按照管理要求，编写了覆盖水环境管理、河道设施管养、水面保洁、岸上绿化、防汛配水、监督检查、巡检养护等所有业务的数据表格式。

（三）集成共享数据中心

依托杭州城市大脑城管板块的统一云中心，制定河道管理统一的数据规范和信息交换准则，建立一个集成共享数据中心，实现各城区河道信息、监测信息、视频信息从数据采集、数据组织、存储检索到服务支持的完整解决方案，使杭州市城管委、各区城管河道管理部门，以及相关责任部门之间实现数据的汇聚和共享，如图 10－66 所示。

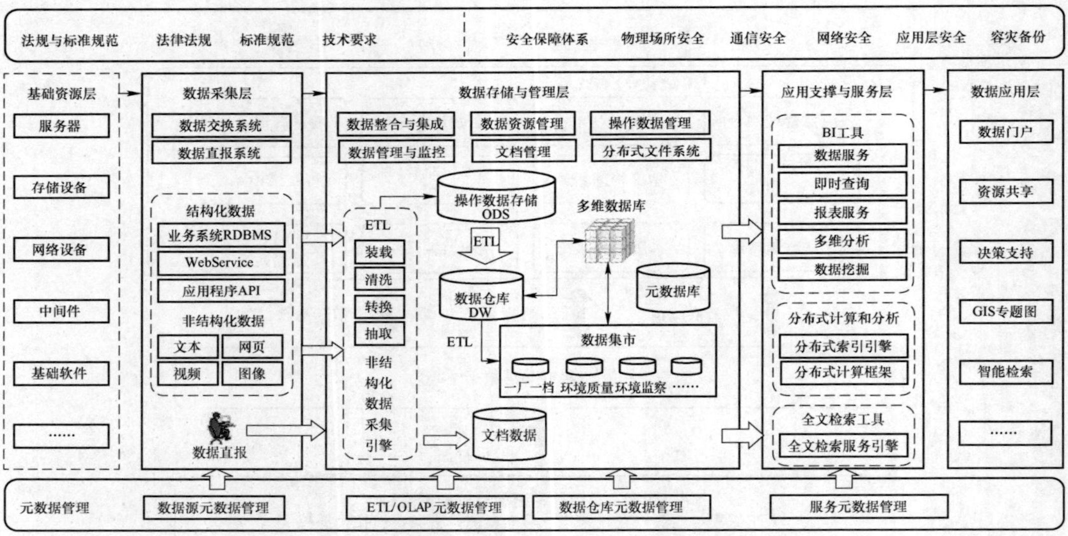

图 10－66　集成共享数据中心架构图

数据集成共享流程：将部署在各城区和兄弟单位的数据通过中间库方式和数据接口的方式将数据采集、传输、存储在集成共享数据库上，共享数据用于专业分析处理，形成各类专题数据，推送共享给各城区和兄弟单位，如图 10－67 所示。

（四）一体化智能感知体系

建立“天－地－空”一体化网格监测感知系统，实现河道数据的全天候、全方位、多维度感知，主要包括水质自动监测、河道水雨情自动监测、河网水文泥沙同步观测、河道智能视频监控等，利用河道水质微型监测站、水文非接触式多普勒监测设备、河道

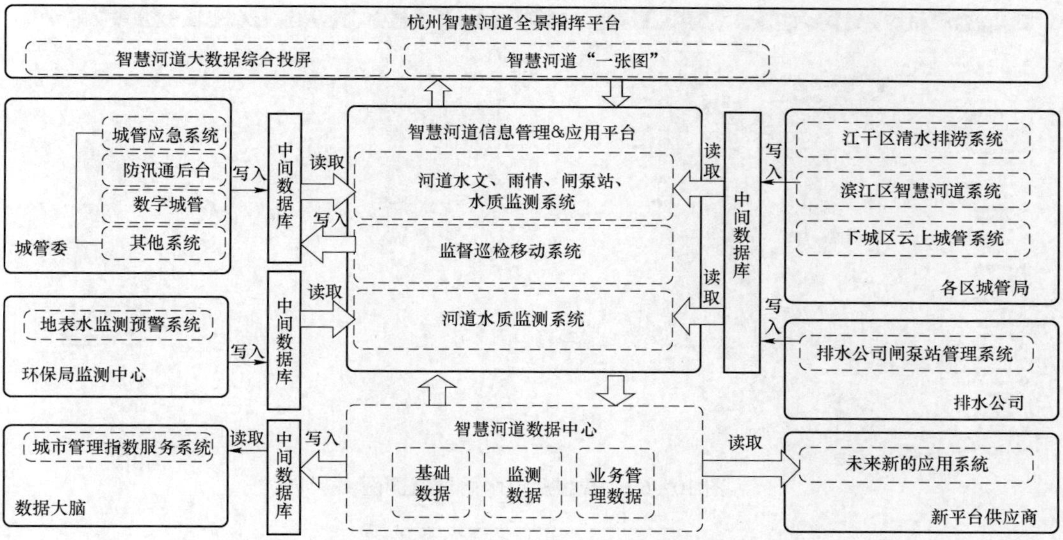

图 10－67　集成共享数据中心数据交换技术路线

态势综合监测船等多种感知设备和方式，切实增强对杭州市区河道水质、水文等数据的智慧感知能力，既提升河道监管能力，又为河道特性分析、水力模拟与防汛调度确定性模型构建、河道水生态指数分析计算等提供必要的数据基础，如图 10－68 和图 10－69 所示。

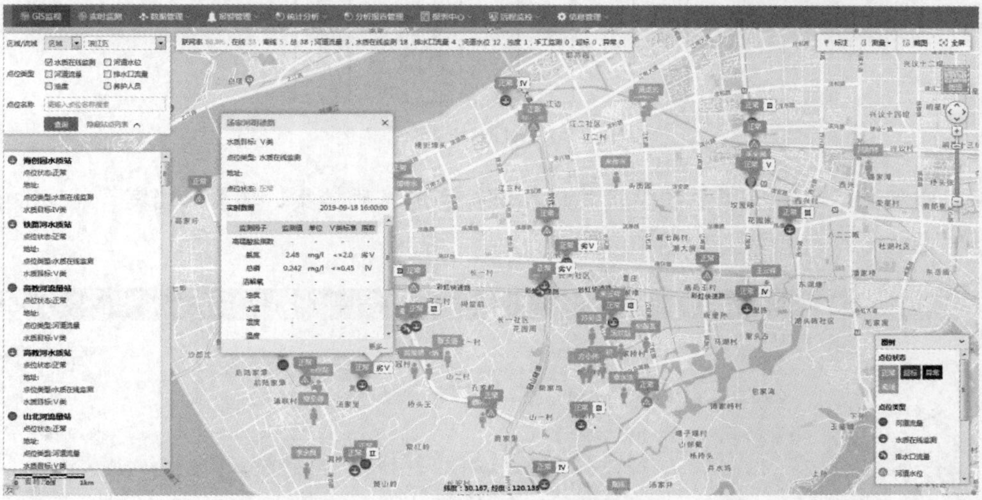

图 10－68　智慧河道水环境监测网络

（五）河道信息管理系统

对河道基础数据进行精细化、动态化、标准化、台账式管理，包括河道基础信息管理子系统、河岸基础信息管理子系统、河床基础信息管理子系统、闸泵站基础信息子系统，如图 10－70 所示。

图 10－69　智慧河道水雨情监测网络

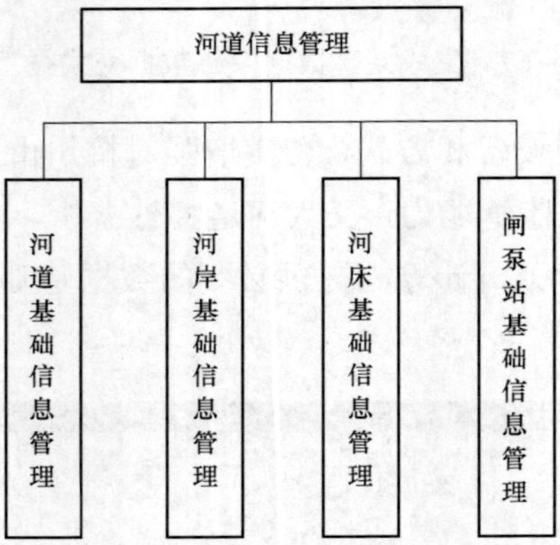

图 10－70　河道信息管理内容

河道基础信息管理子系统负责管理和维护河道基础档案、排水口档案、景观桥梁档案及生态修复项目档案，如图 10－71 所示。

图 10－71　河道基础信息管理子系统

河岸基础信息管理子系统管理和维护与河岸有关的基础信息，主要包括河岸基础档案、绿地档案、城市家具、救援物以及监控设备，如图 10－72 所示。

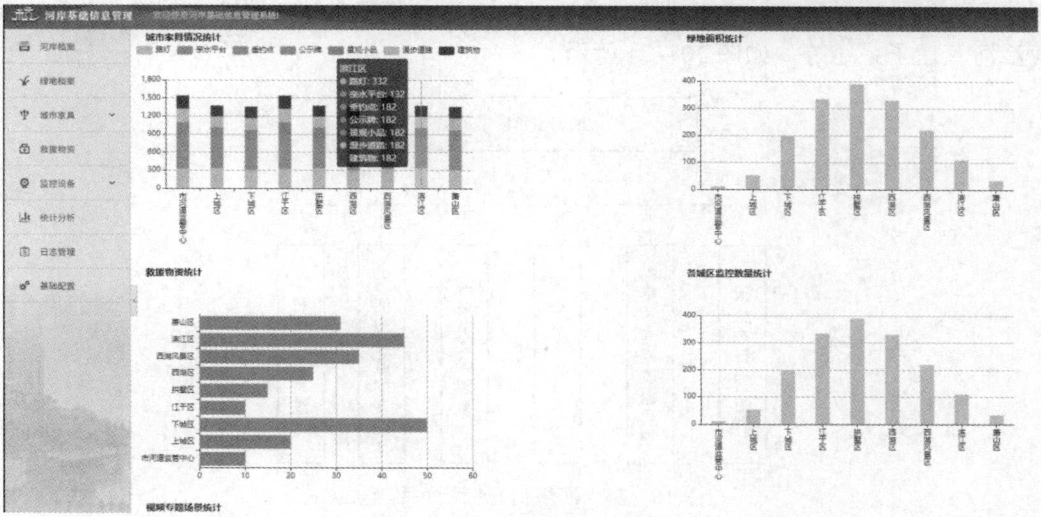

图 10－72　河岸基础信息管理子系统

河床基础信息管理子系统实现对河床断面数据、河道淤泥数据、河道清淤工程的综合管理，如图 10－73 所示。

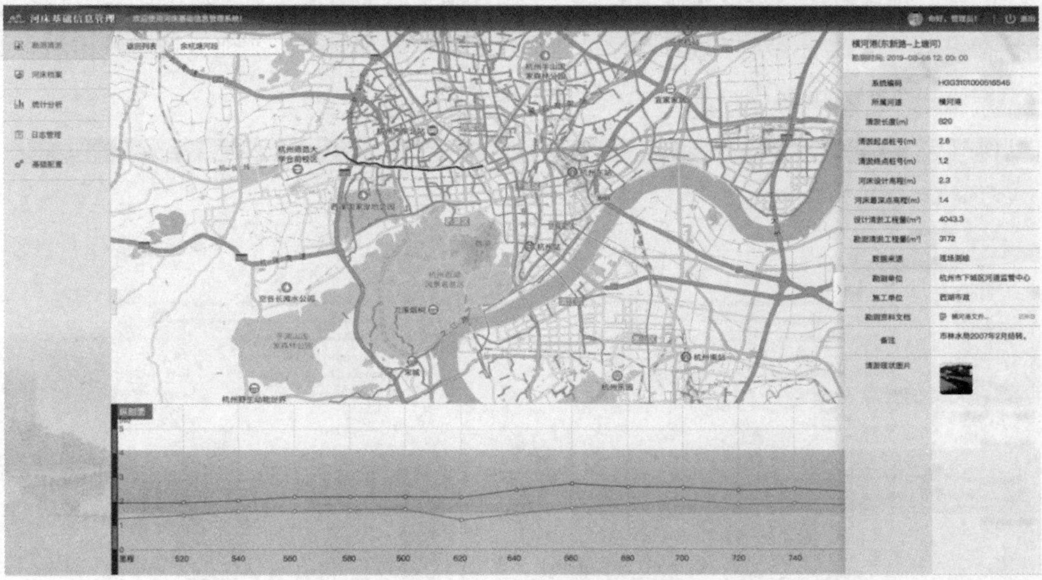

图 10－73　河床基础信息管理子系统

闸泵基础信息管理子系统实现对船闸编号、GPS 坐标、照片、类型、建筑安全等级、材料、尺寸、开启方式、开启时间、管辖单位、建设年代、维护记录等的综合管理。

（六）河道信息应用系统

河道信息应用系统实现对河道态势的综合管理和辅助决策，包括水生态管理系统、闸泵站远程监控系统、河道水质管理系统、河道水文管理系统、智能视频监控系统、智河治河管理子系统等，如图 10－74 所示。

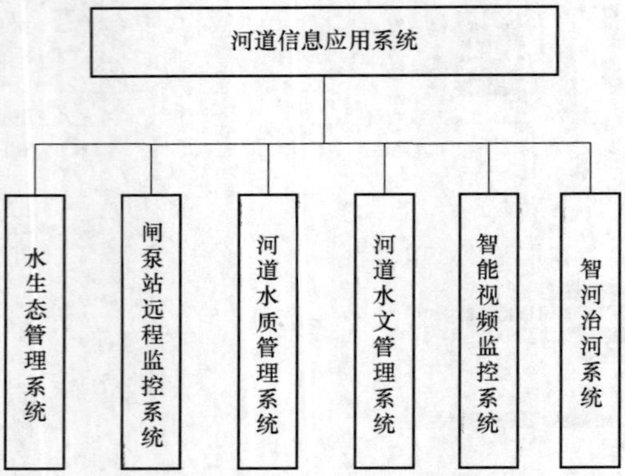

图 10－74　河道信息应用系统组成

水生态管理系统包括水生动物资源、水生植物资源、珍稀物种资源、外来物种资源、生物资源统计分析五个功能模块，统计河道水生植物、动物、珍稀物种分布及种类，使管理和保护更加便捷化和透明化。

闸泵站远程监控系统以水闸、船闸、泵站、闸泵站为监控对象，在采集各闸站的运行状态信息的基础上，对闸站的运行状态进行动态监控和预警，实现区域防洪排涝、水环境调度、水量分配的统一管理，如图 10－75 所示。

图 10－75　闸站远程管理系统

河道水质管理系统对杭州市城市河道进行全面的水质管理，及时、准确地掌握断面水体的水质状况和动态变化趋势，包括实时监测、水质评价、统计报表、报警管理、决策支持等功能，如图 10－76 所示。

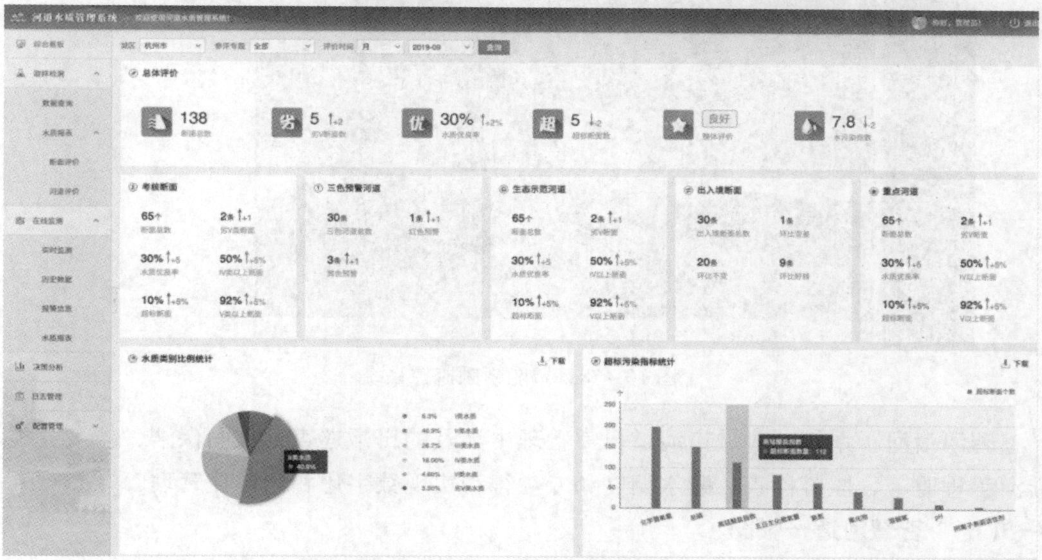

图 10－76　河道水质管理系统

河道水文管理系统实现河道实时水位、流量、流速等水文数据的实时监测，并对异常水雨情信息及时预警，辅助相关人员及时掌握城市河道水文态势，如图 10－77 所示。

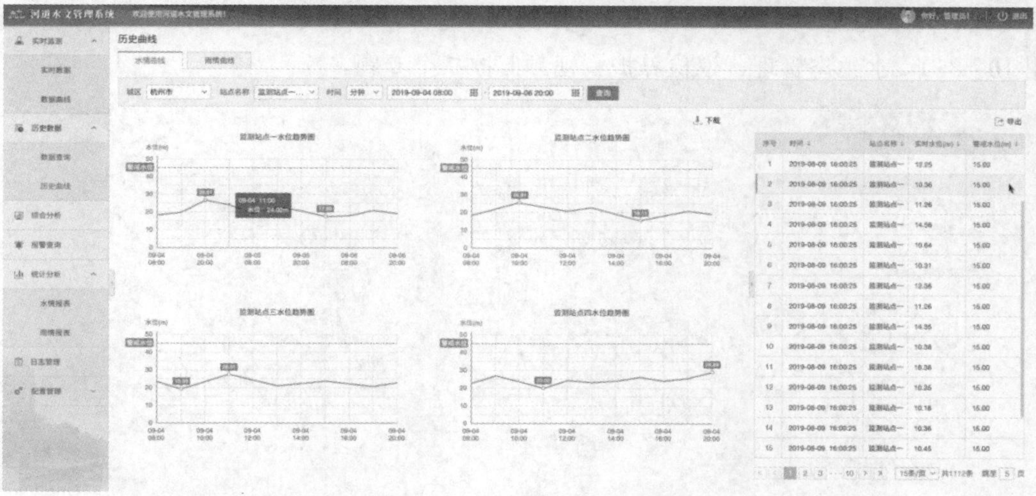

图 10－77　河道水文管理系统

智能视频监控系统实现各城区局、兄弟单位的所有视频图像集中管理，各个厂商的设备联网，提供视频资源的统一监控检索系统，实现信息共享，如图 10－78 所示。

图 10－78　智能视频监控系统

智河治河子系统，对城市河道日常管理中涉及的日常巡查、水面保洁、垃圾分类、涉河工程监管、监督检查、配水调度和专项行动实现数字化和闭环化管理。

（七）智慧河道一张图

以卫星遥感影像、矢量数据作为底图，以河道基本数据为依托，直观、详细、全面地展示河道的形态、长度、走向及支流的水系分布，同时整合杭州市范围内水质、水雨情、排水口、闸门泵站、涉河工程、河岸设施和监控视频等各类信息，以不同图层展现在“一张图”中，实现河道信息的静态展现、动态监测、常态跟踪。智慧河道一张图包括河道管理（见图 10－79）、闸泵运行实况、水文管理（见图 10－80）、水质管理（见图 10－81）、水生态管理、巡检养护、视频监控 7 个专题。

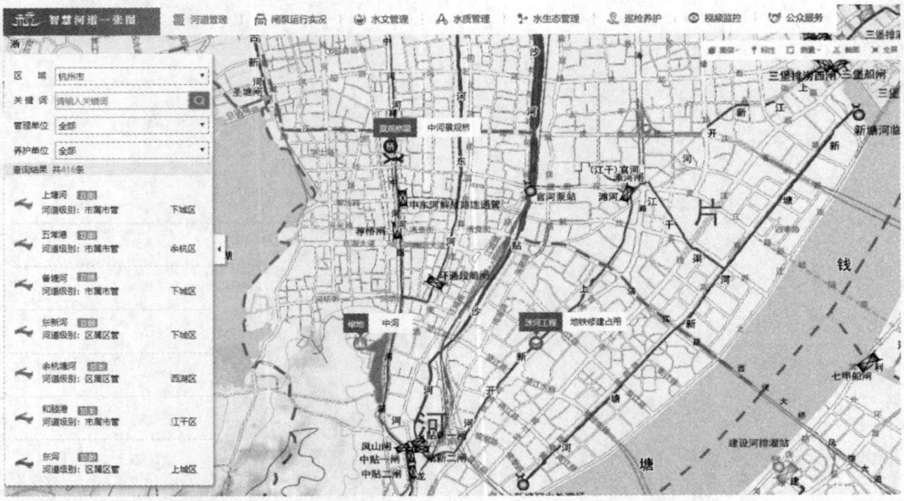

图 10－79　河道管理专题图

图 10－80　水文管理专题图

图 10－81　水质专题图

（八）智慧治河 App（钉钉版 App）

为实现河道监管的移动化办公，开发了以钉钉为平台的智河治河 App。该 App 构建了高精度的移动端河道水系地图，市区两级政府河道管理人员、河道养护单位、涉河工程施工单位通过该 App 进行协同办公。应用该 App 可以进行河道信息综合查询、设施导航、实时监测、报警推送、日常巡查、引配水调度、监督抄告、案件闭环处置和线上会商等各类功能，如图 10－82 所示。

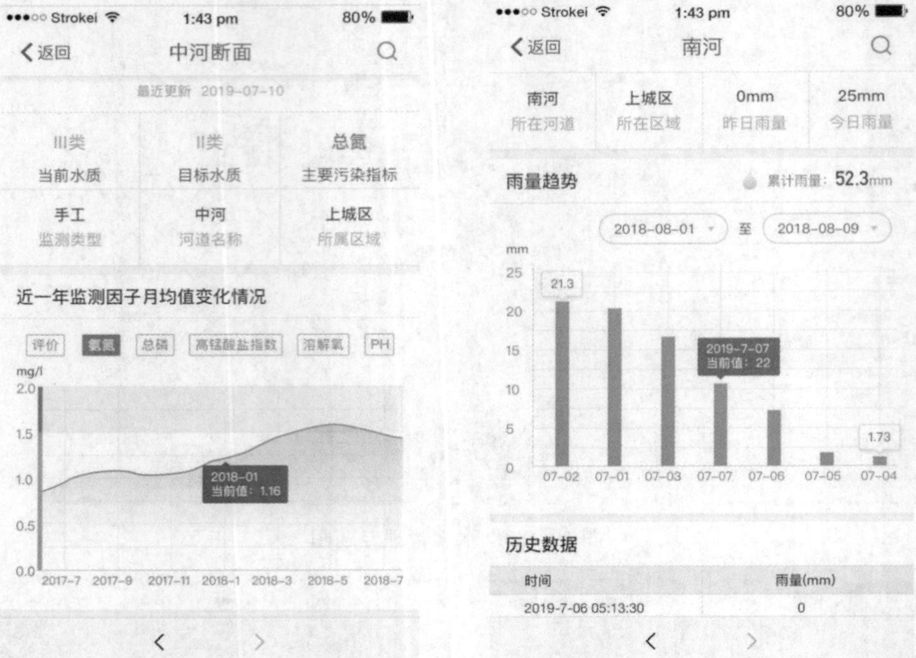

图 10－82　智慧治河 App（钉钉版）

（九）智慧河道大数据看板

将河道保护与管理的核心态势指标以图表、动画等形式直观表达在一个投屏上，实现全市河道管理运行态势的一览无遗，其包括河道概况（见图 10－83）、水环境大数据（见图 10－84）、防汛配水、河道监管、涉河工程等五类主题看板。

图 10－83　河道概况看板

图 10－84　水环境大数据看板

（十）公众监督服务系统

开通“智慧河道”微信公众号，将城市治水成效、政策法规、科学治水常识等信息公开，为市民提供建议上报、问题反馈渠道。建设了公众监督服务系统，一方面向公众宣传政府的河道治理政策，展示政府在河道治理和生态修复方面的成绩；另一方面接受公众监督，辅助发现河道管理盲区。

三、应用效果

（一）实现市区两级城市河道统一管理

河道集成共享数据中心的建设和应用，在不改变杭州城市水网河道分级管理（市管河道 11 条，城市区管河道 242 条）体制的情况下，为城市水网河道数据信息的实时共享、整合应用提供了有力支撑。通过杭州市及西湖区的应用示范，将市管、区管河道的上下游、多尺度、全口径数据信息互通、共享、同步管理起来，充分实现了从水系完整性和治水要素统一性的高度支撑河道保护与管理工作。通过打破数据壁垒、建设大数据平台的互联建设，破解长期以来数据孤岛林立、信息上传下达效率低的问题，显著提升了城市河道管理部门的监管能力和公众服务水平，夯实了城市河道系统治理的数据基础。

（二）实现城市河道精细化、标准化管理

深圳市东深电子股份有限公司会同杭州市城市河道保护管理中心对城市河道管理业务进行了多轮次、系统性的需求调研，对河道管理的对象、事项、流程、因素、手段等建立了全方位的认知，并以此为基础进行了精准的用户角色设计、全面的数据信息资源目录设计，确保后续开展的作业场景、功能设计成果与业务实际高度融合，具有极强的实用性。通过上述扎实的前期开发工作，实现了将杭州城市河道管理业务内容全面数字化与在线化管理，实现了配水防汛、水环境保护、管养维护、工程建设、清淤疏浚等各项上线的应用功能的完善。系统囊括了水域、河岸、闸泵站、桥梁、河床、慢行系统、城市家具及其他河道管理范畴内附属设施的管理，在线上数字化地再造与优化业务流程，极大提升了河道管理工作的精细化、标准化水平。

（三）创新城市河道智慧监管模式

杭州智慧河道监管平台将监测预警、辅助决策及其融合应用功能作为重点，在配水防汛、水域监管等核心业务需求的指引下将大数据、智能感知、数学模拟等先进技术科学地配置到业务流程中：一是实施更加严密且机动灵活的河道信息感知，夯实水文、水质等河道态势分析研判的数据基础；二是将大数据技术引入水文水质空间分析流程，深化对河网水文、水质变化规律及闸泵站调度效果的量化认识；三是在态势监控基础上强化配水防汛、水域监管预警、预测、调度的算法支撑，利用监管平台的应用功能和计算能力识别问题根源、挖掘态势规律、分析演变趋势、提出调控方案，自主实现智能决策，发展出一套适应本地管理需求且符合城市大脑精神的河道智慧监管模式。

（四）为杭州市城市数据大脑提供新应用场景

本平台为杭州市城市数据大脑提供了水污染指数、碧水指数、水安全指数等关键指数，完善了数据大脑的城市运行指标系统；同时为城市数据大脑提供了防汛排涝应急指挥、水面垃圾分类等场景应用。这些新应用场景依托城市大脑，引导更多市民、企业及社会团体参与城市河道治理保护，通过河道管理完成由系统内部管理向外开放共建的转变，不断丰富城市河道生态文明形式和内涵，提升市民获得感与满足感，满足市民日益增长的对美好城市河道的需求。

四、创新点

（一）跨部门河道大数据的整合共享机制

杭州智慧河道监管平台是杭州城市大脑的河道管理板块，基于此高站位，杭州市城市河道保护管理中心坚持平台建设标准先行并引领市区，研究制定了《城市河道数据采集与维护技术规范》，如图 10－85 所示。以此为抓手建立杭州市、各城区河道管理部门开展数据信息整合共享的机制，为智慧城市建设中数据孤岛、信息割据问题的精准破解提供了河道管理行业范本：① 破除了各区标准不统一、无法形成合力现状；② 打破数据壁垒，实现数据的互联互通和数据共享；③ 为大数据分析提供支持，完善“有数据用”到“数据好用”的有效过渡；④ 建立全市共享的数据标准规范，提高了各区在后续河道信息化建设过程中的规范化水平；⑤ 树立行业标准化标杆，为全面铺开形成良好示范效应。

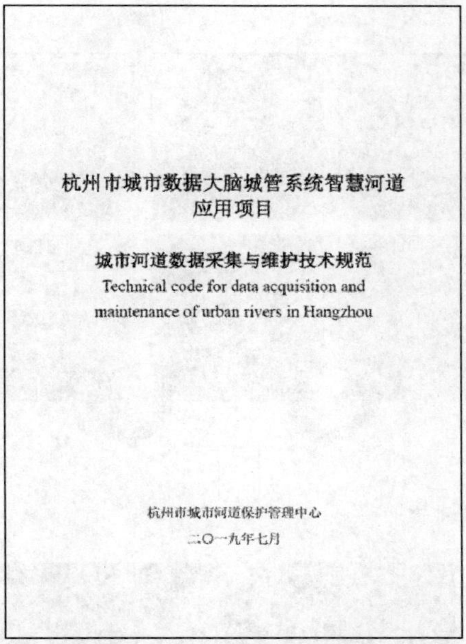
杭州市城市数据大脑城管系统智慧河道
应用项目

城市河道数据采集与维护技术规范
Technical code for data acquisition and
maintenance of urban rivers in Hangzhou

杭州市城市河道保护管理中心
二〇一九年七月

图 10－85　城市河道数据采集与维护技术规范

（二）构建精细化的城市河道 GIS 地图

传统的河道地图主要是水系地图，主要包含河道、水工设施等空间信息，并不能满足河道管理保护的需求。本项目基于杭州市政务天地图，构建包含河道、河床、监测点位、水工设施、涉河工程、桥梁、游步道、沿河排口、城市家具、垃圾上岸点等在内的绝大部分河道要素的空间信息和属性数据，形成了全覆盖、全尺度的城市内河 GIS 地图。这张城市河道 GIS 地图能够在线维护与实时更新，并支撑所有河道管理保护业务应用和智能决策的数据信息管理、分析、呈现与交互，同时也是市民、企业、社会团体通过城市大脑获取河道保护管理信息的重要实体。

（三）建立感知驱动的河道智慧监管大数据应用体系

监管平台大数据应用体系建设高度重视智能感知的基础性作用，充分发挥深圳市东深电子股份有限公司在智能感知设备和方法领域的技术优势和积淀，以现状河道数据采集体系为基础，潜心研判水文、水质演化规律和闸泵工程运用效果，进而将固定式、移动式在线监测和集中式人工采集等多种感知手段科学搭配；指引和驱动机器学习、水利数值模型等大数据算法，为辅助决策、预警预测等应用功能提供有力支撑。

利用无人船技术，建立河道网格化、动态化、移动式智能感知模式，搭载水文、水质、声呐探测在线感知设备，针对重点、疑难河段，提供采集时空尺度更为细致、各项河道管理信息更为同步的业务数据，有效辅助疑难问题的分析研判，该智能感知模式在上塘河半山河段水质反复根源的排查研判中发挥了显著作用，提出了此前未发现的入河暗管疑似为主要因素的可信判断，如图 10－86 所示。

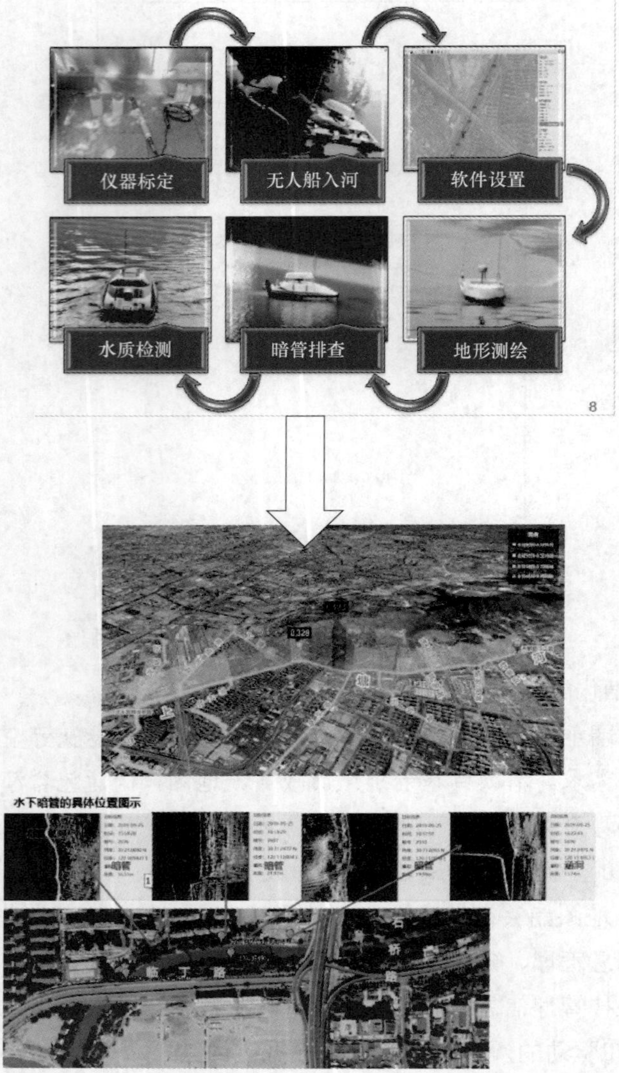

图 10－86　应用实例

利用机器学习、专业模型、优化算法等各具特点的大数据方法，以业务流程指引各类方法的合理运用，辅助相关人员在配水防汛应急调度、水环境监管、河道清疏管控等核心工作中做出科学决策。

五、社会效益

（一）提高管理部门信息共享能力

通过数据共享中心及智慧河道管理平台的建设，可盘活河道管理中心数据资源、打破各城区信息孤岛，让各类数据“跑得快、找得到、用得好”，实现市、区河道管理部门之间的数据共建与共享。

（二）促进协同办公、综合管理能力

通过智慧河道管理平台的建设，可实现业务的电子化流转，增强市区联动、部门联动的河道监管能力，增强巡检养护监督、管理强度，保障巡检养护各项工作机制的科学高效落实与精细化管理，从总体上提升各部门之间的协同办公效率和业务的综合管理能力。

（三）加强河道监测监控能力

河道监管平台将运用“手工监测为主、在线监测为辅”的水质监测策略，配合视频智能监控系统及闸门泵站监测系统，构建一个全方位、多层次的河道水生态、水环境、水安全、设备设施监控网络，客观反映杭州市重要河道的基本状况，帮助河道监管中心全面、动态掌握河道现状，及时接收报警信号、发现问题及解决问题，提升事件处理效率及解决率。

（四）提高政务公开和公众参与水平

通过智慧河道管理平台建设提供的技术服务，可在掌握河道在水体保护、防汛配水、节约保护、优化配置等工作信息的基础上，及时高效地发布治水动态与科学治水常识，增强市民对政府治水的业务了解和对政府服务的信任水平；通过优化公众参与治水的渠道，建立市民投诉举报的反馈闭环机制，做到市民之声的及时接收和反馈。依靠基础信息的动态发布和公众意见的及时处理，从整体上提高政务公开和公众参与水平。

案例十一　滁州智慧水务管理模式

正元地理信息集团股份有限公司

一、建设背景

面对管线家底不清、管网预警能力不足，缺乏有效的智能监管手段等问题，滁州市通过智慧水务项目的建设，摸清地下给排水管线现状，掌握完整、准确的地下管线档案，为地下给排水管线信息化建设提供数据支撑，为保障管线安全运行和减灾防灾、应急响应提供可靠的基础资料；通过开展管道隐患排查、检测修复等工作，全面了解地下管线的运行状况，摸清危险源，及时消除安全隐患，为恢复老旧管线的正常运行能力保驾护航；同时，借助物联网技术研发智慧水务安全运行监测系统，实时监测城市地下管网的运行状态，全面掌握城市地下空间的运行情况，完成由被动管理向主动上报、智能化管理的转变，实现“全程可见”的城市地下空间，构筑安全稳固的城市地下“生命线”。

二、建设内容

滁州市智慧水务项目采用“四措并举”的建设模式，即“摸家底、查查体、治治病、让管网会说话”四大举措，形成地下管网从“探测、会诊、治病”到“智能监管”的新型智慧水务管理模式。

（一）摸家底

随着城市的不断建设，地下管道新建改造造成管网档案与管网现状严重不符，最终导致地下管网数据不够全面准确。针对这一问题，该项目对滁州市地下管线进行全面的排查工作。

结合工程探测项目，采用电磁感应法、地质雷达法、浅层地震法、红外线辐射法等物探方法，探查地下管线空间位置分布，查清各种管线的敷设状况、在地面上的投影位置和埋深等，总结不同管线的探查方法；查明管线类别、材质、管径规格、载体性质、电压（压力）值、电缆条数、管块孔数、权属单位、附属设施等管线属性信息；建立管线完整数据库，包含管线的图形数据和属性数据。

（二）查查体

滁州市的老旧管道由于运行时间过长，管道腐蚀严重，已进入问题高发期，城市内涝、管网漏水、地面塌陷等问题频发。针对这一重要课题，该项目研究应用多种检测技术与方法，对供水、排水等市政管网进行隐患排查，全面摸清现存地下管线的结构性隐患和危险源，包括排水管网破裂、脱节、堵塞、坍塌、错接等缺陷，供水管网漏损等情况，通过分析和评估，形成相对完善的健康档案数据库，为管网改造提升提供信息支撑，保证人民群众生命和财产安全。

其中，管道漏水检测的工作方法主要有环境调查法、压力测试比较法、阀栓听音法、地面听音法、相关检测法等；排水管道隐患排查方法主要包括管道闭路电视检测、潜望镜检测、声呐检测、探地雷达法与地震映像法等。

结合实际应用，研究每一种设备和检测方法需要的工况条件，根据实际情况综合使用检测设备和方法，总结优化不同管道的检测流程。在不同的工作环境下，实现最优检测方法、最优作业流程的选择。

（三）治治病

住房城乡建设部明确指出“黑臭在水里，根源在岸上，关键在排口，核心在管道。”为了助推黑臭水体治理、治理管道缺陷这一核心问题，该项目引进国内外先进的管道修复技术与设备，积极在工程实践中推广应用局部开挖或非开挖修复方法，总结地下管道和检查井的修复经验，延长其使用寿命。

基于管道检测结果和现场实际情况，研究管道缺陷与风险定级，掌握紫外光固化内衬、胀管法、喷涂法等非开挖施工修复技术。

（四）让管网会说话

建立管网数据中心，整合基础地理数据、管线数据、管线健康状况、管线在线监测数据、管线关联性数据等信息，形成统一空间参考、统一数据编码、统一数据分类、分层组织的管线数据体系。

依托管线探测形成的管线数据库，建设地下管网信息管理系统和三维基础应用系统，实现管线基础数据的定期更新、管线信息的精准定位、二三维联动和三维展示分析，为施工设计、建设管理提供基础保障和科学支撑。依托管道隐患排查形成的管网健康档案数据库，建设智慧水务健康档案平台，形成管网健康状况的评估报告，为管线自身、管线周边环境的隐患发现、记录和治理提供有效管理手段，为给排水管线安全监管和运营维护提供科学依据。

从该项目的研究经验来看，只获取地下管网的空间位置、属性特征等静态数据，无法实时掌握城市地下管网的动态运行状况，难以实现城市地下管网安全隐患“早发现、早防范、早处置”的目标。针对这一严峻挑战，该项目运用地理信息+物联网技术，在核心功能区、人员密集区、重大基础设施等重点区域，地下管网的重点部位，加装压力探头、流量计、水质仪、液位计、摄像头等物联监测设备，借助大数据分析、数据挖掘、管网分析模型等技术，研发地下管网安全运行监测系统，包括综合监管平台、智慧供水、智慧排水等专项应用，实时掌握地下管网运行情况，深度挖掘管线运行规律，实现管网问题的预报预警和高效处置，降低安全事故风险，构筑安全、稳定、绿色、高效的城市地下“生命线”。

三、应用情况

滁州市智慧水务项目采用 BOT 建设模式，其建设期 8 个月，运维期 3 年。项目建设内容包含：完善地下管网基础资料，全面摸清管线“家底”；进行地下管线隐患排查，全面掌握管道健康状况；加强管网修复，做好管道治理养护；实现物联智能监控，实时掌握管网运行状态。

滁州市智慧水务采用四措并举（探测、会诊、治理、智能监管）解决方案进行项目建设，已形成以全生命周期管理为核心、从“探测、会诊、治理、动态监管”到“长效运维”的地下管线闭合管理体系。目前滁州市水务智慧化建设已取得良好效果，通过实时监测管网运行过程中的数据指标，打造一个地上地下一体化智能管网运营监控平台，保证城市的有效运行与公共安全，提高了整个城市的管网管理水平。项目成果主要体现在下面几个方面：

（一）完善地下管网基础资料，全面摸清管线“家底”

完成主城区 85km^2 的航飞影像（分辨率为 0.05m）及倾斜摄影三维建模，完成管线修补测 600km，完成管线周边隐患排查 100km，排水管线自身隐患排查 50km，已建立起滁州市“地上地下管网一张图”，先后为规划、设计黑臭水体治理方案、小区雨污分流改造方案等市政工程提供管线数据服务，大大提升了滁州市智慧水务的数据服务能力。

（二）建设管网地理信息系统，实现信息化管理

项目建设完成二三维管网地理信息系统，实现了给排水管网信息化管理，可以有效、准确管理地下管线设施的基础资料，为城市规划、建设、管理与服务提供可靠依据，保障城市地下管线的安全运行，大大提高政府办公效率，为政府决策和紧急事故处理提供依据。

（三）开展隐患排查，全面掌握管道健康状况

通过智慧水务健康档案系统将隐患排查检测出的漏损点进行统一管理，第一时间通知相关权属单位进行管线修复治理，并通过二三维联动精准定位隐患位置，为供水、排水等权属单位消隐作业提供精准的隐患信息，为水资源高效利用、黑臭水体治理、雨污分流改造等工程提供翔实的现场证据。

（四）建设智慧水务安全监管平台，实现水务系统运行动态监测

智慧水务安全监管平台接入管线微观运行及各类管线工程实际运营数据，实现给排水管线监控、管理、服务等业务的可视化与联动化，建立供水、排水管线权属部门之间的互动，提升相关监管部门的监测水平、统筹规划水平，实现给排水管线的全方面监管。

（五）建设智慧排水专项应用，提高城市防洪排涝预警预报能力

项目通过安装 3 处水质监测站、8 处积水监测站、10 处窨井水位监测、5 处节制阀

水位监测站以及 LED 诱导屏等监测设备，实现对雨情、道路积水、河道水位、水质的实时监测，为决策机构的领导提供道路积水的实时信息，让各业务部门由被动应对转变为主动获取，以及无人值守的工作模式；实时监控汛期排水设施的运行状况，保证城市防汛管网系统的高效进行，也为市政排水调度管理机构提供支持，还可以通过大屏为广大老百姓提供出行指南。智慧排水专项应用的建设提高了城市的防汛管理水平。

（六）建设智慧供水专项应用，实现供水科学调度管理

项目通过接入已建的供水监测设备数据以及新建的 20 处消防栓监测站，实时掌握供水水压、流量、运行参数，实现了供水全过程生产运行数据的采集存储。供水管理人员在管网监测中心即可远程监测全市供水管网的压力、流量、水位，以及各水厂泵站运行状况的各个关键参数，为各级领导决策和生产调度使用提供数据支持。通过建设供水管网地理信息系统，结合 GIS 技术和供水模型，并充分发挥两者优势，实现对水厂、加压站、供水管网附属设施（消防栓、阀门等）及供水管线的统一存储和综合管理，并通过供水管网的建模理论和水力模拟算法，仿真模拟供水管网和管网中各类设施的运作方式，为供水单位合理供水、节能降耗提供技术支撑。通过智慧供水专项应用的建设，达到实时掌握水压、流量等管网数据，科学地对管网不同时段需水和供水状态进行监控和管理，避免供水各个环节的浪费，实现供水科学调度管理。

四、关键技术

（一）地下管线内外一体化探测技术

利用地下管线数据处理系统，对管线探测数据进行数据录入、数据查错、管线成图、编辑管线图、数据输出等工作，实现了测量成图一体化、图库互动的作业模式，并能够快速、高效、直观地进行管线数据操作。内、外业一体化作业技术与传统绘制草图、纸质记录作业手段相比，能够显著提高整体作业效率，减少数据出错的概率，在管线外业数据采集、管线数据动态更新等作业中发挥独到作用。

（二）管网预报预警模型

1. 供水管网爆管预警模型

供水管网爆管预警模型将管材、管龄、埋设年代、季节等静态因素与管网压力、流量、温度等动态数据结合进行模拟与分析，实现供水管网爆管预警的功能。供水管网爆管预警模型通过接入 SCADA 动态压力、流量数据，并结合管材因环境腐蚀、老化等问题影响的综合数据，进行一系列的分析计算，包括管网腐蚀计算、正常压力、流量模拟仿真计算、校验计算和其他计算之后得到模拟结果，输出模拟分析报告。

2. 排水管网内涝淹没模型

模型用于模拟城市内涝的整个形成过程，获得在一次内涝过程中该处的水位、内涝时间及积水量变化情况。该模型提供排水应急措施服务，能结合预测与实测的降雨过程，

模拟易涝点的地面径流和积水水位变化过程。

（三）安全运行监测系统关键技术

1. 基于实时大数据的供水管网模型技术

该技术结合 GIS 静态信息与 SCADA 监控动态数据，并结合用水水量信息，按照水力学原理将城市供水管网系统进行水力建模和模拟计算，计算出供水管道内的流量、水压、流速、水质等各种工况状态，当模型参数条件改变时，其整个供水管网水力的变化一目了然，模型的计算结果是具有全局性、连续性、细节性与相关性的。通过该技术形成供水管网分析模型、漏损分析模型、运行监控系统及科学调度平台，从宏观上解决管网结构的不合理性，从根本上解决供水管网的调度问题。

2. 基于实时大数据的排水管网模型技术

该技术在已有普查排水管网数据的基础上，对管网数据进行深层次的加工处理，结合水动力学参数的验证与实时在线监测大数据（管网流量、窨井水位、地表水位等），建立排水管网水动力学模型，形成城市排水防涝设施数据管理与模拟分析系统。能够完整地模拟城市降雨径流过程，不仅能模拟不同雨情情况下易涝点周边区域积水情况，为管道改造提供指导，减少或避免城市内涝的发生；还能有效支撑海绵城市规划设计方案的制定、评估及优化，在规划阶段、设计优化阶段、运行阶段可采用不同的建模策略支持海绵城市的建设工作。

五、社会价值

滁州市智慧水务项目对于提高城市给排水管线信息现代化管理水平、推动给排水管线规划建设、提高科学决策服务、保障城市用水安全、辅助防汛排涝、保障水环境等皆具有非常重要的作用。

（一）提高给排水管线信息现代化管理水平

给排水管网在一定范围内和程度上具有公益和公共的技术特性，其数据表现出较强的共享性。在解决各种问题时，既需要本部门的数据，同时也需要其他部门的相关数据。因此，很有必要对现有给排水管线信息系统升级及建立安全运行监测系统，以实现给排水管线集中统一管理，并通过网络可实现各部门间管线资源信息的交流和共享，为政府部门提供辅助决策，提高管线资源综合利用效益，节省大量的人力、物力和财力，提高给排水管线信息化管理水平。使城市地下管线规划与建设管理进入规范化、数据化、网络化、标准化与现代化的新阶段；同时政府相关部门可以将精力集中于科学化全域化的进行城市供水、排水规划与建设上，利于城市供水质量的保障以及城市排水防涝与治污全面协调地可持续发展。

（二）为城市管线规划、建设和管理提供依据

地下管线现状的资料是城市规划、建设和管理的基础资料和依据，是城市安全运转

的保证。随着城市现代化进程地推进，地下管线设施也迅速发展，管线建设也将不断地进行新建、扩建或改造。给排水管线信息可为管线建设提供良好的设计环境，对管线线路、站点合理布局、施工、维护、管理起着举足轻重的作用；管线建成之后，在使用中对管线不断维护更新，以保证正常运营；在发生管线事故时，也需要根据给排水管线信息系统提供的资料进行分析，以便精准确定产生故障原因，采取切实可行的措施排除故障。

（三）智慧供水保证城市供水质量和居民用水安全

能够保证城市供水安全，对社会的稳定发展以及和谐社会的构建均具有重要作用；可以显著提升城市供水的质量，进而提高人民的生活质量，推动城市经济的全面发展；能够显著改善供水服务。在智慧水务系统的影响下，供水单位不仅要生产出符合标准的水产品，同时还要增强自身供水的安全保障，加大力度提高服务意识，在保证供水质量与供水安全的前提下，使供水服务变得更加智能化、人性化与现代化。

（四）智慧排水加强城市安全改善人居环境

减少城市内涝区域，降低城市易涝点内涝风险，保障城市内人民人身财产不受内涝洪水影响。消灭城市水体污染源，保障人民身体健康不受污染源影响。智慧排水与保障民生相融合，进一步杜绝城市内涝与水体污染，营造更加和谐、美好、干净、安全的城市环境；为市民提供一个无须顾虑内涝风险和污染风险的生活环境。

案例十二 乳山智慧水务信息系统

正元地理信息集团股份有限公司

一、建设背景

信息化建设是促进和带动水务现代化、提升水务行业社会管理和公共服务能力、保障水务可持续发展的必然选择。近年来，乳山市水务集团有限公司在供水信息化建设方面已经取得了一些成绩，为了进一步提高公司信息化管理和公众服务水平，乳山市水务集团有限公司提出了建设“智慧水务”项目。

智慧水务通过数据采集仪、无线网络、水质水压表等在线监测设备实时感知城市供水系统的运行状态，采用可视化的方式有机整合水务管理部门与供水设施，形成“城市水务物联网”，将海量水务信息进行及时处理与分析，并做出相应的处理结果辅助决策建议，以更加精细和动态的方式管理水务系统的整个生产、管理和服务流程。

二、建设内容

乳山智慧水务项目建设内容主要包括综合调度中心室建设、智慧水务信息系统建设、管网测绘等。

（1）在硬件建设方面，先后采购了大屏幕显示系统、台式电脑、服务器硬盘及操作台等一系列产品，用于建设乳山水务集团综合管理大厅。

（2）在智慧水务信息系统建设方面，先后建设完成智慧水务综合管理平台及供水管网 GIS 系统（C/S）、供水管网 GIS 系统（B/S）、运行监测系统、营业收费系统、移动抄表系统、移动综合管理平台等多个子系统。

（3）在管线修补测工作方面，完成了对原有 260km 数据中缺少的阀门、消防栓、水表等附属设施补测工作。其中，修改原数据 90.9km、水表补测 1725 块、消防栓补测 126 个、阀门补测 1976 个；完成了对剩余 340km 中 232.2km 供水管网基础数据的完整测绘。

三、应用情况

该项目以 GIS 技术为核心整合了企业内所有数据资源、通信资源、网络资源、系统资源，建立了集水务各专题信息服务于一体的水务信息共享服务平台，以此为基础快速构建了面向水务企业综合运营监管的综合业务应用，打破了信息孤岛，实现了企业内信息共享、协同办公、监控、管理、服务等水务业务的数字化、可视化与联动化，改变了现有各业务系统分散工作的局面，为水务企业的综合信息化监管开创一种全新的管理思路与模式。自项目上线运行以来，为企业的运营、调度指挥、分析决策提供了有效的数据支撑，达到了项目的预期目标。

（一）指挥大厅的应用

指挥大厅作为综合管理指挥中心，在水务集团日常管理及监控方面发挥了重要作用，如图 10-87 所示。工作人员每日坐于监控大屏前，查看大屏上各种传感器设备传输回的实时监控数据，进行供水调度指挥，监控水质、供水压力、供水流量，并且能够准确掌握供水设备状况。

图 10-87　水务综合管理指挥调度大厅

指挥大厅还兼具信息服务中心功能，能够汇总水务业务基本信息，实现各部门之间信息交互，信息资源共享；通过电子显示广告牌与网络向广大用户发布动态信息，进行用水情况提示，同时还可提供信息查询服务。

（二）智慧水务综合管理平台应用

借助于水务综合管理指挥调度功能，可以充分发挥智慧水务综合管理平台作用，将其作为各个子系统的接入口，可以全面监控供水运行情况，监控水厂的生产运行，监控水质、供水压力与供水流量，并掌握供水设备状况；还能提供管网信息查询功能，进行对各类数据进行统计分析，汇总用水表等信息，开展评估及制定政策等工作。

智慧水务综合管理平台可以进行报表以及数据的统计分析，致力于帮助企业发现并解决存在的问题，预测模拟企业将来的发展，协助企业及时调整策略做出更好的决策，增强企业的可持续竞争性，如图 10-88 所示。

（三）管网 GIS 系统的应用

管网 GIS 系统提供了 C/S 系统、B/S 系统两个版本如图 10-89 和图 10-90 所示。目前，C/S 系统主要应用在指挥大厅中，满足工作日常业务中对城市管线的查询及编辑；B/S 系统应用于公司内各相关部分及领导，满足随时对城市管线的查询需求等。

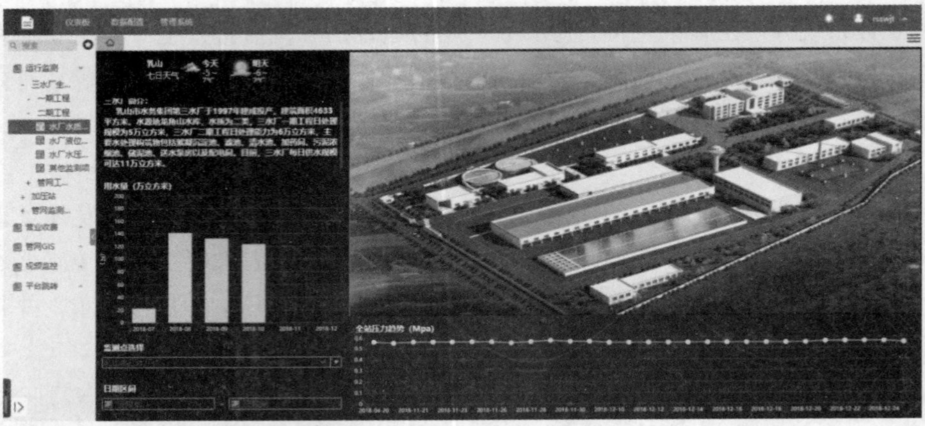

图 10－88　智慧水务综合管理平台

C/S 系统实现地下管线信息录入及编辑更新、数据管理、管线信息图属浏览、属性查询、统计分析、空间分析、数据输出等功能。该系统作为数据管理系统，将现实世界中的各类管线及附属设施完整地复制到信息化系统当中，实现对现实世界的模拟。只有做到真实地反映现实世界，信息化的管理手段才能真正发挥作用。

公司内设有专职人员每日对系统进行维护，保证系统内数据的实时性。汇总每日对城市管线的修改及维护信息，将其及时更新到系统当中。并且协助施工部门进行管线信息的查询，制定施工方案，避免对已有管线的损坏，为公司节约不必要的开支。

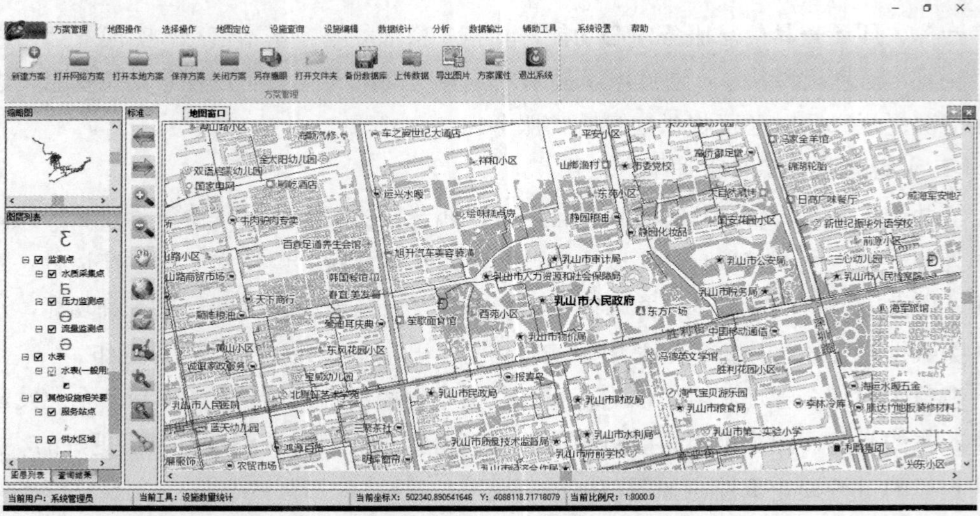

图 10－89　供水管网 GIS 系统（CS 版）

（四）运行监测系统的应用

运行监测系统连接了水厂内所有检测设备，实现了对乳山水厂、加压站、监测点水质与压力等数据的监测的功能，同时还提供水厂、监测点等历史数据查询功能，辅助管

图 10-90　供水管网 GIS 系统（BS 版）

理人员全面掌握水厂水质的整体情况，并做出科学、合理的供水生产决策，如图 10-91 所示。

图 10-91　运行监测系统

该系统以管网 GIS 系统为基础，通过共享数据接口可接入现有 SCADA 调度系统数据、水厂及管网上的水压、流量、水质等在线监测数据，实现水厂自控监控设备、整体供水管网运行监测和辅助调度。在供水管网“一张图”上直观展现所有在线监测设备空间分布，实时显示水压、流量、水质等在线监测数据；对供水厂、水源井监控、水厂/水源井安防、供水管网流量/压力在线监测、手机数据监控等各种信息进行数据采集与分析，最终完成自动化管理。

（五）营业收费系统的应用

营业收费系统为广大人民群众提供了更加快捷、方便网上交费功能，该系统是乳山智慧水务建设内容中尤为重要的一项内容。目前，该系统已在水务集团内部上线使用。

营业收费系统是客户日常业务流程中使用最为频繁的系统，涵盖了用户管理、水表管理、档案管理、抄表管理、收费管理、票据管理、水费计算等功能，支持人工抄表、远程抄表、移动抄表等功能，支持日结算、月结算等多种结算方式结合，如图 10－92 所示。

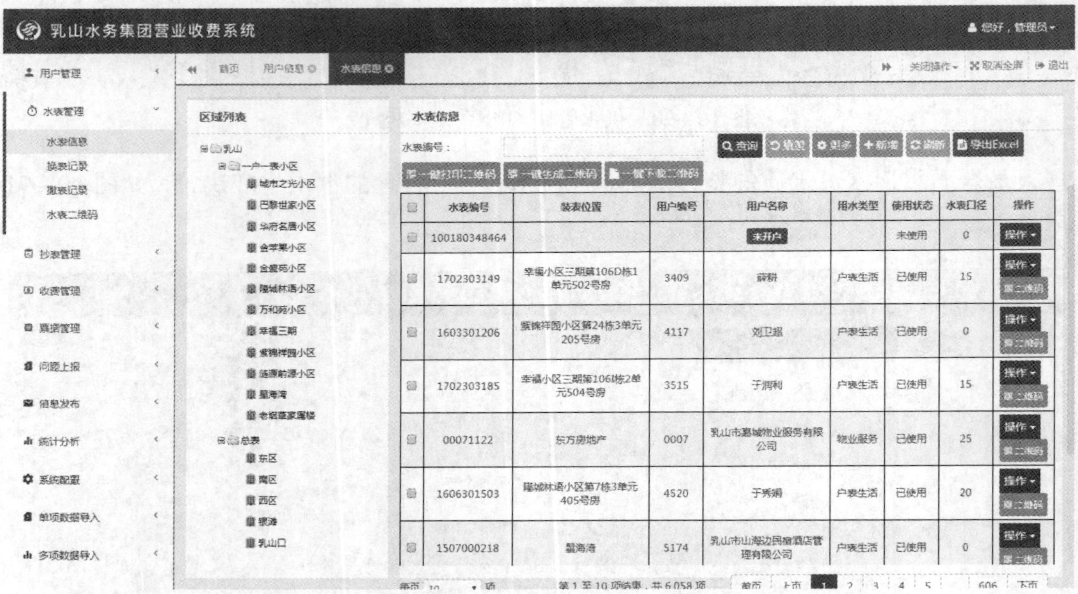

图 10－92　营业收费系统

供水营业收费业务方面，乳山市水务集团有限公司采用银行代扣和现场缴费两种方式。其中，银行代扣面向的是远程抄表的用户，公司依托两套远程抄表系统，通过与银行之间的用户数据推送，实现用户水费代扣。营业收费系统旨在实现用户查询、缴费和管理的智能统一。

收费信息分析是比较重要的一个模块，可以系统地展示自来水公司的营业收费状况，进行用水与收费的分析比较，实收水费与应收水费的比较，统计用水趋势等。可根据实际需求按照日期进行水费的一系列查询分析与统计。

（六）移动综合管理平台

通过移动管理平台，可以随时随地了解到水务集团整个生产运营情况。可以在手持终端进行管网地图浏览，查看管网或设施信息，了解其运行工况。将企业新闻、管网GIS、营业收费、在线监测等数据与系统进行集成整合，通过智能手机、4G/5G/WiFi等进行发布、应用与管理，并预留了系统整合与集成的接口，方便未来打造移动化综合管理平台，如图10－93所示。

（七）移动抄表系统的应用

基于智能手机或具备GPS定位功能的现场抄表设备，支持抄表员携带设备到现场记录用户用水量，可即时将设备中的数据记录到营业收费系统中，实现数据上传的实时化与移动化。直接将抄表数据实时存储进服务器，使营业管理从抄表到核算全部实现无人计算的自动化运行。并支持微信、支付宝、网银转账等多种缴费方式，如图10－94所示。

图10－93　移动综合管理平台

图10－94　移动抄表App

四、关键技术

1. 管网GIS系统中服务无缝聚合技术

该技术是对系统中地下管线、地形图、城市建筑模型、城市电子地图等不同类型数据资源的优化管理，对分布在不同服务器上的海量数据，实现实时无缝调用，并能集中式分发给智慧水务综合管理系统、运行监测系统、供水管网GIS系统等，以满足查询、调用、分析、监测等各种需求。通过该技术显著降低了系统主服务器的数据处理数量，提升了系统运行效率，提高了系统的运行安全性，保障了智慧水务整个系统能够持续、稳定的提供优质服务。

2. 营业收费系统中的SOA技术

由于系统是集GIS地理信息技术、网络通信技术、数据库技术、在线支付技术等众多技术于一身的综合性业务服务平台，使用SOA技术，在系统的各功能模块开发时显著提高了开发工作的效率，并且在系统运行当中，各功能模块也能更好的联动，整体运行更稳定。同时，也实现了与综合管理平台、供水管网GIS系统、运行监测系统等之间的联系，完成信息的集成与交换。

五、社会价值

“智慧水务”管网信息化一期工程建设项目，打破了企业内信息孤岛，实现了信息共享和协同办公，实现了监控、管理、服务等水务业务的数字化、可视化与联动化，改变了现有各业务系统分散工作的局面，避免了多项重复投资，重复建设，有效节约了企业运营成本。项目的上线，也为广大人民群众提供了更为便捷的服务，简化了业务流程，大大提高了人民群众的满意度。

案例十三　鼓楼区城市排水精细化管理平台

南京市测绘勘察研究院股份有限公司

一、建设背景

为响应国务院发布的《水污染治理行动计划》，南京市人民政府于2016年印发《全市黑臭河道整治工作实施方案（宁政发〔2016〕29号）》，2017年印发了《2017年全市建成区黑臭河道整治攻坚方案》(宁政办发〔2017〕1号)，加速了南京市河道治理工作。按要求2017年基本完成重要受纳水体的整治工作，保证整治后长治久清的效果成为今后的工作重点，为此鼓楼区水务局提出利用信息化技术手段、网格化管理思路、制度化考评体系确保攻坚成果，于2018年启动“鼓楼区排水设施数据调查与数据建库项目”，通过项目一期、二期的建设，全面梳理鼓楼区排水管网、河道、排口、泵站等排水设施现状数据，综合利用地理信息技术、物联网技术、视频监控分析、无线远传远控等各类信息技术手段，建成鼓楼区智慧水务大数据管控平台（以下简称“智慧水务平台”)。

二、建设目标

智慧水务平台总体目标是：充分利用新一代信息技术，采用微服务架构模式，构建智能感知、数据融合和智慧应用三大体系，实现排水智能感知、运营、监管及决策的全过程智能管控。

“一张图知全局”：建成汇聚净水站、泵站、管网、排水户、排放口、河流等水务基础设施的空间信息一张图，叠加城市地图数据，总览城市水务设施全局。

“一张网全感知”：借助窄带物联网（NB-IoT）等通信技术及卫星遥测和 AI 摄像头技术，建成全面感知排水的“天地空”一体的智能感知网络体系，更好地以信息化手段感知水务基础信息及水情、雨情、工情等信息。

“一站点控全局”：建成基于大数据和人工智能的监管和决策辅助体系，一键即可获取排水一体化信息服务，并且提供可视化的排水调度、城市内涝预警等决策支持服务，实现对排水工程的远程监视和自动控制。

“一平台联业务”：智慧水务平台紧扣水务管理实际业务需求，搭建河道巡查养护、管网巡查养护、养护监管抽查、管道清疏排查及整改工程管理等业务管理模块，实现信息化、智能化的水务运营监管。

“一 App 通水务”：建成智能手机移动应用系统，实现水务业务管理服务随时、随处可用，打造便捷高效的城市排水管理服务应用体系。

三、建设内容

（一）排水运营

1. 排水设施 GIS 系统

实现排水管网数据、河道及附属设施数据展现及应用分析，实现“一路一档”“一河一档”“一片区一档”功能，以道路、河道、片区为对象，整合各类数据，如图 10－95 所示。

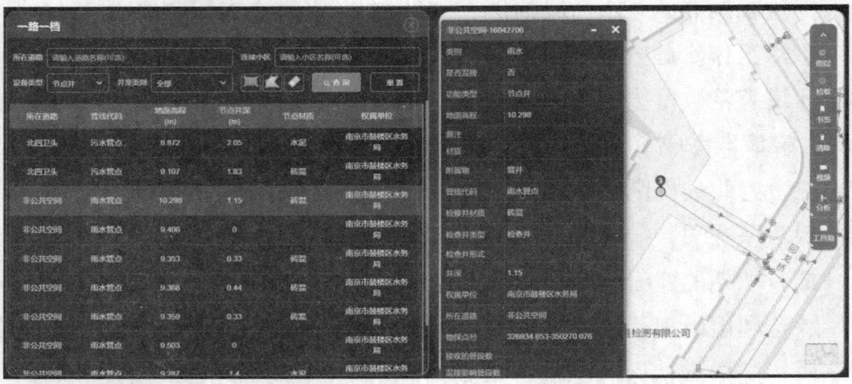

图 10－95　一路一档功能

2. 数据管理系统

数据管理系统实现对数据的入库、导出以及备份的管理，包含管网数据入库、排水设施入库以及管道缺陷入库，满足水务日常管理以及应用需要，为水务工程改造、设计与规划决策提供数据基础。

3. 排水运营管理系统

实现对临排工地、排水户、排水工程以及雨污分流的管理，保证排水运营工作有序高效地开展，如图 10－96 所示。

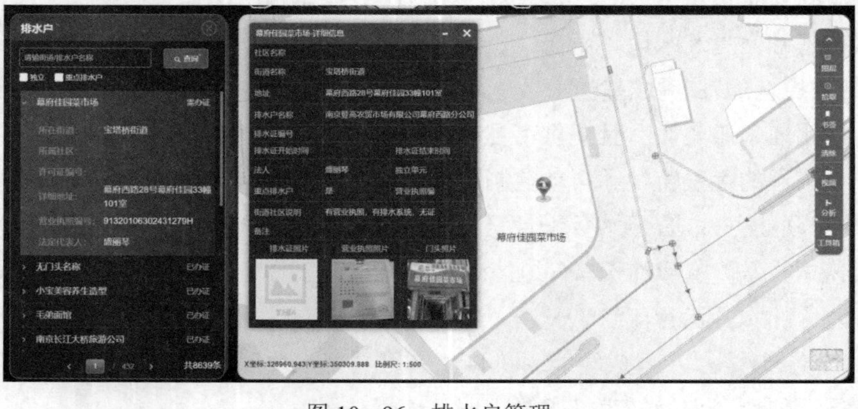

图 10－96　排水户管理

（二）养护监管

1. 日常养护管理系统

从排水管网日常生产、应急抢险调度等工作内容的实际出发，借助现代信息技术创建城市排水管网管理的新模式，实现管理与养护的信息化、现代化和动态化，提供多层次、全方位、及时性的排水管网与河道养护的数据服务与联动功能，可以有计划、有步骤地对管网系统实施常规检查与养护（见图 10－97）。

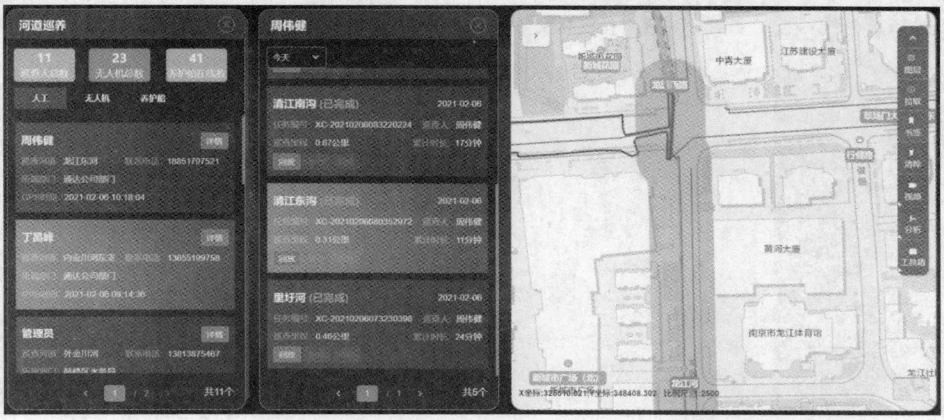

图 10－97　巡查管理

2. 养护监管移动 App 系统

实现河道、管网养护工作的流程管理、养护监督、监管抽查等应用，与 BS 端实时数据联动，保证现场养护工作的高效开展，如图 10－98 所示。

图 10－98　无人机巡河

（三）监控调度

1. 调度与远控系统

针对防汛应急调度、引补水调度等水务业务，在河道设施状态在线监测和远程控制基础上，完善调度功能体系，实现调度仿真、调度指令管理、设施远程控制、物资管理、积淹点监管等功能，辅助水务调度决策，如图 10－99 所示。

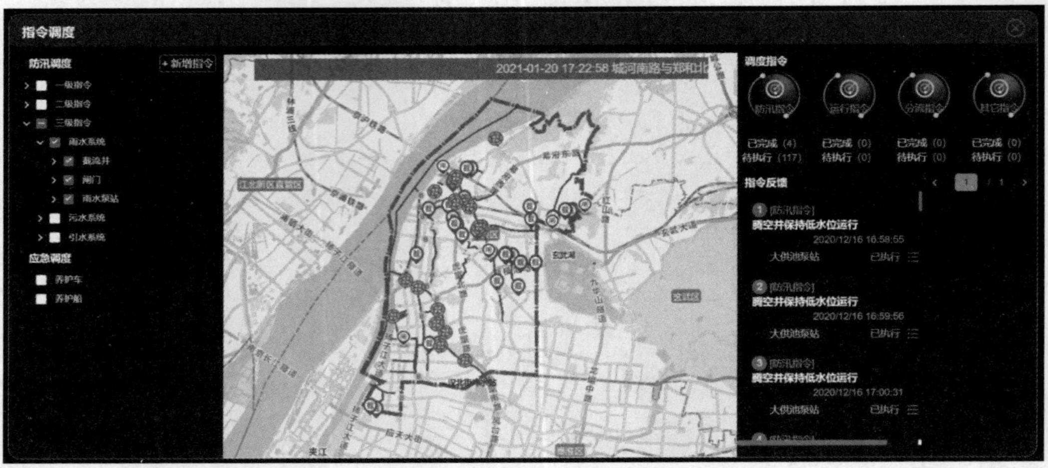

图 10－99　水务调度管理

2. 监测设备异常管理系统

系统提供各项监控与监测数据管理功能，能够查看监测监控日志、设备运行状态等，实现监测监控数据的预警预报，并对监控监测设备进行管理，确保各监测设备环境正常与安全运行，保障平台安全、稳定、高效的运行。

3. 监控调度移动 App 系统

针对河道与管网监控调度、监测异常报警、异常问题处置，提供基于手机端的移动端应用软件，与 BS 端实时数据联动，为现场工作开展提供有力支撑。

（四）智慧河长

1. 河长制信息管理系统

全面完善河长制管理，实现河道情况、水质、水位、流量等信息的实时监管（见图 10－100），建设公众监督、考核评估等模块，建立监管部门主导、河长包干负责、社会公众广泛参与的管理系统。

2. 智慧河长移动 App 系统

接入新型河道监测设备，新增公众监督、事件督办、通知公告模块，提供基于手机端的移动端应用软件，与 BS 端实时数据形成联动。

（五）指挥中心

指挥中心领导驾驶舱实现排水系统的全图总览、全网感知，系统提供排水设施及监

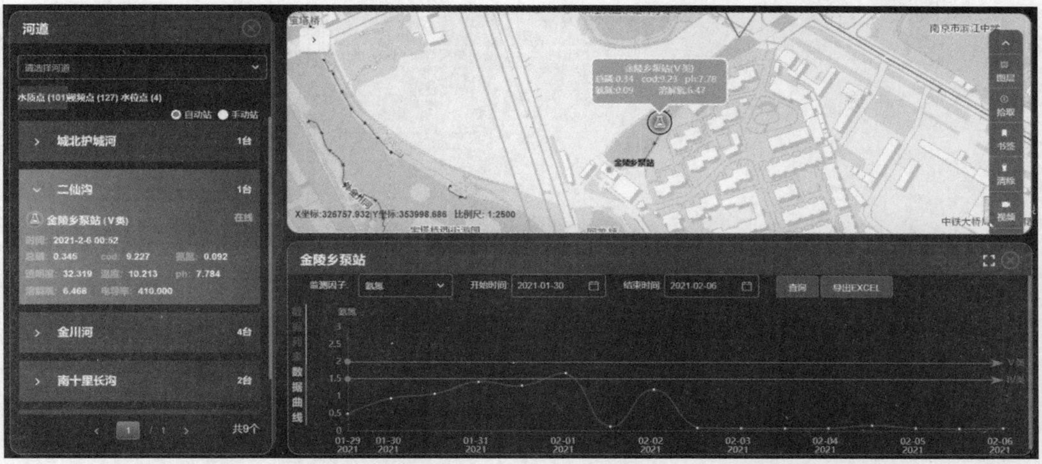

图 10－100　河道水质监测

测数据的直观详尽展示、排水大数据管理及量化分析功能，包括总览河道、管网、净水站、泵站的调度信息，进行养护监督及排水运营，如图 10－101 所示。

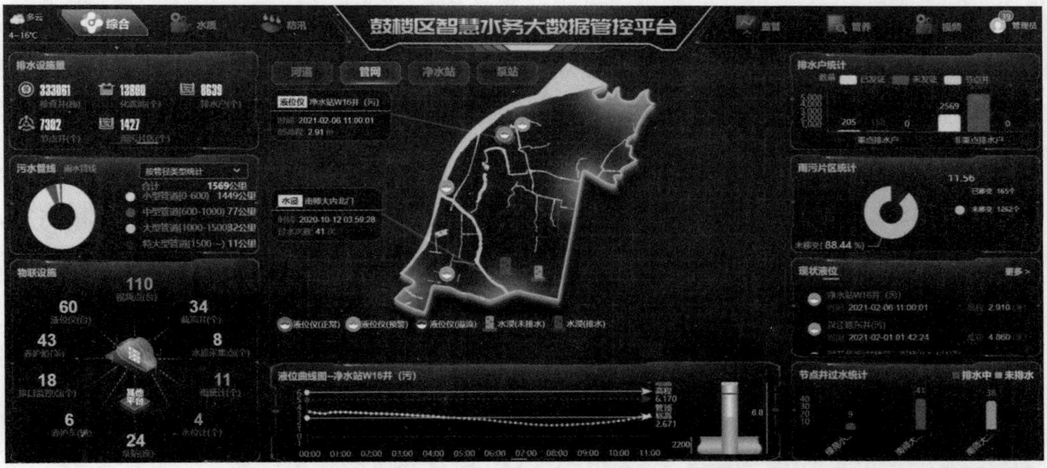

图 10－101　领导驾驶舱

四、应用情况

(一) 水务设施“一张图”

结合国家重点关注水环境问题，针对鼓楼区水务发展的现状，建成基于水务设施“一张图”的精细化服务平台，为智慧水务框架打下坚实的数据基础，实现鼓楼区相关的管网、泵站、截流井、水闸、排放口、净水站等水务设施的一张图展示，满足水务管理的精细化要求，提高了水务设施建设和发展过程中的管理水平，如图 10－102 所示。

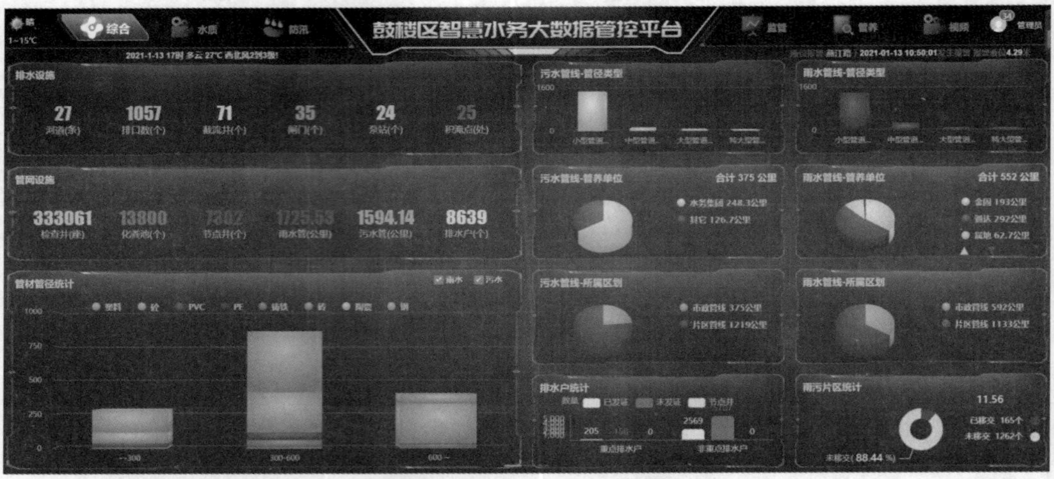

图 10－102　水务设施总览

（二）智慧化巡河管理

利用无人机、无人船、河道视频等设备，构建空天水陆巡河一张网，实现智慧化巡河，解决了人力巡河过程中因环境、时间限制而产生的巡河效率低、问题发现不全、溯源能力较弱等问题。借助信息化、智慧化技术与手段，巡河任务变得便捷、高效，问题处置流程变得清晰、标准、规范，实现巡河数据共享全面化、事件处置联动化，如图 10－103 和图 10－104 所示。

图 10－103　无人机巡河

（三）水质、水情智能预警

通过在河道和管网布设实时监控设备，实时获取监测数据，感知河道水质、水位、雨量、排口是否排水等信息，如图 10－105 所示。

图 10－104　巡河问题

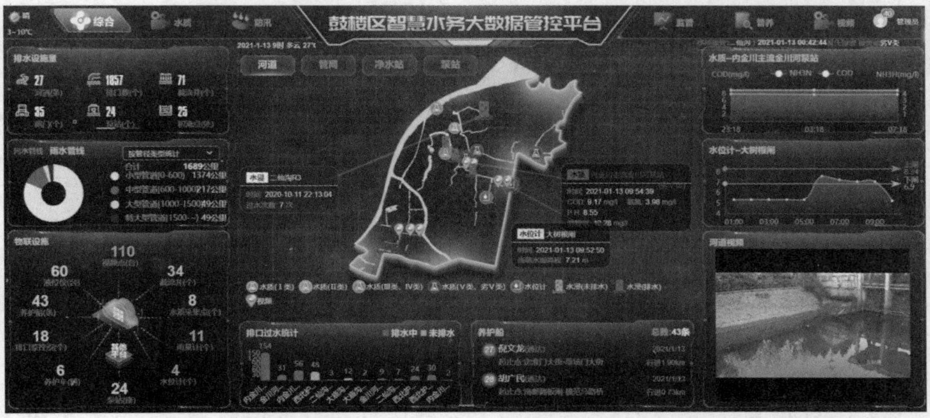

图 10－105　河道物联感知

河道水质监测分为自动站与手动站，重点位置布设水质自动微站，实现河道水质的实时在线监测，结合手持终端水质数据填报，让河道监测更实时、更全面。水质报警功能：系统内设置一定的区间，一旦水质超过预设的范围，相关工作人员将及时接收到报警信息，并快速赶到现场进行处置，如图 10－106 所示。

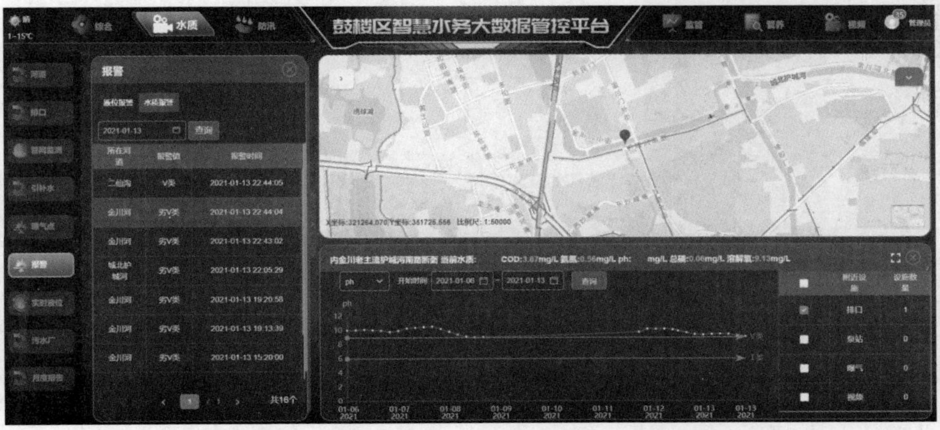

图 10－106　水质预警

重点排口位置布设水浸传感器及视频监控，实现排口总览、排口出水情况实时在线监控、异常排水预警、排水智能化分析等全面、高效、智能化的监管，如图 10－107 所示。以深度学习技术为核心实现对视频数据的分析利用，实现 AI 排口视频自动识别，及时发现排口晴天排水并报警，为排口管理提供科学化、智能化、可视化的监测/监控、预警、统计分析等业务提供数据支撑。

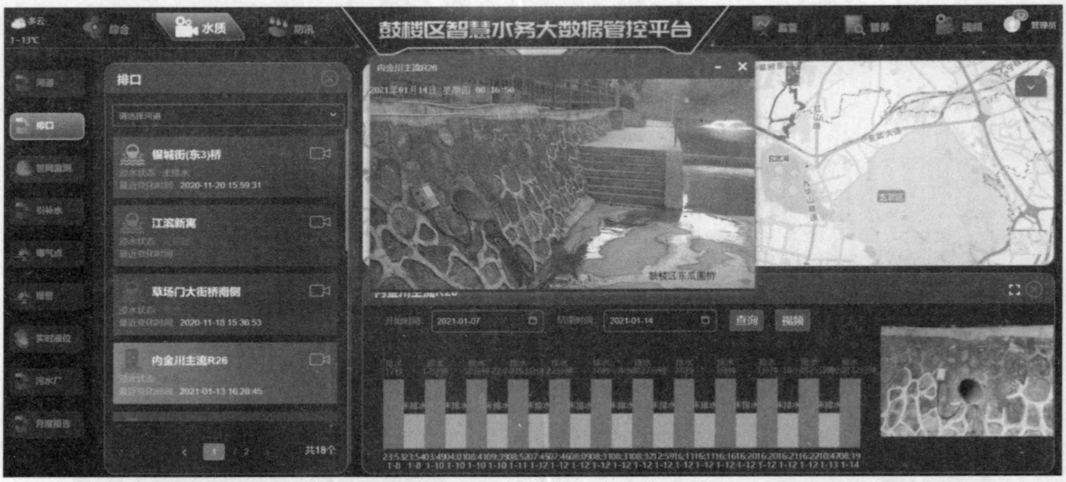

图 10－107　排口监测

在排水管网汇聚点、变径点、主干网节点等位置布设液位监测仪，实现管网液位信息的实时在线监测及统计分析，针对液位监测数据异常情况进行异常报警，结合雨污管网溯源分析及流向信息，对管道满管程度进行分析，为满管溢流整治提供数据支持，辅助管网改造工程，如图 10－108 所示。

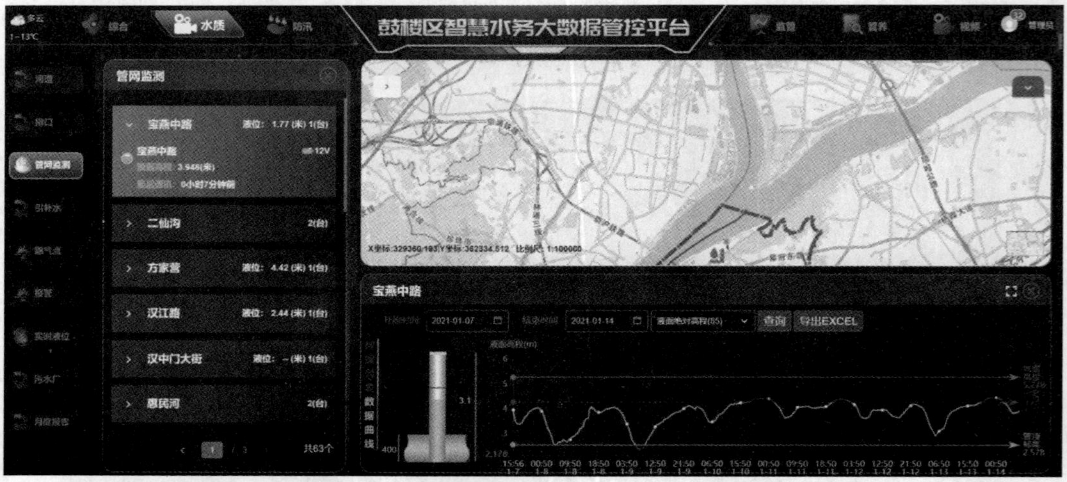

图 10－108　液位监测

（四）大数据支撑智能调度

智慧水务平台涉及净水站水质监测数据、泵站运行状态、视频监控数据、河道水位标高、管道液位标高、截流井液位标高、曝气喷泉净水设施运行状态等数据，数据量大、数据类型多、更新频率快，需要设计合理的数据结构，建立正确的数据分析模型，建立一个大型的集中管理、统一调度、分散控制的集散型分布式计算机应用系统平台。其涵盖了物联网技术、数据存储技术、地理信息技术与数据模型分析技术，并需要配合传输视频图像对现场进行可视化监控。以便监控人员在监控中心根据实时数据和系统辅助决策分析进行排水生产调度指挥，远程控制现场设备运行、进行信息发布和紧急预案应急处理。GIS 系统提供现场实时数据，实现地下排水管网可视化与实时化。

1. 截流井调度

在截流井布设各类物联感知设备，集成水质、水位、雨量、液位等实时在线监测数据，分析截流井水质与液位关系，结合上游水位、雨量天气等数据，实现截流井启闭的智能调度。如当水质状况好、井内液位高时，可开启闸门补水至河道。同时通过数据的汇聚，研究水质、水位等数据的变化规律，可辅助判断上游混流情况。通过截流井的精细化管控及智能调度，实现防汛排涝与河道水质的统筹，如图 10－109 所示。

图 10－109　截流井调度

2. 泵站调度

在泵站布设各类物联感知设备，集成泵站前池液位、视频、流量等实时在线监测数据，结合上下游水位监测数据，实现泵站的远程智能调度，增强泵站排涝能力，有效降低了汛期防汛压力，如图 10－110 所示。

3. 引补水调度

通过河道水位、水质、流量等数据信息的汇聚，实现基于实时监测数据的分析，对引补水调度进行信息提醒，辅助引补水调度决策，提高引补水调度管理效率，如图 10－111 所示。

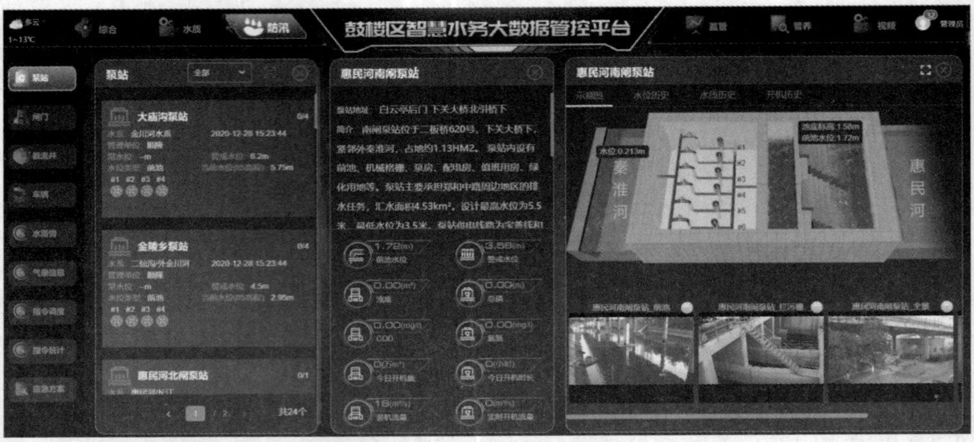

图 10－110　泵站调度

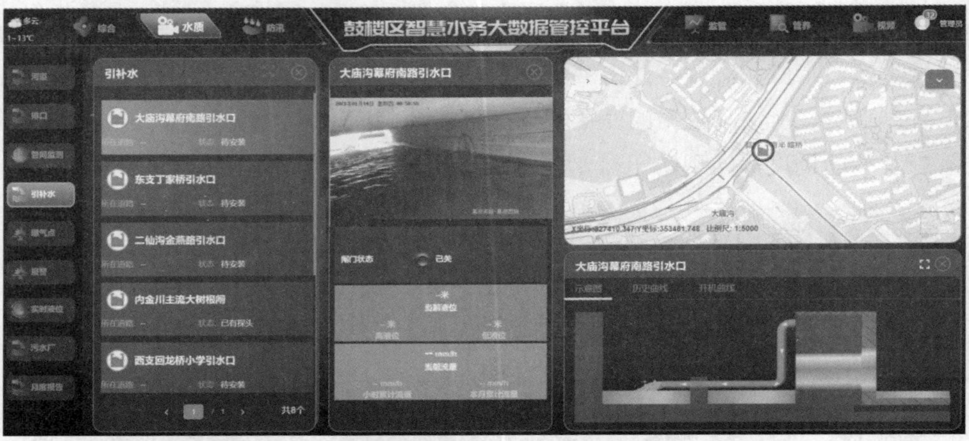

图 10－111　引补水调度

4. 防汛调度

利用现代通信技术、计算机技术、数据分析、信息展示等手段，实现防汛的调度管理，研究实时水位、气象云图、排水设施、河网和雨情之间的关系，构建防汛内涝预警显示平台，对防汛信息进行预警显示，为防汛相关信息的综合、处理、分析及判断提供有效的解决手段，加强对暴雨洪涝预测分析的能力，进一步满足防汛精细化调度的目标，推动实现防汛工作的精细化、可视化调度，有效地指导防汛抢险工作，如图 10－112 所示。

（五）排水设施自动化控制

在排水设施电气化改造的基础上，智慧水务平台集成截流井、闸坝、河道曝气喷泉等设施的自动化控制功能，可掌握设备运行实时状态，对各项信息参数进行分析和调整，实现排水设施的远程自动化控制，提高排水设施运行效率，有效辅助排水调度管理，如图 10－113 所示。

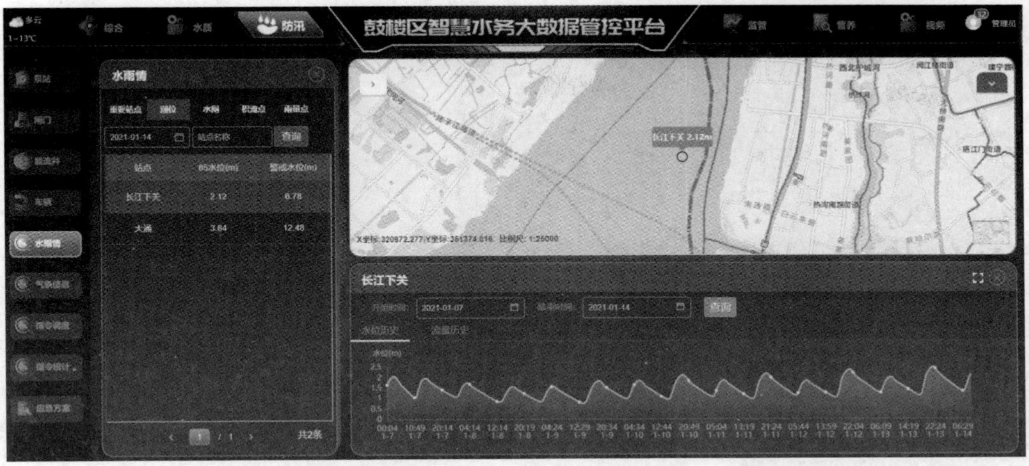

图 10－112　防汛调度

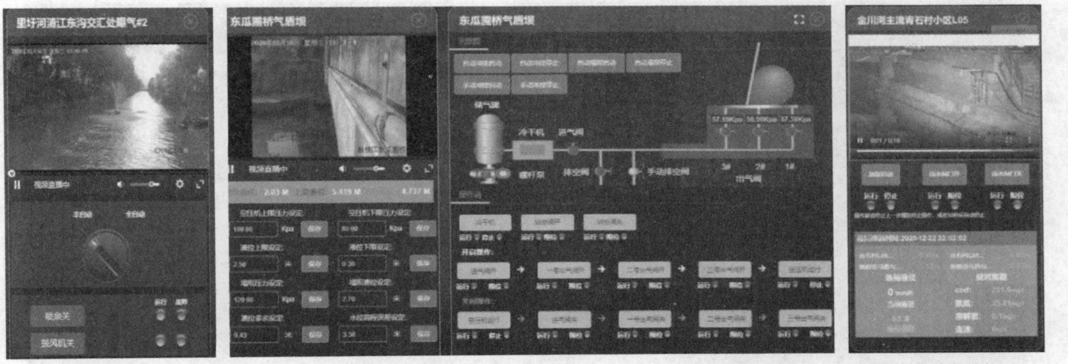

曝气控制　　气盾坝控制　　截流井控制

图 10－113　排水设施自动化控制

（六）信息化养护监管

从排水管网和河道设施日常养护管理等工作内容实际出发，借助现代信息技术创建城市排水管网管理新模式。可以有计划、有步骤地对管网系统实施常规检查与养护，如图 10－114 和图 10－115 所示。而且针对排水管网出现的问题，能够及时发现、及时上报、及时处置。每位养护人员都佩戴 GPS 定位设备进行养护作业，管理人员在指挥大屏上就能清晰看到当前养护船只的位置，方便进行调度指挥。系统根据历史养护记录，为养护计划制定提供数据支撑。通过系统养护计划方便分配跟踪落实，把每个养护计划落实到具体的项目和日常养护工作中，对于养护的进度、现场的状况及时汇总，建立了一套高效的养护管理机制，提高了鼓楼区排水设施、河道设施养护管理水平。

（七）净水站运营监管

在排水设施一张图基础上，叠加净水站监测实时数据，将静态地理数据与动态水务数据无缝结合，为净水站日常养护、监管等业务提供实时数据支撑，如图 10－116 所示。

图 10－114　养护计划管理

图 10－115　养护船

图 10－116　净水站运营监管

（八）管道健康检测数据管理

采用 CCTV 内窥检测系统等技术对管网进行"体检"，查找管道破损、渗漏等结构性问题以及和雨水管道错接、混接等功能性问题，并实施管道淤积清疏、破损修复、新建或错接混接的改造等处置，如图 10－117 所示。智慧水务平台根据 CCTV 检测视频及管网缺陷评估数据，将检测专业分析功能和 GIS 分析功能相结合，可以实现管道信息查询、管道缺陷统计以及辅助决策等功能，为排水管网养护管理提供辅助信息，如图 10－118 所示。

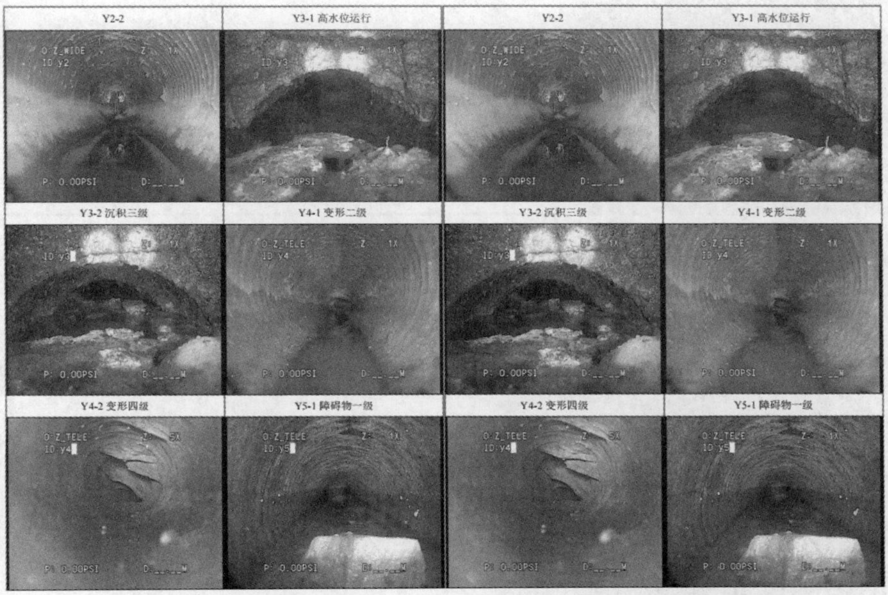

图 10－117　管道缺陷问题

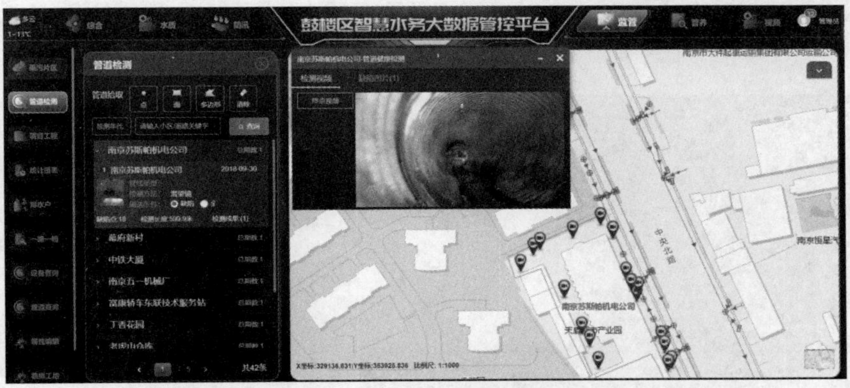

图 10－118　CCTV 数据查询

（九）排水运营精细化管控

智慧水务平台综合厂（净水站）、站（泵闸）、网（排水管网和暗涵）、河（河道及排口）、户（排水户）等数据，构建一体化管控一张网，实现源头、管道末端、河道内全方位的立体管控。临排工程管理、清疏工程管理和河道清淤管理如图 10－119～图 10－121 所示。

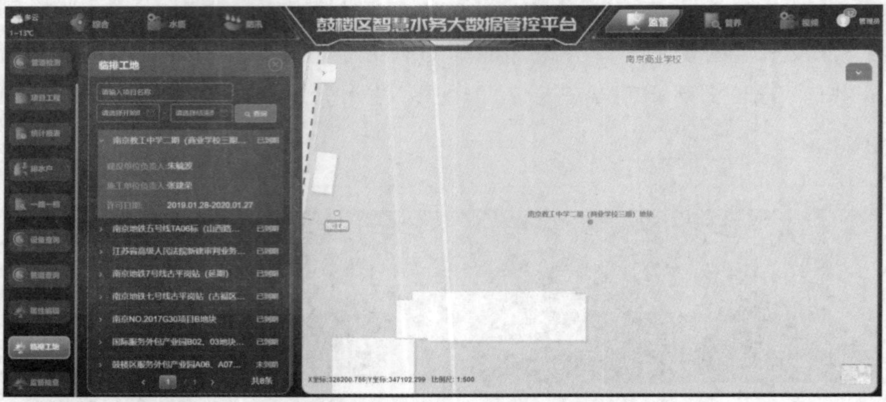

图 10－119　临排工地管理

图 10－120　清疏工程管理

图 10－121　河道清淤管理

五、关键技术

平台总体技术架构图如图 10－122 所示。

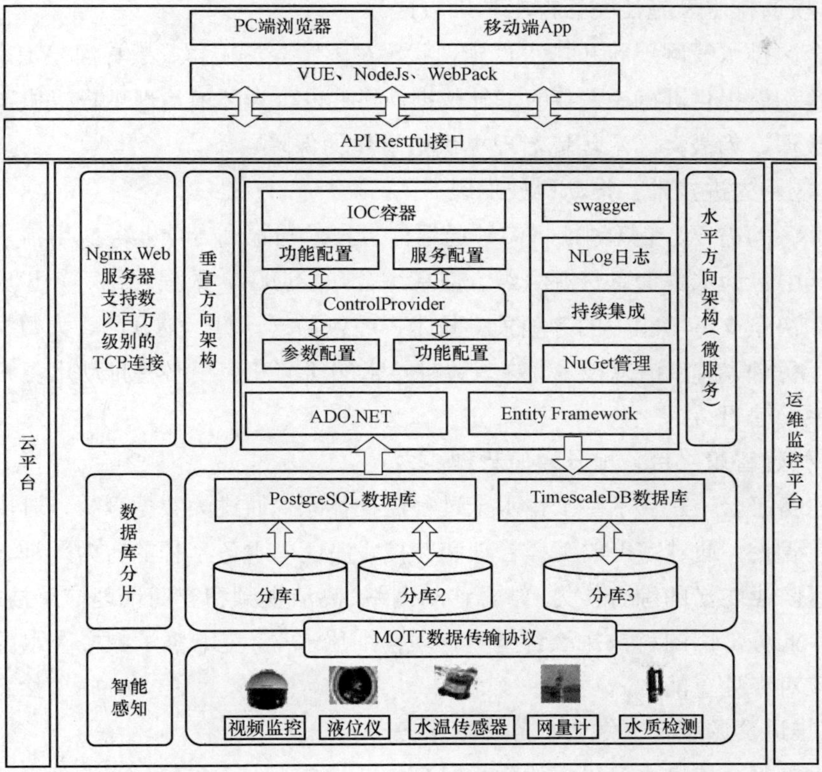

图 10－122　技术架构图

六、社会价值

（一）促进水利改革，保障经济发展

洪涝灾害频繁、水资源供应矛盾、水利设施薄弱等是水务发展的主要问题。实施“智慧水务”，提升水利信息化水平，加快水利现代化步伐，能够促进水务改革与发展，保障鼓楼区经济发展。

（二）提升管理水平，推动政府职能转变

通过智慧水务平台建设，可有效地形成以信息化平台为中心的水务自动化管理模式；改善水务行业人员对水资源管理、水务工程管理、水环境监测等各项工作的方式；同时，实现资源的整合与共享。

（三）配合工程措施，提高业务支撑能力

水务的效益是由工程措施与非工程措施协同配合取得的，防灾减灾、保障水资源等

不可能完全靠工程措施实现，同时，工程措施也需要非工程措施的配合才能更充分发挥作用；水务信息化是非工程措施的重要组成部分，通过智慧水务等非工程性项目的实施必将提升以上项目的业务智能化与决策科学化水平。

（四）摸清排水设施，完善排水基础数据

摸清全区排水管网现状和排水设施现状，对雨污分流工程、黑臭河整治工程、海绵城市建设等均能提供准确、完善的基础数据，同时也可为环境治理工程提供实时数据和分析决策数据，为鼓楼区水环境治理提供信息化的保障。

（五）应用先进技术，推动科技发展

根据业务的需要，在规划期将突破通用信息技术与水利专项业务应用需求间的适应性问题，其中包括水务信息资源组织、信息综合开发应用、数据挖掘、知识应用、业务协同应用和决策支持等相关的各项关键技术，还包括云计算、物联网、大数据、人工智能、移动互联网等前沿信息技术。这些关键技术的研究和应用必将推动水务科技的发展和创新体系的建设。

（六）构建智慧平台，提升政府管理能力

智慧水务平台，建立了基于排水全过程监控体系，通过大数据分析，对排水管控做到了精细化管控；通过完善的工程管理和监控，保证了水务工程的有效落地，进一步增强了鼓楼区防洪防涝的综合能力；结合移动网络、高清视频和空间地理信息技术等应用，不仅提升了业务部门的科技执法含量和管理精细化水平，更增强了鼓楼区水务部门对突发事件的应对和处置能力。

（七）推进资源整合，健全水务综合服务

智慧水务平台建设项目以集约化与绿色运营为理念，具有硬件资源统一化、数据资源标准化、业务应用平台化、执法监控可视化与业务决策大数据化等特点，能够极大地减少水务工作人员的工作量，同时拓展了工作方式与思维的灵活度，让信息化真正成为业务工作的提升引擎，加快鼓楼水务的现代化进程。

参 考 文 献

［1］ 陈吉宁，董欣，2007，城市水系统规划的发展与挑战，给水排水，33（9）：1－2.

［2］ 王浩，王建华，秦大庸，等，2006，基于二元水循环模式的水资源评价理论方法，水利学报，37（12）：1496－1502.

［3］ 何世德．智慧水务的建设发展及展望研究［J］．智慧城市评论，2017（01）：54－65.

［4］ 魏忠庆，胡志荣，上官海东，叶均磊，邱勇．基于数学模拟的污水处理厂设计：方法与案例［J］．中国给水排水，2019，35（10）：21－26.

［5］ 韩帅，何婷．论中国新型智慧城市的规划发展逻辑［J］．上海城市管理，2019，28（02）：4－11.

［6］ 康得军，孙健，匡帅，等．暴雨洪水管理模型（SWMM）研究应用及发展趋势［J］．净水技术，2019，38（03）：45－50.

［7］ 涂堂秋，孙星玥，胡洋洋．遥感技术在城市规划中的应用［J］．城市建设理论研究（电子版），2018（32）：61.

［8］ 魏忠庆，上官海东，叶均磊，胡志荣．基于 GPS-X 模拟的污水处理厂提标工艺优化［J］．中国给水排水，2018，34（19）：81－84.

［9］ 张龙龙．增量学习在智慧水务需水量预测中的研究［D］．重庆大学，2018.

［10］ 孙国庆．智慧水务关键技术研究及应用［J］．水利信息化，2018（01）：46－49.

［11］ 由阳，张洋，朱玲，房亮．基于“面向对象的遥感影像分类”的海绵城市下垫面分析方法［J］．给水排水，2018，54（01）：61－64.

［12］ 王佳媛．BIM 技术在给水泵站工程全生命周期中的应用研究［D］．青岛理工大学，2018.

［13］ 冯炳．智慧高新水务规划探讨［J］．给水排水，2017，53（05）：126－129.

［14］ 高玉斌，黄津辉，周飞祥．基于遥感的高精度城市不透水面信息提取方法研究［J］．中国给水排水，2017，33（09）：123－127.

［15］ 张唯，毛炜青．上海城市高精度 DEM 空间数据库建设与应用研究［J］．城市勘测，2017（02）：5－10.

［16］ 李家杰．基于大数据决策支持的城市健康水系统平台构建及应用［D］．重庆大学，2016.

［17］ 王军．智慧水务在污水处理中的设计与应用［J］．科技创新导报，2015，12（30）：166－167.

［18］ 宋翠萍，王海潮，唐德善．暴雨洪水管理模型 SWMM 研究进展及发展趋势［J］．中国给水排水，2015，31（16）：16－20.

［19］ 敖旭平，徐斌，金凡，赵佰枫，郑展望．智慧水务在农村生活污水处理中的应用研究［J］．中国给水排水，2015，31（08）：34－36.

［20］ 曾焱，王爱莉，黄藏青．全国水利信息化发展“十三五”规划关键问题的研究与思考［J］．水

利信息化，2015（01）：14－19.
［21］ 何刘鹏，刘灏，王军良，程冀．信息技术在流域规划管理中的应用研究［J］．人民黄河，2013，35（10）：120－121＋130.
［22］ 周建华，李文涛，隋军，牛樱，刘成林，龙展波，钟毅．水力模型在城市排水管网改造设计中的应用［J］．给水排水，2013，49（05）：106－110.
［23］ 颜迎雪．三维地理信息技术在城乡规划管理中的应用与研究［D］．西南交通大学，2013.
［24］ 荣禹，张嘉军，张乾．有压管道水锤数学模型分析和防护技术［J］．中国给水排水，2012，28（12）：18－20.
［25］ 胡传廉．基于信息系统技术框架的“智慧水网”规划方法研究［J］．水利信息化，2011（03）：1－6.
［26］ 胡传廉．基于新技术条件的城市“智慧水网”发展规划初探［J］．中国水利，2011（11）：39－41.
［27］ 何鑫，林丽，程咏．利用卫星遥感技术进行水利规划的设想［J］．水利科技与经济，2007（12）：886.
［28］ 姚晓华．信息化技术在水利工程设计工作中的应用［J］．山西水利科技，2007（04）：88－89.
［29］ 花文青．沉淀池辅助设计与优化研究［D］．天津大学，2007.
［30］ 李纪人，黄诗峰．遥感和地理信息系统在水利中的应用现状与展望［C］．中国水利学会专业学术综述（第五集）．中国水利学会，2004：92－98.
［31］ 张继东．浅谈 GIS 在水利规划中的应用［J］．上海水务，2003（04）：22－23.
［32］ 胡传廉．上海“数字水务”规划与实践［J］．中国水利，2003（22）：53－55.
［33］ 欧阳明，罗丹．数字正射影像图及其在水利工程规划中的应用［J］．人民珠江，1999（05）：3－5.
［34］ 谢丽芳，邵煜，马琦，等．国内外智慧水务信息化建设与发展［J］．给水排水，2018（11）：135－139.
［35］ 丁伟．基于 ArcGIS 的城市排水管网地理信息系统的研究与开发［D］．扬州大学，2018.
［36］ 马照亭，刘勇，沈建明，等．智慧城市时空大数据平台建设的问题思考［J］．测绘科学，2019，44（6）：279－284.
［37］ 刘放平，李烈岳．基于物联网的智慧水务系统在污水处理中的应用研究［J］．科学技术创新，2020（13）：90－91.
［38］ 王艳．水力模型在计量分区（DMA）规划中的应用［J］．城镇供水，2020（01）：59－64.
［39］ 周济华，吴钰川．BIM 技术在水务工程设计中的应用［J］．水科学与工程技术，2019（04）：63－65.
［40］ 张云．大数据在给水排水行业的应用分析［C］．中国城市规划学会、贵阳市人民政府．新常态：传承与变革——2015 中国城市规划年会论文集（02 城市工程规划）．中国城市规划学会、贵阳市人民政府：中国城市规划学会，2015：39－43.
［41］ 张雁，龚威平，孙越．遥感技术在城市规划中的应用——城市规划动态监测工作成果的应用与反思［C］．中国城市规划学会．生态文明视角下的城乡规划——2008 中国城市规划年会论文

集．中国城市规划学会：中国城市规划学会，2008：4671－4692．
［42］ 胡翼笛．城市智慧水务发展战略研究［C］．中国城市科学研究会、中国城镇供水排水协会、海南省住房和城乡建设厅、海口市人民政府．第十二届中国城镇水务发展国际研讨会与新技术设备博览会论文集．中国城市科学研究会、中国城镇供水排水协会、海南省住房和城乡建设厅、海口市人民政府：北京邦蒂会务有限公司，2017：61－63．
［43］ 刘彦辉．供水管网水力模型应用及未来发展的思考及探讨［C］．中国城市科学研究会、中国城镇供水排水协会、海南省住房和城乡建设厅、海口市人民政府．第十二届中国城镇水务发展国际研讨会与新技术设备博览会论文集．中国城市科学研究会、中国城镇供水排水协会、海南省住房和城乡建设厅、海口市人民政府：北京邦蒂会务有限公司，2017：205－208．
［44］ Al Nuaimi，Eiman，et al. “Applications of big data to smart cities.” Journal of Internet Services and Applications 6.1（2015）：25.
［45］ Bata，Moatamad，Rupp Carriveau，and David S-K.Ting. “Short-term water demand forecasting using hybrid supervised and unsupervised machine learning model.” Smart Water 5（2020）：1－18.
［46］ Bibri，Simon Elias. “The anatomy of the data-driven smart sustainable city：instrumentation，datafication，computerization and related applications.” Journal of Big Data 6.1（2019）：59.
［47］ Caprario，Jakcemara，et al. “Influence of drainage network and compensatory techniques on urban flooding susceptibility.” Water Science and Technology 79.6（2019）：1152－1163.
［48］ Hossain，Kaizar，et al. “Irradiation of wastewater with electron beam is a key to sustainable smart/green cities：a review.” Applied water science 8.1（2018）：6.
［49］ Jawhar，Imad，Nader，Mohamed，and Jameela Al-Jaroodi. “Networking architectures and protocols for smart city systems.” Journal of Internet Services and Applications 9.1（2018）：26.
［50］ Kartakis，Sokratis，Edo Abraham，and Julie A.McCann. “Waterbox：A testbed for monitoring and controlling smart water networks.” Proceedings of the 1st ACM International Workshop on Cyber-Physical Systems for Smart Water Networks.2015.
［51］ King，S.，S.K.Kenway，and M.A.Renouf. “How has urban water metabolism been communicated？Perspectives from the USA，Europe and Australia.” Water Science and Technology 79.9（2019）：1627－1638.
［52］ Kitchin，Rob. “Data-driven，networked urbanism.”（2015）.
［53］ Kitchin，Rob. “The real-time city？Big data and smart urbanism.” GeoJournal 79.1（2014）：1－14.
［54］ Li，Yanling，and Roger W.Babcock Jr. “Green roof hydrologic performance and modeling：a review.” Water science and technology 69.4（2014）：727－738.
［55］ McDonald，Walter. “Drones in urban stormwater management：A review and future perspectives.” Urban Water Journal 16.7（2019）：505－518.
［56］ Morita，Masaru，and Yeou Koung Tung. “Uncertainty quantification of flood damage estimation for

urban drainage risk management." Water Science and Technology 80.3（2019）：478－486.

［57］ Rjeily，Yves Abou，et al. "Flood forecasting within urban drainage systems using NARX neural network." Water Science and Technology 76.9（2017）：2401－2412.

［58］ van Dijk，Eric，et al. "Comparing modelling techniques for analysing urban pluvial flooding." Water science and technology 69.2（2014）：305－311.

［59］ Yazdanfar，Zeinab，and Ashok Sharma. "Urban drainage system planning and design – challenges with climate change and urbanization：a review." Water Science and Technology 72.2（2015）：165－179.

编　后　记

《智慧水务应用与发展》秉承客观公正、科学中立的原则和宗旨，分析了我国智慧水务的发展现状和趋势，梳理了智慧水务的总体架构和关键技术，总结了智慧水务规划、智慧供水、智慧排水、海绵城市、智慧水环境几大部分的智慧化应用，为智慧水务行业的建设提供了系统性的理论和实践指导，将推动我国智慧水务的建设步伐。

本书适合城镇供水、城镇排水、城镇水环境、海绵城市等水务领域各级监管人员、管理人员、技术人员、研究人员、高等院校相关师生等阅读。

本书由中国测绘学会智慧城市工作委员会、清华大学、北京首创股份有限公司、广州中工水务信息科技有限公司联合行业 20 余家代表性企业共同编写。其中，第一、二、六、九章由广州中工水务信息科技有限公司编写，第三章由正元地理信息集团股份有限公司编写，第四章由广州市市政工程设计研究总院有限公司编写，第五章由京源中科科技股份有限公司编写，第七章由上海昊沧系统控制技术有限责任公司编写，第八章由南京市测绘勘察研究院有限公司编写。

感谢以下单位为本书提供了案例和相关素材（按拼音首字母排序）：

北京华展汇元信息技术有限公司

广东绘宇智能勘测科技有限公司

广州市天驰测绘技术有限公司

杭州市城管局水设施和河道管理保护中心

江苏长三角智慧水务研究院有限公司

聚光科技（杭州）股份有限公司

轻工业环境保护研究所

苏伊士新创建环境技术工程（上海）有限公司

苏州市测绘院有限责任公司

苏州市文物保护管理所

腾讯云计算（北京）有限责任公司

本书在编写过程中，广州中工水务信息科技有限公司承担了大量的资料整理、组织协调等工作，在此表示衷心感谢！

由于时间仓促，疏漏之处在所难免，恳请广大读者批评指正。

本书编写组